教育部高职高专规划教材

机　械　基　础

第二版

蔡广新　主　编
高朝祥　副主编

化学工业出版社
·北京·

本书是在参照教育部高等学校工程专科非机械类专业机械基础课程教学基本要求和总结近年来高职高专机械基础教学改革经验的基础上组织编写的。

全书共十一章。内容包括机械常用工程材料与钢的热处理、平面构件的静力分析、拉压杆的承载能力、梁的弯曲、轴与轴毂连接、常用机构、常用传动方式、轴承、连接零件、常用机械加工方法、特种加工方法简介等。各章配有思考题与习题供学习时选用。

本书可作为高等职业学校、高等专科学校非机械类各专业机械基础课程的教材，也可作为有关工程技术人员参考。

图书在版编目（CIP）数据

机械基础/蔡广新主编. —2版. —北京：化学工业出版社，2010.7（2025.3重印）
教育部高职高专规划教材
ISBN 978-7-122-08518-4

Ⅰ.机… Ⅱ.蔡… Ⅲ.机械学-高等学校：技术学院-教材 Ⅳ.TH11

中国版本图书馆CIP数据核字（2010）第083562号

责任编辑：于 卉　　文字编辑：张绪瑞
责任校对：宋 夏　　装帧设计：于 兵

出版发行：化学工业出版社（北京市东城区青年湖南街13号 邮政编码100011）
印 装：北京科印技术咨询服务有限公司数码印刷分部
787mm×1092mm 1/16 印张18 字数434千字 2025年3月北京第2版第5次印刷

购书咨询：010-64518888　　售后服务：010-64518899
网 址：http://www.cip.com.cn
凡购买本书，如有缺损质量问题，本社销售中心负责调换。

定 价：48.00元

前　　言

本书是在参照教育部高等学校工程专科非机械类专业《机械基础课程教学基本要求》和总结近年来高职高专学校机械基础教学改革经验的基础上组织编写的。主要适用于非机械类各专业的教学。

本教材自2004年出版以来，多次重印，受到师生的好评。此次修订主要是考虑非机械专业的特点，删除了某些难点问题，使教材更加适用。

参加本书编写的有：承德石油高等专科学校蔡广新（绪论、第二、四、七、九章）、邸久生（第一章），四川化工职业技术学院高朝祥（第三、六章），常州工程职业技术学院胡芳（第五、八章），江汉石油学院高职部王祖俊（第十章）、严义章（第十一章）。本书由蔡广新任主编，负责全书的统稿，高朝祥任副主编。北京理工大学庞思勤教授担任本书主审，他仔细审阅了全部文稿和图稿，提出了很多宝贵意见和建议，在此表示衷心的感谢。

限于编者水平，书中不妥之处恳请读者批评指正。

编者

2010年2月

第一版前言

本书是在参照教育部高等学校工程专科非机械类专业《机械基础课程教学基本要求》和总结近年来高职高专学校机械基础教学改革经验的基础上组织编写的。主要适用于非机械类各专业的教学。

本书编写过程中充分考虑了非机械类专业的特点，力求做到突出实用性和实践性，有利于学生综合素质的形成和科学思维方法与创新能力的培养；力求贯彻“必需”、“够用”的原则，对课程内容和课程体系进行了精心选取和编排，体现了高等职业教育的特点。

参加本书编写的有：承德石油高等专科学校蔡广新（绪论、第二、四、七章）、邸久生（第一章）、李莉（第九章），四川化工职业技术学院高朝祥（第三、六章），常州工程职业技术学院胡芳（第五、八章），江汉石油学院高职部王祖俊（第十章）、严义章（第十一章）。本书由蔡广新任主编，负责全书的统稿，高朝祥任副主编。北京理工大学庞思勤教授、承德石油高等专科学校肖由炜副教授担任本书主审，他们仔细审阅了全部文稿和图稿，提出了很多宝贵意见和建议，在此表示衷心的感谢。

限于编者水平，书中不妥之处恳请读者批评指正。

编者

2004年2月

目　录

绪　　论

一、机器的组成与相关概念

日常生活和工作中接触到的缝纫机、洗衣机、自行车、汽车，工业生产中的机床、纺织机、起重机、机器人等，都是机器。机器的种类繁多，其结构、功用各异，但从机器的组成来分析，它们的共同之处如下。

① 都是人为的实体组合。

② 各实体间具有确定的相对运动。

③ 能实现能量的转换或完成有用的机械功。

同时具备这三个特征的称为机器，仅具备前两个特征的称为机构。机构就是多个实物的组合，能实现预期的机械运动。例如，图 0-1 所示的内燃机，它是由活塞、连杆、曲轴、齿轮、凸轮、顶杆及汽缸体等组成，它们构成了连杆机构、齿轮机构和凸轮机构，如图 0-2 所示。内燃机的功能是将燃料的热能转化为曲轴转动的机械能。其中连杆机构将燃料燃烧时体积迅速膨胀而使活塞产生的直线移动转化为曲轴的转动；凸轮机构用来控制适时启闭进气阀

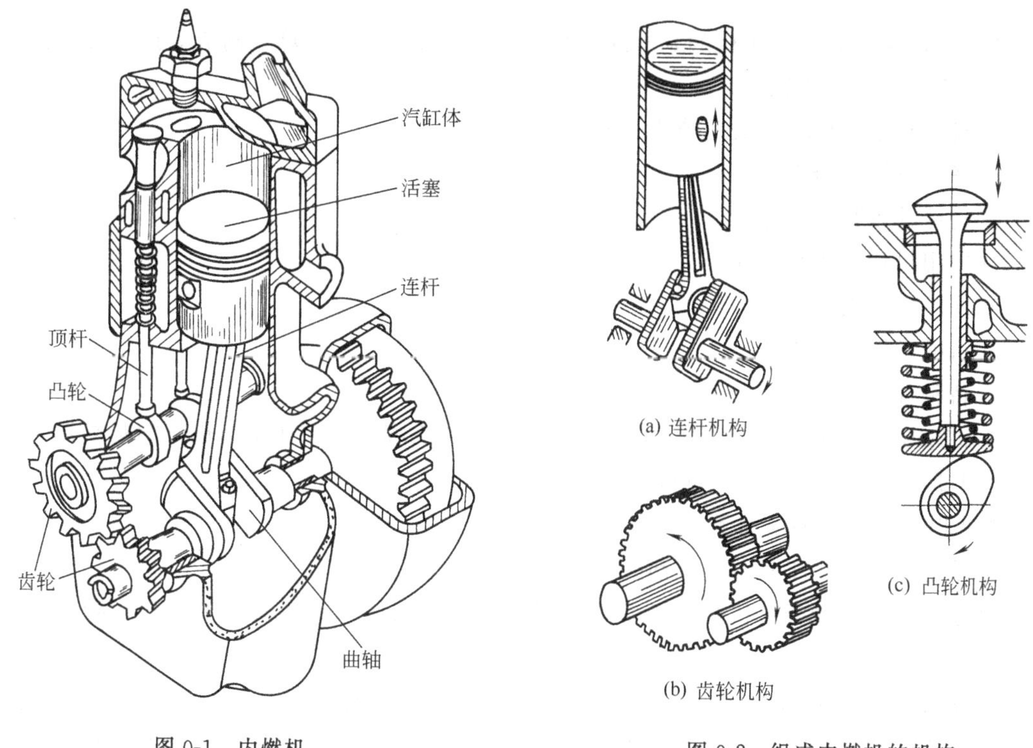

图 0-1　内燃机

图 0-2　组成内燃机的机构

和排气阀；齿轮机构保证进、排气阀与活塞之间形成协调动作。由此可见，机器是由机构组成的，从运动观点来看两者并无差别，工程上统称为机械。

组成机械的各个相对运动的实体称为构件，机械中不可拆的制造单元称为零件。构件可以是单一零件，如内燃机的曲轴（图 0-3），也可以是由多个零件组成的一个刚性整体，如内燃机的连杆（图 0-4）。由此可见，构件是机械中的运动单元，零件是机械中的制造单元。

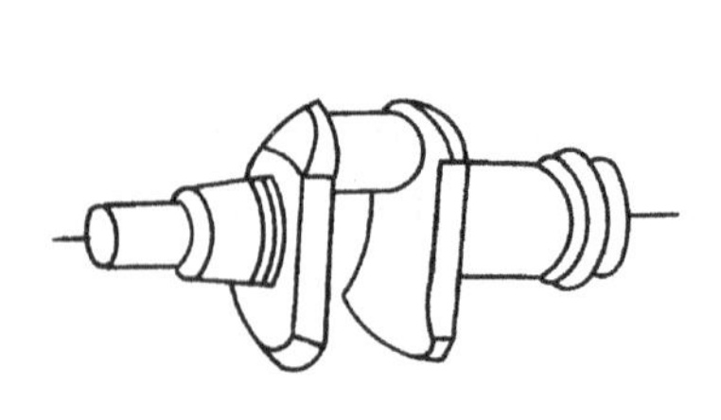

图 0-3　曲轴

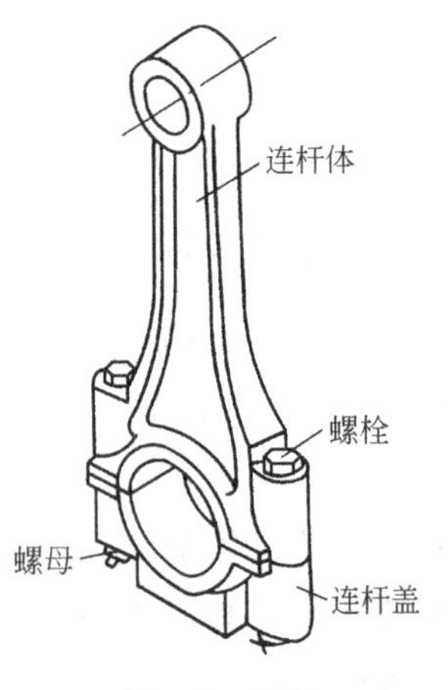

图 0-4　连杆

零件又可分为两类：一类是在各种机器中都可能用到的零件，称为通用零件，如螺母、螺栓、齿轮、凸轮、链轮等；另一类则是在特定类型机器中才能用到的零件，称为专用零件，如曲轴、活塞等。

二、本课程的内容、性质和任务

本课程的内容是研究机械的基本理论及与机械设计相关的计算、制造等技术问题。具体内容主要有以下几个方面。

① 机械常用工程材料及钢的热处理。

② 平面机构的静力分析。

③ 构件的承载能力分析。

④ 常用机构及传动设计。

⑤ 通用零件设计。

⑥ 机械常用加工方法。

⑦ 特种加工方法。

机械基础是一门技术基础课。它在培养非机械类工程技术人才掌握机械的基本知识方面起着非常重要的作用，是一门不可缺少的课程。

本课程的任务和要求如下。

① 了解机械常用工程材料和热处理的基本知识。

② 掌握物体的受力分析与平衡条件，能解决日常生活和工作实际中的有关静力分析的具体问题。

③ 掌握构件承载能力的计算方法及提高构件承载能力的措施。

④ 熟悉常用机构的结构特点、工作原理及应用等基本知识，并具有初步分析和设计常

用机构的能力。

⑤ 掌握通用零件的类型、工作原理、特点、应用及简单计算，并具有运用和分析简单传动装置的能力。

⑥ 通过本课程的学习，使学生具有运用标准、规范、手册、图册等相关技术资料的能力。

三、本课程的学习方法

本课程是实践性较强的技术基础课，因此，在学习时应注意以下几点。

① 应多看一些实物、模型，仔细观察机械的工作和运动情况，对各种机构有直观印象，则可对所学知识加深理解。

② 由于机器的种类繁多，而组成机器的机构种类却有限，本课程只对一些共性问题和常用机构进行探讨。所以，在学习时，一方面要着重搞清基本概念，理解基本原理，掌握机构分析的基本方法；另一方面也要注意这些原理和方法在机械工程上实际应用的范围和条件，要有一定的工程意识。

③ 做适量的习题也是学好本课程的重要环节。首先要了解如何从生产实际中提炼出理论问题，再用学到的理论、研究方法进行求解，最后得到符合实际需要的结论。

④ 实验课是加深基本概念理解和培养基本技能的重要环节，需要严肃认真地进行操作，审慎细致地取得数据，培养严谨的工作作风。

第一章

机械常用工程材料与钢的热处理

学习目的与要求

掌握热处理基本原理与工艺，掌握合理选材的方法和步骤，了解金属的基本结构，了解金属材料的分类与牌号表示方法，了解材料的性能与组织、结构的关系。

第一节　金属材料的力学性能与工艺性能

材料是人类社会发展的重要物质基础，人类社会发展的历史证明，生产技术的进步和生活水平提高与新材料的应用息息相关。每一种新材料的出现和应用，都使社会生产和人们生活发生重大变化，并有力地推动人类文明的进步。因此，历史学家常以石器时代、铜器时代、铁器时代来划分历史发展的各个阶段；而现在人类已跨入人工合成材料的新时代。

材料的种类很多，其中用于机械制造的各种材料，称为机械工程材料。生产中用来制作机械工程结构、零件和工具的固体材料，分为金属材料、非金属材料和复合材料三大类。其中金属材料是最重要的工程材料，应用最广、最多，占整个用材的80%～90%。金属材料之所以能够广泛应用，是由于它具有优良的使用性能和工艺性能，易于制成性能、形状都能满足使用要求的机械零件、工具和其他制品。

材料的性能与其成分、组织及加工工艺密切相关。金属材料可以通过不同的热处理方法，改变表面成分和内部组织结构，以获得不同的性能，满足不同的使用要求。因此，机械设计和制造的重要任务之一，就是合理地选用材料和制定材料的加工工艺。而要合理选材，必须了解其性能。

金属材料的性能包括使用性能和工艺性能。使用性能是指金属材料在使用过程中所表现出来的性能，主要有力学性能、物理性能和化学性能；工艺性能是指金属材料在各种加工过程中表现出来的性能，主要有铸造、锻造、焊接、热处理和切削加工性能。在机械行业中选用材料时，一般以力学性能作为主要依据。

一、力学性能

力学性能是指金属在外力作用下所表现出来的特性。常用的力学性能判据有强度、塑性、硬度、韧性和疲劳强度等。金属力学性能判据是指表征和判定金属力学性能所用的指标和依据。判据的高低表征了金属抵抗各种损伤能力的大小，也是设计金属制件时选材和进行强度计算的主要依据。

1. 强度和塑性

强度是指金属抵抗塑性变形和断裂的能力。塑性变形是指金属在外力作用下发生不能恢复原状的变形，也称永久变形。根据受力情况的不同，材料的强度可分为抗拉、抗压、抗弯曲、抗扭转和抗剪切等强度。常用的强度指标为静拉伸试验条件下，材料抵抗塑性变形能力的屈服点强度 σ_s 和抵抗破坏能力的抗拉强度 σ_b。材料的 σ_s 或 σ_b 值越大，则强度越高。

塑性是指断裂前材料发生塑性变形的能力，常用的判据有断后伸长率 δ 和断后收缩率 ψ。δ 和 ψ 越大，材料的塑性越好。伸长率 δ 是指材料受拉断裂时，一定长度的绝对伸长量与原有长度的百分比。

要测定材料的强度和塑性，通常是将材料制成标准试样（GB/T 6397—1986），在材料万能试验机上进行测定。关于强度、塑性及其测定将在以后进一步讲述。

2. 硬度

硬度是指材料抵抗局部变形，尤其是塑性变形、压痕或划痕的能力。硬度是衡量金属软硬程度的判据。

材料的硬度是通过硬度试验测得的。硬度试验所用设备简单，操作简便、迅速，可直接在半成品或成品上进行试验而不损坏被测件，而且还可根据硬度值估计出材料近似的强度和耐磨性。因此，硬度在一定程度上反映了材料的综合力学性能，应用很广。常将硬度作为技术条件标注在零件图样或写在工艺文件中。

硬度试验方法较多，生产中常用的是布氏硬度、洛氏硬度试验法。

（1）布氏硬度　其测定是在布氏硬度试验机上进行的，试验原理如图 1-1 所示。用直径为 D 的淬火钢球或硬质合金球做压头，以相应的试验力 F 将压头压入试件表面，经规定的时间后，去除试验力，在试件表面得到一直径为 d 的压痕。用试验力 F 除以压痕表面积 A，所得值即为布氏硬度值，用符号 HB 表示。淬火钢球为压头时，符号为 HBS；硬质合金球为压头时，符号为 HBW。

$$\mathrm{HBS(HBW)}=\frac{F}{A_{压}}=\frac{F}{\pi Dh}=0.102\times\frac{2F}{\pi D(D-\sqrt{D^2-d^2})}$$

式中　$A_{压}$——压痕表面积，mm^2。

d，D，h——压痕平均直径、压头直径、压痕深度，mm。

上式中只有 d 是变量，只要测出 d 值，即可通过计算或查表得到相应的硬度值。d 值越大，硬度值越小；d 值越小，硬度值越大。

布氏硬度试验法压痕面积较大，能反映出较大范围内材料的平均硬度，测得结果较准确，但操作不够简便。又因压痕大，故不宜测试薄件或成品件。HBS 适于测量硬度值小于 450 的材料；HBW 适于测量硬度值小于 650 的材料。

目前，大多用淬火钢球做压头测量材料硬度，主要用来测定灰铸铁、有色金属及退火、正火和调质的钢材等。

（2）洛氏硬度　其测定是在洛氏硬度试验机上进行的，试验原理如图 1-2 所示。它是以顶角为 120°金刚石圆锥体或直径为 1.588mm 淬火钢球做压头，在初试验力和总试验力（初试验力＋主试验力）先后作用下，压入试件表面，经规定保持时间后，去除主试验力，用测量的残余压痕深度增量（增量是指去除主试验力并保持初试验力的条件下，在测量的深度方

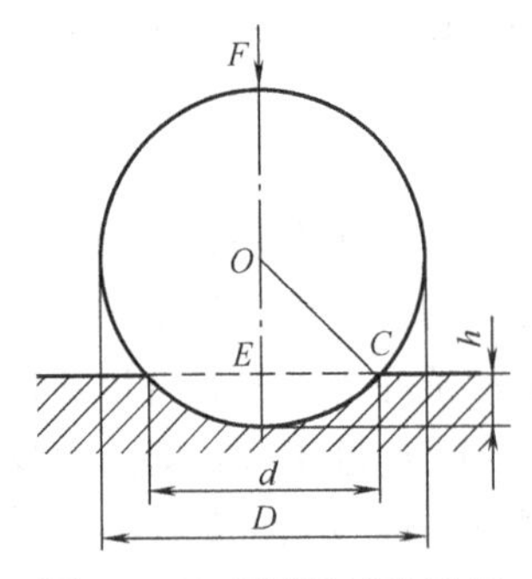

图 1-1　布氏硬度试验原理

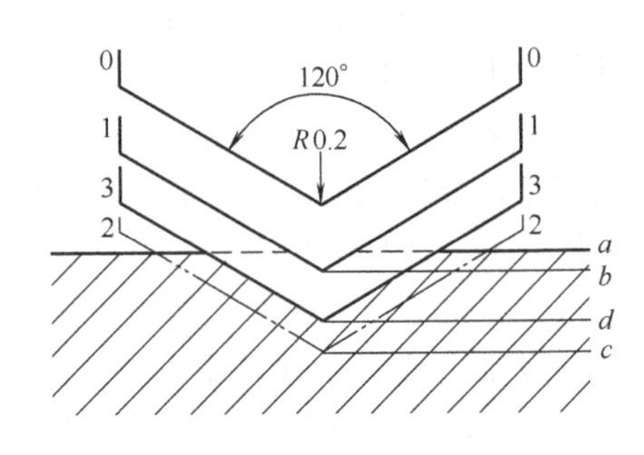

图 1-2　洛氏硬度试验原理示意

向上产生的塑性变形量）来计算硬度的一种压痕硬度试验法。

图 1-2 中，0-0 为压头与试件表面未接触的位置；1-1 为加初试验力 10kgf（98.07N）后，压头经试件表面 a 压入到 b 处的位置，b 处是测量压入深度的起点（可防止因试件表面不平引起的误差）；2-2 为初试验力和主试验力共同作用下，压头压入到 c 处的位置；3-3 为卸除主试验力，但保持初试验力的条件下，因试件弹性变形的恢复使压头回升到 d 处的位置。因此，压头在主试验力作用下，实际压入试件产生塑性变形的压痕深度为 bd（bd 为残余压痕深度增量）。用 bd 大小来判断材料的硬度，bd 越大硬度越低；反之，硬度越高。为适应习惯上数值越大，硬度越高的概念，故用一常数 K 减去 bd（h）作为硬度值（每 0.002mm 的压痕深度为一个硬度单位）直接由硬度计表盘上读出。洛氏硬度用符号 HR 表示。

$$\mathrm{HR}=K-\frac{bd}{0.002}$$

金刚石做压头，$K=100$；淬火钢球做压头，$K=130$。

为使同一硬度计能测试不同硬度范围的材料，可采用不同的压头和试验力。按压头和试验力不同，GB/T 230—1991 规定洛氏硬度的标尺有九种，但常用的是 HRA、HRB 和 HRC 三种，其中 HRC 应用最广。洛氏硬度的试验条件和应用范围见表 1-1。

表 1-1　洛氏硬度的试验条件和应用范围

硬度符号	压头类型	总试验力 $F_{总}$/kgf(N)	硬度值有效范围	应用举例
HRA	120°金刚石圆锥	60(588.4)	7088	硬质合金，表面淬火、渗碳钢等
HRB	ϕ1.588mm 钢球	100(980.7)	20～100	有色金属，退火、正火钢
HRC	120°金刚石圆锥	150(1471.1)	20～70	淬火钢，调质钢等

注：总试验力＝初试验力＋主试验力。

洛氏硬度试验操作简便、迅速，测量硬度范围大，压痕小，无损于试件表面，可直接测量成品或较薄工件。但因压痕小，对内部组织和硬度不均匀的材料的测量结果不够准确。因此，需在试件不同部位测定三点取其平均值。

3. 韧性与疲劳强度

（1）韧性　以上讨论的是静载荷下的力学性能指标，但生产中许多零件是在冲击力作用下工作的，如锻锤的锤杆、风动工具等。这类零件，不仅要满足在静力作用下的力学性能指标，还应有足够的韧性。韧性是指金属在断裂前吸收变形能量的能力，它表示了金属材料抗冲击的能力。韧性的判据是通过冲击试验确定的。

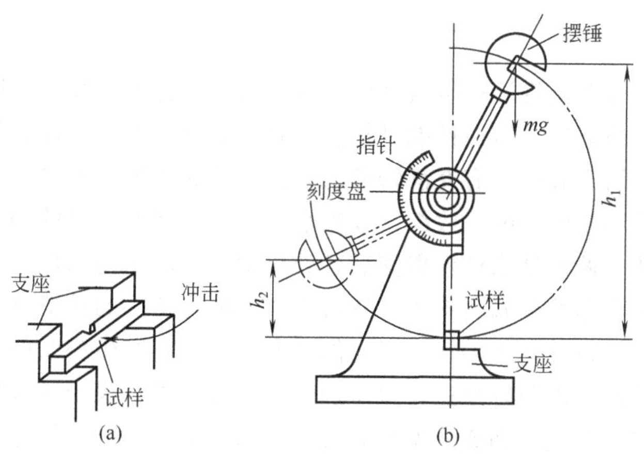

图 1-3 摆锤式冲击试验原理示意

常用的方法是摆锤式一次冲击试验法，它是在专门的摆锤试验机上进行的。试验时首先将材料按 GB/T 229—1994 的规定，将被测材料制作成标准冲击试样，然后将试样缺口背向摆锤冲击方向放在试验机支座上（图 1-3）。摆锤举至 h_1 高度，然后自由落下；摆锤冲断试样后，升至 h_2 高度。摆锤冲断试样所消耗的能量，即试样在冲击力一次作用下折断时所吸收的功，称为冲击吸收功，用符号 A_K 表示。

$$A_K = mgh_1 - mgh_2 = mg(h_1 - h_2)$$

A_K 值不需计算，可由试验机刻度盘上直接读出。冲击试样缺口底部单位横截面积上的冲击吸收功，称为冲击韧度，用符号 a_K 表示，单位为 J/cm^2。

$$a_K = \frac{A_K}{A}$$

式中　A——试样缺口底部横截面积，cm^2。

冲击吸收功越大，材料韧性越好，在受到冲击时越不容易断裂。但应当指出，冲击试验时，冲击吸收功中只有一部分消耗在断开试样缺口上，冲击吸收功的其余部分则消耗在冲断试样前，缺口附近体积内的塑性变形上。因此，冲击韧度不能真正代表材料的韧性，而用冲击吸收功 A_K 作为材料韧性的判据更为适宜。

（2）疲劳强度　许多零件如轴、齿轮、弹簧等是在交变应力作用下工作的。在循环应力作用下，零件在一处或几处产生局部永久性累积损伤，经一定循环次数后产生裂纹或突然发生完全断裂的过程，称为疲劳或疲劳断裂。零件疲劳断裂前无明显塑性变形，危险性大，常造成严重事故。

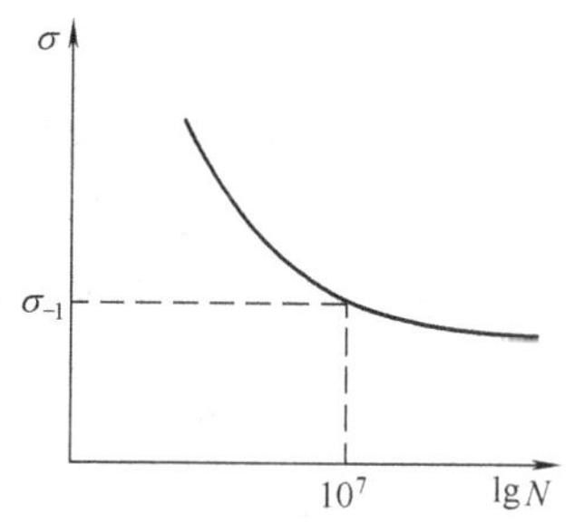

图 1-4 疲劳曲线示意

实验证明，金属材料能承受的交变应力与断裂前应力循环基数有关。如图 1-4 所示，当 σ 低于某一值时，曲线与横坐标平行，表示材料可经无数次循环应力作用而不断裂，这一应力称为疲劳应力，并用 σ_{-1} 表示光滑试样对称弯曲疲劳强度。

一般，交变应力越小，断裂前所能承受的循环次数越多；交变应力越大，可循环次数越少。工程上用的疲劳强度，是指在一定的循环基数下不发生断裂的最大应力。通常规定钢铁材料的循环基数取 10^7，有色金属取 10^8。

二、工艺性能

(1) 铸造性能　铸造是将熔融金属浇注、压射或吸入铸型型腔中，待其凝固后而得到一定形状和性能的零件的方法。铸造性能是指浇注时液态金属的流动性、凝固时的收缩性和偏析倾向等。流动性好的金属材料有充满铸型的能力，能够铸出大而薄的铸件。收缩是指液态金属凝固时体积收缩和凝固后的线收缩，收缩小的可提高液态金属的利用率，减少铸件产生变形或裂纹的可能性。偏析是指铸件凝固后各处化学成分的不均匀性，若偏析严重，将使铸件力学性能变坏。在常用的金属材料中，灰铸铁和青铜有良好的铸造性能。

(2) 锻造性能　指材料在压力加工时，能改变形状而不产生裂纹的性能以及变形时变形抗力的大小。锻造性好，表明容易进行锻压加工；锻造性差，表明该金属不宜选用锻压加工方法变形。锻造性与化学成分和变形温度有关，在高温下材料一般锻造性好。与高碳钢和合金钢相比低碳钢能承受锻造、轧制、冷拉、挤压等形变加工，表现出良好的锻造性。

(3) 焊接性能　指材料在通常的焊接方法和焊接工艺条件下，能否获得质量良好的焊缝的性能。焊接性能好的材料，易于用一般的焊接方法和工艺进行焊接，焊缝中不易产生气孔、夹渣或裂纹等缺陷，其强度与母材接近。焊接性能差的材料要用特殊的方法和工艺进行焊接。焊接性与化学成分有关，常用材料中，低碳钢有良好的焊接性，而高碳钢和铸铁焊接性较差。

(4) 切削加工性能　指工件材料进行切削加工的难易程度。切削加工性好的材料易于高效获得加工表面质量好的零件，且刀具寿命长，而加工性不好的材料，不宜获得高表面质量的工件甚至不能切削加工。金属材料的切削加工性，不仅与材料本身的化学成分、金相组织有关，还与刀具有关。通常，可根据材料的强度和韧性对切削加工性作大致的判断。硬度过高或过低以及韧性过大的材料，切削加工性较差。碳钢硬度为 HBS150～250 时，有较好的切削加工性。材料硬度高，使刀具寿命短或不能切削加工；材料硬度过低，不易断屑，容易粘刀，加工后表面粗糙。灰口铸铁具有良好的切削加工性。

第二节　金属的晶体结构与结晶

金属材料的性能不仅决定于它们的化学成分，而且还决定于它们的内部组织结构。即使是成分相同的材料，当经过不同的热加工或冷变形加工后，性能也会有很大差异。材料性能上的差异主要取决于金属内部原子排列规律和结构缺陷。

一、晶体结构

1. 金属是晶体

固体材料按内部原子聚集状态不同，分为晶体和非晶体。晶体内部的原子按一定几何形状作有规律地重复排列，而非晶体内部的原子无规律地堆积在一起。晶体（如金刚石）具有固定的熔点和各向异性的特征；非晶体（如玻璃）没有固定熔点，且各向同性。固态金属与合金基本上都是晶体。

2. 晶体结构的基本概念

实际晶体中的各类质点（包括原子、离子、电子等）虽然都是在不停地运动着，但是，通常在讨论晶体结构时，常把构成晶体的原子看成是一个个固定的小球，这些原子小球按一定的几何形式在空间紧密堆积，如图 1-5（a）所示。

为便于分析晶体原子排列规律，可将原子近似地看成一个点，并用假想的线条（直线）将各原子中心连接起来，便形成一个空间几何格架。这种抽象的用于描述原子在晶体中排列方式的空间几何格架称为晶格，如图 1-5（b）所示。晶格中直线的交点称为结点。由于晶体中原子排列规律，因此，可以在晶格内取一个能代表晶格特征的，由最少数目的原子排列成的最小结构单元来表示晶格，称为晶胞，如图 1-5（c）所示。分析晶胞可从中找出晶体特征及原子排列规律。各种晶体由于其晶体类型及晶格大小不同，故呈现出不同的性能。

3. 常见的晶体结构

（1）体心立方晶格　晶胞为一立方体，立方体的八个顶角各排列着一个原子，立方体中心有一个原子，如图 1-6 所示。属于这种晶格类型的金属有 α-铁、铬（Cr）、钨（W）、钼（Mo）、钒（V）等。

（2）面心立方晶格　晶胞也是一个立方体，立方体的八个顶角和六个面的中心各排列着一个原子，如图 1-7 所示。属于这种晶格类型的金属有 γ-铁、铝（Al）、铜（Cu）、镍（Ni）、金（Au）、银（Ag）。

晶格类型不同，原子排列的致密度（晶胞中原子所占体积与晶胞体积的比值）也不同。体心立方晶格为 68%，面心立方晶格为 74%。面心立方晶格原子排列紧密。各种晶体由于原子结构和原子结合力不同，表现出不同的性能。

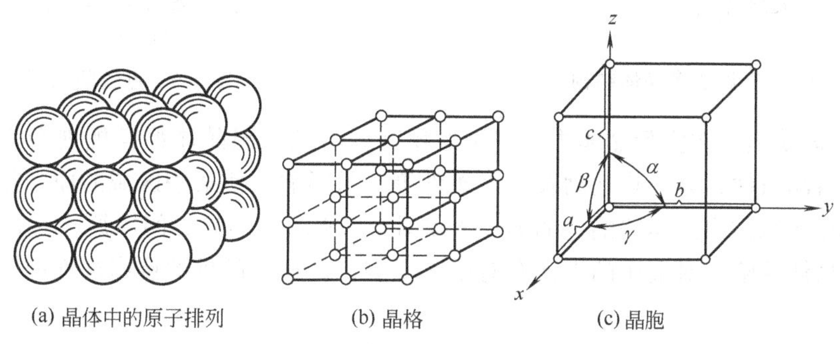

图 1-5　简单立方晶格与晶胞示意

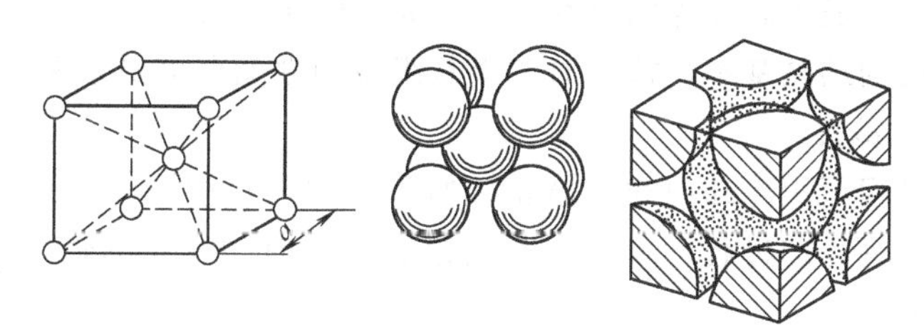

图 1-6　体心立方晶胞示意

图 1-7　面心立方晶胞示意

晶体中不同的晶面和晶向上原子密度不同，原子间结合力也不同，因此晶体在不同晶面和晶向上表现出不同的性能，即各向异性。但在实际金属材料中，一般见不到它们具有这种各向异性的特征，这是因为实际晶体结构与理想晶体结构有很大的差异。

二、实际晶体结构

(1) 多晶体结构　晶体内部的晶格位向完全一致的晶体称为单晶体。金属的单晶体只能靠特殊的方法制得。实际使用的金属材料都是由许多晶格位向不同的微小晶体组成，每个小晶体都相当于一个单晶体，内部晶格位向是一致的，而小晶体之间的位向却不相同。这种外形呈多面体颗粒状的小晶体称为晶粒。晶粒与晶粒之间的界面称为晶界。由许多晶粒组成的晶体称为多晶体，如图 1-8 所示。由于多晶体的性能是位向不同晶粒的平均性能，故可认为金属（多晶体）是各向同性的。

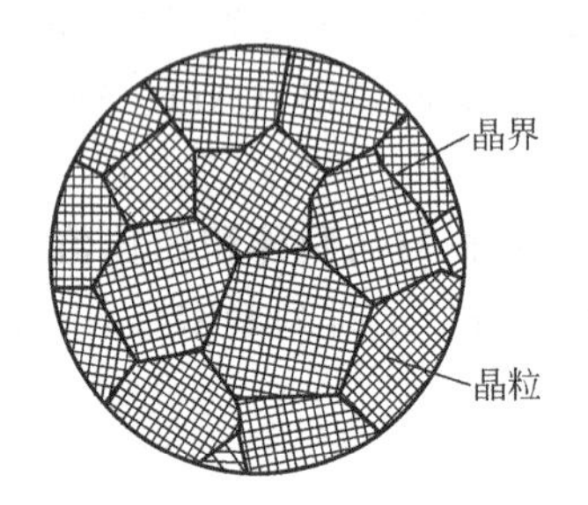

图 1-8　金属的多晶体结构

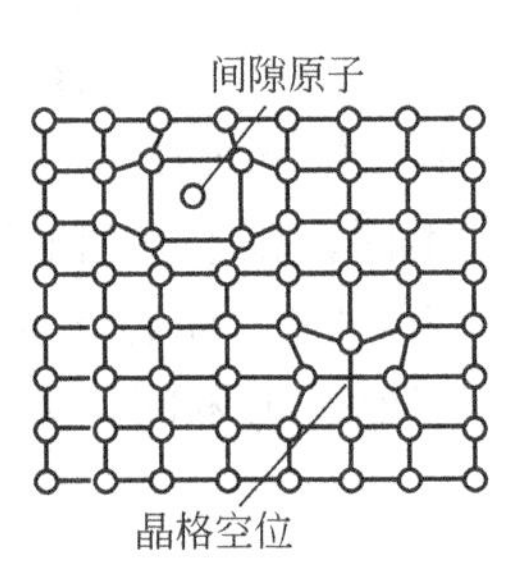

图 1-9　点缺陷示意

(2) 晶体缺陷　在实际晶体中，原子的排列并不像理想晶体那样规则和完整。由于许多因素（如结晶条件、原子热运动及加工条件等）的影响，使某些区域的原子排列受到干扰和破坏，这种区域称为晶体缺陷。如图 1-8 和图 1-9 所示的晶界、间隙原子和晶格空位。金属晶体中的晶体缺陷，对金属的性能会有很大影响。例如，晶界的抗腐蚀性差、熔点低等。

三、结晶

纯金属由液态转变成固态晶体的过程称为结晶。因结晶所形成的组织直接影响到金属的性能，所以研究金属的结晶基本规律，对改善其组织和性能有重要意义。

1. 过冷曲线与过冷度

纯金属的结晶过程可用冷却曲线来描述。如图 1-10 (a) 所示为用热分析法测绘的冷却曲线，即在金属液缓慢冷却过程中，观察并记录温度随时间变化的数据，将其绘制在温度-时间坐标中而得到的。

由冷却曲线 1 可知，金属液缓慢冷却时，随着热量向外散失，温度不断下降，当温度降到 T_0 时，开始结晶。由于结晶时放出的结晶潜热补偿了其冷却时向外散失的热量，故结晶过程中温度不变，即冷却曲线上出现一水平线段，水平线段所对应的温度称为理论结晶温度 (T_0)。结晶结束后，固态金属的温度继续下降，直至室温。

在实际生产中，金属结晶的冷却速度都很快。因此，金属液的实际结晶温度 T_1 总是低于理论结晶温度 T_0，如图 1-10 (b) 曲线 2 所示，这种现象称为过冷现象。理论结晶温度与实际结晶温度之差 ΔT，称为过冷度，即 $\Delta T = T_0 - T_1$。

过冷度的大小与冷却速度、金属的性质和纯度等因素有关。冷却速度越快，过冷度越

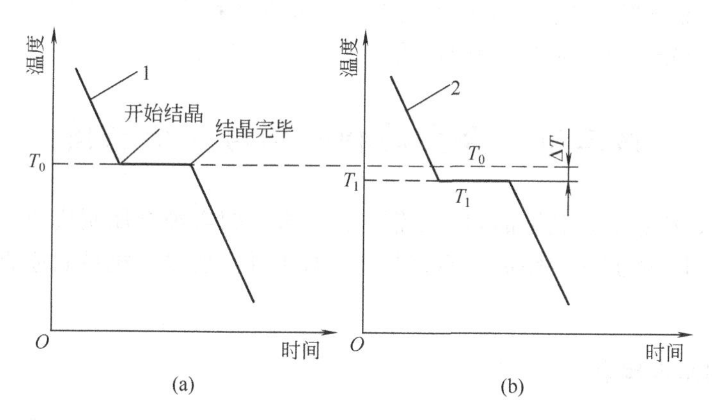

图 1-10 纯金属的冷却曲线

大。实际上，金属都是在过冷情况下结晶的，过冷是金属结晶的必要条件。

2. 纯金属的结晶过程

纯金属的结晶过程是晶核形成和长大的过程，如图 1-11 所示。液态金属中的原子进行着热运动，无严格的排列规则。但随温度下降，热运动逐渐减弱，原子活动范围缩小，相互之间逐渐靠近。当冷却到结晶温度时，某些部位的原子按金属固有的晶格，有规律地排列成小晶体。这种细小的晶体称为晶核，也称自发晶核。晶核周围的原子按固有规律向晶核聚集，使晶核长大。在晶核不断长大的同时，又有新的晶核产生、长大，直至结晶完毕。因此，一般金属是由许多外形不规则、位向不同的小晶体（晶粒）所组成的多晶体。

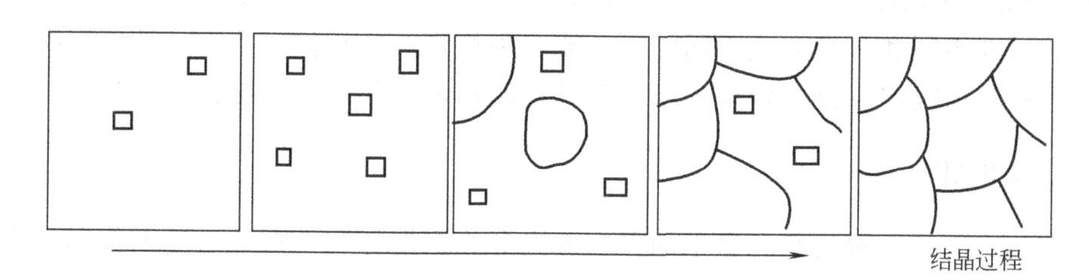

图 1-11 金属结晶过程示意

金属中含有的杂质质点能促进晶核在其表面上形成，这种依附于杂质而形成的晶核称为非自发晶核。能形成非自发晶核的杂质，其晶体结构和晶格大小应与金属的相似，才能成为非自发晶核的基底。自发晶核和非自发晶核同时存在于金属液中，但非自发晶核往往比自发晶核更为重要，起优先和主导作用。

3. 金属晶粒大小与控制

金属结晶后，其晶粒大小对金属材料的力学性能有很大影响。晶粒越细小，金属的强度、塑性和韧性越高。

由前述可知，晶粒大小决定于晶核数目的多少和晶粒长大的速率。凡是能促进形核，抑制长大的因素，都能细化晶粒。生产之中为细化晶粒，提高金属的性能，常采用以下方法。

（1）增大冷速　冷速增加，金属结晶时，过冷度增加，形核速率和长大速率增加，但过冷度较小时形核速率大于长大速率，故增大冷速，可使晶粒细化。

（2）变质处理　在浇注前，可人为地向金属液中加入一定量的难熔金属或合金元素（称为变质剂），增加非自发形核，以增加形核率，这种方法称为变质处理。变质处理在冶金和铸造生产中应用十分广泛，如在钢中加入铝、钛、钒、硼等。

第三节　合金的相结构与合金相图

许多导电体、传感器、装饰品均是由铜、铝、金、银等纯金属制成的。但纯金属的力学性能较差，在应用上受到一定限制，不宜制造机械零件。所以，机械制造业使用的金属材料大多是合金。

一、合金的基本概念

合金是指由两种或两种以上的金属元素（或金属与非金属元素）组成的并具有金属特性的物质。

组成合金最基本的、独立的物质称为组元（简称元）。通常组元就是指组成合金的元素，也可以是稳定的化合物。例如，钢和铁中的铁和 Fe_3C 都是组元，其中 Fe_3C 是化合物。按组元的数目，合金分为二元合金、三元合金和多元合金等。当组元不变，而组元比例发生变化时，就可以得到一系列不同成分的合金。这一系列相同组元的合金被称为合金系。

在纯金属或合金中具有相同的化学成分、晶体结构和相同物理性能的组分称为相。不同相之间有明显的界面。例如，纯铜在熔点温度以上或以下，分别为液相或固相，而在熔点温度时则为液、固两相共存。合金在固态下，可以形成均匀的单相组织，也可以形成由两相或两相以上组成的多相组织，这种组织称为两相或复相组织。组织是泛指用金相观察方法看到的由形态、尺寸不同和分布方式不同的一种或多种相构成的总体。合金的性能，决定于相和组织两个因素，即决定于组成合金各相本身的性能和各相的组合情况。

二、合金的相结构

固态合金中的相，按其组元原子的存在方式分为固溶体和金属化合物两大基本类型。

1. 固溶体

固溶体是指合金在固态下，组元间能相互溶解而形成的均匀相。固溶体晶格类型与某组元晶格类型相同。例如，普通黄铜是锌（溶质）原子溶入铜（溶剂）的晶格而形成的固溶体。根据溶质原子在溶剂晶格中所占位置不同，固溶体分为置换固溶体和间隙固溶体，如图1-12所示。

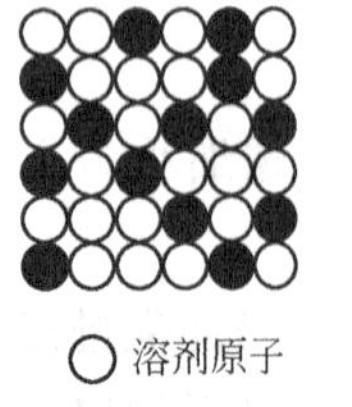

(a) 置换固溶体

溶质原子
溶剂原子

(b) 间隙固溶体

图1-12　固溶体结构示意

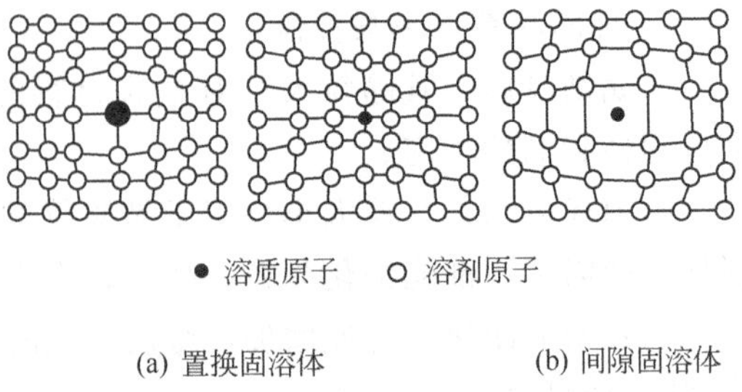

溶质原子　溶剂原子

(a) 置换固溶体　(b) 间隙固溶体

图1-13　固溶体中晶格畸变示意

由于溶质原子的溶入使溶剂晶格产生畸变（图 1-13），增加了晶格变形抗力，因而导致材料强度和硬度提高，并使其塑性和韧性有所下降。这种通过溶入溶质元素，使固溶体强度和硬度提高的现象叫固溶强化。固溶强化是提高材料力学性能的重要途径之一。

2. 金属化合物

金属化合物是合金组元间发生相互作用而形成的具有金属特性的一种新相，其晶格类型和性能不同于合金中的任一组元元素，一般可用分子式表示。例如，钢中的 Fe_3C 即是铁和碳形成的化合物。

金属化合物一般具有复杂的晶体结构，熔点高，硬而脆。当合金中出现金属化合物时，通常能提高合金的强度、硬度和耐磨性，但会降低塑性和韧性。金属化合物是各种合金钢、硬质合金及许多非铁金属的重要组成相。

合金的组织组成可能出现以下几种状况。

① 由单相固溶体晶粒组成。

② 由单相的金属化合物晶粒组成。

③ 由两种固溶体的混合物组成。

④ 由固溶体和金属化合物混合组成。

合金组织的组成相中，固溶体强度、硬度较低，塑性、韧性较好；金属化合物硬度高、脆性大；而由固溶体和金属化合物组成的机械混合物的性能往往介于二者之间，即强度、硬度较高，塑性、韧性较好。由两种以上固溶体及金属化合物组成的多相合金组织，因各组成相的相对数量、尺寸、形状和分布不同，形成各种各样的组织形态，从而影响合金的性能。例如，碳钢退火状态下的组织是铁素体（碳在 α-Fe 中的间隙固溶体）与化合物 Fe_3C 的混合物。铁素体塑性、韧性好，强度低，化合物 Fe_3C 硬而脆。不同含碳量的钢中，化合物 Fe_3C 数量不同，其性能也不同。一定含碳量的高碳钢中，化合物 Fe_3C 数量一定，但 Fe_3C 呈粒状或片状形态不同，将在很大程度上影响钢的性能。Fe_3C 呈细粒状分布，可获得良好的综合力学性能。

因此，要了解合金的成分与性能的关系，除了要了解相的结构和性能外，还必须掌握合金固态转变过程中所形成的各个相的数量及其分布规律。

3. 二元合金相图

合金的结晶过程也遵循形核与长大的规律，但合金的内部组织远比纯金属复杂。同是一个合金系，合金的组织随化学成分的不同而变化；同一成分的合金，其组织随温度不同而变化。为了全面了解合金的组织随成分、温度变化的规律，需对合金系中不同成分的合金进行实验，观察分析其在极其缓慢加热、冷却过程中内部组织的变化，绘制成图。这种表示在平衡条件下给定合金系中合金的成分、温度与其相和组织状态之间关系的坐标图形，称为合金相图（又称合金状态图或合金平衡图）。

建立相图最常用的方法是热分析法，下面以铅锡二元合金为例说明二元合金相图的建立。首先，将铅锡两种金属配制成一系列不同成分的合金（表 1-2），作出每个合金的冷却曲线；然后，找出各冷却曲线上的相变点（转变温度），在温度-成分坐标图上，将各个合金的相变点分别标在相应合金的成分垂线上；将各成分垂线上具有相同意义的点连接成线，并根据已知条件和分析结果在各区域内写上相应的相名称符号和组织符号，给曲线上重要的点注上字母和数字，就得到一个完整的二元合金相图（图 1-14）。

表 1-2 实验用 Pb-Sn 合金的成分和相变点

合金序号	化学成分 w_{Me}/%		相变点/℃		合金序号	化学成分 w_{Me}/%		相变点/℃	
	Pb	Sn	开始结晶温度	终止结晶温度		Pb	Sn	开始结晶温度	终止结晶温度
1	100	0	327	327	5	38.1	61.9	183	183
2	95	5	320	290	6	20	80	205	183
3	87	13	310	220	7	0	100	232	232
4	60	40	240	183					

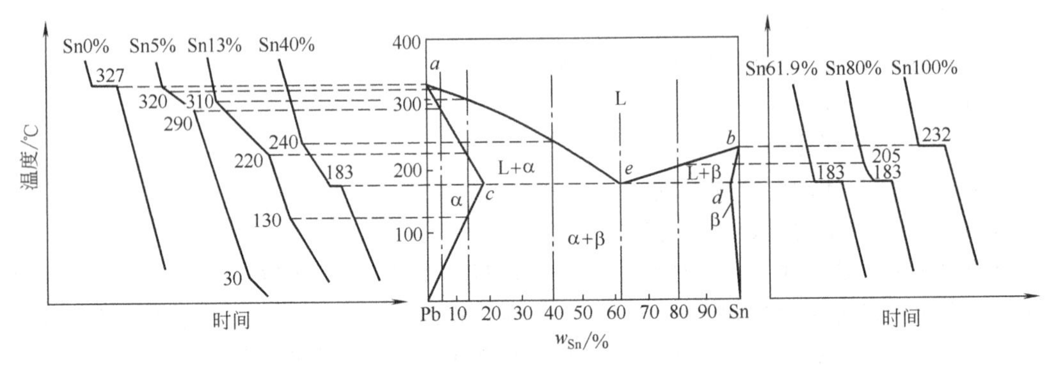

图 1-14 相图建立过程示意

各个冷却曲线上的转折点和水平线，表示合金在冷却到该温度时发生了冷却速度的突然变化，这是由于金属和合金在结晶（或固态相变）时有相变潜热放出，抵消了部分或全部热量散失的缘故。纯铅和纯锡是在恒温下进行的；锡含量在 61.9%的合金的结晶过程也是在恒温下进行的，温度为 183℃；而其余合金的结晶过程则是分别在一定的温度范围内进行的。把所有代表合金结晶开始温度的相变点都连接起来成为 *aeb* 线，在此线上的铅锡合金都是液相，因此把此线称为液相线。同理，*acedb* 线称为固相线，此线以下的合金都呈固相。在液相线和固相线之间是液、固相平衡共存的两相区。在 *ced* 水平线成分范围的合金，结晶温度到达 183℃时，将发生恒温转变 $L_e = \alpha_c + \beta_d$，即从某种成分固定的液相合金中同时结晶出两种成分和结构皆不相同的固相，这种转变称为共晶转变，这时 L+α+β 三相共存。

二元合金相图有多种不同的基本类型。实用的二元合金相图大都比较复杂，但复杂的相图总是可以看做是由若干基本类型的相图组合而成的。例如，铁碳合金相图包含了共晶、匀晶、包晶三种基本二元相图（图 1-15）。

除二元合金相图外，还有三元合金相图、多元合金相图等用来分析多元合金的平衡相变

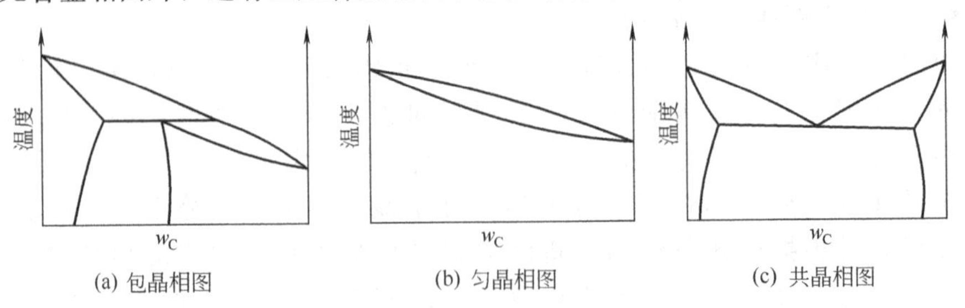

图 1-15 三种二元合金基本相图

过程和组织变化。

第四节　铁碳合金及其相图

钢和铸铁是现代工业中应用最广泛的金属材料，形成钢和铸铁的主要元素是铁和碳，故又称铁碳合金。不同成分的铁碳合金具有不同的组织和性能。若要了解铁碳合金成分、组织和性能之间的关系，必须研究铁碳合金相图。

一、纯铁的同素异晶转变

大多数金属在结晶后晶格类型不再发生变化，但少数金属，如铁、钛、钴等在结晶后，其晶格类型会随温度的改变而发生变化，这种变化称为同素异晶（构）转变。同素异晶转变时，有结晶潜热产生，同时也遵循晶核的形成及长大的结晶规律，与液态金属的结晶相似，故又称为重结晶。

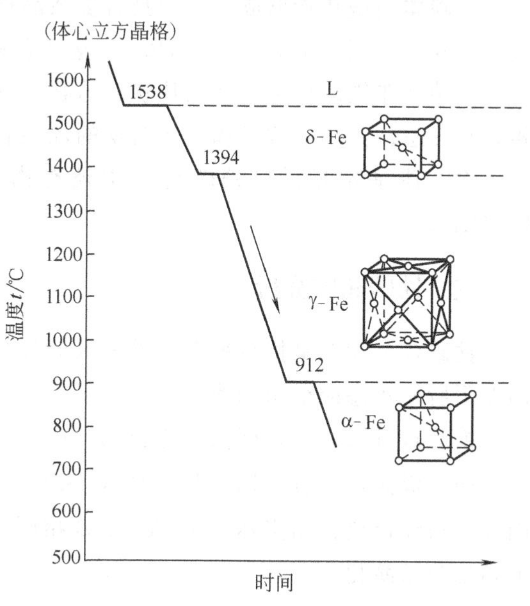

图 1-16　纯铁的冷却曲线及晶体结构变化

如图 1-16 所示，液态纯铁在 1538℃结晶后，晶格类型为体心立方晶格，称为 δ 铁，可用 δ-Fe 表示；继续冷却到 1394℃，晶格类型转变为面心立方晶格，称为 γ 铁，可用 γ-Fe 表示；再继续冷却到 912℃，晶格类型转变为体心立方晶格，称为 α 铁，可用 α-Fe 表示。此后，继续冷却，晶格类型不再发生变化。加热时，则发生相反的变化。纯铁的同素异晶转变过程概括如下。

$$\underset{\text{(体心立方晶格)}}{\delta\text{-Fe}} \xrightleftharpoons{1394℃} \underset{\text{(面心立方晶格)}}{\gamma\text{-Fe}} \xrightleftharpoons{912℃} \underset{\text{(体心立方晶格)}}{\alpha\text{-Fe}}$$

金属的同素异晶转变将导致金属的体积发生变化，并产生较大的应力。由于纯铁具有同素异晶转变的特性，因此，在生产中才能通过不同的热处理工艺来改变钢铁的组织和性能。

二、铁碳合金的基本相

铁碳合金中，因铁和碳在固态下相互作用不同，所以，可形成固溶体和金属化合物，其基本相有铁素体、奥氏体和渗碳体。

1. 铁素体

α 铁中溶入一种或多种溶质元素构成的固溶体称为铁素体，用符号 F 表示，具有体心立方晶格。

碳在 α-Fe 中的溶解度很小。在 600℃时，溶解度仅为 0.006%；随温度的升高溶碳量逐渐增加，在 727℃时，溶碳量为 0.0218%。因此，铁素体室温的性能与纯铁相似，强度、硬度低，塑性、韧性好（80HBS，σ_b=180～280MPa，A_K=128～160J）。

2. 奥氏体

γ 铁中溶入碳形成的固溶体称为奥氏体，用符号 A 表示，具有面心立方晶格。

碳在 γ 铁中的溶解度较大。在 727℃时，为 0.77%；在 1148℃时溶解度最大，为 2.11%。奥氏体的塑性、韧性好，强度、硬度较低（$\sigma_b = 400\text{MPa}$，170～220HBS，$\delta =$ 40%～50%）。因此，生产中常将工件加热到奥氏体状态进行锻造。

3. 渗碳体

渗碳体是铁和碳形成的一种具有复杂晶格的金属化合物，用化学式 Fe_3C 表示，其含碳量为 6.69%，硬度很高（800HBS），塑性和韧性几乎为零，熔点为 1227℃。

渗碳体在铁碳合金中常以片状、球状、网状等形式与其他相共存，它是钢中的主要强化相，其形态、大小、数量和分布对钢的性能有很大影响。

除上述基本相外，铁碳合金中还有由基本相组成的复相组织珠光体（P）和莱氏体（L_d）。

三、铁碳相图分析

铁碳合金相图是指在平衡条件下（极其缓慢加热或冷却），不同成分铁碳合金，在不同温度下所处状态或组织的图形。

铁和碳可形成一系列稳定化合物（Fe_3C、Fe_2C、FeC），由于含碳量大于 6.69%的铁碳合金脆性极大，没有实用价值，Fe_3C 又是一个稳定的化合物，可以作为一个独立的组元，因此，铁碳合金相图实际上是 Fe-Fe_3C 相图，如图 1-17 所示。为便于分析和研究，图中左上角部分已简化。

1. 特性点

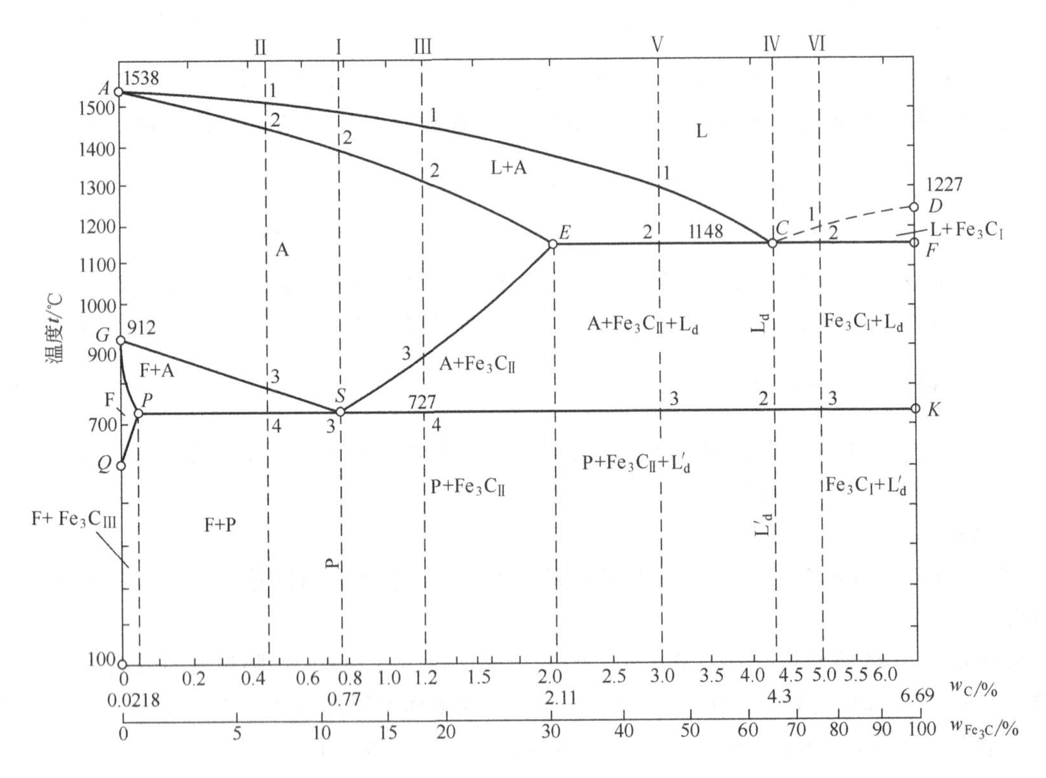

图 1-17 简化的 Fe-Fe_3C 相图

$Fe\text{-}Fe_3C$ 相图中特性点的意义、温度及含碳量见表 1-3。

表 1-3　简化的 $Fe\text{-}Fe_3C$ 相图的特性点

特性点	t/℃	w_C/%	含　义
A	1538	0	纯铁的熔点
C	1148	4.3	共晶点，L_C　　$L_d(A_E+Fe_3C)$
D	1227	6.69	渗碳体的熔点
E	1148	2.11	碳在 γ-铁中的最大溶解度
G	912	0	纯铁的同素异晶转变点，α-Fe　γ-Fe
P	727	0.0218	碳在 α-铁中的最大溶解度
S	727	0.77	共析点，A_S　　$P(F_P+Fe_3C)$
Q	600	0.0006	碳在 α-铁中的溶解度

2. 特性线

$Fe\text{-}Fe_3C$ 相图中的特性线是不同成分合金具有相同意义相变点的连接线，也是铁碳合金组织发生转变或相变的分界线。

ACD 为液相线。各种成分的合金冷却到此线时，开始结晶。在 *AC* 线以下从液相中结晶出奥氏体 A，在 *CD* 线以下结晶出渗碳体 Fe_3C（称为一次渗碳体），用 $Fe_3C_Ⅰ$ 表示。

AECF 为固相线。合金冷却到此线全部结晶为固态，此线以下为固态区。其中 *AE* 线为奥氏体结晶终了线，*ECF* 线为共晶线。含碳量超过 2.11%的合金冷却到此温度线时，将从液态合金中同时结晶出两种固相（$A+Fe_3C$），即发生共晶转变（反应），共晶转变的产物（奥氏体和渗碳体的机械混合物）称为莱氏体。

ES 线为碳在奥氏体中的溶解度曲线，又称 A_{cm} 线。在 1148℃时，碳在奥氏体中最大溶解度为 2.11%。随着温度的降低，溶碳量减少，727℃时，溶碳量减少为 0.77%。它也是含碳量大于 0.77%的铁碳合金，由高温缓冷时，从奥氏体中析出渗碳体的开始温度线，此渗碳体称为二次渗碳体（用 $Fe_3C_Ⅱ$ 表示）。

GS 线又称 A_3 线，是合金由奥氏体中析出铁素体的开始线。

PSK 线为共析线，又称 A_1 线。凡是含碳量大于 0.0218%的铁碳合金缓冷至该线时，从含碳量为 0.77%的奥氏体中同时析出铁素体和渗碳体，构成交替重叠的层片状两相组织，称为珠光体。而这种转变称为共析转变，*S* 点称为共析点。

PQ 线为碳在 α-铁中的溶解度曲线。在 727℃时，溶碳量为 0.0218%，随温度降低，溶碳量减少，至 600℃时为 0.006%。

四、铁碳合金分类

按铁碳相图中碳的含量及室温组织的不同，铁碳合金分为工业纯铁、钢和白口铸铁。

（1）工业纯铁　含碳量小于 0.0218%的铁碳合金，组织为 F。它是电器、电机行业中的磁性材料。

（2）钢　含碳量在 0.0218%～2.11%之间的铁碳合金。按室温组织不同又分为共析钢（含碳量为 0.77%，组织为 P）、亚共析钢（含碳量小于 0.77%，组织为 P+F）、过共析钢（含碳量大于 0.77%，组织为 $P+Fe_3C_Ⅱ$）。

(3) 白口铸铁　含碳量为2.11%～6.69%的铁碳合金。其性能特点是脆性大、硬度高，断口呈白色。按组织又可分为共晶白口铸铁（含碳量为4.3%，组织为L_d）、亚共晶白口铸铁（含碳量为2.11%～4.3%，组织为$L_d+P+Fe_3C_{II}$）、过共晶白口铸铁（含碳量4.3%～6.69%，组织为$L_d+Fe_3C_I$）。

五、典型铁碳合金的冷却过程与组织

下面以共析钢、亚共析钢、过共析钢和共晶白口铸铁的冷却结晶过程为例，分析铁碳合金成分、温度和组织之间的关系。

(1) 共析钢　图1-17中合金Ⅰ为共析钢的成分垂线。合金在1点温度以上全部为液相(L)，当缓冷至与AC线相交的1点温度时，开始从液相中结晶出奥氏体（A)，奥氏体的量随温度下降而增多，液相逐渐减少。冷至2点温度时，液相全部结晶为奥氏体。2～3点温度范围内为单一奥氏体。冷至3点（727℃）时，发生共析转变，从奥氏体中同时析出铁素体和渗碳体，构成交替重叠的层片状的珠光体（P)，结晶过程如图1-18所示。珠光体的力学性能介于铁素体与渗碳体之间，即强度较高，硬度适中，有一定塑性（$\sigma_b=770$MPa，180HBS，$\delta=20\%\sim35\%$，$A_K=24\sim32$J)。

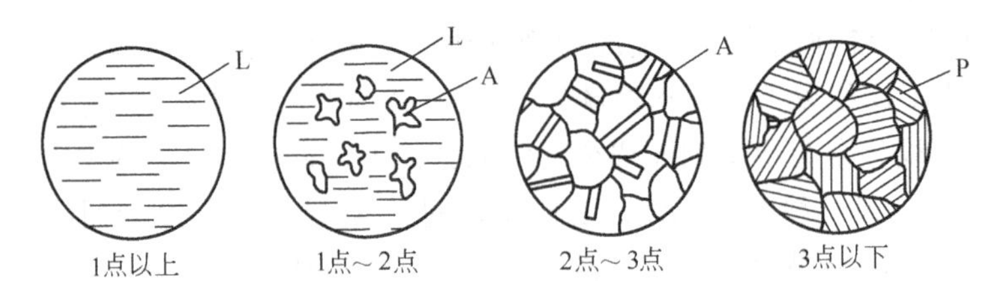

图1-18　共析钢的冷却过程示意

(2) 亚共析钢　图1-17中合金Ⅱ为含碳量0.45%的亚共析钢。合金Ⅱ在3点以上的冷却过程与合金Ⅰ在3点以上相似。当合金冷至与GS线相交的3点时，开始从奥氏体中析出铁素体，随温度降低，铁素体量不断增多，奥氏体量逐渐减少。但由于铁素体的含碳量极低，因此使剩余奥氏体中的含碳量，随着温度的降低而沿GS线逐渐增加，当温度降至727℃时，奥氏体中的含碳量达到0.77%（共析点S)，发生共析转变形成珠光体。故其室温组织为铁素体和珠光体。冷却过程如图1-19所示。

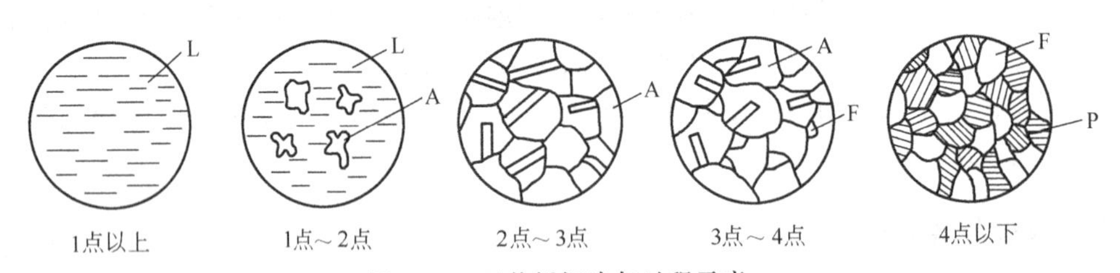

图1-19　亚共析钢冷却过程示意

所有亚共析钢的冷却过程均相似，其室温组织都是由铁素体和珠光体组成。不同的是随含碳量的增加，珠光体量增多，铁素体量减少。

(3) 过共析钢　图1-17中合金Ⅲ为含碳量1.2%的过共析钢。合金Ⅲ在3点以上的冷却过程与亚共析钢在3点以上相似。当合金冷至与ES线相交的3点时，奥氏体中的含碳量达到饱和，碳以二次渗碳体（Fe_3C_{II}）的形式析出，呈网状沿奥氏体晶界分布。继续冷却，二次渗碳体量不断增多，奥氏体量不断减少，剩余奥氏体的成分沿 *ES* 线变化。当冷却到与 *PSK* 线相交的 4 点时，剩余奥氏体中含碳量达到共析成分，故奥氏体发生共析转变，形成珠光体。其室温组织为珠光体和网状二次渗碳体。冷却过程如图 1-20 所示。

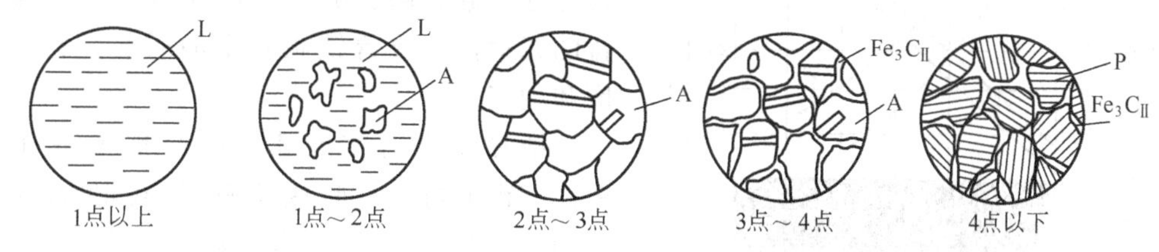

图 1-20　过共析钢冷却过程示意

所有过共析钢的室温组织都是由珠光体和网状二次渗碳体组成。不同的是随含碳量的增加，二次渗碳体量增多，珠光体量减少。

(4) 共晶白口铸铁　图 1-17 中合金Ⅳ为含碳量 4.3％的共晶白口铸铁。合金在 1 点（*C* 点）温度以上为液相，冷却至 1 点，发生共晶转变，即结晶出莱氏体（L_d），莱氏体的性能与渗碳体相似，硬度很高，塑性极差。继续冷却，从共晶奥氏体中不断析出二次渗碳体，当冷却至 2 点时，发生共析转变，形成珠光体。因此室温组织是由珠光体和渗碳体（二次渗碳体和共晶渗碳体）组成的两相组织，即变态莱氏体（L'_d）。冷却过程如图 1-21 所示。

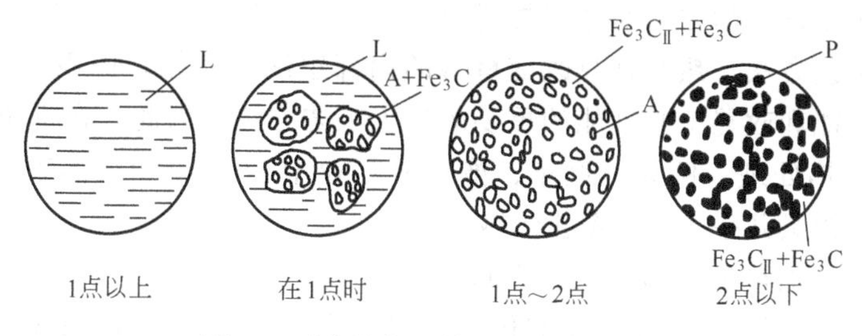

图 1-21　共晶白口铸铁冷却过程示意

亚共晶白口铸铁室温组织为珠光体＋二次渗碳体＋变态莱氏体；过共晶白口铸铁的室温组织为变态莱氏体＋一次渗碳体。

六、含碳量与杂质对铁碳合金性能的影响

1. 含碳量

综上所述，任何成分的铁碳合金在室温下的组织均由铁素体和渗碳体两相组成。只是随含碳量的增加，铁素体量相对减少，而渗碳体量相对增多，而且渗碳体的形状和分布也发生变化，因而形成不同的组织。而组织不同，性能也不同。图 1-22 所示为含碳量对钢组织和性能的影响。

从图中可看出，含碳量小于 0.9％时，随含碳量的增加，钢的强度和硬度直线上升，而塑性和韧性不断下降。这是由于含碳量的增加，钢中渗碳体量增多，铁素体量减少所造成的。当含碳量大于 0.9％以后，二次渗碳体沿晶界已形成较完整的网，因此，钢的强度开始明显下降，但硬度仍在增高，塑性和韧性继续降低。为保证工业用钢具有足够的强度，一定的塑性和韧性，钢的含碳量一般不超过 1.3％。含碳量大于 2.11％的白口铸铁，由于组织中有大量的渗碳体，硬度高而塑性和韧性极差，既难以切削加工，又不能用锻压方法加工，故

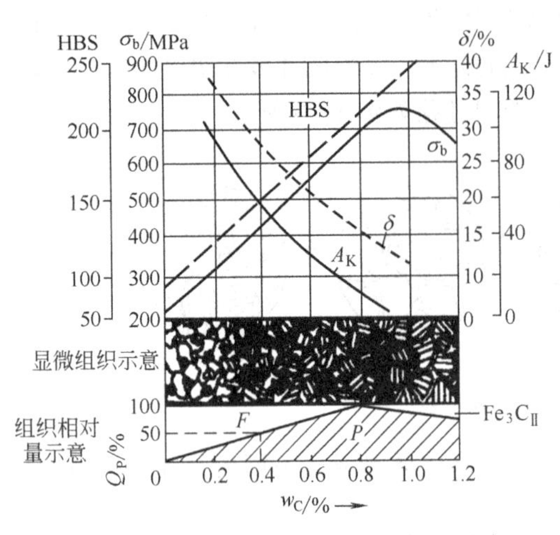

图 1-22　含碳量对钢组织和性能的影响

机械工程中很少直接应用。

2. 杂质

实际应用的铁碳合金除含铁和碳外，一般含有锰、硅、磷、硫等杂质元素。硅和锰是有益的元素，可改善铁碳合金的质量，提高其强度和硬度。

磷和硫为有害元素。硫与铁形成化合物 FeS，而其与 Fe 形成低熔点共晶体（熔点 985℃），分布在奥氏体晶界上。当热加工时，由于共晶体熔化，导致钢开裂，这种现象称为热脆。为此，除严格控制钢中硫的含量外，可增加锰的含量消除硫的影响。磷降低钢的塑性和韧性，尤其在低温时影响更大，这种现象称为冷脆性，故钢中应严格控制磷含量。

第五节　钢的热处理

热处理是指采用适当的方式对金属材料或工件进行加热、保温和冷却，以获得预期的组织结构和性能的工艺方法。热处理只改变材料的内部组织和性能，而不改变其形状和尺寸，是提高金属使用性能和改善工艺性能的重要的加工工艺方法。因此，在机械制造中，绝大多数的零件都要进行热处理。例如，汽车、拖拉机工业中 70%～80%的零件要进行热处理；各种量具、刃具和模具几乎 100%要进行热处理。

热处理按目的、加热条件和特点的不同，分为三类。

(1) 整体热处理　特点是对工件整体进行穿透加热。常用方法有退火、正火、淬火、回火。

(2) 表面热处理　特点是对工件表面进行热处理，以改变表层的组织和性能。常用的方法有感应淬火、火焰淬火。

(3) 化学热处理　特点是改变工件表层的化学成分、组织和性能。常用的方法有渗碳、渗氮、碳氮共渗等。

热处理方法虽然很多，但都是由加热、保温和冷却三个阶段组成的，通常用温度-时间坐标图表示，称为热处理工艺曲线，如图 1-23 所示。

一、组织转变原理

1. 钢加热时的组织转变

加热是热处理的第一道工序。大多数热处理工艺首先要将钢加热到相变点以上（又称临界点）以上，目的是获得奥氏体。由铁碳相图可知，共析钢加热到 A_1（727℃）温度以上时组织可由珠光体转变成奥氏体，对于亚共析钢和过共析钢要加热到 A_3 和 A_{cm} 以上，组织才完全转变为奥氏体。奥氏体的转变过程要经过奥氏体的形成、长大、渗碳体的溶解和奥氏体的均匀化三个阶段。故钢加热时不但要加热到一定温度，而且要保温一段时间，使内外温度一致，组织转变完全，成分均匀，以便在冷却后得到均匀的组织和稳定的性能。

珠光体最初全部转变为奥氏体时的晶粒比较细小，但若加热温度过高或保温时间过长，奥氏体晶粒会长大。奥氏体晶粒长大的结果，对热处理后的材料组织有影响（晶粒大的奥氏体冷却后的组织粗大），从而影响材料的力学性能。所以，热处理时加热温度和保温时间不能过高和过长。

2. 钢冷却时的组织转变

钢热处理后的力学性能，不仅与钢的加热、保温有关，更重要的是与冷却转变有关。例如，同种成分的45钢，加热后空冷和水冷后的性能有很大的差别（空冷后硬度为210HBS、水冷后硬度为52～60HRC）。这是由于热处理生产中冷却速度比较快，奥氏体组织转变不符合铁碳相图所示的变化规律，不能用铁碳相图分析。由于冷却速度较快，奥氏体被过冷到共析温度以下才发生转变，在共析温度以下暂存的、不稳定的奥氏体称为过冷奥氏体。

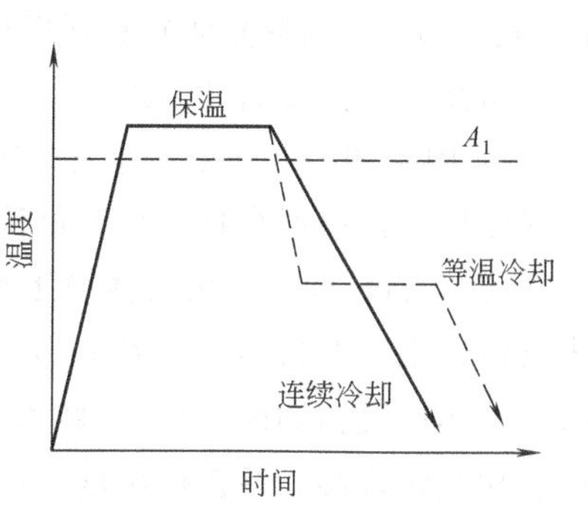

图 1-23　热处理工艺曲线

(1) 过冷奥氏体的冷却方式　冷却方式有两种：一种是连续冷却，它是将奥氏体化的钢以一定的冷却速度连续冷却到室温（图 1-23），使奥氏体在一个温度范围内连续转变；另一种是等温冷却，它是将奥氏体化 的 钢快速冷却到 A_1 以下某一温度进行保温，使奥氏体在该温度下完成转变，然后冷却到室温（图 1-23）。

(2) 奥氏体的等温转变　如图 1-24 所示是由实验获得的共析钢奥氏体等温转变曲线，图中粗实线为等温冷却转变曲线，细实线为冷却曲线，图中左边曲线是奥氏体开始转变线，右边曲线是转变终止线。奥氏体等温曲线由于形状像字母“C”，故称为C曲线。A_1 以上的区域是奥氏体稳定区。A_1 线以下，转变开始线左面是过冷奥氏体区；A_1 以下，转变终止线右面为奥氏体转变的产物区。在C曲线下部有两条水平线，一条是马氏体转变开始线（用 M_s 表示），一条是马氏体转变终了线（用 M_f 表示）。由共析钢的C曲线可以看出，在 A_1 温度以上，奥氏体处于稳定状态。在 A_1 以下，过冷奥氏体在各个温度下的等温转变并非瞬间就开始，而是经过一段“孕育期”（以转变开始与纵坐标之间的距离表示）。孕育期越长，过冷奥氏体越稳定。孕育期的长短随过冷度而变化，在靠近 A_1 线处，过冷度较小，孕育期较

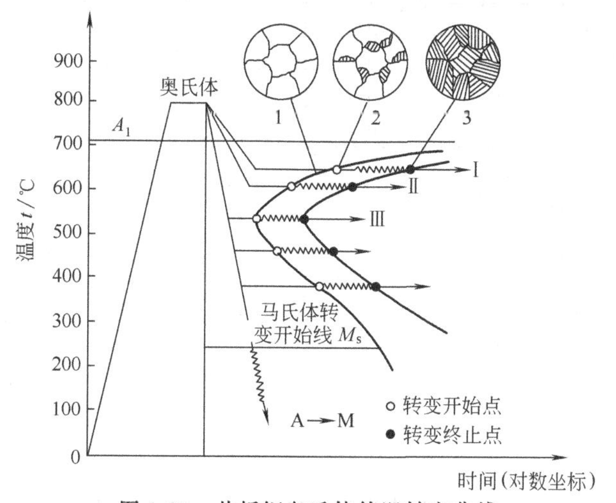

图 1-24　共析钢奥氏体等温转变曲线

长。随着过冷度增大，孕育期缩短。在约550℃时孕育期最短，此后，孕育期又随过冷度的增大而增大。孕育期最短处，即C曲线的“鼻尖”处，过冷奥氏体最不稳定，转变最快。每种成分的钢都有自己的C曲线，可在有关的热处理手册中查到。

(3) 奥氏体等温转变的产物　过冷奥氏体在 A_1 温度以下不同温度范围内，可发生三种转变。在C曲线图上可划出三个转变的温度区间。

① 高温转变　转变发生在 A_1～550℃温度范围内，转变产物为层片状的珠光体组织。珠光体的层间距随过冷度的增大而减少。按其层间距的大小，高温转变的产物可分为珠光体P、索氏体S（细珠光体）和托氏体T（极细珠光体）。其力学性能则是层间距越小，强度、硬度越高，即强度为T＞S＞P。

② 中温转变　转变发生在550℃～M_s 温度范围内。转变产物为含过量碳的铁素体和微小渗碳体的机械混合物，称为贝氏体（用B表示）。贝氏体比珠光体的强度、硬度高。

③ 低温转变　当奥氏体被迅速过冷至 M_s 线以下时，由于温度低，奥氏体来不及分解，渗碳体也来不及析出，只发生晶格的改变（γ-Fe变为α-Fe），碳原子全部保留在α-Fe的晶格中，形成过饱和的α-Fe固溶体，称为马氏体（用M表示）。马氏体的强度、硬度比贝氏体、珠光体都高，马氏体硬度一般大于55HRC，但塑性、韧性比较差。

(4) 奥氏体等温转变曲线的应用　在实际生产中，热处理多采用连续冷却的冷却方式，需要应用钢的连续冷却曲线。但是由于连续冷却曲线的测定比较困难，至今尚有许多钢种未测定出来，而各种钢的C曲线都已测定，因此，生产中常用C曲线来定性地、近似地分析连续冷却转变的情况。连续冷却奥氏体的转变是在一个温度区间内完成的。可将某一冷却速度的冷却曲线画在C曲线上，根据与C曲线相交的位置，可估计出连续冷却转变的产物，如图1-25所示。

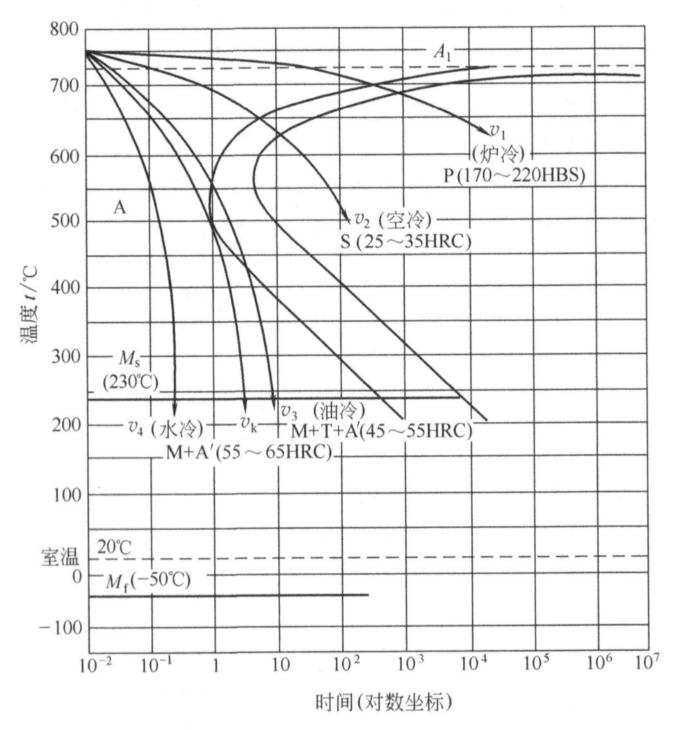

图1-25　等温转变曲线在连续冷却中的应用

图中 v_1 相当于随炉冷却的速度（退火），根据它与C曲线相交的位置，可估计连续冷却后转变为珠光体。v_2 相当于空冷的冷却速度（正火），可估计出转变产物为索氏体。v_3 相当于油冷的冷却速度（油淬），它只与C曲线转变开始线相交于550℃左右处，未与转变终了线相交，而到达 M_s 线。这表明只有一部分过冷奥氏体转变为极细珠光体（托氏体），剩余的过冷奥氏体到 M_s 线以下转变为马氏体，最后得到托氏体和马氏体的复相组织。v_4 相当于在水中冷却的冷却速度（淬火），它不与C曲线相交，直接通过 M_s 线，转变为马氏体。

图中冷却速度曲线 v_k 恰好与C曲线鼻尖处相切，这是表示奥氏体全部获得马氏体的最小冷速，称为临界冷却速度。它对钢的热处理冷却方式有重要的意义。

二、热处理工艺

1. 退火

退火是将钢加热到 A_3（亚共析钢）、A_{cm}（过共析钢）以上某一温度范围，保温一定时间，随炉缓慢冷却的热处理工艺。

退火主要用于铸、锻、焊毛坯或半成品零件，作为预备热处理。退火后获得珠光体组织。退火的目的是调整硬度（160～230HBS），以利于切削加工；细化晶粒，改善组织，以提高力学性能或为最终热处理做准备；消除内应力，防止零件变形或开裂，并稳定尺寸。

2. 正火

将钢加热到 A_3 或 A_{cm} 以上某一温度范围，保温一定时间，在空气中冷却的热处理工艺称为正火。

正火与退火的目的相似。与退火比，正火冷却速度较快，得到的组织比较细小，强度和硬度都有所提高。此外，正火操作简便，生产周期短，生产效率高，比较经济，故应用比较广泛。对于力学性能要求不高的零件，可用正火作为最终热处理。

3. 淬火

淬火是将钢加热到 A_3 或 A_1 以上某一温度范围，保温一定时间，以大于临界冷却速度 v_k 的冷速在水、盐水或油中冷却，获得马氏体或贝氏体的热处理工艺。淬火是钢最经济、最有效的强化手段之一。

淬火的目的一般是获得马氏体，以提高钢的力学性能。例如，各种工具、模具、滚动轴承的淬火，是为了提高硬度和耐磨性；有些零件的淬火，是使强度和韧性得到良好的配合，以适应不同工作条件的需要。但要注意，对于含碳量很低的钢，由于淬火后强度、硬度提高不大，进行一般的淬火没有意义。例如，含碳量小于0.1%的钢淬火后硬度小于30HRC。

钢在淬火时获得淬硬层深度的能力称为淬透性。淬透性越好，淬硬层越深。淬透性对钢的力学性能影响很大，所以，机械设计选材时，应考虑材料的淬透性。

4. 回火

回火是把淬火后的钢重新加热到 A_1 以下某一温度，保温一定时间，再以适当的冷却速度冷却到室温的热处理工艺。

由于淬火时冷却速度比较快，工件内部产生很大的内应力，且淬火后的组织不稳定，故淬火后必须回火。回火的目的就是稳定淬火后的组织，消除内应力，调整硬度、强度，提高塑性，使工件获得较好的综合力学性能等。回火通常是热处理的最后工序。

淬火钢回火的性能，与回火时加热温度有关，硬度和强度随回火温度的升高而降低。实际生产中，根据钢件的性能要求，按其温度范围可以分为以下三类。

（1）低温回火（150～250℃） 回火后的组织是回火马氏体，它基本保持马氏体的高硬度和耐磨性，并使钢的内应力和脆性有所降低。低温回火主要用于要求硬度高、耐磨性的零件，如各种工具、滚动轴承等。回火后的硬度一般为55～64HRC。

（2）中温回火（350～550℃） 回火后的主要组织是回火托氏体，它具有较高的弹性，具有一定的韧性和硬度。主要应用于各种弹簧和某些模具。回火后的硬度一般为35～50HRC。

（3）高温回火（500～650℃） 回火后的组织为回火索氏体，它具有强度、硬度、塑性和韧性都较好的综合力学性能。通常将淬火与高温回火相结合的热处理称为调质处理。调质处理广泛用于汽车、拖拉机、机床的重要结构零件，如各种轴、齿轮、连杆等。回火后的硬度一般为200～350HBS。

5. 表面淬火

表面淬火是将钢的表层快速加热至淬火温度，然后快速冷却的一种局部淬火工艺。它主要是改变零件的表层组织。这种热处理工艺适用于要求表面硬而耐磨、心部具有高韧性的零件，如曲轴、花键轴、凸轮、齿轮等。零件在表面淬火前，一般须进行正火或调质处理，表面淬火后要进行低温回火。

按表面加热的方法，表面淬火分为感应加热表面淬火、火焰加热表面淬火和接触电阻加热表面淬火等。由于感应加热速度快，生产效率高，产品质量好，易于实现机械化和自动化，所以，感应加热表面淬火应用广泛，但设备较贵，多用于大批量生产的形状较简单的零件。

6. 化学热处理

钢的化学热处理是将工件置于一定的活性介质中加热保温，使一种或几种元素渗入工件表层，以改变其化学成分、组织和性能的热处理工艺。

表面渗层的性能，取决于渗入元素与基体金属所形成的合金或化合物的性质及渗层的组织结构。化学热处理的种类很多，一般以渗入的元素来命名。常见的化学热处理有渗碳、渗氮、碳氮共渗、渗铝和渗铬等。其中，渗碳、渗氮应用最多。一般，渗碳后还需进行适当的热处理。钢的常用化学热处理方法及其作用见表1-4。

表1-4 钢的常用化学热处理方法及其作用

工艺方法	渗入元素	作用	应用举例
渗碳（900～950℃）淬火＋回火	C	提高钢件表面硬度、耐磨性和疲劳强度，使能承受重载荷	齿轮、轴、活塞销、万向节、链条等
渗氮（500～600℃）	N	提高钢件的表面硬度、耐磨性、抗胶合性、疲劳强度、抗蚀性以及抗回火软化能力	镗杆、精密轴、齿轮、量具、模具等
碳氮共渗淬火＋回火	C、N	提高钢件表面硬度、耐磨性和疲劳强度。低温共渗还能提高工具的热硬性	齿轮、轴、链条、工模具、液压件等

无论哪种化学热处理，渗入的各种金属元素的基本过程均如下。

（1）分解 由化学介质分解出能够渗入工作表面的活性原子。

（2）吸收 活性原子由钢的表面进入铁的晶格中形成固溶体，甚至可能形成化合物。

（3）扩散 渗入的活性原子由表面向内部扩散，形成一定厚度的扩散层。

第六节　常用金属材料

工业上常用的金属材料分为铁基（黑色金属）和非铁基（有色金属）金属两大类。铁基金属是指钢和铸铁，非铁基金属则包括钢铁以外的金属及其合金。

一、铁基金属材料

铁基金属材料有钢和铸铁。钢是指以铁为主要元素，含碳量在 2.11%以下，并含有其他元素的材料。它的品种多、规格全、性能好、价格低，并且可用热处理的方法改善性能，所以，是工业中应用最广的材料。根据 GB/T 13304—1991 的规定，钢按化学成分可分为非合金钢（碳钢）、低合金钢和合金钢三类；按用途又可分为结构钢、工具钢和特殊性能钢。

1. 非合金钢

非合金钢又称碳钢，是指含碳量小于 2.11%，并含有少量硅、锰、磷、硫等杂质元素的铁碳合金。碳钢具有一定的力学性能和良好的工艺性能，且价格低廉，在工业中被广泛应用。它按用途分为结构钢和工具钢；按质量分为普通质量、优质和特殊质量（主要以钢中磷、硫含量分）。

（1）普通碳素结构钢　在生产过程中控制质量无特殊规定的一般用途的（非合金钢）碳钢。本类钢通常不进行热处理而直接使用，因此，只考虑其力学性能和有害杂质含量，不考虑含碳量。按 GB/T 700—1988 规定，碳素结构钢牌号由 Q（屈服点的“屈”字汉语拼音字首）、屈服点数值、质量等级和脱氧方法四部分按顺序组成。质量等级有 A（$w_S \leqslant 0.050\%$、$w_P \leqslant 0.045\%$）、B（$w_S \leqslant 0.045\%$、$w_P \leqslant 0.045\%$）、C（$w_S \leqslant 0.040\%$、$w_P \leqslant 0.040\%$）、D（$w_S \leqslant 0.035\%$、$w_P \leqslant 0.035\%$）四种。脱氧方法用汉语拼音字首表示，“F”代表沸腾钢、“b”代表半镇静钢、“Z”代表镇静钢、“TZ”代表特殊镇静钢，通常“Z”和“TZ”可省略。例如，Q235A 表示 $\sigma_s \geqslant 235$MPa，质量等级为 A 级的碳素结构钢。

Q195、Q215 钢有一定强度、塑性好，主要用于制作薄板（镀锌薄钢板）、钢筋、冲压件、地脚螺栓和烟筒等。Q235 钢强度较高，用于制作钢筋、钢板、农业机械用型钢和重要的机械零件，如拉杆、连杆、转轴等。Q235C、Q235D 钢质量较好，可制作重要的焊接结构件。Q255 钢、Q275 钢强度高、质量好，用于制作建筑、桥梁等工程质量要求较高的焊接结构件，以及摩擦离合器、主轴、刹车钢带、吊钩等。

（2）优质碳素结构钢　这类钢有害杂质元素磷、硫受到严格限制，非金属夹杂物含量较少，塑性和韧性较好，主要用于制作较重要的机械零件，一般均须进行热处理，故既要保证力学性能，又要保证化学成分。该类钢按冶金质量分为优质钢、高级优质钢（A)、特级优质钢（E)。

优质碳素结构钢的牌号用两位数字表示，其两位数字表示钢中平均含碳量的万分数。如 40 钢，表示平均含碳量为 0.40%的优质碳素结构钢。钢中含锰量较高（$w_{Mn}=0.7\%\sim1.2\%$）时，在数字后面附以符号“Mn”，如 65Mn 钢，表示平均含碳量 0.65%，并含有较多锰（$w_{Mn}=0.9\%\sim1.2\%$）的优质碳素结构钢。高级优质钢在数字后面加“A”；特级优质在数字后面加“E”。

优质碳素结构钢按含碳量又可分为低碳钢（含碳量在 0.25%以下）、中碳钢（含碳量为 0.25%～0.55%）和高碳钢（含碳量为 0.55%～0.85%）。

低碳钢强度低，塑性、韧性好，易于冲压加工，主要用于制造受力不大、韧性要求高的冲压件和焊接件。

中碳钢强度较高，塑性和韧性也较好，一般需经正火或调质处理后使用，应用广泛。主要用于制作齿轮、连杆、轴类、套筒、丝杠等零件。

高碳钢经热处理后可获得较高的弹性极限、足够的韧性和一定的强度，常用来制作弹性零件和易磨损的零件，如弹簧、弹簧垫圈和轧辊等。

(3) 碳素工具钢　含碳量为0.65%～1.35%，一般需热处理后使用。这类钢经热处理后具有较高的硬度和耐磨性，主要用于制作低速切削刃具，以及对热处理变形要求低的一般模具。其按质量分优质和高级优质碳素工具钢两种。

牌号用“T”（“碳”字汉语拼音字首）和数字组成，数字表示钢的平均含碳量的千分数。如T8钢，表示平均含碳量为0.8%的碳素工具钢。若牌号末尾加“A”，则表示为高级优质钢，如T10A。

(4) 铸钢　含碳量为0.15%～0.6%。主要用来制作形状复杂、难以进行锻造或切削加工成形，且要求较高强度和韧性的零件。

牌号首位冠以“ZG”（“铸钢”二字汉语拼音字首）。GB/T 5613—1995规定，铸钢牌号有两种表示方法，用力学性能表示时（按GB/T 11352—1989规定），在“ZG”后面有两组数字，第一组数字表示该牌号钢屈服点的最低值，第二组数字表示其抗拉强度的最低值。如ZG340-640钢，表示$\sigma_s \geqslant 340$MPa，$\sigma_b \geqslant 640$MPa的工程用铸钢；用化学成分表示时，在“ZG”后面的一组数字表示铸钢平均含碳量的万分数（平均含碳量大于1%时不标出，平均含碳量小于0.1%时第一位数字为“0”）。在含碳量后面排列各主要合金元素符号，每个元素符号后面用整数标出其含量的百分数。如ZG15Cr1Mo1V钢，表示平均$w_C = 0.15\%$、$w_{Cr} = 1\%$、$w_{Mo} = 1\%$、$w_V < 0.9\%$的铸钢。

2. 合金钢

碳钢虽然具有良好的工艺性能，价格低廉，应用广泛，但淬透性低，强度较低，且不能满足某些特殊性能要求（如耐蚀、耐热等）。

为改善碳钢的组织和性能，在碳钢基础上有目的地加入一种或几种合金元素所形成的铁基合金，称为低合金钢或合金钢。通常加入的合金元素有硅、锰、铬、镍、钼、钨、钒、钛等。通常，低合金钢中加入合金元素的种类和数量较合金钢少。

由于合金元素的加入，合金钢的性能较碳钢好，提高了淬透性和综合力学性能。但应注意，使用合金钢时要进行热处理，以便充分发挥合金元素的作用。

合金钢按合金元素的含量分低合金钢、合金钢；按用途又分为结构钢、工具钢和特殊性能钢。

(1) 低合金结构钢　是在低碳钢的基础上加入少量合金元素（合金元素总量小于3%）而得到的钢。这类钢比低碳钢的强度要高10%～30%，冶炼比较简单，生产成本与碳钢相近，广泛用于建筑、石油、化工、桥梁、造船等行业。此类钢一般在热轧或正火状态下使用，一般不再进行热处理。

牌号表示方法与普通碳素结构钢相同。例如，Q390表示$\sigma_s \geqslant 390$MPa的低合金结构钢。

(2) 合金结构钢　是在碳素结构钢的基础上加入合金元素而得到的钢。牌号表示依次为两位数字、元素符号和数字。前两位数字表示钢中平均含碳量的万分数，元素符号表示钢中所含的合金元素，元素符号后的数字表示该合金元素平均含量的百分数（若平均含量小于

1.5%时，元素符号后不标出数字；若平均含量为1.5%～2.4%、2.5%～3.4%等时，则在相应的合金元素符号后标注2、3等)。如20CrMnTi钢，表示钢中平均w_C=0.2%，w_{Cr}、w_{Mn}、w_{Ti}均小于1.5%。

合金结构钢根据性能和用途，又可分为合金渗碳钢、合金调质钢、合金弹簧钢和滚动轴承钢等。滚动轴承钢是制造滚动轴承内外圈及滚动体的专用钢，其牌号依次由“滚”字汉语拼音字首“G”、合金元素符号“Cr”和数字组成。其数字表示平均含铬量的千分数，含碳量不标出。例如，GCr15表示平均含铬量为1.5%的轴承钢。

(3) 合金工具钢　是在碳素工具钢的基础上加入合金元素(Si、Mn、Cr、V、Mo等)制成的。由于合金元素的加入改善了热处理性能，提高了材料的热硬性、耐磨性。合金工具钢常用来制造各种量具、模具和切削刀具，因而对应地也可分为量具钢、模具钢和刃具钢，其化学成分、性能和组织结构也不同。

合金工具钢的牌号表示方法与合金结构钢基本相似，不同的是平均含碳量大于或等于1%时，牌号中不标出含碳量，平均含碳量小于1%时，则以一位数字表示，表示平均含碳量的千分数。如CrWMn钢表示含碳量大于1%，Cr、Mn、W的含量小于1.5%的合金工具钢；又如，9Mn2V表示平均含碳量为0.9%、w_{Mn}=2.0%、w_V<1.5%的钢。

刃具钢又分低合金刃具钢和高速钢。低合金刃具钢主要是含铬的钢，而高速钢是一种含钨、铬、钒等合金元素较多的钢。高速钢有很高的热硬性，当切削温度高达600℃左右时，其硬度仍无明显下降。此外，它还具有足够的强度、韧性和刃磨性，所以，它是重要的切削刀具材料。常用的高速钢有W18Cr4V、W6Mo5Cr4V2和9W18Cr4V。

(4) 特殊性能钢　是指具有某些特殊的物理、化学、力学性能，因而能在特殊的环境、工作条件下使用的钢。其牌号表示方法与合金工具钢基本相同，但若钢中含碳量小于0.03%或小于0.08%时，牌号分别以“00”或“0”为首。例如，00Cr17Ni14Mo2、0Cr18Ni11Ti钢等。常用的特殊性能钢有不锈钢、耐热钢、耐磨钢。

不锈钢的主要合金元素是铬和镍。对不锈钢的性能要求，最重要的是耐蚀性能，还要有合适的力学性能，良好的冷、热加工和焊接工艺性能。铬是不锈钢获得耐蚀性的基本合金元素，当w_{Cr}≥11.7%时，使钢的表面形成致密的Cr_2O_3保护膜，避免形成电化学原电池。加入Cr、Ni等合金元素，可提高被保护金属的电极电位，减少原电池极间的电位差，从而减小电流，使腐蚀速度降低，或使钢在室温下获得单相组织(奥氏体、铁素体或马氏体)，以免在不同的相间形成微电池。通过提高对化学腐蚀和电化学腐蚀的抑制能力，提高钢的耐蚀性。

常用的不锈钢有1Cr13、2Cr13、7Cr13、1Cr17、1Cr18Ni9和0Cr19Ni9等，适用于制造化工设备、医疗和食品器械等。

耐热钢是指在高温下不发生氧化并具有较高强度的钢。为提高耐蚀性和高温强度，常加入较多的Cr、Si、Al、Ni等合金元素。耐热钢用于制造在高温条件下工作的零件，如内燃机气阀、加热炉管道、汽轮机叶片等。常用的耐热钢有1Cr13Si13、4Cr14Ni14W2Mo、0Cr13Al等。

耐磨钢通常是指高锰钢，适用于制造在强烈冲击下工作要求耐磨的零件，如铁路道岔、坦克履带、挖掘机铲齿等。这类零件要求必须具有表面硬度高、耐磨，心部韧性、强度高的特点。该钢切削加工困难，大多铸造成形，其牌号是ZGMn13，成分特点是高碳、高锰，含碳量为0.9%～1.3%、含锰量为11.5%～14.5%。

3. 铸铁

含碳量高于2%的铁碳合金称为铸铁。工业上常用的铸铁为含碳量2%～4%，且比碳钢含有较多的锰、硫、磷等杂质的铁、碳、硅多元合金。由于铸铁具有良好的铸造性能、切削性能及一定的力学性能，所以在机械制造中应用很广。按重量计算，汽车、拖拉机中铸铁零件约占50%～70%，机床中约占60%～90%。

根据碳在铸铁中存在形态的不同，铸铁可分为以下几种。

(1) 白口铸铁　碳在铁中以渗碳体形式存在，断口呈亮白色，称白口铸铁。由于有大量的硬而脆的渗碳体，故其硬度高、脆性大，极难切削加工。除要求表面有高硬度和耐磨并受冲击不大的铸件，如轧辊、犁等件外，一般不用来制造机械零件，而主要用做炼钢原料。

(2) 灰口铸铁　碳在铸铁组织中以片状石墨形式存在，断口呈灰色。它的性能是软而脆，但具有良好的铸造性、耐磨性、减振性和切削加工性。灰铸铁常用于受力不大、冲击载荷小、需要减振或耐磨的各种零件，如机床床身、机座、箱体、阀体等。灰口铸铁是生产中使用最多的铸铁。灰口铸铁的牌号是以“HT”和其后的一组数字表示，其中“HT”表示“灰铁”二字的汉语拼音字首，其后一组数字表示其最小抗拉强度。如HT250，表示是最小抗拉强度为250MPa的灰口铸铁。

(3) 可锻铸铁　碳在铸铁组织中以团絮状石墨形式存在，它是由一定成分的白口铸铁经过较长的高温退火而得的铸铁。团絮状石墨对金属基体的割裂作用较片状石墨小得多，所以可锻铸铁有较高的力学性能，强度、塑性和韧性比灰铸铁好，尤其是塑性和韧性有明显提高。可锻铸铁并不可锻造。常用于制造汽车、拖拉机的薄壳零件、低压阀门和各种管接头等。可锻铸铁的牌号为“KT”加两组数字组成，第一组数字表示最低抗拉强度，第二组数字表示最低延伸率。如KT300-06，表示最低抗拉强度为300MPa，最低延伸率为6%的可锻铸铁。

(4) 球墨铸铁　碳在铸铁组织中以球状石墨形式存在。球墨铸铁是将铁液经过球化处理和孕育处理而得到的。球化处理是在浇注前向一定成分的铁水中，加入一定数量的球化剂(镁或稀土镁合金）和孕育剂（硅铁或硅钙合金），使石墨呈球状，减少对基体的割裂作用，并减少应力集中。球墨铸铁具有较好的力学性能，抗拉强度甚至优于碳钢，因此，广泛应用于机械制造、交通、冶金等行业。如制造汽缸套、曲轴、活塞等零件。球墨铸铁牌号用“QT”加两组数字表示，“QT”为“球铁”汉语拼音字首，后两组数字表示与可锻铸铁相同，如QT400-18。

(5) 合金铸铁　在铸铁基础上加入合金元素而构成的铸铁称为合金铸铁。例如，在铸铁中加入磷、铬、钼、铜等元素，可得到具有较高耐磨性的耐磨铸铁；在铸铁中加入硅、铝、铬等元素，得到耐热铸铁；加入Cr、Mo、Cu、Ni、Si等元素，可得到各种耐蚀铸铁。合金铸铁由于有某些特殊性能，故主要用于要求耐热、耐蚀、耐磨的零件。如内燃机活塞环、水泵叶轮、球磨机磨球等。

二、非铁基金属材料

工业生产中把钢铁材料以外的所有金属材料，统称为非铁金属材料，也称有色金属材料。与钢铁材料相比，非铁金属价格高，产量低，但由于其具有许多优良特性，因而在科技和工程中占有重要的地位，成为不可缺少的工程材料。如铝、钛及其合金密度小；铜、铝及其合金导电性及耐蚀性好。非铁金属的种类很多，一般工程中常用的有铝合金、铜合金及轴承合金。

1. 铝及其合金

纯铝显著的特点是密度小（约 2.7g/cm³），导电、导热性优良，强度、硬度低，塑性好，有良好的耐蚀性。故纯铝主要用于做导电材料或耐蚀零件。

铝中加入硅、铜、镁、锌、锰等制成铝合金，不仅强度提高，还可通过变形、热处理等方法进一步强化，同时还保持了铝耐蚀性好、重量轻的优点。所以，铝合金常用来制造要求重量轻、强度高的零件，如飞机上的零件。

铝合金依其成分和工艺性能，可划分为变形铝合金和铸造铝合金。前者具有较高的强度和良好的塑性，可通过压力加工制成各种半成品，也可以焊接。它主要用做各种类型的型材和结构件，如发动机机架、飞机大梁等。变形铝合金又可分为防锈铝合金（代号 LF）、硬铝合金（代号 LY）、超硬铝合金（代号 LC）、锻铝合金（代号 LD），牌号表示方法见 GB/T 3190—1996。

铸造铝合金可分为 Al-Si 系、Al-Cu 系、Al-Mg 系和 Al-Zn 系四类。它们有良好的铸造性能，可以铸成各种形状复杂的零件，但塑性低，不宜进行压力加工。应用最广的是铝硅系合金，该系俗称铝硅明。各类铸造铝合金的牌号为 ZAl＋合金元素符号＋合金元素的平均含量的百分数，如 ZAlSi12。代号用 ZL（“铸铝”汉语拼音字首）及三位数字表示。第一位数字表示主要合金类别，“1”表示 Al-Si 系，“2”表示 Al-Cu 系、“3”表示 Al-Mg 系、“4”表示 Al-Zn 系；第二、三位数字表示顺序号，如 ZL102、ZL401 等。

2. 铜及其合金

纯铜又称紫铜，又因它是用电解法获得的，故又名电解铜。纯铜的导电性、导热性优良，耐蚀性和塑性很好，但强度低。纯铜广泛应用于制造电线、电缆等各种导电材料。机械制造业主要使用铜合金。

铜合金比纯铜强度高，且具有许多优良的物理化学性能。铜合金按化学成分不同分为黄铜、青铜和白铜；按生产方法不同分为压力加工铜合金和铸造铜合金。常用的铜合金是黄铜和青铜。

（1）黄铜　以铜和锌为主组成的合金称为黄铜。黄铜的强度、硬度和塑性先随含锌量增加而升高，含锌量为 30％～32％时，塑性达到最大值，含锌量为 45％时强度最高。在黄铜的基础上再加入少量的其他元素而成的铜合金称为特殊黄铜，如锡黄铜、铅黄铜、硅黄铜等。黄铜一般用于制造耐蚀和耐磨零件，如弹簧、阀门、管件等。

黄铜的牌号用 H（“黄”的汉语拼音字首）及数字表示，其数字表示铜平均含量的百分数。例如，H68 表示平均含铜量为 68％，其余为锌的黄铜。特殊黄铜在牌号中标出合金元素符号及含量。如 HSn62-1 表示含铜量 62％，含锡 1％，其余为锌。

（2）青铜　除黄铜和白铜（铜-镍合金）以外的其他铜合金称为青铜。其中含锡元素的称为锡青铜，不含锡元素的称为无锡青铜；按加工方法，分为压力加工青铜和铸造青铜。

锡青铜有良好的塑性、耐磨性及耐蚀性，有优良的铸造性能，主要用于耐摩擦零件和耐蚀零件的制造，如蜗轮、轴瓦等。

常用的无锡青铜有铝青铜、铍青铜、铅青铜、硅青铜等。它们通常作为锡青铜的代用材料。

压力加工青铜牌号依次由 Q（“青”的汉语拼音字首）、主加元素符号及其平均含量的百分数、其他元素平均含量百分数组成。如 QSn4-3 表示平均含锡量 4％、含锌量为 3％，其余为铜含量的锡青铜。铸造青铜的牌号依次由Z（“铸”字汉语拼音字首）、铜及合金元素符号和合金元素平均含量百分数组成。如ZCuSn10Zn2。

3. 轴承合金

在滑动轴承中用于制造轴瓦或内衬的合金称为轴承合金。滑动轴承具有承压面积大，工作平稳，无噪声以及修理、更换方便等优点，应用广泛。常用的轴承合金主要是非铁基金属合金，其分类方法依据合金中含量多的元素分类，主要有锡基、铅基和铝基轴承合金等。锡基和铅基轴承合金又称为巴氏合金，是应用广泛的轴承合金。

第七节　工程材料的选用

在机械制造中，为生产出质量高、成本低的机械或零件，必须从结构设计、材料选择、毛坯制造及切削加工等方面全面考虑，才能达到预期的效果。合理选材是其中的一个重要因素。

要做到合理选材，就必须全面分析零件的工作条件、受力性质和大小，以及失效形式，然后综合各种因素，提出能满足零件工作条件的性能要求，再选择能满足性能要求的材料。因此，零件材料的选用是一个复杂而重要的工作，须全面综合考虑。

一、零件的失效

零件的失效是指零件严重损伤，完全破坏，丧失使用价值，或继续工作不安全，或虽能安全工作，但不能保证工作精度或达不到预期工效。例如，齿轮在工作过程中过度磨损而不能正常啮合及传递动力；弹簧因疲劳或受力过大而失去弹性等，均属失效。

零件的失效，尤其是无明显预兆的失效，往往会带来巨大的危害，甚至造成严重的事故。因此，对零件失效进行分析，查出失效原因，提出防止措施是十分重要的。

二、失效的原因

零件失效的原因很多，主要应从方案设计、材料选择、加工工艺、安装使用等方面来考虑。零件失效的原因主要有以下几方面。

(1) 设计不合理　零件结构形状、尺寸等设计不合理，对零件工作条件（如受力性质和大小、温度及环境等）估计不足或判断有误，安全系数过小等，均使零件的性能满足不了工作性能要求而失效。

(2) 选材不合理　选用的材料性能不能满足零件的工作条件要求。

(3) 加工工艺不当　零件或毛坯在加工和成形过程中，由于方法、参数不正确等，造成某些缺陷。如加工时产生划痕、热处理后硬度过高或过低等。

(4) 安装使用不正确　在安装和装配过程中，不符合技术要求；使用中，不按要求操作和维修，保养不善或过载使用等。

三、选材的原则

选材的原则首先是满足使用性能要求，然后再考虑工艺性和经济性原则。

(1) 使用性原则　是指所选用的材料制成零件后，零件的使用性能指标能否满足零件的功能和寿命的要求。按使用性原则选材的主要依据是材料的力学性能指标和零件工作状况。

首先，应分析零件所受载荷的大小和性质，应力的大小、性质及分布情况，它们是选材的基本依据。在满足零件强度或刚度要求的前提下，尽量考虑其他因素，如工作的繁重程度，摩擦磨损程度，工作温度和工作环境状况，零件的重要程度，安装部位对零件尺寸和质量的限制等。

(2) 工艺性原则　是指所选用的材料能否保证顺利地加工成零件。例如，某些材料仅从零件的使用要求来考虑是合适的，但无法加工制造，或加工困难，制造成本高，这些均属于工艺性不好。因此，工艺性的好坏，对零件加工难易程度、生产率、生产成本等影响很大。

材料的工艺性能按加工方法不同，主要从铸造性能、锻压性能、焊接性能、切削加工性能、热处理性能等几方面，以及零件形状复杂程度、生产的批量考虑。

(3) 经济性原则　是指所选用的材料加工成零件后能否做到价格便宜、成本低廉。在满足前面两条原则的前提下，应尽量降低零件的总成本，以提高经济效益。零件总成本包括材料本身价格、加工费、管理费等，有时还包括运输费和安装费。

碳钢和铸铁价格较低，加工方便，在满足使用性能前提下，应尽量选用；低合金钢价格低于合金钢；有色金属和不锈钢价格高，应尽量少用。

对于某些重要的、精密的、加工过程复杂的零件和使用周期长的工模具，选材时不能单纯考虑材料本身价格，而应注意制件质量和使用寿命。此外，所选材料应立足于国内和货源较近的地区，并应尽量减少所用材料的品种规格，以便简化采购、运输、保管等工作。所选材料还应满足环境保护的要求。

上述选材的三条原则是彼此相关的有机整体，在选材时应综合考虑。

四、选材的步骤

① 分析零件的工作条件及失效形式，确定零件的性能要求（使用性能和工艺性能）。一般主要考虑力学性能，特殊情况还应考虑物理、化学性能。

② 从确定的零件的性能要求中，找出最关键的性能要求。然后通过力学计算或试验等方法，确定零件应具有的力学性能判据或理化性能指标。

③ 合理选择材料，所选材料除满足零件的使用性能和工艺性能要求外，还要能适应高效加工和组织现代化生产。

④ 确定热处理方法或其他强化方法。

⑤ 审核所选材料的经济性（包括材料费、加工费、使用寿命等）。

⑥ 关键零件投产前应对所选材料进行试验，以验证所选材料与热处理方法能否达到各项性能判据要求，加工有无困难。

对于不重要的零件或某些单件、小批生产的非标准设备，以及维修中所用的材料，若对材料选用和热处理都有成熟资料和经验时，可不进行试验和试制。

五、典型零件的选用

下面以轴类零件为例，加以说明。

1. 工作条件与失效形式

轴是机械中重要的零件之一，主要用于支撑转动零件（如齿轮、凸轮等）、传递动力和运动。轴类零件工作时主要承受弯曲应力、扭转应力或拉压应力，有相对运动的表面其摩擦和磨损较大，多数轴类零件还承受一定的冲击力，由此可见，轴类零件受力情况相当复杂。

轴类零件的失效形式有疲劳断裂、过量变形和过度磨损等。

2. 性能要求

根据工作条件和失效形式，轴类零件材料应具备以下性能。

① 足够的强度、刚度、塑性和一定的韧性。

② 高的硬度和耐磨性。

③ 高的疲劳强度，对应力集中敏感性小。

④ 足够的淬透性。

⑤ 淬火变形小。

⑥ 良好的切削加工性。

⑦ 价格低。

⑧ 对特殊环境下工作的轴，还应具有特殊性，如在腐蚀介质中工作的轴，要求耐蚀性等。

3. 常用材料与热处理

常用轴类材料主要是经过锻造或轧制的低碳钢、中碳钢或中碳合金钢。

常用牌号是35钢、40钢、45钢、50钢等，其中45钢应用最广。为改善力学性能，此类钢一般应进行正火、调质或表面淬火。对于受力不大或不重要的轴，可采用Q235钢、Q275钢等。

当受力较大并要求限制轴的外形、尺寸和重量，或要求提高轴颈的耐磨性时，可采用20Cr钢、40Cr钢、20CrMnTi钢、40MnB钢等，并辅以相应的热处理才能发挥其作用。

近年来，越来越多地采用球墨铸铁和高强度灰铸铁作为轴的材料，尤其是作为曲轴材料。

轴类零件选材原则主要是根据其承载性质及大小、转速的高低、精度和粗糙度要求，有无冲击和轴承种类等综合考虑。例如，主要承受弯曲、扭转的轴（如机床主轴、曲轴等），因整个截面受力不均，表面应力大，心部应力小，故不需要选用淬透性很高的材料，常选用45钢、40Cr钢等；同时承受弯曲、扭转及拉、压应力的轴（如锤杆、船用推进器轴），因轴整个截面应力分布均匀，心部受力也大，应选用淬透性高的材料；主要要求刚性的轴，可选用碳钢或球墨铸铁等材料；要求轴颈处耐磨的轴，常选用中碳钢经表面淬火，将硬度提高到52HRC以上。

4. 选材示例

图1-26所示为C6132卧式车床主轴，该轴工作时受弯曲和扭转应力作用，但承受的应力和冲击力不大，运行较平稳，工作条件较好。锥孔、外圆锥面工作时与顶尖、卡盘有相对

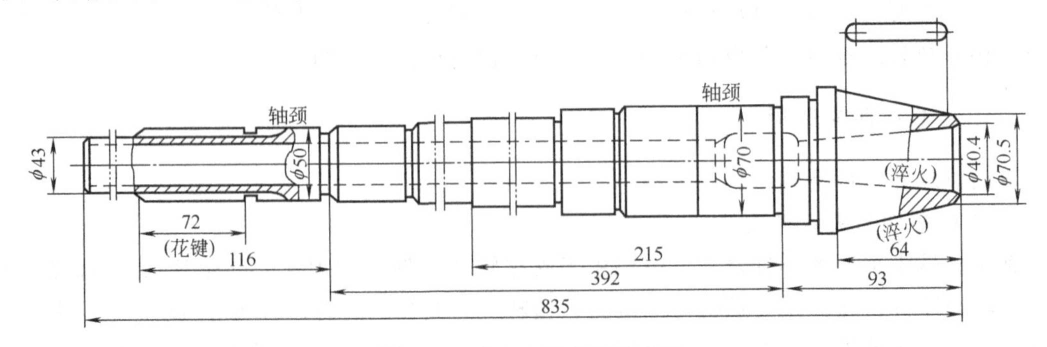

图1-26　C6132卧式车床主轴

摩擦，花键部位与齿轮有相对滑动，故要求这些部位有较高的的硬度和耐磨性。该主轴在滚动轴承中运行，轴颈处硬度要求为220～250HBS。

根据上述工作条件分析，本主轴选用45钢制造，整体调质，硬度为220～250HBS；锥孔和外圆锥面局部淬火，硬度为45～50HRC；花键部位高频感应淬火，硬度为48～53HRC。该主轴的加工工艺过程如下：

下料→锻造→正火→粗加工→调质→半精加工（花键除外）→局部淬火、回火（锥孔、外锥面）→粗磨（外圆、外锥面、锥孔）→铣花键→花键处高频感应淬火、回火→精磨（外圆、外锥面、锥孔）

思考题与习题

1. 解释下列名词。

塑性，韧性，硬度，疲劳强度，晶体，晶胞，多晶体，晶体缺陷，结晶，过冷度，相，固溶体，金属化合物，相图，组织，铁素体，奥氏体，珠光体，渗碳体，热处理

2. 衡量金属材料的力学性能指标主要有那几项？用什么符号表示？

3. 为什么单晶体具有各向异性，而多晶体一般不显示各向异性？

4. 分析一次渗碳体、二次渗碳体、共晶渗碳体、共析渗碳体的异同之处。

5. 简述碳钢的含碳量、显微组织与力学性能之间的关系。

6. 试分析含碳量分别为0.45%、0.77%和1.2%的铁碳合金在平衡条件下的结晶过程，并说明其在室温下各得到什么组织？

7. 识别下列各钢牌号，指出各数字和符号代表的意义。

Q235A，25，40，40Cr，T10A，60Si2Mn，W18Cr4V，20CrMnTi，GCr06，Cr12MoV，5CrNiMo，ZGMn13，65Mn。

8. 什么是淬火？淬火的主要方式是什么？

9. 什么是正火、退火？二者有何不同？各应用于什么场合？

第二章

平面构件的静力分析

学习目的与要求

深刻领会静力学的基本概念、基本原理及适用范围。熟练掌握常见约束的类型、性质及相应的约束力的特征，能正确分析物体的受力情况，画出相应的受力图。理解平面汇交力系、平面力偶系和平面一般任意的合成和平衡条件，并能熟练应用平衡方程求解物体的平衡问题。会求解物体系统的平衡问题及考虑摩擦时物体的平衡问题。

第一节　静力分析基础

一、基本概念

1. 力和力系

力是物体间的相互机械作用，这种作用使物体的运动状态和形状发生改变。前者称为力的运动效应或称外效应，后者称为力的变形效应或内效应。

力对物体的效应取决于力的大小、方向和作用点，这三者称为力的三要素。显然，力是矢量。如图 2-1 所示，线段 AB 的长度按一定的比例尺表示力的大小；线段的方位以及箭头的指向表示力的方向；线段的起点（或终点）表示力的作用点。当两物体间为拉力时，以线段的起点作为作用点；当两物体间为压力时，以线段的终点为作用点。矢量用黑体字母表示，如 $\boldsymbol{F}$ 表示力矢量。

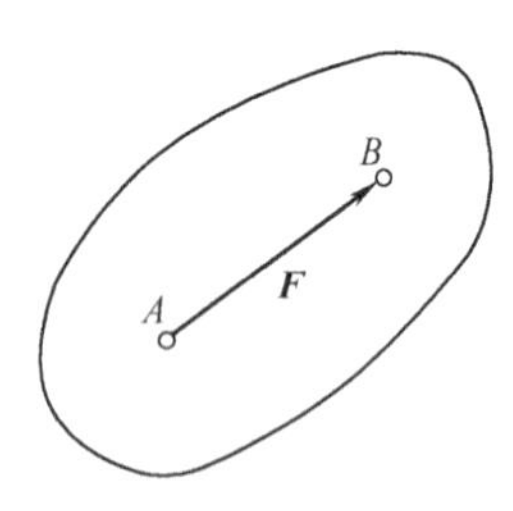

图 2-1　力的表示

力的法定计量单位是 N 或 kN，$1\text{kN}=10^3\text{N}$。

作用在同一物体上的一群力称为一个力系。如果物体在一个力系作用下保持平衡，则称这一力系为平衡力系。如果两个力系分别对同一个物体的运动效应相同，则这两个力系彼此称为等效力系。若一个力与一个力系等效，则称这个力是该力系的合力，而该力系中的每个力是合力的分力。

2. 刚体

刚体是指在力的作用下不变形的物体。实际上，任何物体在力的作用下或多或少都会产生变形。如果物体变形很小，且变形对所研究问题的影响可以忽略不计，则可将物体抽象为刚体。但是，如果在所研究的问题中，物体的变形成为主要因素时，就不能再把物体看成是刚体，而要看成为变形体。本章所研究的物体只限于刚体。

3. 力矩

若某物体具有一固定支点 O，受 $\boldsymbol{F}$ 力作用，当 $\boldsymbol{F}$ 力的作用线不通过固定支点 O 时，则物体将产生转动效应。其转动效应与力 $\boldsymbol{F}$ 的大小和点 O 到力 $\boldsymbol{F}$ 作用线的垂直距离 h 有关，用它们的乘积来度量，称之为平面力对点的矩，简称力矩，记作

$$M_O(\boldsymbol{F})=\pm Fh$$

h 称为力臂，O 点称为矩心，它可以是固定支点，也可以是某指定点。产生逆时针转动效应的力矩取正值，反之取负值，如图 2-2 所示。

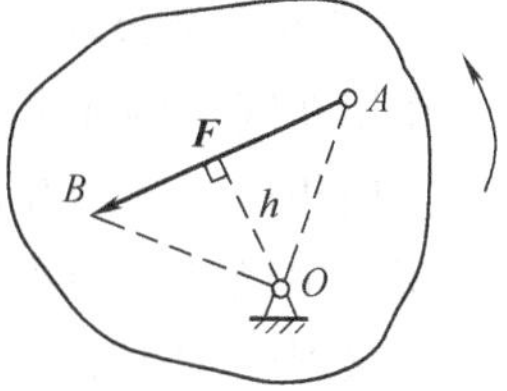

图 2-2　力对点的矩

在平面问题中，力对点的矩只需考虑力矩的大小和转向，因此力矩是代数量。力矩的单位为 N·m 或 kN·m。

4. 力偶

作用于刚体上大小相等、方向相反但不共线的两个力所组成的最简单的力系称为力偶，如图 2-3（a）所示。力偶能使刚体产生纯转动效应，而不能产生移动效应。力偶对刚体产生的转动效应，以力偶矩 M 来度量，记作

$$M=\pm Fd$$

d 为两个力作用线之间的垂直距离，称为力偶臂。两力作用线所组成的平面称为力偶的作用面。按右手规则，力偶使刚体作逆时针方向转动，则力偶矩取正值，反之取负值。

对于平面力偶而言，力偶矩 M 可认为是代数量，其绝对值等于力的大小与力偶臂的乘积。力偶矩的单位为 N·m 或 kN·m。衡量力偶转动效应的三个要素是力偶矩的大小、力偶的转向和力偶的作用面。

（1）性质

① 力偶不能合成为一个力。因为力偶在任一轴上投影的代数和恒等于零，因此，力偶没有合力，它不能用一个力来代替，也不能用一个力来平衡，只能用反向的力偶来平衡。力偶和力是静力学的两个基本要素。

② 力偶对其所在平面内任一点的力矩都等于一个常量，其值等于力偶矩本身的大小，而与矩心的位置无关。

图 2-3（a）所示的力偶平面内任取一点 O 为矩心。设 O 点与力 $\boldsymbol{F}$ 的垂直距离为 x，则力偶的两个力对于 O 点的力矩之和为

$$-Fx+F(x+d)=Fd$$

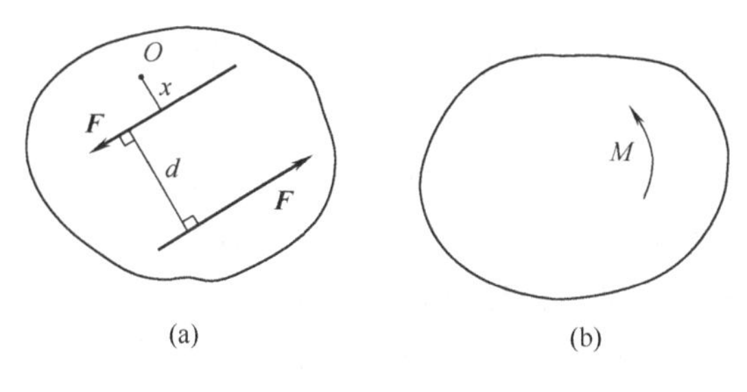

图 2-3　力偶

由此可知，力偶对于刚体的转动效应完全决定于力偶矩，而与矩心位置无关。

（2）等效条件　作用在刚体内同一平面上的两个力偶相互等效的条件是两个力偶矩的大小相等，转向相同。

力偶的等效变换性质如下。

① 作用在刚体上的力偶，只要保持三要素不变，则可以在其作用面内任意地转移，而不改变它对刚体的效应。

② 作用在刚体上的力偶，只要保持三要素不变，则可以同时改变力偶中力的大小和力偶臂的长短，而不改变它对刚体的效应。

由于力偶具有这样的性质，因此平面力偶除了用力和力偶臂表示外，也可以用一带箭头的弧线表示，M 表示力偶矩的大小，箭头表示力偶矩的转向，如图 2-3（b）所示。

二、基本公理

静力学基本公理是人类在长期生活和生产实践中积累经验的总结，又经过实践的反复检验，证明是符合客观实际的普遍规律而建立的基本理论，是静力学全部理论的基础。

1. 二力平衡公理

作用在同一刚体上的两个力，使刚体处于平衡状态的必要与充分条件是这两个力大小相等，方向相反，作用在同一条直线上（简称等值、反向、共线）。

工程中经常遇到不计自重、只受两个力作用而平衡的构件，称为二力构件。当构件为杆状时，又习惯称为二力杆。根据二力平衡公理，作用于二力构件（二力杆）上的两个力的作用线必定沿着两个力作用点的连线，且大小相等，方向相反。

2. 加减平衡力系公理

在刚体上作用有某一力系时，再加上或减去一个平衡力系，并不改变原有力系对刚体的作用效应。

根据这一公理，可以得到作用于刚体上的力的一个重要性质——力的可传性原理，即作用于刚体上的力，可以沿着其作用线任意移动，而不改变力对刚体作用的外效应。

图 2-4 所示的小车，在力 $\boldsymbol{F}$ 作用线上 B 点加一对与 $\boldsymbol{F}$ 等值且反向、共线的力 $\boldsymbol{F}_1$ 和 $\boldsymbol{F}_2$，这样并不改变原来的力 $\boldsymbol{F}$ 对小车的作用效应。而 $\boldsymbol{F}$ 和 $\boldsymbol{F}_2$ 两力也符合等值、反向、共线的条件，也是平衡力系。若将这两个力从图 2-4（b）中减去，得到图 2-4（c）所示状态，同样不改变原来的力对小车的作用效应。就相当于将原来的力 $\boldsymbol{F}$ 从 A 点沿其作用线移到 B 点，并不改变对小车的作用效应。

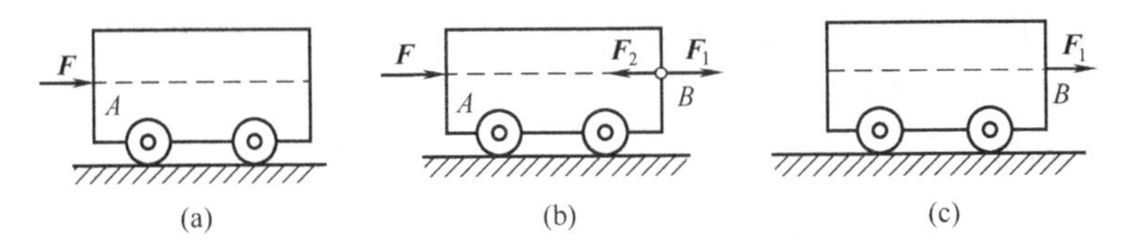

图 2-4　力的可传性原理

3. 作用与反作用公理

两物体之间相互作用的力，总是同时存在，两者大小相等、方向相反、沿同一条直线，分别作用在两个物体上。

该公理表明两个物体之间所发生的机械作用一定是相互的，即作用力与反作用力必须同时成对出现。这种物体之间的相互作用关系是分析物体受力时必须遵循的原则。

应当注意，作用与反作用公理中的一对力和二力平衡公理中的一对力是有区别的。作用力和反作用力分别作用在不同的物体上，而二力平衡公理中的两个力则作用在同一个刚体上。

4. 力的平行四边形公理

作用于刚体上某点 A（或作用线交于 A 点）的两个力 $\boldsymbol{F}_1$ 和 $\boldsymbol{F}_2$，可以合成为一个力，这个力称为 $\boldsymbol{F}_1$ 和 $\boldsymbol{F}_2$ 的合力。合力的大小和方向由以这两个力为邻边所组成的平行四边形的对角线来确定。如图 2-5（a）所示，$\boldsymbol{F}_R$ 是 $\boldsymbol{F}_1$、$\boldsymbol{F}_2$ 的合力。力的平行四边形法则符合矢量加法法则，即

$$\boldsymbol{F}_R=\boldsymbol{F}_1+\boldsymbol{F}_2$$

为了作图方便，可用更简单的作图法代替平行四边形，如图 2-5（b）所示，只需画出三角形即可。其方法是自 A 先画一力 $\boldsymbol{F}_1$，然后再由 $\boldsymbol{F}_1$ 的终端 B 画力 $\boldsymbol{F}_2$，连接 $\boldsymbol{F}_1$ 的起端 A 与 $\boldsymbol{F}_2$ 的终端 D，即代表合力 $\boldsymbol{F}_R$，这种作图法称为力的三角形法则。显然，其结果与画力的顺序无关。

5. 三力平衡汇交定理

作用于刚体上同一平面内的三个不平行的力，如果使刚体处于平衡，则这三个力的作用线必汇交于一点。

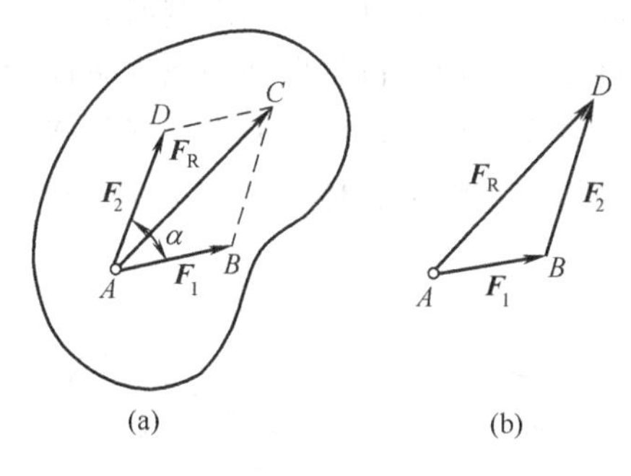

图 2-5　两力合成

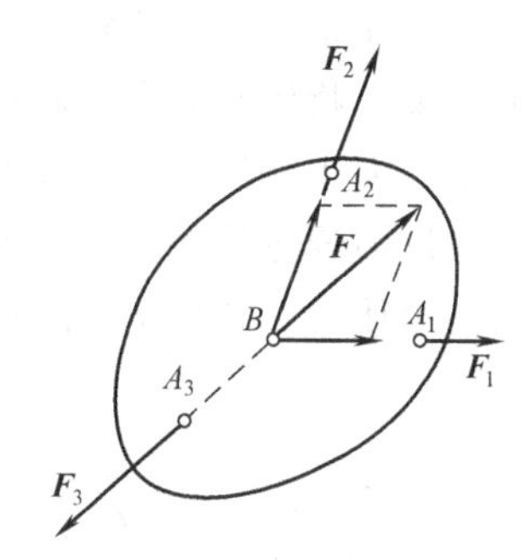

图 2-6　三力平衡

此定理很容易证明。如图 2-6 所示，设作用在刚体上同一平面内有三个力 $\boldsymbol{F}_1$、$\boldsymbol{F}_2$、$\boldsymbol{F}_3$，力 $\boldsymbol{F}_1$ 和 $\boldsymbol{F}_2$ 的作用线相交于 B 点。根据力的可传性原理，将 $\boldsymbol{F}_1$ 和 $\boldsymbol{F}_2$ 分别沿其作用线移到 B 点，将两个力合成，其合力 $\boldsymbol{F}$ 必通过此交点。$\boldsymbol{F}$ 与 $\boldsymbol{F}_3$ 这两个力又使刚体平衡，所以，$\boldsymbol{F}$ 与 $\boldsymbol{F}_3$ 必等值、反向、共线，故 $\boldsymbol{F}_1$、$\boldsymbol{F}_2$、$\boldsymbol{F}_3$ 三个力的作用线必汇交于 B 点。

三、约束与约束反力

对物体的运动起限制作用的其他物体，称为该物体的约束。例如，吊车钢索上悬挂的重物，钢索是重物的约束，搁置在墙上的屋架，墙是屋架的约束等，这些约束分别阻碍了被约束物体沿着某些方向的运动。约束作用于被约束物体上的力称为约束反力。约束反力属于被动力，是未知的力，它的方向总是与物体的运动趋势方向相反，作用在约束与被约束物体的接触点上。

在静力分析中，主动力往往都是已知的力，因此，对约束反力的分析就成为物体受力分析的重点。工程实践中，物体间的连接方式是很复杂的，为了分析和解决实际计算问题，必须将物体间各种复杂的连接方式抽象为几种典型的约束类型。

下面介绍几种常见的约束类型，说明如何判断约束反力的某些特征。

1. 柔索约束

绳索、链条、胶带等柔性体都属于这类约束。由于柔索约束只限制物体沿着柔体伸长方

向的运动，承受拉力，不能承受压力或弯曲，所以柔索的约束反力必定是沿着柔索的中心线且背离被约束物体的拉力。如图 2-7 所示，起重机用钢绳起吊大型机械主轴，主吊索、AC 和 BC 对吊钩的约束反力分别为 $\boldsymbol{F}$、$\boldsymbol{F}'_1$ 和 $\boldsymbol{F}'_2$，都通过它们与吊钩的连接点，方位沿着各吊索的轴线，指向背离吊钩。

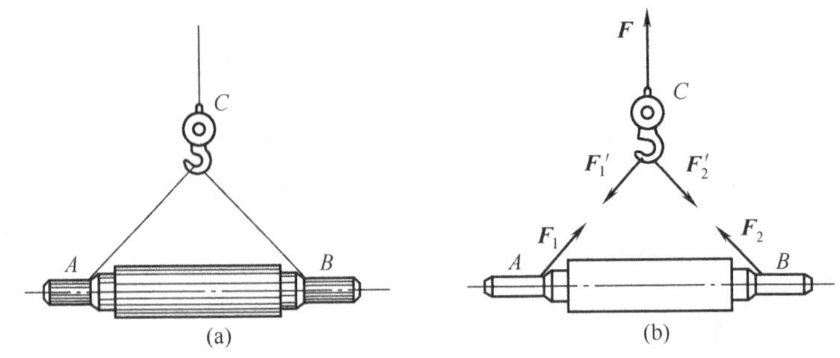

图 2-7　柔索约束

2. 光滑接触面约束

当表面非常光滑（摩擦可以忽略不计）的平面或曲面构成对物体运动限制时，称为光滑接触面约束。物体在光滑接触面上可以沿着支承面自由地滑动，也可以朝脱离支承面的任何方向运动，但不能沿着支承面在接触点处的公法线向着支承面内运动。所以，光滑接触面约束的约束反力通过接触点，方向沿接触面的公法线并指向被约束物体。如图 2-8 所示，其约束反力均为压力，常用 $\boldsymbol{F}_{\mathrm{N}}$ 表示。

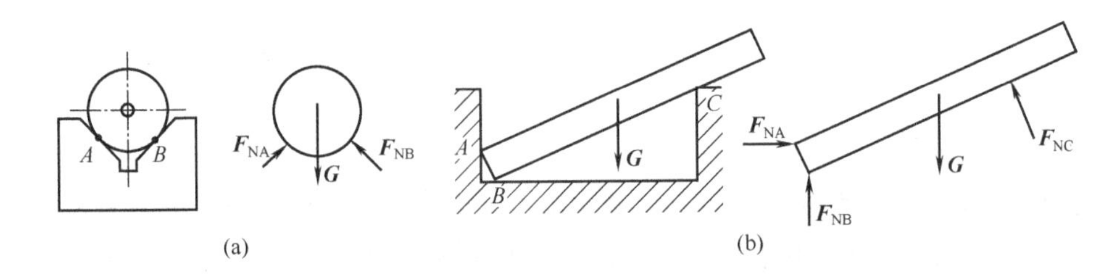

图 2-8　光滑面约束

3. 圆柱铰链约束

图 2-9（a）中 A、B 两构件的连接是通过圆柱销钉 C 来实现的，这种使构件只能绕销轴转动的约束称为圆柱铰链约束。这类约束能够限制构件沿垂直于销钉轴线方向的相对位移。若将销钉和销孔间的摩擦略去不计，则这类铰链约束称为光滑铰链约束。若构成铰链约束的两构件都是可以运动的，这种约束称为中间铰链，图 2-9（b）所示为其简图形式。

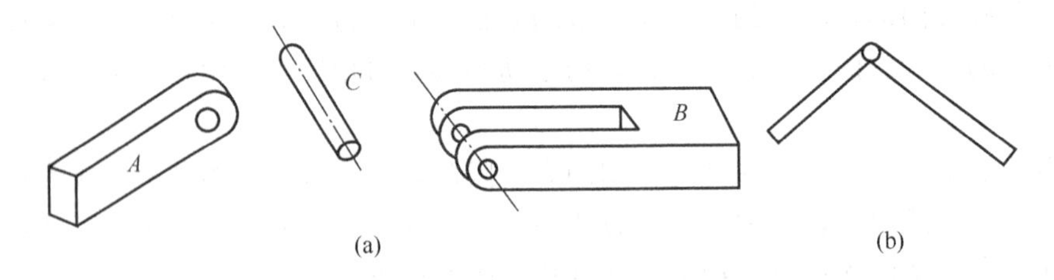

图 2-9　中间铰链

由于销钉与销孔之间看成光滑接触，根据光滑接触面约束反力的特点，销钉对构件的约束反力应沿着接触点处的公法线方向，且通过销孔中心。但接触点的位置不能预先确定，它随着构件的受力情况而变化。为计算方便，约束反力通常用经过构件销孔中心的两个正交分力 $\boldsymbol{F}_x$ 和 $\boldsymbol{F}_y$ 来表示（见图 2-10）。

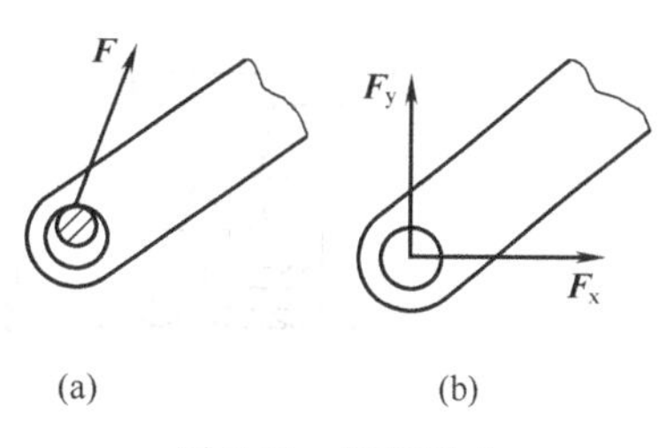

图 2-10　铰链受力

在圆柱铰链连接的两个构件中，如果其中一个固结于基础或机器上，这种约束称为固定铰链支座，简称固定铰链或固定支座，如图 2-11（a）所示，简图如图 2-11（b）所示。其约束反力的方向也不能确定，仍表示为正交的两个分力 $\boldsymbol{F}_{Ax}$和 $\boldsymbol{F}_{Ay}$，如图 2-11（c）所示。

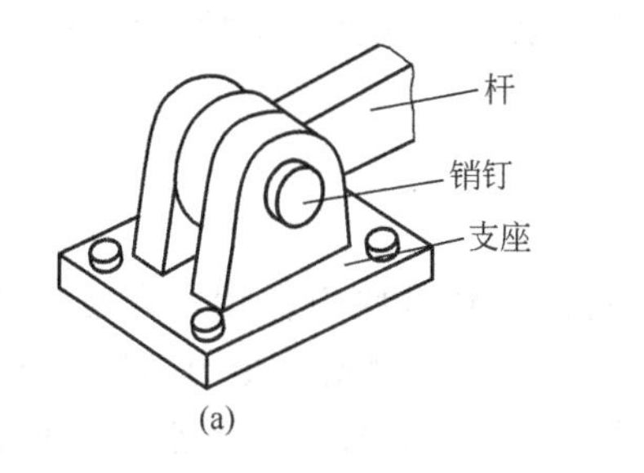

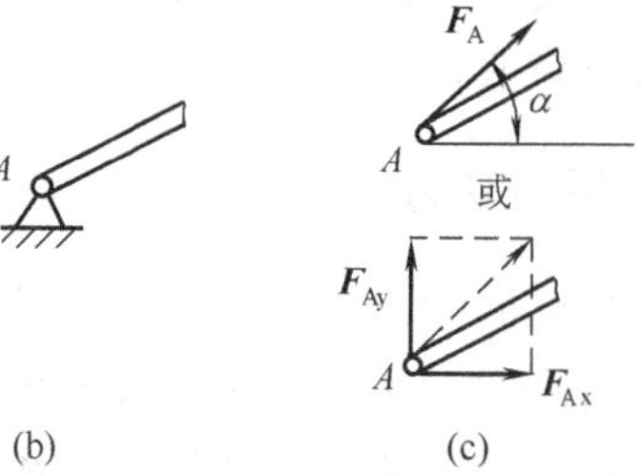

图 2-11　固定铰链支座

必须指出的是，当中间铰链或固定铰链约束的是二力构件时，其约束反力满足二力平衡条件，方向是确定的，即沿两约束反力作用点的连线。

图 2-12（a）所示的结构，AB 杆中点作用力 $\boldsymbol{F}$，杆件 AB、BC 不计自重。杆 BC 在 B 端受到中间铰链约束，约束反力的方向不确定。在 C 端受到固定铰链支座约束，约束反力的方向也不确定。但 BC 杆受此两力作用处于平衡，是二力构件，该二力必过 B、C 两点的连线，如图 2-12（b）所示。

杆 AB 在 A、B 两点受力并受主动力 $\boldsymbol{F}$ 作用，是三力构件，符合三力平衡汇交定理，如图 2-12（c）所示。在画 BC 杆和 AB 杆受力图时应注意，中间铰链 B 必须按作用与反作用公理画其受力图。固定铰链支座 A 可用图 2-12（c）所示的三力平衡汇交定理确定约束反力的方位，力的指向可任意假设，也可用互相垂直的两个分力表示。

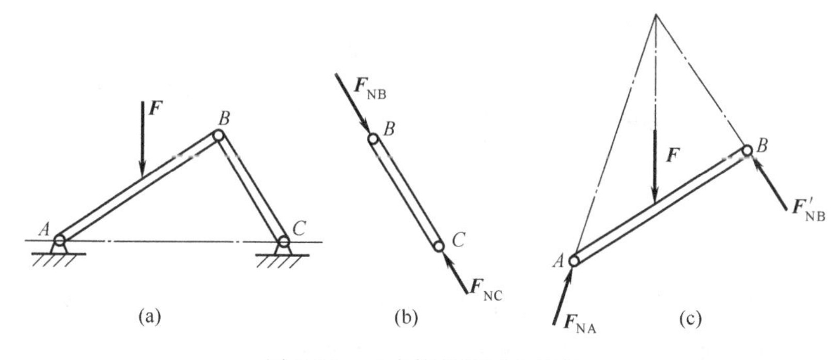

图 2-12　二力构件和三力构件

4．活动铰链支座约束

如果将固定铰链支座用几个辊轴支承在光滑面上，这种约束称为活动铰链支座，又称辊轴约束，如图 2-13（a）所示，常用于桥梁、屋架等结构中。图 2-13（b）所示为活动铰链支座的简图。这种支座只能限制构件沿支承面垂直方向的移动，不能限制构件沿着支承面的

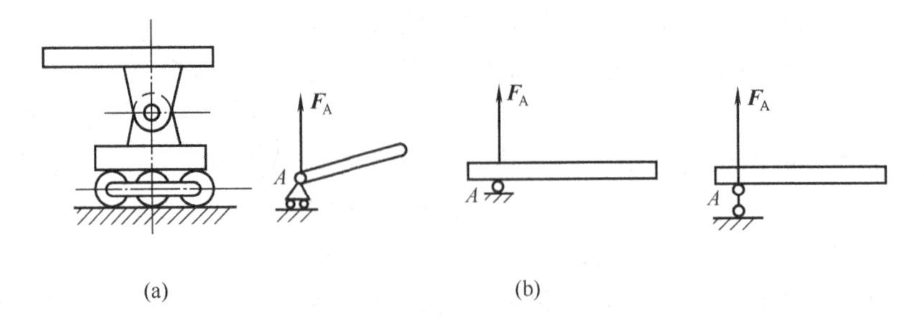

图 2-13 活动铰链支座

移动和绕销钉轴的转动，因此，活动铰链支座的约束反力垂直于支承面且通过销孔中心，指向不能确定，可任意假设。

四、受力分析与受力图

在解决工程实际问题时，一般都需要分析物体受到哪些力作用，即对物体进行受力分析，受力分析时所研究的物体称为研究对象。为了把研究对象的受力情况清晰地表示出来，必须将所确定的研究对象从周围物体中分离出来，单独画出简图，然后将其他物体对它作用的所有主动力和约束反力全部表示出来，这样的图称为受力图或分离体图。具体步骤如下。

① 根据题意选择研究对象。

② 根据外加载荷以及研究对象与周围物体的接触联系，在分离体上画出主动力和约束反力。画约束反力时，要根据约束类型和性质画出相应的约束反力的作用位置和作用方向。

③ 在物体受力分析时，应根据基本公理和力的性质正确判断约束反力的作用位置和作用方向，如二力平衡公理、三力平衡汇交定理、作用与反作用公理以及力偶平衡的性质等。

画受力图是对物体进行力学计算的重要基础，也是取得正确解答的第一关键问题。如果受力图画错了，必将导致分析和计算的错误。

例 2-1 水平梁 AB 两端用固定支座 A 和活动支座 B 支承，如图 2-14（a）所示，梁在中点 C 处承受一斜向集中力 $\boldsymbol{F}$，与梁成 α 角，若不考虑梁的自重，试画出梁 AB 的受力图。

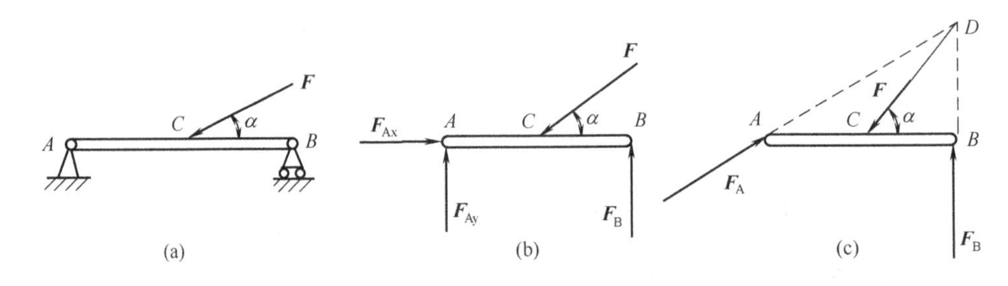

图 2-14 水平梁

解 取梁 AB 为研究对象。作用于梁上的力 $\boldsymbol{F}$ 为集中力。B 端是活动支座，它的约束反力 $\boldsymbol{F}_B$ 垂直于支承面铅垂向上。A 端是固定支座，约束反力用通过 A 点的互相垂直的两个正交分力 $\boldsymbol{F}_{Ax}$ 和 $\boldsymbol{F}_{Ay}$ 表示。受力图如图 2-14（b）所示。

梁 AB 的受力图还可以画成如图 2-14（c）所示的形式。根据三力平衡汇交定理，已知力 $\boldsymbol{F}$ 与 $\boldsymbol{F}_B$ 相交于 D 点，则其余一力 $\boldsymbol{F}_A$ 也必交于 D 点，从而确定约束反力 $\boldsymbol{F}_A$ 沿 A、D 两点连线。

例 2-2 如图 2-15（a）所示的简易支架结构，由 AB 和 CD 两杆铰接而成，在 AB 杆上

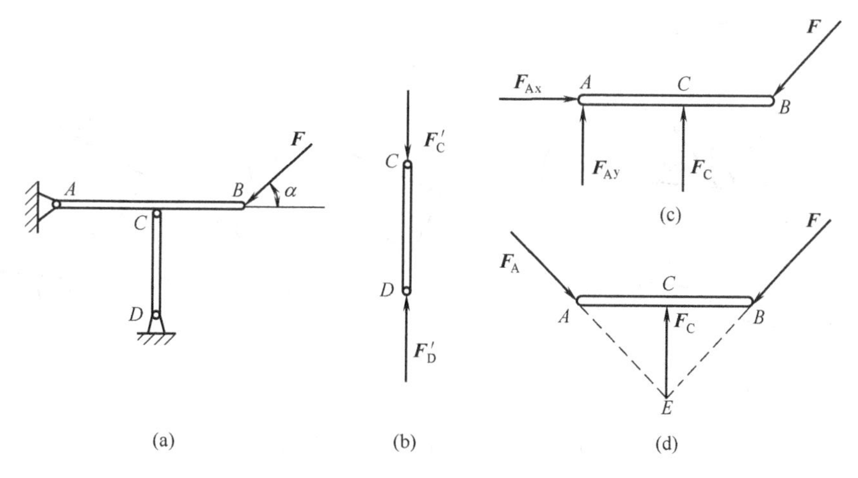

图 2-15　简易支架

作用有载荷 $\boldsymbol{F}$。设各杆自重不计，α 角已知，试分别画出 AB 和 CD 两杆的受力图。

解　首先，分析 CD 杆的受力情况。由于 CD 杆不计自重，只有 C、D 两铰链处受力，因此，CD 杆为二力杆，且二力相等，如图 2-15（b）所示。

然后，取 AB 杆为研究对象。AB 杆自重不计，AB 杆在主动力 $\boldsymbol{F}$ 作用下，有绕铰链 A 转动的趋势，但 C 点有 CD 杆支撑，根据作用与反作用公理，CD 杆给 AB 杆的反作用力为 $\boldsymbol{F}_C$。A 处为固定铰链支座，约束反力有两种画法，如图 2-15（c）、（d）所示。

第二节　平面基本力系

作用在物体上的各个力的作用线若都处于同一个平面内，则这些力所组成的力系称为“平面力系”。本节只讨论平面力系中的两种最基本的力系，即平面汇交力系和平面力偶系。

平面力系中所有力的作用线均汇交于一点时，称为“平面汇交力系”。如图 2-7 所示的起重机吊钩，在吊起主轴时，吊钩上所受的力都在同一平面内，且汇交于 C 点，即组成一个平面汇交力系，如图 2-7（b）所示。

作用于刚体上同一平面内的若干个力偶，称为平面力偶系。如图 2-16 所示，用多轴钻床在工件上钻孔时，作用在工件上的力系为平面力偶系。

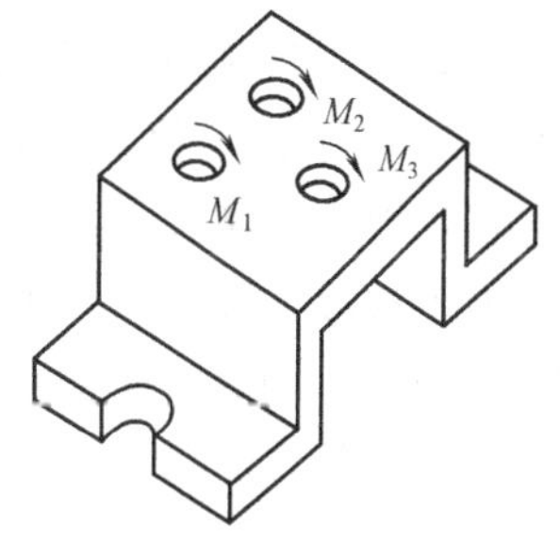

图 2-16　多轴钻孔

一、平面汇交力系合成与平衡的几何法

1. 平面汇交力系合成的几何法

例 2-3　设在物体上的 O 点作用有 $\boldsymbol{F}_1$、$\boldsymbol{F}_2$、$\boldsymbol{F}_3$ 和 $\boldsymbol{F}_4$ 组成的一个平面汇交力系，若 $F_1=F_2=100\text{N}$，$F_3=150\text{N}$，$F_4=200\text{N}$，各力的方向如图 2-17（a）所示，求合力 $\boldsymbol{F}_R$ 的大小和方向。

解　如图 2-17（b）所示，选一比例尺，应用力三角形法则，先将 $\boldsymbol{F}_1$、$\boldsymbol{F}_2$ 合成得合力 $\boldsymbol{R}_1$，再把 $\boldsymbol{R}_1$ 与 $\boldsymbol{F}_3$ 合成得合力 $\boldsymbol{R}_2$，最后将力 $\boldsymbol{R}_2$ 和 $\boldsymbol{F}_4$ 合成得合力 $\boldsymbol{F}_R$，即为 $\boldsymbol{F}_1$、$\boldsymbol{F}_2$、$\boldsymbol{F}_3$ 和 $\boldsymbol{F}_4$ 所组成汇交力系的合力。用比例尺量得 $F_R=170\text{N}$，用量角器量得 $\theta=54°$。

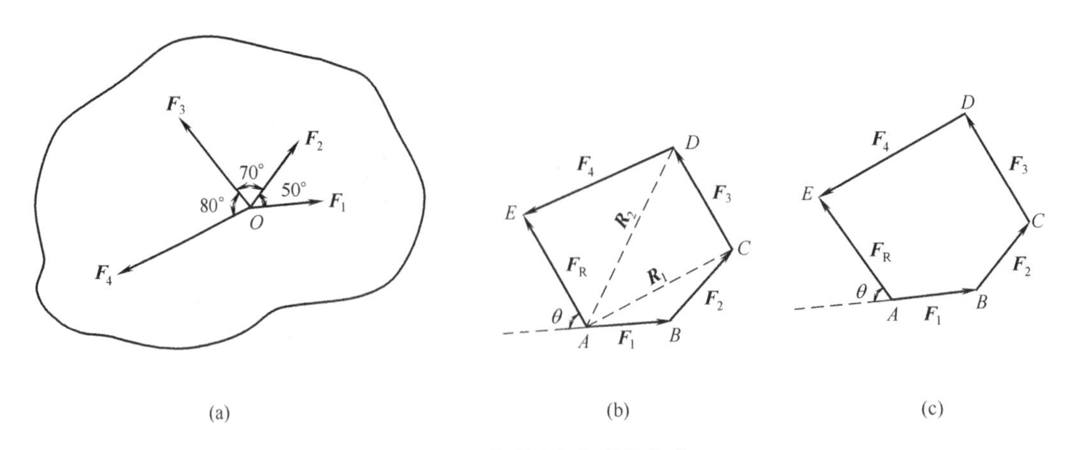

图 2-17　平面汇交力系的合成

实际作图时，不必画出虚线所示的 $\boldsymbol{R}_1$ 和 $\boldsymbol{R}_2$，而可直接依次作矢量 $\boldsymbol{AB}$、$\boldsymbol{BC}$、$\boldsymbol{CD}$、$\boldsymbol{DE}$ 分别代表 $\boldsymbol{F}_1$、$\boldsymbol{F}_2$、$\boldsymbol{F}_3$、$\boldsymbol{F}_4$，最后从力 $\boldsymbol{F}_1$ 的始端 A 点连接力 $\boldsymbol{F}_4$ 的末端 E 得矢量 $\boldsymbol{AE}$，作出一个力多边形，这个力多边形的封闭边 $\boldsymbol{AE}$ 就是合力 $\boldsymbol{F}_{\mathrm{R}}$，如图 2-17（c）所示。这种求合力的方法称为力多边形法则。

应该指出，由于力系中各力的大小和方向已经给定，画力多边形时，可以改变力的次序，改变次序后，只改变力多边形的形状，而不影响所得合力的大小和方向。但应注意，各分力矢量必须首尾相接，各分力箭头沿多边形一致方向绕行。而合力的指向应从第一个力矢量的起点指向最后一个力矢量的终点，最终形成力多边形的封闭边。

上述方法可以推广到若干个汇交力的合成。由此可知，平面汇交力系合成的结果是一个合力，它等于原力系中各力的矢量和，合力的作用线通过各力的汇交点。这种关系可用矢量式表达为

$$\boldsymbol{F}_{\mathrm{R}}=\boldsymbol{F}_1+\boldsymbol{F}_2+\boldsymbol{F}_3+\cdots+\boldsymbol{F}_n=\sum \boldsymbol{F}_i \tag{2-1}$$

2. 平面汇交力系平衡的几何条件

如图 2-17 所示，平面汇交力系 $\boldsymbol{F}_1$、$\boldsymbol{F}_2$、$\boldsymbol{F}_3$、$\boldsymbol{F}_4$ 已合成为一个合力 $\boldsymbol{F}_{\mathrm{R}}$。若在该力系中另加一个力 $\boldsymbol{F}_5$，使其与力 $\boldsymbol{F}_{\mathrm{R}}$ 等值、反向、共线，则根据二力平衡公理可知，物体处于平衡状态，即 $\boldsymbol{F}_1$、$\boldsymbol{F}_2$、$\boldsymbol{F}_3$、$\boldsymbol{F}_4$、$\boldsymbol{F}_5$ 成为平衡力系。如作出该力系的力多边形，将成为一个封闭的力多边形，即最后一个力的终点与第一个力的起点相重合，亦即该力系的合力为零，如图 2-18 所示。因此，平面汇交力系平衡的必要与充分条件是力系的合力等于零；其几何条件是力系中各力所构成的力多边形自行封闭。用矢量式表达为

$$\boldsymbol{F}_{\mathrm{R}}=0 \quad 或 \quad \sum \boldsymbol{F}_i=0$$

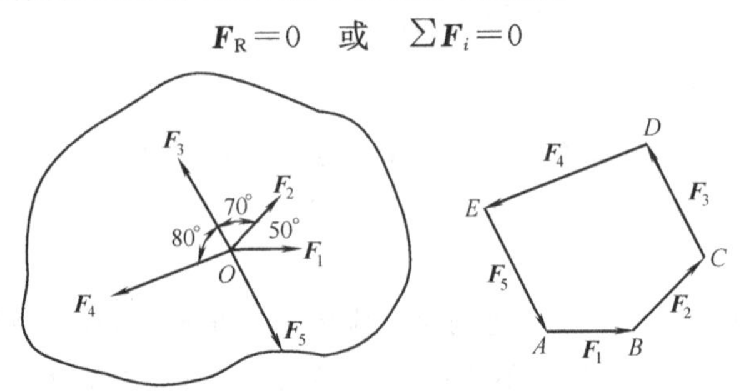

图 2-18　平面汇交力系平衡的几何条件

例 2-4 支架 ABC 由横杆 AB 与支撑杆 BC 组成，如图 2-19（a）所示。A、B、C 处均为铰链连接，销钉轴 B 上悬挂重物，其重力 $G=5\text{kN}$，杆重不计，试求两杆所受的力。

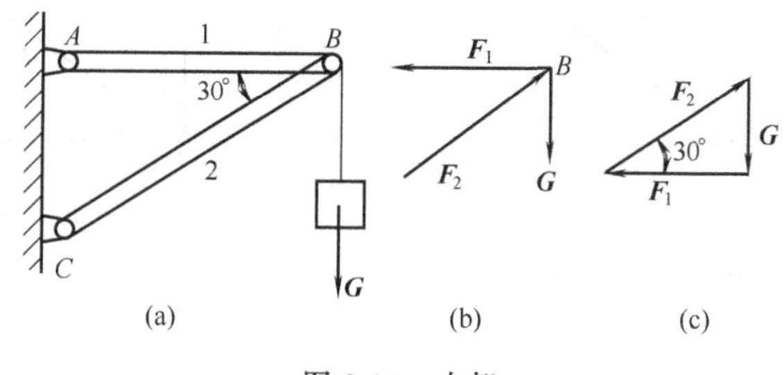

图 2-19 支架

解 由于 AB、BC 杆自重不计，杆端为铰链，故均为二力构件，两端所受力的作用线必通过直杆的轴线。

取销钉轴 B 为研究对象，其上除作用有重力 $\boldsymbol{G}$ 外，还有 AB、BC 杆的约束反力 $\boldsymbol{F}_1$、$\boldsymbol{F}_2$，这三个力组成平面汇交力系，受力分析如图 2-19（b）所示。因销钉轴平衡，三力应组成一封闭的力三角形，如图 2-19（c）所示。由平衡几何关系求得

$$F_1=G\cot 30^\circ=\sqrt{3}G=8.66\text{kN}$$

$$F_2=\frac{G}{\sin 30^\circ}=2G=10\text{kN}$$

应用平面汇交力系平衡的几何条件求解的步骤如下。

① 根据题意，确定一物体为研究对象。通常是选既作用有已知力，又作用有未知力的物体。

② 分析该物体的受力情况，画出受力图。

③ 应用平衡几何条件求出未知力。先作出封闭力多边形，然后根据几何关系求解。

二、平面汇交力系合成与平衡的解析法

1. 力在坐标轴上的投影

为了应用解析法研究力系的合成与平衡问题，先引入力在坐标轴上的投影的概念。

设力 $\boldsymbol{F}$ 作用于物体的 A 点，如图 2-20（a）所示。在力 $\boldsymbol{F}$ 作用线所在的平面内取直角坐标系 xOy，从力 $\boldsymbol{F}$ 的两端 A 和 B 分别向 x 轴作垂线，得到垂足 a 和 b。线段 ab 就是力 $\boldsymbol{F}$ 在 x 轴上的投影，用 F_x 表示。力在坐标轴上的投影是代数量，其正负号规定为若由 a 到 b 的方向与 x 轴的正方向一致时，力的投影取正值；反之，取负值。同样，从 A 点和 B 点分别向 y 轴作垂线，得到力 $\boldsymbol{F}$ 在 y 轴上的投影 F_y，即线段 $a'b'$。显然

$$F_x=F\cos\alpha$$

$$F_y=F\cos\beta=F\sin\alpha$$

α、β 分别是力 $\boldsymbol{F}$ 与 x、y 轴的夹角。如果把力 $\boldsymbol{F}$ 沿 x、y 轴分解，得到两个正交分力 $\boldsymbol{F}_1$、$\boldsymbol{F}_2$，如图 2-20（b）所示。

应当注意，力的投影与力的分力是不同的，投影是代数量，而分力是矢量；投影无作用点，而分力的作用点必须与原有力的作用点相同；在确定投影时，都是按照从力的两个端点向投影轴作垂线，所得垂足之间的线段表示其大小，而确定分力时，都是按照力的平行四边

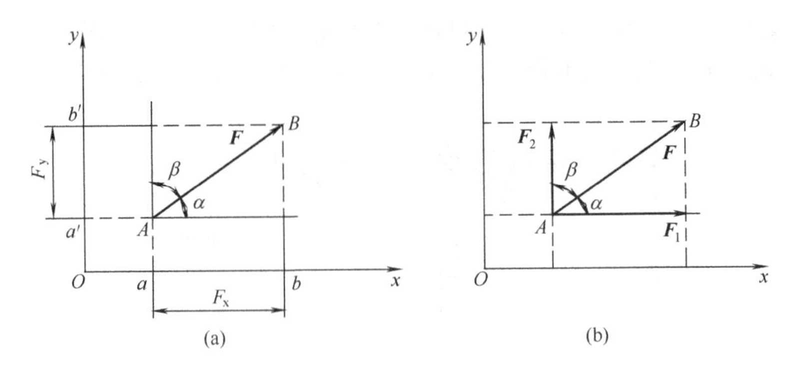

图 2-20　力的投影和分解

形公理来确定分力的大小。只有在直角坐标系中，分力的大小与对应坐标轴上投影的绝对值相等。

2. 合力投影定理

设有一平面汇交力系，在求此力系的合力时，所作出的力多边形为 $abcde$，如图 2-21（a）所示，在其平面内取直角坐标系 xOy，从力多边形各顶点分别向 x 轴和 y 轴作垂线，所有力在 x 轴上的投影为 F_{1x}、F_{2x}、F_{3x}、F_{4x}和 F_{Rx}，在 y 轴上的投影为 F_{1y}、F_{2y}、F_{3y}、F_{4y}和 F_{Ry}。从图上可见

$$F_{Rx}=F_{1x}+F_{2x}+F_{3x}-F_{4x}=\sum F_x$$
$$F_{Ry}=-F_{1y}+F_{2y}+F_{3y}+F_{4y}=\sum F_y$$

上式说明，合力在任一轴上的投影，等于各分力在同一轴上投影的代数和。这就是合力投影定理。

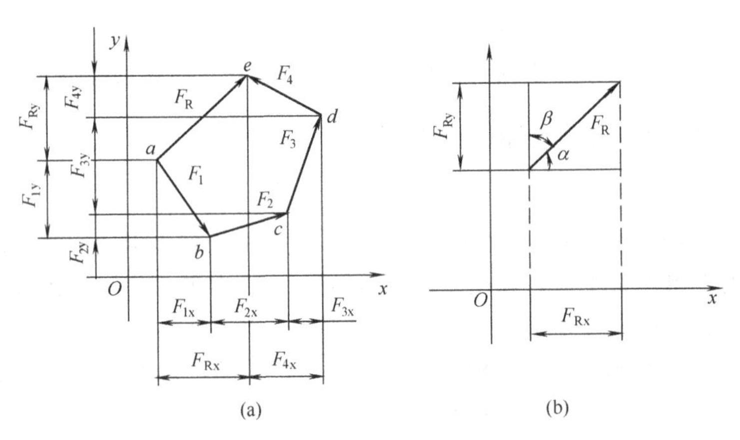

图 2-21　合力投影定理

3. 平面汇交力系合成的解析法

知道了合力 $\boldsymbol{F}_R$ 的两个投影 F_{Rx}和 F_{Ry}，就不难求出合力的大小和方向。如图 2-21（b）所示，合力 $\boldsymbol{F}_R$ 的大小为

$$F_R=\sqrt{F_{Rx}^2+F_{Ry}^2}=\sqrt{(\sum F_x)^2+(\sum F_y)^2} \tag{2-2}$$

合力的方向可由方向余弦确定。设 $\boldsymbol{F}_R$ 与 x、y 轴的夹角分别为 α、β，则

$$\cos\alpha=\frac{F_{Rx}}{F_R}=\frac{\sum F_x}{F_R} \qquad \cos\beta=\frac{F_{Ry}}{F_R}=\frac{\sum F_y}{F_R}$$

4. 平面汇交力系的平衡方程

平面汇交力系平衡的充分和必要条件是力系的合力等于零。由式（2-2）可知，要使合力 $F_R=0$，必须是

$$\left.\begin{aligned}\sum F_x=0\\ \sum F_y=0\end{aligned}\right\} \tag{2-3}$$

式（2-3）说明，力系中所有各力在每个坐标轴上投影的代数和都等于零。这就是平面汇交力系平衡的解析条件。式（2-3）称为平面汇交力系的平衡方程。这两个独立的方程，可以求解两个未知量。

例 2-5 简易起重机装置如图 2-22（a）所示。重物 $G=20\text{kN}$，用绳子挂在支架的滑轮 B 上，绳子的另一端接在绞车 D 上。若各杆的重量及滑轮的摩擦和半径均略去不计，当重物处于平衡状态时，求拉杆 AB 及支杆 CB 所受的力。

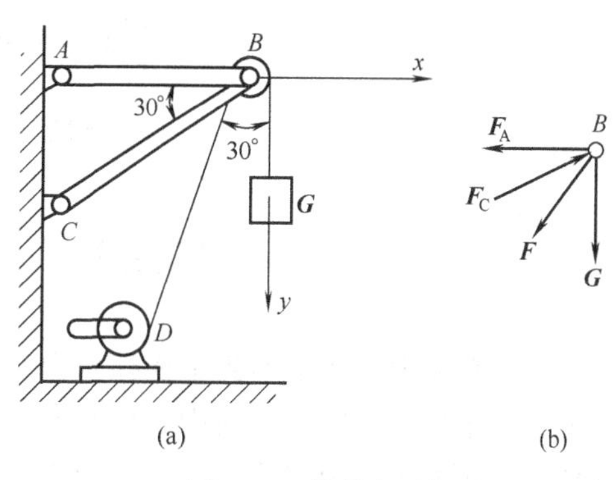

图 2-22 简易起重机

解 选取滑轮 B 作为研究对象，分析 B 点受力情况，如图 2-22（b）所示。因 AB 和 CB 是不计重量的直杆，仅在杆的两端受力，均为二力杆，故它们的约束反力 $\boldsymbol{F}_A$、$\boldsymbol{F}_C$ 作用线必沿直杆的轴线方向。绳子的拉力 $\boldsymbol{F}$ 与重力 $\boldsymbol{G}$ 数值相等。

选取坐标轴 xBy，如图 2-22（a）所示，列平衡方程为

$$\sum F_x=0 \Rightarrow F_C\cos30^\circ-F_A-F\cos60^\circ=0$$
$$\sum F_y=0 \Rightarrow -F_C\cos60^\circ+F\cos30^\circ+G=0$$

解得 $F_C=74.64\text{kN}$ $F_A=54.64\text{kN}$

若解出的结果为负值，则说明力的实际方向与原假设方向相反。

三、平面力偶系的合成与平衡

力偶既然没有合力，其作用效应完全取决于力偶矩，所以平面力偶系合成的结果是一个合力偶（证明从略）。设物体仅受平面力偶系 M_1、M_2、…、M_n 的作用，其合力偶矩 M 等于力偶系中各力偶矩的代数和。即

$$M=M_1+M_2+\cdots+M_n=\sum M_i$$

显然，平面力偶系平衡的条件是合力偶矩等于零，即

$$M=\sum M_i=0 \tag{2-4}$$

式（2-4）称为平面力偶系的平衡方程。

例 2-6 如图 2-23（a）所示的梁 AB 上作用一力偶，其力偶矩 $M=100\text{N}\cdot\text{m}$，梁长 $l=5\text{m}$，不计梁的自重，求 A、B 两支座的约束反力。

解 取梁 AB 为研究对象。梁 AB 的 B 端为活动铰支座，约束反力沿支承面公法线指向受力物体。由力偶性质可知，力偶只能与力偶平衡，因此 $\boldsymbol{F}_B$ 必和 A 端反力 $\boldsymbol{F}_A$ 组成一力偶

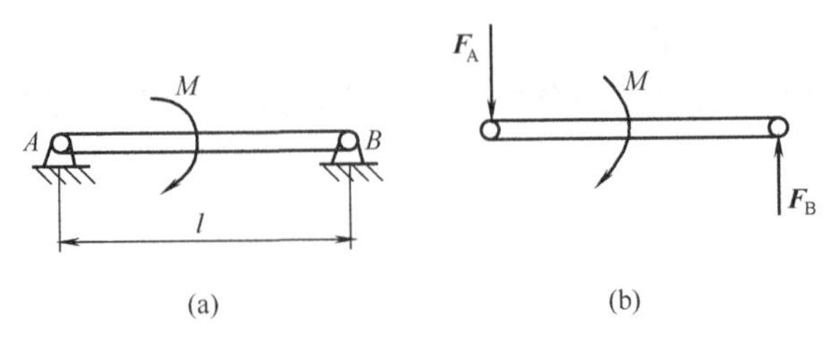

图 2-23　平面力偶系的合成与分解

与 M 平衡，所以 A 端反力 $\boldsymbol{F}_A$ 必与 $\boldsymbol{F}_B$ 平行、反向，并组成力偶。

列平衡方程得

$$\sum M_i = 0 \Rightarrow -F_B l + M = 0$$

$$F_A = F_B = \frac{M}{l} = \frac{100}{5} = 20\text{N}$$

第三节　平面任意力系

在工程实际中，经常遇到平面任意力系的问题，即作用在物体上的力都分布在同一平面内，或近似地分布在同一平面内，但它们的作用线是任意分布的。图 2-24 所示屋架的受力，其中 $\boldsymbol{Q}$ 为屋顶载荷，$\boldsymbol{P}$ 为风载，$\boldsymbol{R}_A$ 和 $\boldsymbol{R}_B$ 为约束反力，这些力组成的力系即为平面任意力系。

当物体所受的力对称于某一平面时，也可以简化为平面力系的问题来研究。例如，图 2-25 所示的均匀装载沿直线行驶的货车，如果不考虑路面不平引起的摇摆和侧滑，则其自重与货重之和 $\boldsymbol{W}$、所受风阻力 $\boldsymbol{F}$、地面对车轮的约束力（考虑摩擦之后）$\boldsymbol{R}_A$、$\boldsymbol{R}_B$ 等便可作为平面任意力系来处理。

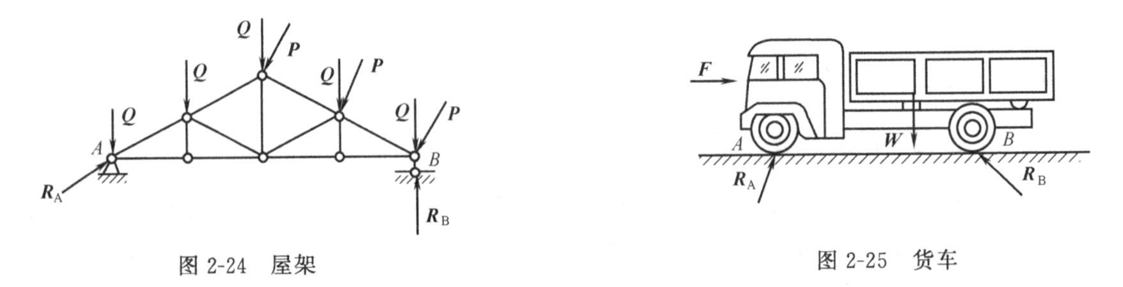

图 2-24　屋架　　　　图 2-25　货车

一、力线平移定理

作用于刚体上的力，可以沿其作用线任意移动，而不改变力对刚体作用的外效应。但是，当力平行于原来的作用线移动时，便会改变对刚体的外效应。如图 2-26（a）所示，作用在刚体上 A 点的力为 $\boldsymbol{F}_A$，在刚体上任取一点 B，现在讨论怎样把 $\boldsymbol{F}_A$ 平行移到 B 点而又不改变其原来的作用效应。

在新作用点 B 加上大小相等、方向相反且与 $\boldsymbol{F}_A$ 平行并相等的两个力 $\boldsymbol{F}_B$ 和 $\boldsymbol{F}'_B$，如图 2-26（b）所示。根据加减平衡力系公理，力 $\boldsymbol{F}_A$、$\boldsymbol{F}_B$ 和 $\boldsymbol{F}'_B$ 对刚体的作用与原力 $\boldsymbol{F}_A$ 对刚体的作用等效。在力系 $\boldsymbol{F}_A$、$\boldsymbol{F}_B$ 和 $\boldsymbol{F}'_B$ 中，$\boldsymbol{F}_A$ 和 $\boldsymbol{F}'_B$ 组成一个力偶，用 M 表示，如图 2-26（c）所示。因此，作用于 A 点的力 $\boldsymbol{F}_A$ 平行移至 B 点后，变成一个力和一个力偶 M，其力偶矩

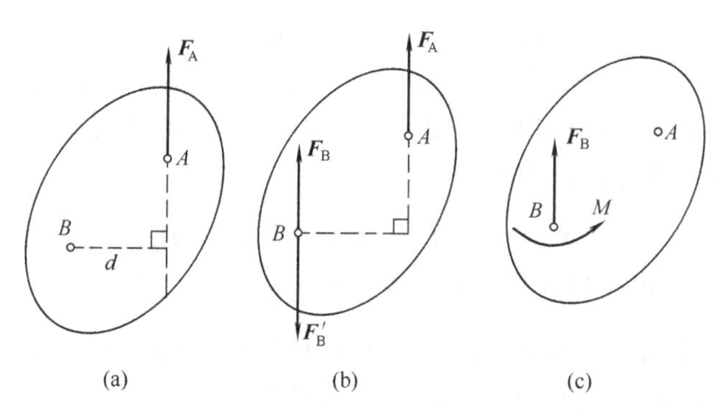

图 2-26　力向一点平移

等于 $\boldsymbol{F}_A$ 对 B 点之矩

$$M=M_B(\boldsymbol{F}_A)=F_A d$$

d 为力 $\boldsymbol{F}_A$ 对 B 点的力臂。

上述结果可以推广为一般结论，即作用在刚体上的力，可以平行移动到刚体内任意一点，但必须同时附加一个力偶，其力偶矩等于原来的力对新作用点之矩。

力向一点平移的结果，很好地揭示了力对刚体作用的两种外效应。如将作用在静止的自由刚体某点上的力，向刚体质心平移，所得到的力将使刚体平动；所得到的附加力偶则使刚体绕质量中心转动。对于非自由刚体，也有类似的情形。如图 2-27 所示，攻螺纹时，如果用一只手扳动扳手，则作用在扳手 AB 一端的力 $\boldsymbol{F}$，与作用在点 C 的一个力 $\boldsymbol{F}'$ 和一个力偶 M 等效。这个力偶使丝锥转动，而这个力 $\boldsymbol{F}'$ 却往往是丝锥弯曲或折断的主要原因。因此，钳工在攻螺纹时，切忌用单手操作，必须用两手握扳手，而且用力要相等。

此外，在平面内的一个力和一个力偶，可以用一个力来等效替换。

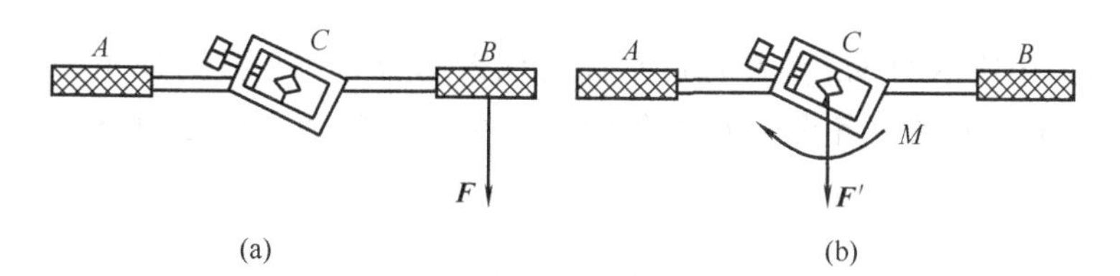

图 2-27　攻螺纹受力分析

二、平面任意力系向一点简化

设刚体上作用一平面任意力系 $\boldsymbol{F}_1$、$\boldsymbol{F}_2$、…、$\boldsymbol{F}_n$，在力系的作用面内任取一点 O，O 点称为简化中心，如图 2-28（a）所示。

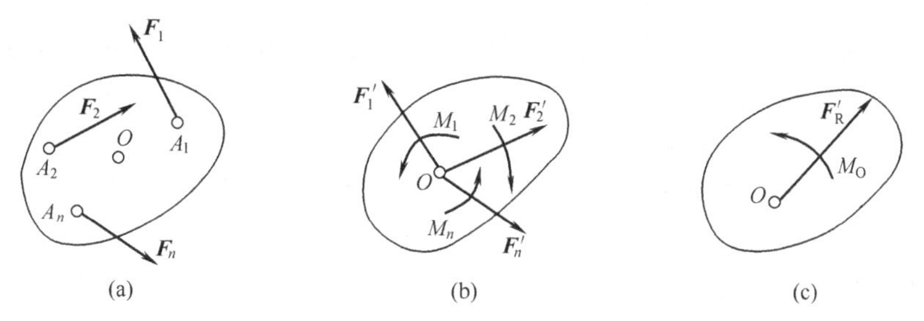

图 2-28　平面任意力系的简化

应用力向一点平移的方法，将力系中的每一个力向 O 点平移，得到一平面汇交力系和一平面力偶系，如图 2-28（b）所示。其中平面汇交力系中各个力的大小和方向，分别与原力系中对应的各个力相同，但作用线互相平行；而平面力偶系中各个力偶的力偶矩，分别等于原力系中各个力对简化中心的力矩。

$$\boldsymbol{F}'_1=\boldsymbol{F}_1,\ \boldsymbol{F}'_2=\boldsymbol{F}_2,\ \cdots,\ \boldsymbol{F}'_n=\boldsymbol{F}_n$$
$$M_1=M_O(\boldsymbol{F}_1),M_2=M_O(\boldsymbol{F}_2),\cdots,M_n=M_O(\boldsymbol{F}_n)$$

简化后的平面汇交力系和平面力偶系又可以分别合成一合力和一合力偶，如图 2-28（c）所示。其中，$\boldsymbol{F}'_R$ 为简化后平面汇交力系各力的矢量和。即

$$\boldsymbol{F}'_R=\sum_{i=1}^{n}\boldsymbol{F}'_i=\sum_{i=1}^{n}\boldsymbol{F}_i$$

$\boldsymbol{F}'_R$ 称为原力系的主矢。设 F'_{Rx}和 F'_{Ry}分别为主矢 F'_R 在 x、y 坐标轴上的投影，根据汇交力系简化的结果，得到

$$F'_{Rx}=\sum_{i=1}^{n}F_{xi}\qquad F'_{Ry}=\sum_{i=1}^{n}F_{yi}\tag{2-5}$$

F_{xi}和 F_{yi}分别为力 $\boldsymbol{F}_i$ 在 x、y 轴上的投影。

式（2-5）表示平面一般力系的主矢在 x、y 轴上的投影，等于力系中各个分力在 x、y 轴上投影的代数和。

根据式（2-5），很容易求得主矢 $\boldsymbol{F}'_R$ 的大小和方向。

$$\left.\begin{aligned}F'_R&=\sqrt{F'^2_{Rx}+F'^2_{Ry}}\\ \arctan\alpha&=\frac{F'_{Ry}}{F'_{Rx}}\end{aligned}\right\}\tag{2-6}$$

图 2-28（c）中所示的 M_O 为简化后平面力偶系的合力偶，其力偶矩为各个分力偶的力偶矩之和，它等于原力系中各个力对简化中心之矩的代数和，称之为原力系对简化中心的主矩。

$$M_O=\sum_{i=1}^{n}M_i=\sum_{i=1}^{n}M_O(\boldsymbol{F}_i)\tag{2-7}$$

综上所述，平面任意力系向作用面内任意一点 O 简化，一般可以得到一个力和一个力偶。该力作用于简化中心，其大小及方向等于原力系的主矢；该力偶之矩等于原力系对简化中心的主矩。

由于主矢 $\boldsymbol{F}'_R$ 只是原力系的矢量和，它完全取决于原力系中各力的大小和方向，因此，主矢与简化中心的位置无关；主矩 M_O 等于原力系中各力对简化中心之矩的代数和，选择不同位置的简化中心，各力对它的力矩也将改变，因此，主矩与简化中心的位置有关，故主矩 M_O 右下方标注简化中心的符号。

必须指出，力系向一点简化的方法是适用于任何复杂力系的普遍方法。下面用力系向一点简化的结论来分析一种典型的约束——固定端约束。

固定端约束是工程中常见的一种约束。例如，夹紧在卡盘上的工件，固定在刀架上的车刀，插入地下的电线杆等（图 2-29），这些物体所受的约束都是固定端约束。图 2-30（a）

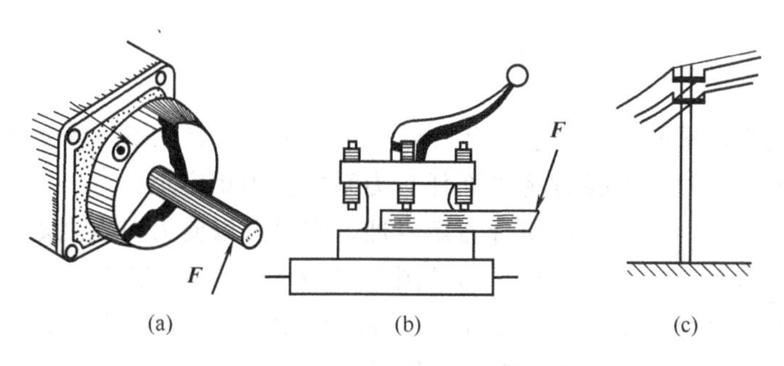

图 2-29　固定端约束实例

所示为固定端约束的简化表示法，这种约束的特点是限制物体受约束的一端既不能向任何方向移动，也不能转动。物体插入部分受的力分布比较复杂，但不管它们如何分布，当主动力为一平面力系时，这些约束反力也为平面力系，如图 2-30（b）所示。若将此力系向 A 点简化，则得到一约束反力 $\boldsymbol{F}_A$ 和一约束反力偶 M_A。约束反力 $\boldsymbol{F}_A$ 的方向预先无法判定，通常用互相垂直的两个分力表示；约束反力偶矩 M_A 的转向，通常假设逆时针转向为正，如图 2-30（c）所示。

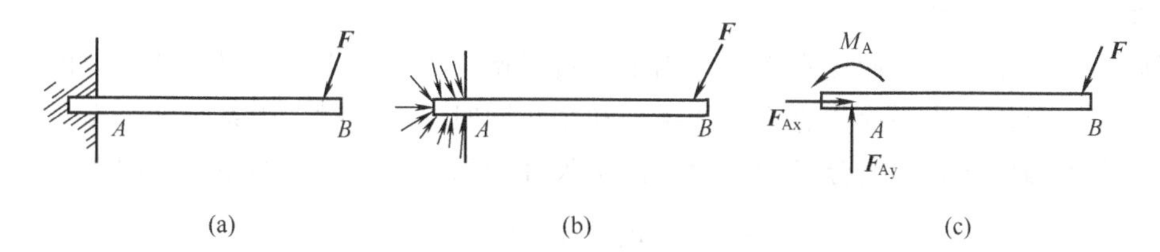

图 2-30　固定端约束的简化表示法及受力分析

三、合力矩定理

如图 2-31 所示，平面任意力系向一点简化为一个力和一个力偶，这个力和力偶还可以继续合成为一个合力 $\boldsymbol{F}_R$（图 2-31），其作用线离 O 点的距离为

$$h=\frac{M_O}{F'_R}=\frac{M_O}{F_R} \tag{2-8}$$

用主矩 M_O 的转向来确定合力 $\boldsymbol{F}_R$ 的作用线在简化中心 O 点的哪一侧。

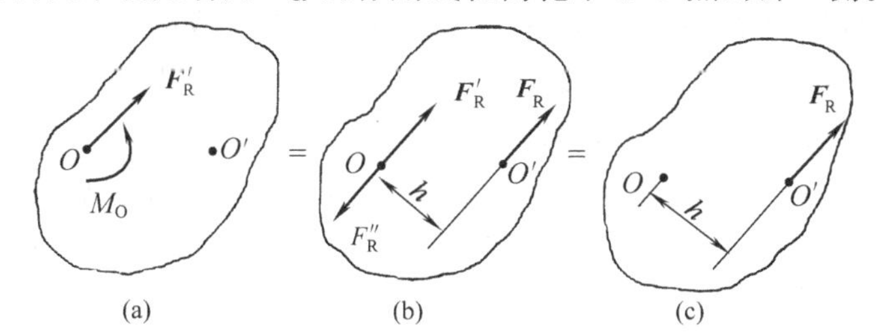

图 2-31　合力矩定理

如图 2-31（c）所示，平面任意力系的合力 $\boldsymbol{F}_R$ 对简化中心 O 的矩为

$$M_O(\boldsymbol{F}_R)=F_R h=M_O \tag{2-9}$$

根据式（2-7）和式（2-9）得

$$M_O(\boldsymbol{F}_R)=\sum_{i=1}^{n} M_O(\boldsymbol{F}_i) \tag{2-10}$$

式（2-10）表明，平面任意力系的合力对平面内任意一点之矩，等于该力系中各个力对同一点之矩的代数和。这一结论称为平面任意力系的合力矩定理。

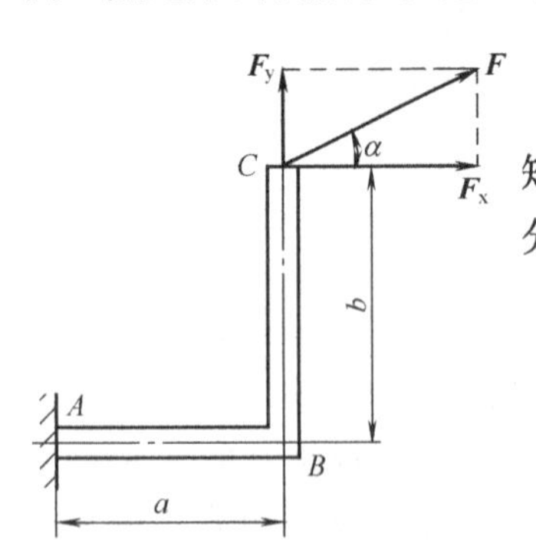

图 2-32　合力矩定理应用

应用合力矩定理，有时可以使力对点之矩的计算更为简便。例如，为求图 2-32 中作用在支架上 C 点的力 $\boldsymbol{F}$ 对 A 点之矩，若已知 a、b、α，可以将力 $\boldsymbol{F}$ 沿水平和铅垂方向分解为两个分力 $\boldsymbol{F}_x$ 和 $\boldsymbol{F}_y$，然后由合力矩定理得

$$M_A(\boldsymbol{F})=M_A(\boldsymbol{F}_x)+M_A(\boldsymbol{F}_y)=-(F\cos\alpha)b+(F\sin\alpha)a$$

此外，应用合力矩定理还可以确定合力作用线的位置。

四、平面任意力系的平衡方程与应用

根据平面任意力系向任一点简化的结果，如果作用在刚体上的平面力系的主矢和对于任一点的主矩不同时为零，则力系可能合成一个力或一个力偶，这时的刚体不能保持平衡。

因此，要使刚体在平面任意力系作用下保持平衡，力系的主矢和对于任一点的主矩必须同时等于零。反之，当平面任意力系的主矢和主矩同时等于零时，力系一定平衡。所以，平面任意力系平衡的必要和充分条件是力系的主矢和力系对于任一点的主矩同时等于零。即

$$\left.\begin{aligned} F'_R&=\sqrt{(\sum F_x)^2+(\sum F_y)^2}=0\\ M_O&=\sum M_O(\boldsymbol{F})=0\end{aligned}\right\}$$

此平衡条件用解析式表示为

$$\left.\begin{aligned} &\sum F_x=0\\ &\sum F_y=0\\ &\sum M_O(\boldsymbol{F})=0\end{aligned}\right\} \tag{2-11}$$

式（2-11）称为平面任意力系的平衡方程，是平衡方程的基本形式。于是，平面任意力系平衡的必要和充分条件是力系的各个力在直角坐标系的两个坐标轴上投影的代数和都等于零，以及力系的各个力对任一点力矩的代数和也等于零。

应该指出，坐标轴和简化中心（或矩心）是可以任意选取的。在应用平衡方程解题时，为使计算简化，通常将矩心选在两未知力的交点上；坐标轴则尽可能选取与力系中多数未知力的作用线平行或垂直，避免解联立方程。

例 2-7　承受均布载荷的三角架结构，其下部牢固地固定在基础内，因此可视为固定端，如图 2-33（a）所示。若已知 $P=200\text{N}$，$q=200\text{N/m}$，$a=2\text{m}$。求固定端的约束反力。

解

（1）选择研究对象、分析受力　以解除固定端约束后的三角架结构为研究对象，其上受有主动力 $\boldsymbol{P}$、q，q 为分布力系的集度，当考查平衡时，分布力系可以用一集中力 $Q=qa$ 等效。除主动力外，固定端处还受有约束反力和约束反力偶。由于方向未知，故将约束反力分解为 $\boldsymbol{F}_{Ax}$ 和 $\boldsymbol{F}_{Ay}$，约束反力偶 M_A 假设为正，即逆时针方向。于是，其分离体受力图如图 2-33（b）所示。

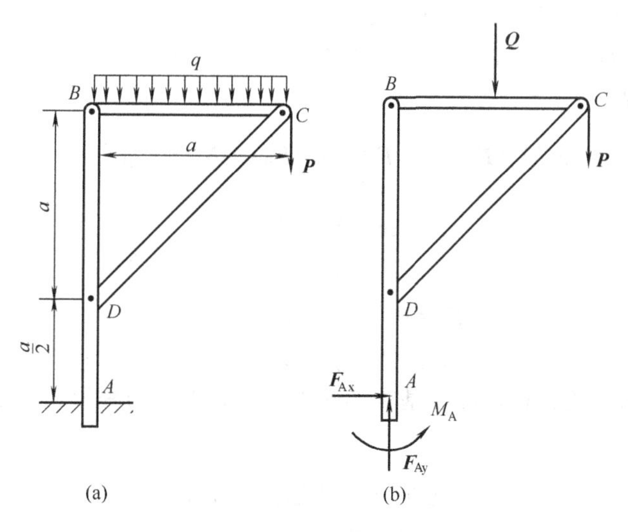

图 2-33　三角架结构

(2) 建立平衡方程

$$\sum F_x = 0 \Rightarrow F_{Ax} = 0$$
$$\sum F_y = 0 \Rightarrow F_{Ay} - P - qa = 0$$
$$\sum M_A(\boldsymbol{F}) = 0 \Rightarrow M_A - Pa - qa\left(\frac{a}{2}\right) = 0$$

由此解得

$$F_{Ax} = 0$$
$$F_{Ay} = P + qa = 200 + 200 \times 2 = 600\text{N}$$
$$M_A = Pa + \frac{qa^2}{2} = 200 \times 2 + \frac{200 \times 2^2}{2} = 800\text{N} \cdot \text{m}$$

(3) 结果验算　为验算上述结果的正确性，可验算作用在结构上的所有力对其平面内任一点之矩的代数和是否等于零。例如，对于 B 点

$$\sum M_B(\boldsymbol{F}) = M_A + F_{Ax}\left(\frac{3a}{2}\right) - \frac{qa^2}{2} - Pa = Pa + \frac{qa^2}{2} + 0 - \frac{qa^2}{2} - Pa = 0$$

可见所得结果是正确的。

注意，求固定端的约束反力时，不能只求 $\boldsymbol{F}_{Ax}$ 和 $\boldsymbol{F}_{Ay}$，还有约束反力偶 M_A。

例 2-8　一梁的支承及载荷如图 2-34 (a) 所示。已知 $P = 1.5\text{kN}$，$q = 0.5\text{kN/m}$，$M =$

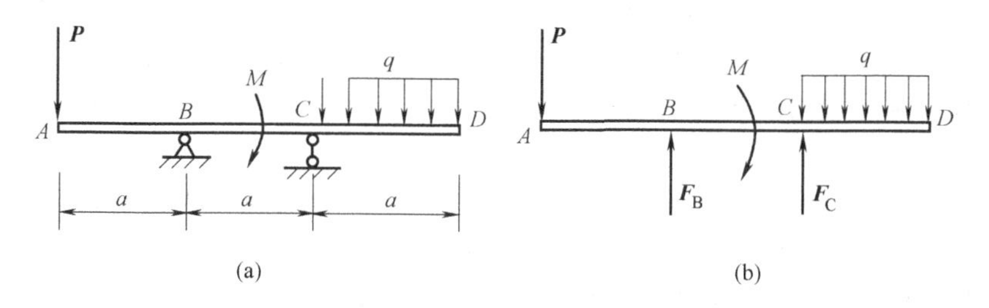

图 2-34　梁的支承及载荷

$2kN \cdot m$，$a=2m$。求支座 B、C 的约束反力。

解 （1）取梁 AD 为研究对象，受力如图 2-34（b）所示。

（2）列平衡方程

$$\sum M_C(\boldsymbol{F})=0 \quad P\times 2a-F_B a-M-\frac{1}{2}qa^2=0$$

$$F_B=\frac{P\times 2a-M-\frac{1}{2}qa^2}{a}=1.5kN$$

$$\sum F_y=0 \quad F_B+F_C-p-qa=0$$

$$F_C=P+qa-F_B=1kN$$

平面任意力系的平衡方程，除了基本形式外，还有下列两种形式。

（1）二力矩式

$$\left.\begin{aligned}&\sum F_x=0(\text{或}\sum F_y=0)\\&\sum M_A(\boldsymbol{F})=0\\&\sum M_B(\boldsymbol{F})=0\end{aligned}\right\} \tag{2-12}$$

使用条件为 A、B 两点的连线不能与 x 轴（或 y 轴）垂直。

（2）三力矩式

$$\left.\begin{aligned}&\sum M_A(\boldsymbol{F})=0\\&\sum M_B(\boldsymbol{F})=0\\&\sum M_C(\boldsymbol{F})=0\end{aligned}\right\} \tag{2-13}$$

使用条件为 A、B、C 三点不能在同一直线上。

应该注意，无论选用哪种形式的平衡方程，对于同一平面力系来说，最多只能列出三个独立的平衡方程，因此只能求出三个未知量。选用力矩式方程，必须满足使用条件，否则所列平衡方程不一定是独立方程。

思考题与习题

1. 处于平衡状态下的物体是否都可以抽象为刚体？

2. 合力一定比分力大吗？

3. 什么是二力构件？分析二力构件受力时与构件的形状有无关系？

4. 用解析法求解平面汇交力系平衡问题时，所取坐标轴是否一定要互相垂直，为什么？

5. 平面任意力系的平衡方程能不能全部采用投影方程？为什么？

6. 画出图 2-35（a）～（i）中 AB 杆的受力图。物体的重力除标出者外，均忽略不计。

7. 画出图 2-36（a）～（c）中标注字符的物体的受力图，不计各杆自重。

8. 工件放在 V 形槽内，如图 2-37 所示。若已知压板夹紧力 $F=400N$，不计工件自重，求工件对 V 形槽的压力。

9. 如图 2-38 所示，电动机重 $P=5kN$，放在水平梁 AC 的中间，A 和 B 为固定铰链支座，C 为中间铰链，试求 A 点的反力及 BC 所受的力。

10. 如图 2-39 所示，已知梁 AB 上作用两力偶，力偶矩为 $M_1=20kN \cdot m$，$M_2=30kN \cdot m$，梁长 $L=5m$。求支座 A 和 B 的反力。

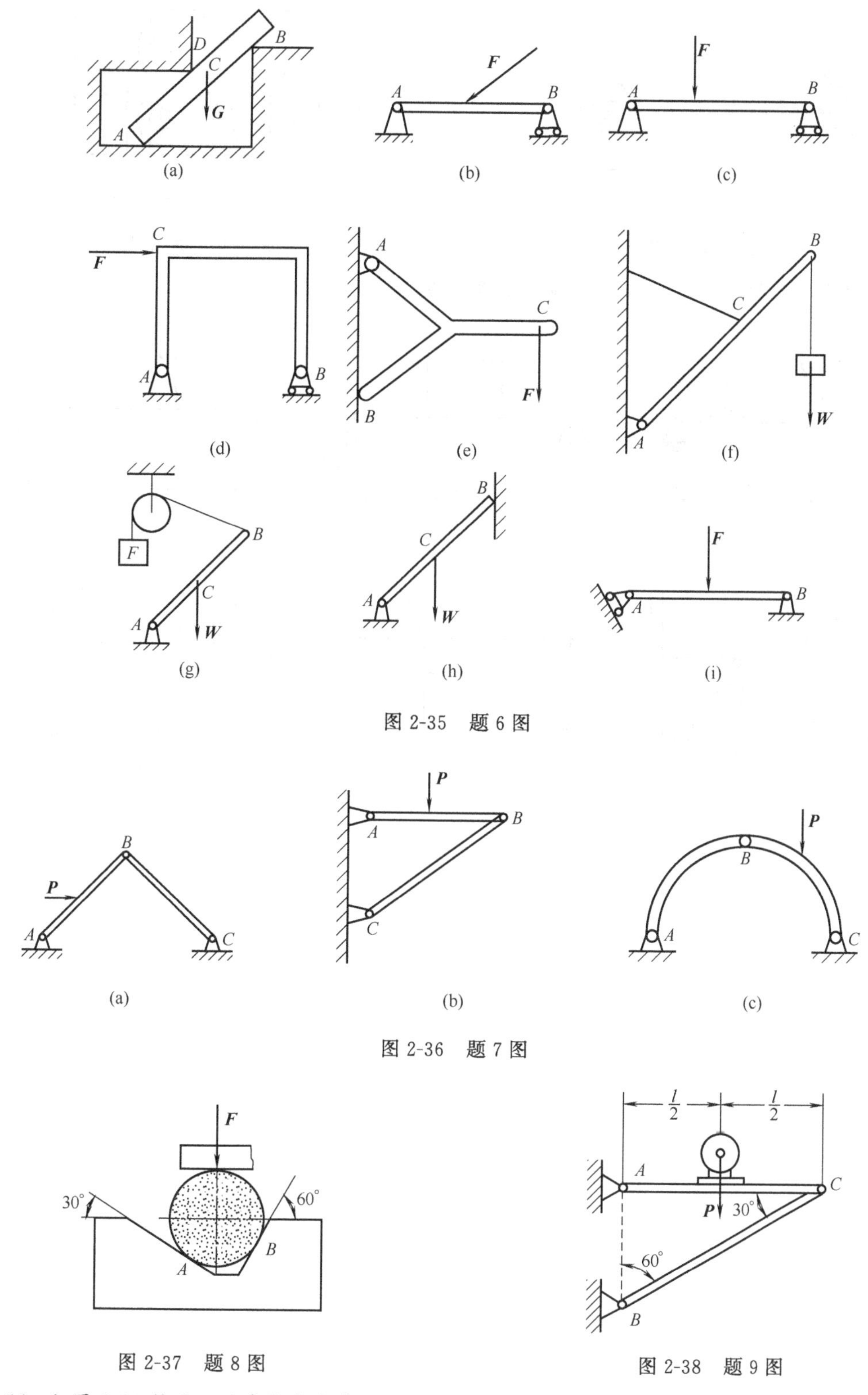

图 2-35　题 6 图

图 2-36　题 7 图

图 2-37　题 8 图

图 2-38　题 9 图

11. 如图 2-40 所示，用多轴钻床在一工件上同时钻出 4 个直径相同的孔，每一个钻头作用于工件的钻削力偶矩的估计值约为 15N·m。求作用于工件的总的钻削力偶矩。如工件用两个圆柱销钉 A、B 来固定，$b=0.2\text{m}$，设钻削力偶矩由销钉的反力来平衡，求销钉 A、B 反力的大小。

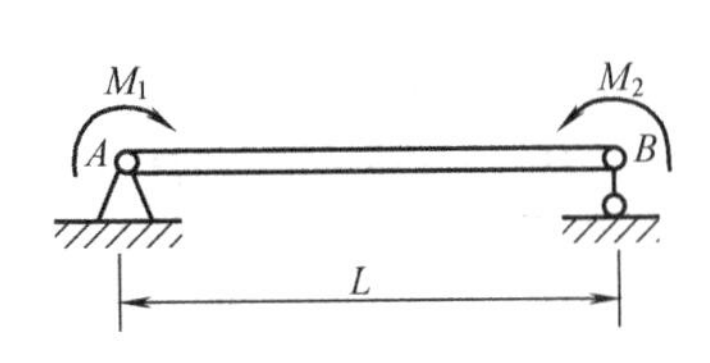

图 2-39 题 10 图

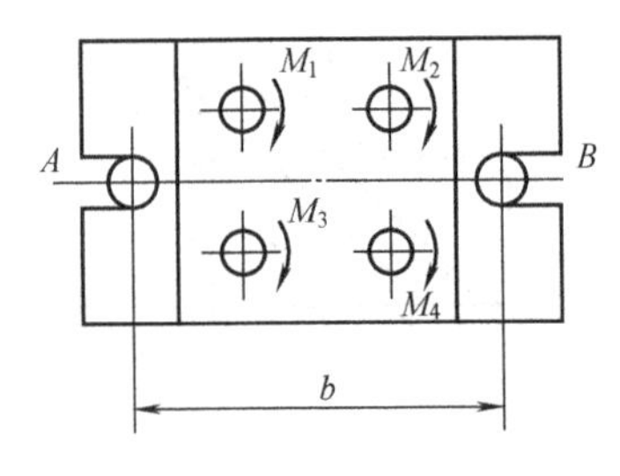

图 2-40 题 11 图

12. 试求图 2-41 (a) ～ (f) 中各梁的支座反力。

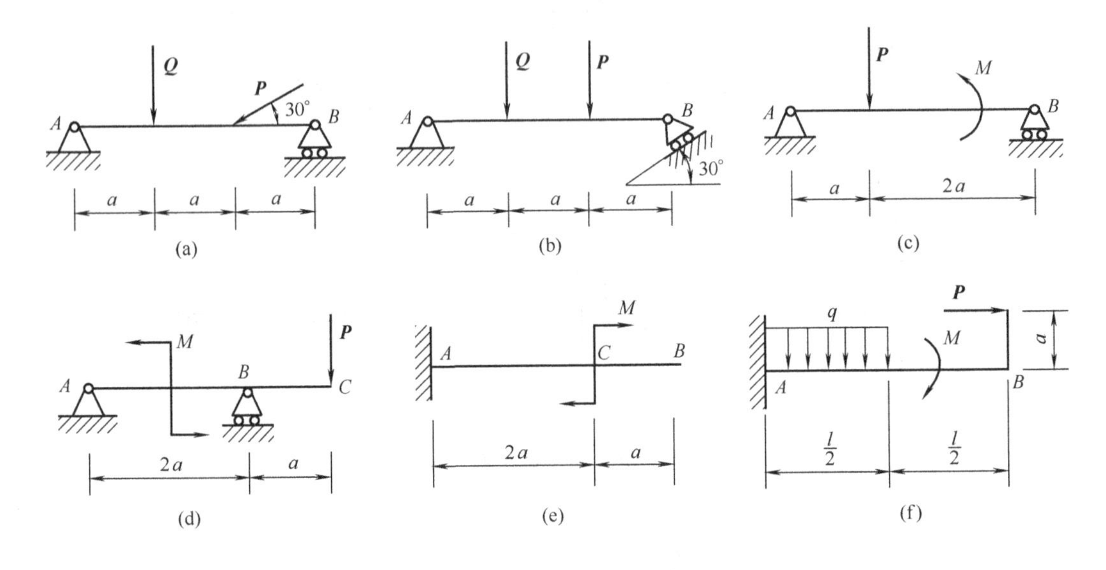

图 2-41 题 12 图

第三章

拉压杆件的承载能力

学习目的与要求

建立构件内力、应力、许用应力、应变的概念；学会求轴力的方法。掌握轴向拉、压时正应力强度条件及其应用。掌握轴向拉、压时的虎克定律及其应用。了解低碳钢试样在拉伸过程中反映出的力学性质与现象。

第一节　构件承载能力概述

工程实际中，广泛地使用各种机械和工程结构，组成这些机械的零件和工程结构的元件，统称为构件。在工作状态下，各构件要受到载荷的作用，这些载荷的大小，在静力分析中，根据力的平衡关系，已经能够得到解决。然而，在外载荷作用下，怎样保证构件能正常地工作，还是个有待进一步解决的问题。

构件承担的载荷是有一定的限制的，如果载荷过大，就可能发生破坏或产生过大的变形。例如，起重机在起吊重物时，如果物体太重或者绳子太细，绳子就会断裂而造成事故；又如机械中的传动轴，若产生过大的变形，将会影响轴的正常工作。构件发生破坏和过大的变形，都是工程中所不能允许的。构件安全工作时，承担载荷的能力称为构件的承载能力。

为了保证构件能安全正常地工作，就应要求构件具有足够的抵抗破坏的能力，构件抵抗破坏的能力称为强度。同时，有时也要求构件具有足够的抵抗变形的能力，构件抵抗变形的能力称为刚度。此外，有些构件在载荷作用下，还会出现不能保持其原有平衡状态的现象，如细长杆在较大的压力作用下，可能由原来的直线平衡状态突然变弯，从而丧失工作能力，将会造成严重的事故。因此，对这类构件还要求它在工作时具有保持原有平衡状态的能力，构件保持原有平衡状态的能力称为稳定性。

为了保证构件在载荷作用下安全可靠地工作，构件就必须具有足够的强度、刚度和稳定性。一般来讲，为构件选用优质材料或较大的截面尺寸，上述要求是可以满足的；但是，这样又造成材料的浪费和结构笨重。显然，安全与经济以及安全与重量之间是矛盾的。研究构件承载能力的目的就是在保证构件既安全又经济的前提下，为构件选择合理的材料、确定合理的截面形状和几何尺寸，提供必要的理论基础和计算方法。

在机械和工程结构中，构件的几何形状是多种多样的，但杆件是最常见、最基本的一种构件。杆件，就是指其长度尺寸远大于其他两个方向的尺寸的构件。大量的工程构件都可以简化为杆件。如机器中的传动轴，工程结构中的梁、柱。杆件的各个截面形心的连线称为轴线，垂直于轴线的截面称为横截面。

构件在工作时的受载荷情况是各不相同的，受载后产生的变形也随之而异。对于杆件来说，其受载后产生的基本变形形式有轴向拉伸和压缩、剪切和挤压、扭转、弯曲。本章主要讨论轴向拉、压变形，其他基本变形将在相关章节讨论。

第二节　轴向拉伸与压缩的概念

在工程实际中，发生轴向拉伸或压缩变形的杆件很多。如图 3-1（a）所示的螺栓连接结构，当对其中的螺栓进行受力分析时，其受力如图 3-1（b）、（c）所示。可见螺栓承受沿轴线方向作用的拉力，杆件沿轴线方向产生伸长变形。如图 3-2 所示，支架在载荷 $\boldsymbol{G}$ 作用下，AB 杆受拉、BC 杆受压。可见，AB 杆沿轴线方向产生伸长变形，BC 杆沿轴线方向产生缩短变形。此外，如万能材料试验机的立柱、千斤顶的螺杆、连杆机构中的连杆等均为拉伸或压缩杆件的实例。

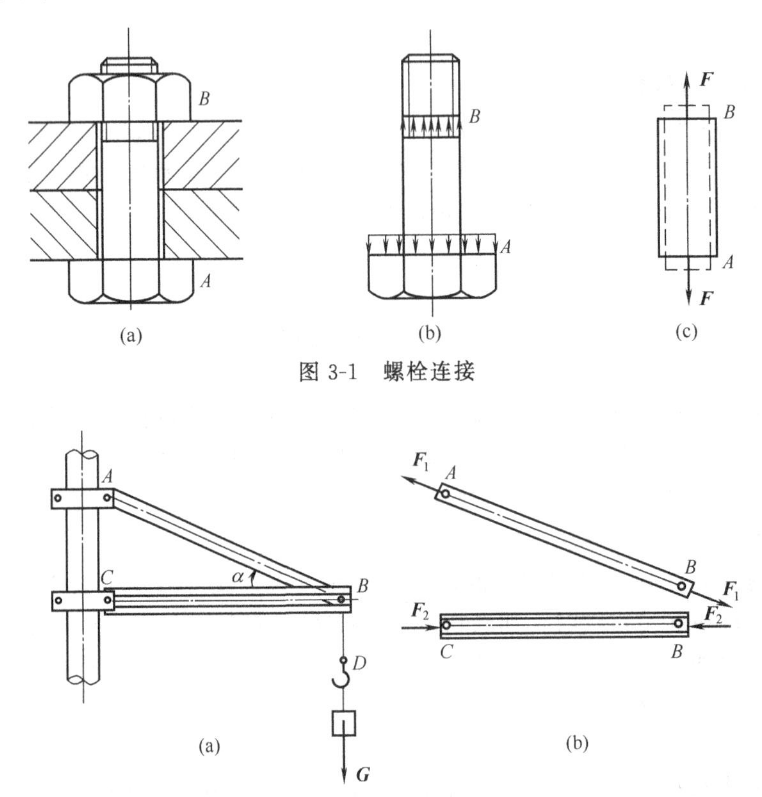

图 3-1　螺栓连接

图 3-2　支架

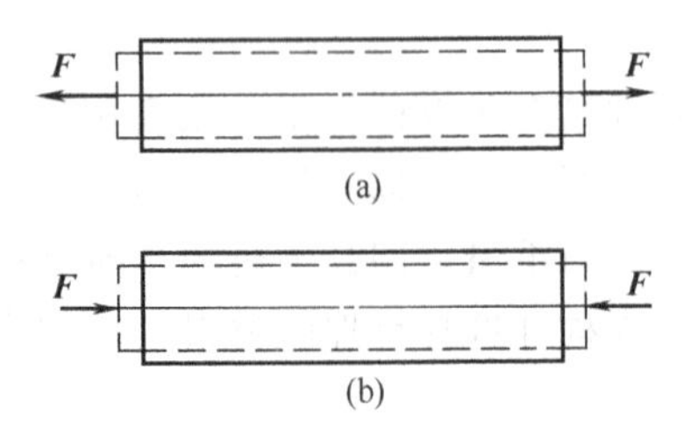

图 3-3　轴向拉伸与压缩

通过试验发现，尽管这些杆件的形状不同，加载和连接方式多种多样，但对杆件受力和变形的影响，仅限于加载处的局部范围，计算中一般均不考虑，因此，都可以简化成如图 3-3 所示的计算简图。

轴向拉伸或压缩杆件的受力特点是作用在杆件上的

两个力大小相等、方向相反，且作用线与杆的轴线重合；杆件的变形特点是杆件产生沿轴线方向的伸长或缩短。这种变形形式称为轴向拉伸［图 3-3（a）］或轴向压缩［图 3-3（b）］。这类杆件称为拉杆或压杆。

第三节　轴向拉伸与压缩时横截面上的内力

一、内力的概念

研究构件承载能力时，把作用在整个构件上的载荷和约束反力统称为外力。物体的一部分与另一部分或质点与质点之间存在相互的作用力，它维持构件各部分之间的联系及杆件的形状。构件在外力作用而变形时，其内各部分之间的相互作用力也随之变化，这种因外力作用而引起构件内部的相互作用力称为内力。内力在截面上是连续分布的，通常所称的内力是指该分布力系的合力或合力偶。

内力随着外力的增大而增加，但内力的增加是有一定限度的（与物体材料性质等因素有关），如果超过这个限度，构件就要发生破坏。因此，内力与构件的强度、刚度、稳定性等密切相关，内力分析是解决构件强度、刚度和稳定性的基础。

二、截面法求轴力

由于内力是物体内相邻部分之间的相互作用力，为了显示内力，可采用截面法。如图 3-4（a）所示，杆件的两端受拉力 $\boldsymbol{F}$ 作用而处于平衡，欲求杆件某一横截面 m—m 上的内力，可假想用一平面沿该横截面 m—m 将杆件截开，分为左右两段部分。任取其中一部分（如左半部分）作为研究对象，弃去另一部分（如右半部分），如图 3-4（b）所示，并将移去部分对保留部分的作用以内力代替，设其合力为 $\boldsymbol{N}$。由于整个杆件原来处于平衡状态，故截开后的任一部分仍保持平衡。由平衡方程

$$\sum F_x=0 \Rightarrow N-F=0$$

得
$$N=F$$

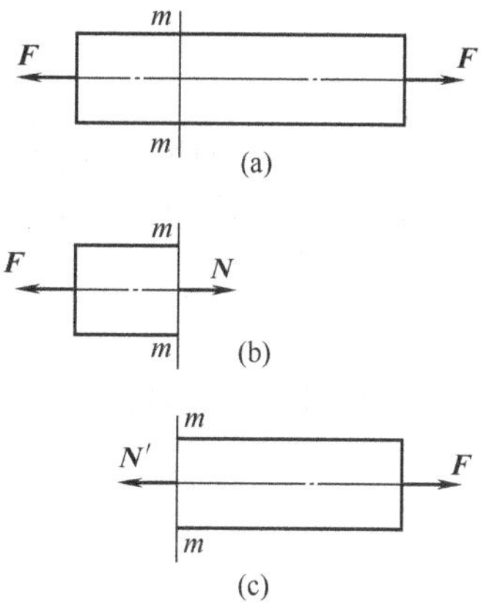

图 3-4　截面法

如果取杆件的右半部分作为研究对象，如图 3 4（c）所示，求同一截面上的内力时，可得相同的结果，即

$$N'=F$$

实际上，$\boldsymbol{N}$ 与 $\boldsymbol{N}'$ 是作用力与反作用力的关系。因此，对同一截面来说，若选取不同部分为研究对象，所求得的内力，必然是数值相等，而方向相反。

这种假想地用一截面将杆件截开，从而显示内力和确定内力的方法，称为截面法。它是求内力的一般方法。截面法包括以下三个步骤。

（1）截开（简称切）　在需求内力的截面处，假想地将杆件截分为两部分。

（2）代替（简称代）　将两部分中的任一部分留下作为研究对象，并把弃去部分对留下部分的作用以内力（力或力偶）代替。

（3）平衡（简称平） 对留下部分建立平衡方程，求出截面上的内力大小和方向。

由共线力系的平衡条件可知，因外力 **F** 作用线与杆件的轴线重合，所以内力 **N** 的作用线必然沿杆件的轴线方向，这种内力称为轴力，常用 **N** 表示。

如图 3-4 所示，取左半部分和右半部分所得同一截面 $m—m$ 上的轴力大小相等、方向相反。为了使同一截面的轴力具有相同的正负号，根据杆的变形规定当杆件受拉而伸长时，轴力的方向离开截面，其轴力为正；反之，当杆件受压而缩短时，轴力的方向指向截面，其轴力为负。通常未知轴力均按正向假设。

三、轴力图

上面讨论了外力作用在杆件两端的情况，对这种情况，沿杆件的轴线改变截面的位置，并不影响轴力的大小和正负，即相邻两外力之间各截面的轴力相同。

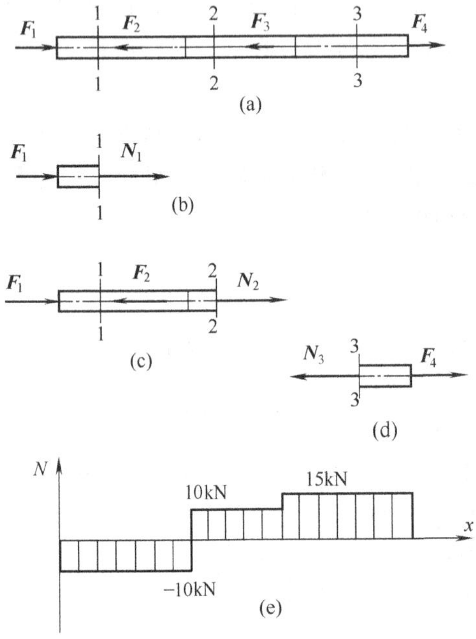

当杆受到多于两个的轴向外力作用时，这时杆件不同段上的轴力将有所不同。为了形象地表示轴力沿杆件轴线的变化情况，用平行于杆件轴线的坐标表示各横截面的位置，以垂直于杆轴线的坐标表示轴力的数值，这样绘出的轴力沿杆件轴线变化的图线，称为轴力图。习惯上将正值的轴力画在横坐标上侧，负值的轴力画在下侧。

图 3-5 多力杆的轴力和轴力图

例 3-1 如图 3-5（a）所示，构件受力 $F_1=10\text{kN}$、$F_2=20\text{kN}$、$F_3=5\text{kN}$、$F_4=15\text{kN}$ 作用，试作构件的轴力图。

解

（1）内力分析 沿截面 1—1 将杆件截成两段，取左段为研究对象，如图 3-5（b）所示。假定截面 1—1 的轴力 $\boldsymbol{N}_1$ 为正，由左段的平衡方程

$$\sum F_x=0 \Rightarrow N_1+F_1=0$$

得

$$N_1=-F_1=-10\text{kN}$$

同样利用截面法沿截面 2—2 截开，如图 3-5（c）所示，求得轴力 $\boldsymbol{N}_2$。

$$\sum F_x=0 \Rightarrow N_2+F_1-F_2=0$$

得

$$N_2=F_2-F_1=10\text{kN}$$

求截面 3—3 的轴力时，可将杆截开后取右段为研究对象，如图 3-5（d）所示。

$$\sum F_x=0 \Rightarrow F_4-N_3=0$$

得

$$N_3=F_4=15\text{kN}$$

（2）画轴力图 如图 3-5（e）所示。

从以上例题的分析，可归纳出求轴力的另一计算方法为某截面上的轴力等于截面一侧所有外力的代数和，背离该截面的外力取正，指向该截面的外力取负，即

$$N=\sum F_{截面一侧}$$

第四节　轴向拉伸（或压缩）的强度计算

一、应力的概念

在确定了拉伸或压缩杆件的轴力之后，还不能解决杆件的强度问题。例如，两根材料相同、粗细不等的杆件，在相同的拉力作用下，它们的内力是相同的。随着拉力的增加，细杆必然先被拉断。这说明，虽然两杆截面上的内力相同，但由于横截面尺寸不同致使内力分布集度并不相同，细杆截面上的内力分布集度比粗杆的内力集度大。所以，在材料相同的情况下，判断杆件破坏的依据不是内力的大小，而是内力分布集度，即内力在截面上各点处分布的密集程度。内力的集度称为应力，应力表示了截面上某点受力的强弱程度，应力达到一定程度时，杆件就发生破坏。

应力是矢量，通常可分解为垂直于截面的分量 σ 和切于截面的分量 τ。这种垂直于截面的分量 σ 称为正应力，切于截面的分量 τ 称为切应力。

应力的法定计量单位符号为 Pa（帕），$1\text{Pa}=1\text{N/m}^2$。在工程实际中，通常用 MPa（兆帕）和 GPa（吉帕），$1\text{MPa}=10^6\text{Pa}=1\text{N/mm}^2$，$1\text{GPa}=10^9\text{Pa}$。

二、横截面上的应力

要确定横截面上的应力，必须了解内力在横截面上的分布规律。由于内力与变形之间存在一定的关系，因此，通过试验来观察杆件的变形情况。

取一等截面直杆，如图 3-6（a）所示，试验前在其表面画两条垂直于轴线的横向直线 ab 和 cd，代表两个横截面，然后在杆件两端施加一对轴向拉力 $\boldsymbol{F}$，使杆件发生变形。此时可以发现直线 ab 和 cd 沿轴线分别平移到 a_1b_1 和 c_1d_1 位置，且仍为垂直于轴线的直线。根据这一试验现象，通过由表及里的分析，可以得出一个重要的假设，即杆件变形前为平面的各横截面，变形后仍为平面，仅沿轴线产生了相对平移，仍与杆件的轴线垂直。这个假设称为横截面平面假设。

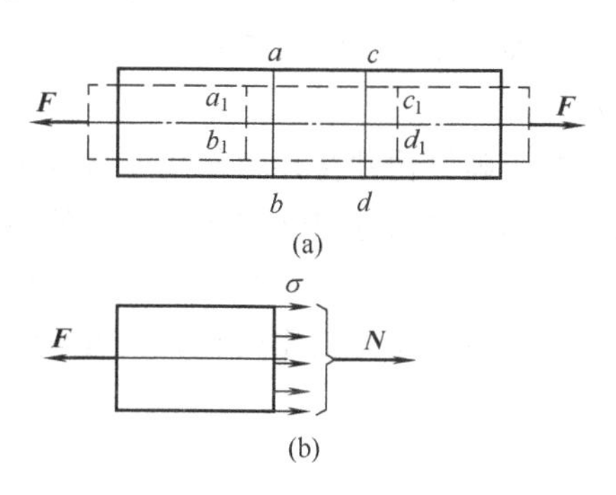

图 3-6　横截面上的正应力

设想杆件是由无数条与轴线平行的纵向纤维构成，根据平面假设可推断，拉杆的任意两个横截面之间的所有纵向纤维产生了相同的伸长量。因此，各纵向纤维的受力也相同。如果认为材料是均匀连续的，则可以推断拉杆横截面上的内力是均匀分布的。因此，横截面上各点处的应力大小相等，其方向与轴力一致，垂直于横截面，故称为正应力，如图 3-6（b）所示。其计算公式为

$$\sigma=\frac{N}{A} \tag{3-1}$$

式中　σ——横截面上的正应力；

N——横截面上的轴力；

A——横截面面积。

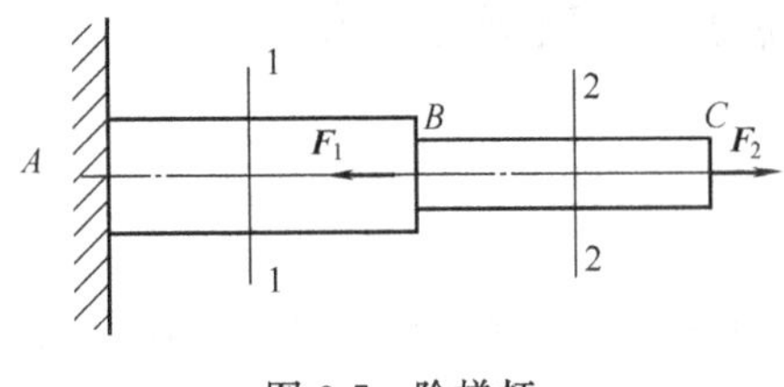

图 3-7　阶梯杆

正应力的正负号与轴力对应，即拉应力为正，压应力为负。

例 3-2　如图 3-7 所示，杆件受力 $F_1=15\text{kN}$，$F_2=6\text{kN}$，其横截面面积分别为 $A_1=150\text{mm}^2$，$A_2=80\text{mm}^2$。求横截面 1—1 和 2—2 上的正应力。

解

（1）计算轴力

$$N_1=F_2-F_1=-9\text{kN}$$

$$N_2=F_2=6\text{kN}$$

（2）计算正应力

$$\sigma_1=\frac{N_1}{A_1}=\frac{-9\times10^3}{150}=-60\text{MPa}$$

$$\sigma_2=\frac{N_2}{A_2}=\frac{6\times10^3}{80}=75\text{MPa}$$

三、许用应力和强度条件

1. 许用应力

杆件是由各种不同材料制成的。材料所能承受的应力是有限度的，且不同的材料，承受应力的限度也不同，若应力超过某一极限值，杆件便发生破坏或产生过大的塑性变形，致使强度不够而丧失正常的工作能力。杆件丧失正常工作能力时的应力，称为极限应力，用 σ^0 表示。

为了确保构件在外力作用下安全可靠地工作，考虑到由于构件承受的载荷难以估计精确、计算方法的近似性和实际材料的不均匀性等因素，当构件中的应力接近极限应力时，构件就处于危险状态。为此，必须给构件工作时留有足够的强度储备。即将极限应力除以一个大于 1 的系数作为工作时允许产生的最大应力，这个应力称为材料的许用应力，常用符号 $[\sigma]$ 表示。

$$[\sigma]=\frac{\sigma^0}{n}$$

式中　σ^0——材料的极限应力；

　　n——安全系数。

2. 强度条件

为确保轴向拉、压杆具有足够的强度，要求杆件中最大正应力 σ_{max}（称为工作应力）不超过材料在拉伸（压缩）时的许用应力 $[\sigma]$，即

$$\sigma_{max}=\frac{N}{A}\leqslant[\sigma] \tag{3-2}$$

式（3-2）称为拉（压）的强度条件，是拉（压）强度计算的依据。产生最大应力 σ_{max}

的截面称为危险截面，式（3-2）中 N 和 A 分别为危险截面上的轴力和横截面面积。等截面直杆的危险截面位于轴力最大处，而变截面杆的危险截面，必须综合轴力 N 和截面面积 A 两方面来确定。

根据强度条件可以解决以下三方面的问题。

（1）强度校核　若已知构件截面尺寸、材料的许用应力及构件所受的载荷，则可计算出危险截面上的工作应力 σ_{max}。满足 $\sigma_{max} \leqslant [\sigma]$，整个构件就具备了足够的强度，安全可靠；不满足，则强度不够，表明构件工作不安全。

（2）设计截面尺寸　根据构件所用材料和所受的载荷，确定截面尺寸。可把强度条件写成 $A \geqslant N/[\sigma]$，由此即可确定构件所需的横截面面积，然后根据所需的截面形状设计截面尺寸。

（3）确定承载能力　若已知构件材料及尺寸（即已知材料的许用应力 $[\sigma]$ 与截面面积 A），则可将强度条件写成 $N \leqslant A[\sigma]$，以确定构件所能承担的最大轴力。再根据静力分析关系，计算结构所能承担的载荷。

强度计算中可能出现最大应力稍大于许用应力的情况，设计规范规定，超过值只要在5%以内，是允许的。

例 3-3　三角架由 AB 与 BC 两杆用铰链连接而成，如图 3-8（a）所示。两杆的截面面积分别为 $A_1=100\text{mm}^2$、$A_2=250\text{mm}^2$，两杆的材料是 Q235，许用应力为 $[\sigma]=120\text{MPa}$。设作用于节点 B 的载荷 $F=20\text{kN}$，不计杆自重，试校核两杆的强度。

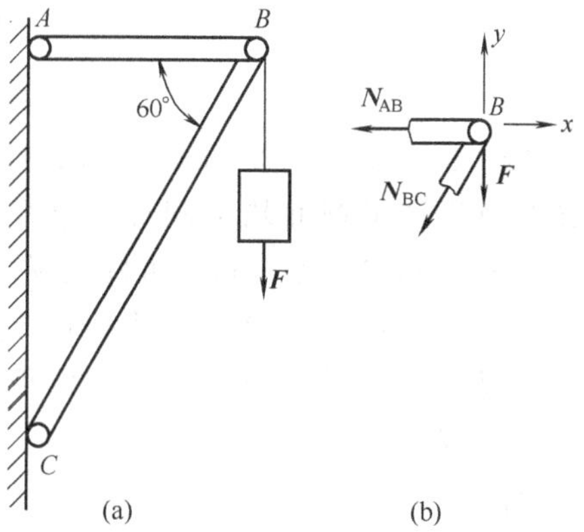

图 3-8　三角架

解

（1）计算轴力　AB 与 BC 两杆为二力构件，产生轴向拉伸或压缩变形。用截面法将两杆切开，其受力如图 3-8（b）所示。由平衡方程

$$\sum F_y=0 \Rightarrow -N_{BC}\sin 60°-F=0$$

得　$N_{BC}=\dfrac{F}{\sin 60°}=-\dfrac{20\times 10^3}{0.866}=-23.09\text{kN}$

N_{BC} 为负，说明 BC 杆产生压缩变形。

$$\sum F_x=0 \Rightarrow -N_{BC}\cos 60°-N_{AB}=0$$

得　$$N_{AB}=-N_{BC}\cos 60°=-(-23.09)\times 0.5=11.55\text{kN}$$

N_{AB} 为正，说明 AB 杆产生拉伸变形。

（2）强度校核　AB 杆的正应力为

$$\sigma_{AB}=\frac{N_{AB}}{A_1}=\frac{11.55\times 10^3}{100}=115.5\text{MPa}<[\sigma]$$

所以，AB 杆的强度足够。

BC 杆的正应力为

$$\sigma_{BC}=\frac{N_{BC}}{A_2}=\frac{-23.09\times 10^3}{250}=-92.4\text{MPa}<[\sigma]$$

所以，BC 杆的强度足够。

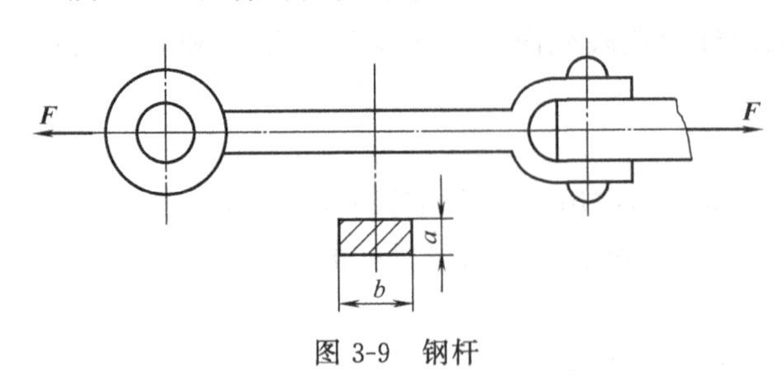

图 3-9 钢杆

例 3-4 如图 3-9 所示，钢杆承受载荷 $F=20\text{kN}$，钢材的许用应力 $[\sigma]=100\text{MPa}$，杆的横截面为矩形，且 $b=2a$。求钢杆截面尺寸。

解

(1) 计算轴力 因两力的作用线通过了拉杆的轴线，故拉杆产生轴向拉伸变形。拉杆的轴力为

$$N=F=20000\text{N}$$

(2) 截面尺寸确定 由强度条件

得
$$A\geqslant\frac{N}{[\sigma]}=\frac{20000}{100}=200\text{mm}^2$$

因拉杆为矩形截面，且 $b=2a$，则

$$A=ab=2a^2\geqslant 200$$

得
$$a\geqslant 10\text{mm}\qquad b\geqslant 20\text{mm}$$

例 3-5 如图 3-10 (a) 所示的桁架，杆 AB 与 AC 的横截面均为圆形，直径分别为 $d_1=30\text{mm}$ 和 $d_2=20\text{mm}$，两杆的材料相同，许用应力 $[\sigma]=160\text{MPa}$。该桁架在节点 A 处受铅垂方向的载荷 $\boldsymbol{F}$ 作用，试确定载荷 $\boldsymbol{F}$ 的最大允许值。

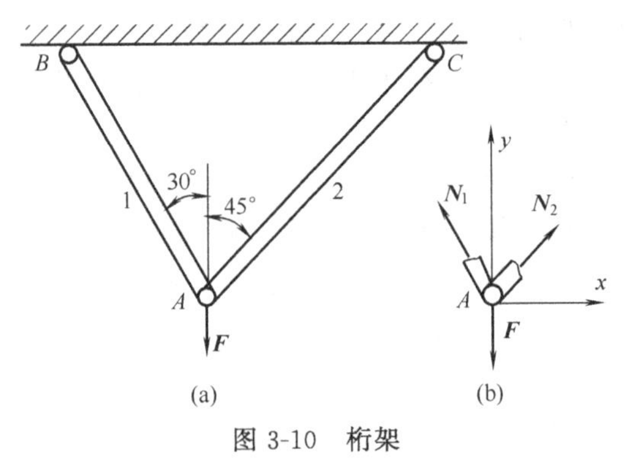

图 3-10 桁架

解

(1) 计算 AB 杆与 AC 杆的轴力与载荷 $\boldsymbol{F}$ 的关系 用一假想截面 m—m 切桁架，取其下半部分为研究对象，其受力如图 3-10 (b) 所示。根据平衡方程得

$$\sum F_x=0\Rightarrow -N_1\sin 30°+N_2\sin 45°=0$$
$$\sum F_y=0\Rightarrow N_1\cos 30°+N_2\cos 45°-F=0$$

解以上方程组得

$$N_1=\frac{2F}{\sqrt{3}+1}=0.732F$$

$$N_2=\frac{\sqrt{2}F}{\sqrt{3}+1}=0.518F$$

(2) 确定载荷 $\boldsymbol{F}$ 的最大允许值 由强度条件得杆 AB 允许承担的最大轴力为

$$N_1\leqslant[\sigma]A_1=[\sigma]\frac{\pi d_1^2}{4}=160\times\frac{3.14\times 30^2}{4}=1.13\times 10^5\text{N}=113\text{kN}$$

将 $N_1=0.732F$ 代入上式，按 AB 杆强度算出载荷的最大允许值为

$$F_1 \leqslant 154.5\text{kN}$$

由强度条件得杆 AC 允许承担的最大轴力为

$$N_2=[\sigma]A_2=[\sigma]\frac{\pi d_2^2}{4}=160\times\frac{3.14\times20^2}{4}=5.024\times10^4\text{N}=50.24\text{kN}$$

将 $N_2=0.518F$ 代入上式，按 AC 杆强度算出载荷的最大允许值为

$$F_2 \leqslant 97.1\text{kN}$$

如果把 154.5kN 作为载荷的最大允许值，则 AB 杆的工作应力恰好是许用应力，但 AC 杆的工作应力将超过许用应力。所以该桁架的最大允许载荷 $F=97.1\text{kN}$。

第五节　轴向拉伸（或压缩）的变形

一、变形与应变

试验表明，轴向拉伸时，杆沿纵向伸长其横向尺寸缩短；轴向压缩时，杆沿纵向缩短其横向尺寸增加，如图 3-11 所示。杆件沿轴向方向的变形称为纵向变形，垂直于轴向方向的变形称为横向变形。

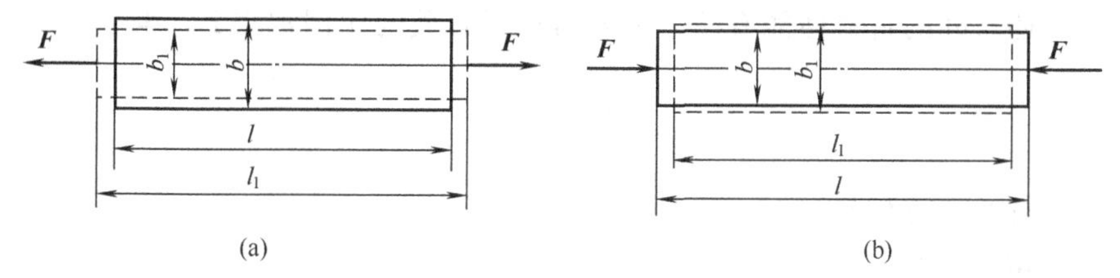

图 3-11　拉、压变形

1. 绝对变形

杆件总的伸长或缩短量称为绝对变形。设等直杆原长为 l，横向尺寸为 b，受轴向力后，杆长变为 l_1，横向尺寸变为 b_1，则杆的纵向绝对变形为

$$\Delta l=l_1-l$$

横向绝对变形为

$$\Delta b=b_1-b$$

2. 相对变形

原始长度不同的杆件，即使它们的绝对变形相同，但它们的变形程度并不相同。因此，绝对变形只表示了杆件变形的大小，不能反映杆件的变形程度。为了度量杆的变形程度，消除杆件原长的影响，用单位长度内杆件的变形量来度量其变形程度。将单位长度内杆件的变形量称为相对变形，又称线应变。与上述两种绝对变形相对应的线应变如下。

纵向线应变

$$\varepsilon=\frac{\Delta l}{l}=\frac{l_1-l}{l}$$

横向线应变 $$\varepsilon'=\frac{\Delta b}{b}=\frac{b_1-b}{b}$$

显然，线应变是一个量纲为 1 的量。拉伸时 $\Delta l>0$，$\Delta b<0$，因此 $\varepsilon>0$，$\varepsilon'<0$。压缩时则相反，$\varepsilon<0$，$\varepsilon'>0$。总之，ε 与 ε' 具有相反的符号。

二、泊松数

横向应变 ε' 与纵向应变 ε 为同一外力在同一构件内发生的，必存在内在联系。试验表明，当应力未超过某一极限时，横向应变 ε' 与纵向应变 ε 之间成正比关系，即

$$\varepsilon'=-\mu\varepsilon$$

μ 称为泊松数或泊松比。泊松数是一个量纲为 1 的量，其值与材料有关，一般不超过 0.5，说明沿外力方向的应变总比垂直于该力方向的应变大。

三、胡克定律

杆件在载荷作用下产生变形，而变形与载荷之间具有一定的关系。实验表明，当轴向拉伸或压缩杆件的正应力不超过某一极限时，其轴向绝对变形 Δl 与轴力 N 及杆长 l 成正比，与杆件的横截面面积 A 成反比。即

$$\Delta l \propto \frac{Nl}{A}$$

此外，Δl 还与杆的材料性能有关，引入与材料有关的比例常数 E，得

$$\Delta l=\frac{Nl}{EA} \tag{3-3}$$

式（3-3）称为胡克定律。

式（3-3）可改写为

$$\frac{\Delta l}{l}=\frac{1}{E}\times\frac{N}{A}$$

即 $$\varepsilon=\frac{\sigma}{E}\text{或}\sigma=E\varepsilon \tag{3-4}$$

式（3-4）是胡克定律的另一表达式。因此，胡克定律又可简述为若应力未超过某一极限时，则应力与应变成正比。上述这个应力极限称为比例极限 σ_p。各种材料的比例极限是不同的，可由试验测得。

比例常数 E 称为材料的弹性模量。由式（3-3）可知，当其他条件不变时，弹性模量 E 越大，杆件的绝对变形 Δl 就越小，说明 E 值的大小表示在拉、压时材料抵抗弹性变形的能力，它是材料的刚度指标。由于应变 ε 是一个量纲为 1 的量，所以弹性模量 E 的单位与应力 σ 相同，常用 GPa（吉帕）。其值随材料不同而异，可通过试验测定。工程上常用材料的弹性模量见表 3-1，供参考。

利用拉、压杆的胡克定律时，需注意其适用范围。

① 杆的应力未超过比例极限。

② ε 是沿应力 σ 方向的线应变。

表 3-1 常用材料 E 与 μ 值

材料名称	E/MPa	μ	材料名称	E/MPa	μ
低碳钢	200～220	0.25～0.33	铜及其合金	74～130	0.31～0.42
合金钢	190～200	0.24～0.33	橡　胶	0.008	0.47
灰铸铁	115～160	0.243～0.27			

③ 在长度 l 内，其 N、E、A 均为常数。

例 3-6 一钢制阶梯杆如图 3-12（a）所示，已知轴向力 $F_1=60\text{kN}$，$F_2=20\text{kN}$，各段杆长 $l_{AB}=200\text{mm}$，$l_{BC}=l_{CD}=100\text{mm}$，横截面面积 $A_{AB}=A_{BC}=500\text{mm}^2$，$A_{CD}=250\text{mm}^2$，钢的弹性模量 $E=200\text{GPa}$，试求杆的总伸长。

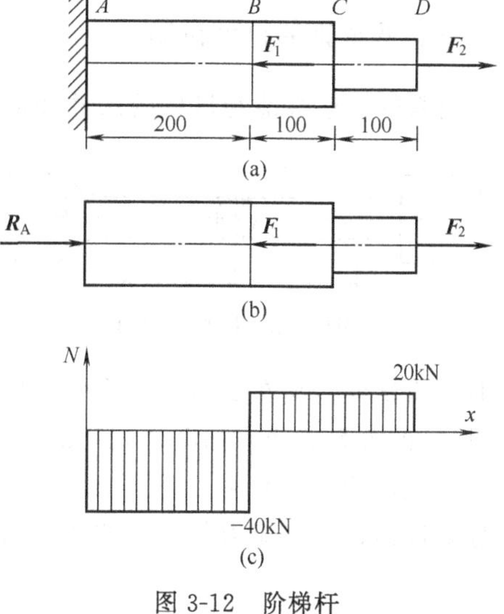

图 3-12 阶梯杆

解

（1）求约束反力 杆的受力图如图 3-12（b）所示，由静力平衡方程

$$\sum F_x=0 \Rightarrow R_A-F_1+F_2=0$$

得 $R_A=F_1-F_2=60-20=40\text{kN}$

（若以截面右侧外力计算轴力，则可省略此步）

（2）作轴力图 如图 3-12（c）所示，AB 段的轴力为

$$N_1=-R_A=-40\text{kN}$$

BC 与 CD 的轴力为

$$N_2=-R_A+F_1=-40+60=20\text{kN}$$

（3）计算杆的总伸长 因轴力 N 和横截面面积 A 沿杆轴线发生变化，杆的变形应分段计算，以 N、E、A 为常量的为一段，先算出各段的变形，然后求其代数和，即得杆的总变形。

$$\Delta l_{AB}=\frac{N_1 l_{AB}}{EA_{AB}}=\frac{-40\times10^3\times200}{200\times10^3\times500}=-0.08\text{mm}$$

$$\Delta l_{BC}=\frac{N_2 l_{BC}}{EA_{BC}}=\frac{20\times10^3\times100}{200\times10^3\times500}=0.02\text{mm}$$

$$\Delta l_{CD}=\frac{N_2 l_{CD}}{EA_{CD}}=\frac{20\times10^3\times100}{200\times10^3\times250}=0.04\text{mm}$$

杆的总变形为

$$\Delta l=\Delta l_{AB}+\Delta l_{BC}+\Delta l_{CD}=-0.08+0.02+0.04=-0.02\text{mm}$$

整个杆缩短 0.02mm。

第六节 材料拉伸和压缩时的力学性能

在前面讨论拉伸（或压缩）强度和变形时，曾涉及材料的力学性能，如弹性模量 E、比

例极限 σ_p、泊松数 μ 等。材料的力学性能就是指材料在外力作用下所表现出的有关强度和变形方面的特性。材料的力学性能都要通过试验来测定。

研究材料的力学性能，通常是做静载荷（载荷缓慢平稳地增加）试验。它能比较全面、明显地反映出材料的各种力学性能；并且，通过静拉伸（或压缩）试验所表现的力学性能，可以概略地表现出材料在其他各种载荷作用时和其他变形形式的力学性能。低碳钢和铸铁在一般工程中应用比较广泛，因此，本节主要介绍低碳钢和铸铁在常温、静载荷下的轴向拉伸和压缩试验。

一、低碳钢的拉伸试验

材料的某些性能与试样的尺寸和形状有关，为了使不同材料的试验结果能互相比较，应将材料加工成标准试样，如图 3-13 所示。在试样中部等直径部分取长度为 l 的一段为工作段，l 称为标距。其标距有 $l=10d$ 和 $l=5d$ 两种规格。

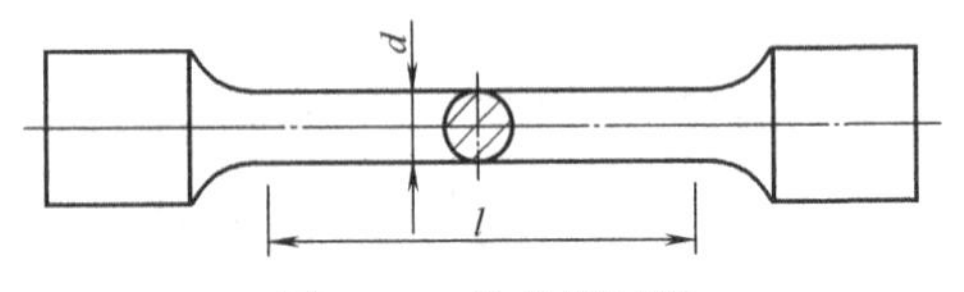

图 3-13　拉伸圆试样

拉伸试验一般是在万能试验机上进行。试验时，将试样装夹在试验机夹头中，缓慢加载，自动绘图仪自动绘出载荷 F 和标距内的伸长量 Δl 的关系曲线，如图 3-14（a）所示，称为拉伸图或 F-Δl 曲线。F-Δl 曲线的纵、横坐标都与试样的尺寸有关，为了消除试样尺寸的影响，将其纵坐标除以试样的横截面面积，横坐标除以标距，得应力与应变的关系曲线，即应力-应变图或 σ-ε 曲线，如图 3-14（b）所示。

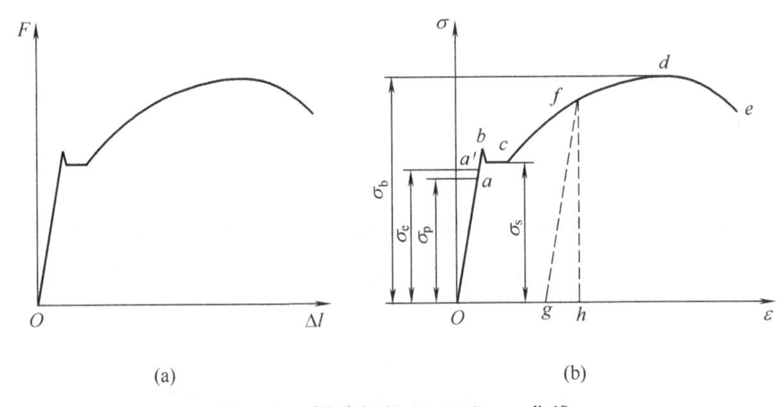

图 3-14　低碳钢的 F-Δl 和 σ-ε 曲线

1. 低碳钢拉伸过程的四个阶段

根据试验结果，低碳钢的 σ-ε 曲线如图 3-14（b）所示。从图中可以看出，整个拉伸过程大致可以分为四个阶段。

（1）弹性阶段　在拉伸的初始阶段，σ 与 ε 的关系为直线 Oa，说明在这一阶段内 σ 与 ε 成正比，即 $\sigma\propto\varepsilon$。直线的斜率为

$$\tan\alpha=\frac{\sigma}{\varepsilon}=E$$

所以，材料的弹性模量即为直线的斜率。若写成等式，则为

$$\sigma=E\varepsilon$$

这就是拉伸或压缩的胡克定律。由 σ-ε 曲线图可以看出，直线 Oa 的最高点 a 对应的应力，即为应力与应变成正比的最大应力，称为材料的比例极限 σ_p。Q235A 钢的 $\sigma_p=200$MPa。

超过比例极限 σ_p 后，从 a 点到 a'点，σ 与 ε 关系不再是直线，但变形仍是弹性的，即解除拉力后变形将完全消失。a'点所对应的应力是产生弹性变形的最大极限值，称为弹性极限，用 σ_e 表示。虽然弹性极限 σ_e 与比例极限 σ_p 的含义完全不同，但在 σ-ε 曲线上，a、a'两点非常接近，因此工程上对弹性极限和比例极限并不严格区分。

（2）屈服阶段　超过 b 点后，σ-ε 曲线上出现一段接近水平线的小锯齿形线段 bc，这说明应变增加很快，而应力却在很小范围内波动，即几乎未增大，好像材料丧失了对变形的抵抗能力。这种应力基本不变而应变显著增加，从而产生明显的塑性变形的现象，称为材料屈服现象或流动。图形上 bc 对应的过程称为屈服阶段。屈服阶段对应的最低应力 σ_s 称为屈服极限。Q235A 钢的 $\sigma_s=235$MPa。

表面光滑的试样，在屈服阶段其表面可以看到与轴线成 45°角的条纹，如图 3-15 所示，这是因为材料内部的晶格之间产生相对滑移而形成的滑移线。当应力达到屈服极限时，材料将出现显著的塑性变形。由于零件的塑性变形将影响机器的正常工作，所以屈服极限 σ_s 是衡量材料强度的重要指标。

（3）强化阶段　经过屈服阶段之后，从 c 点开始曲线逐渐向上凸起，这表明若要试样继续变形，必须增加应力，材料重新产生了抵抗能力，这种现象称为强化。从 c 点到 d 点所对应的过程称为材料的强化阶段。强化阶段中的最高点 d 对应的应力，称为强度极限，用 σ_b 表示。Q235A 钢的强度极限 $\sigma_b=400$MPa。强度极限 σ_b 是试样断裂前材料能承受的最大应力值，故是衡量材料强度的另一重要指标。

（4）局部颈缩阶段　在强度极限前，试样的变形是均匀的。过 d 点后，在试样某一局部范围内，纵向变形显著增加，横截面面积急剧缩小，形成颈缩现象，如图 3-16 所示。由于试样颈缩部分的横截面面积迅速减小，使试样继续伸长所需的拉力也相应减小。在应力-应变图中，用横截面原始面积 A 算出的应力 $\sigma=F/A$ 随之下降，降到 e 点后，试样迅速被拉断。

图 3-15　屈服现象　　图 3-16　颈缩现象

低碳钢的上述拉伸过程，经历了弹性、屈服、强化、局部颈缩四个阶段，存在三个特征点，其相应的应力依次为比例极限、屈服极限和强度极限。

2. 材料的塑性度量

试样拉断后，弹性变形消失，但塑性变形仍保留下来。工程上常用试样断后残留的塑性变形表示材料的塑性性能，常用的塑性指标有两个，即伸长率和断面收缩率。

（1）伸长率　试样断裂后的相对伸长量的百分率称为伸长率，用 δ 表示，即

$$\delta=\frac{l_1-l}{l}\times100\%$$

式中　l——试样标距的原长；

l_1——试样拉断后标距的长度。

δ 值越大，则材料的塑性越好，低碳钢的伸长率在20%～30%间，其塑性很好。在工程中，经常将伸长率 $\delta\geqslant5\%$ 的材料称为塑性材料，如钢、铜、铝等；伸长率 $\delta<5\%$ 的材料称为脆性材料，如铸铁、砖石、玻璃等。

（2）断面收缩率　试样断裂后横截面面积相对收缩的百分率，用 ψ 表示，即

$$\psi=\frac{A_1-A}{A}\times100\%$$

式中　A——试样的横截面原始面积；

A_1——试样拉断后断口处的最小横截面面积。

3. 材料的冷作硬化

在低碳钢的拉伸试验中，若将试样拉伸到强化阶段内的任何一点 f，如图3-14（b）所示，此时缓慢卸载，应力 σ 和 ε 的关系将沿着与 Oa 近似平行的直线 fg 回到 g 点。这表明，在卸载过程中，应力与应变成线性关系，这就是卸载定律。Og 是消失了的弹性应变，gh 是卸载后遗留下的塑性应变。若卸载后立即重新加载，应力和应变的关系将沿着卸载时的斜直线 fg 变化，直到 f 点后，又沿 fde 变化。这说明，再次加载过程中，在 f 点以前，材料的变形是弹性的，过 f 后才开始出现塑性变形。所以这种预拉过的试样，其比例极限得到了提高，但塑性下降。把材料冷拉到强化阶段，使之产生塑性变形后卸载，然后再次加载，将材料的比例极限提高而塑性降低的现象称为冷作硬化。工程上常用冷作硬化来提高材料在弹性阶段的承载能力，如冷拔钢筋、冷拔钢丝。

二、铸铁的拉伸试验

铸铁是工程上广泛应用的脆性材料，其拉伸时的 σ-ε 曲线是一段微弯曲线，如图3-17所示。图中没有明显的直线部分，但应力较小时，σ-ε 曲线与直线相近似，说明在应力不大时可以近似地认为符合胡克定律。铸铁在拉伸时，没有屈服和颈缩现象，在较小的拉应力下就被突然拉断，断口平齐并与轴线垂直，断裂时变形很小，应变通常只有0.4%～0.5%。铸铁拉断时的最大应力，即为其抗拉强度极限，是衡量铸铁抗拉强度的唯一指标。

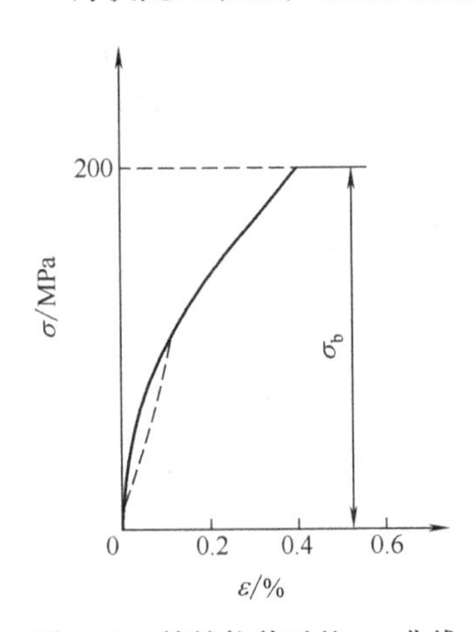

图3-17　铸铁拉伸时的 σ-ε 曲线

三、材料的压缩试验

金属材料的压缩试样一般制成短圆柱体，以防止试验时被压弯。圆柱体的长度一般为直径的1.5～3倍。

1. 低碳钢

低碳钢压缩时的 σ-ε 曲线如图3-18所示，与图中虚线所示的拉伸时的 σ-ε 曲线相比，在屈服以前，二者基本重合。这表明低碳钢压缩时的弹性模量 E、比例极限和屈服极限都与拉伸时基本相同。屈服阶段以后，试样产生显著的塑性变形，越压越扁，横截面面积不断增大，试样先被压成鼓形，最后成为饼状。因此，不能得到压缩时的强度极限。

2. 铸铁

铸铁压缩时的σ-ε 曲线如图 3-19 所示，与其拉伸时的σ-ε 曲线（虚线）相似。整个曲线没有直线段，无屈服极限，只有强度极限。不同的是铸铁的抗压强度极限远高于其抗拉强度极限（约为 3～4 倍）。所以，铸铁宜用作受压构件。此外，其破裂端口与轴线约成 50°左右的倾角。

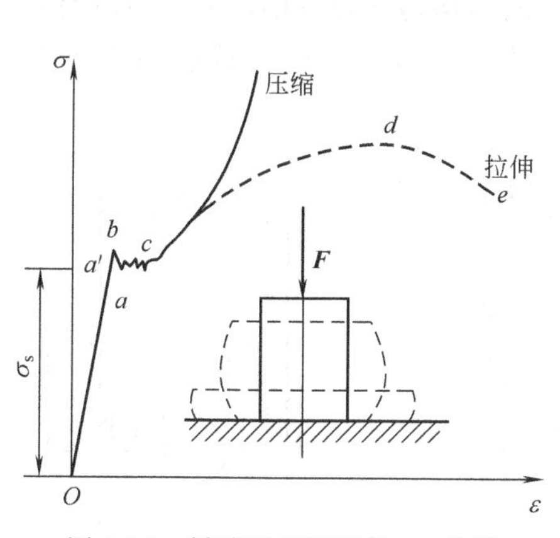

图 3-18 低碳钢压缩时的σ-ε 曲线

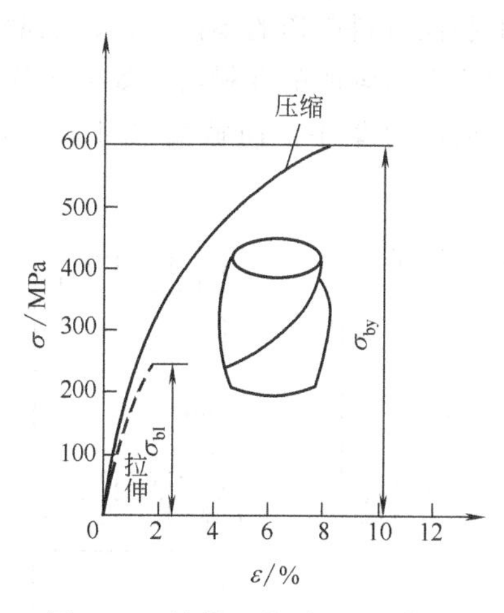

图 3-19 铸铁压缩时的σ-ε 曲线

综上所述，塑性材料和脆性材料的力学性能的主要区别如下。

① 塑性材料破坏时有显著的塑性变形，断裂前有的出现屈服现象。而脆性材料在变形很小时突然断裂，无屈服现象。

② 塑性材料拉伸时的比例极限、屈服极限和弹性模量与压缩时相同。由于塑性材料一般不允许达到屈服极限，所以在拉伸和压缩时具有相同的强度。而脆性材料则不相同，其压缩时的强度都大于拉伸时的强度，且抗压强度远远大于抗拉强度。

四、应力集中

对轴向拉伸或压缩的等截面直杆，其横截面上的应力是均匀分布的。但对截面尺寸有急剧变化的杆件来说，通过试验和理论分析证明，在杆件截面发生突然改变的部位，其上的应力就不再均匀分布了。这种因截面突然改变而引起应力局部增高的现象，称为应力集中。如图 3-20 所示，在杆件上开有孔、槽、切口处，将产生应力集中，离开该区域，应力迅速减小并趋于平均。截面改变越剧烈，应力集中越严重，局部区域出现的最大应力就越大。

将截面突变的局部区域的最大应力与平均应力的比值，称为应力集中系数，通常用α表示，即

$$\alpha=\frac{\sigma_{\max}}{\sigma}$$

应力集中系数α表示了应力集中程度，α越大，应力集中越严重。

为了减少应力集中程度，在截面发生突变的地方，尽量过渡得缓和一些。为此，杆件上应尽可能避免用带尖角的槽和孔，圆轴的轴肩部分用圆角过渡。

各种材料对应力集中的敏感程度是不相同的。对于塑性材料，由于有屈服阶段，当应力集中处的最大应力$\sigma_{\max}$达到屈服极限σ_s时，该处材料的变形将继续增长，应力却不再增大。当外力继续增加时，则截面上的屈服区域逐渐扩大，使截面上其他点的应力相继增大到屈服

极限 σ_s，截面上的应力逐渐趋于平均，如图 3-21 所示。从而限制了最大应力值 σ_{max}，使其不会超过屈服极限 σ_s。所以，在静载荷作用下，对塑性材料制作的零件，可以不考虑应力集中的影响。对于脆性材料，因材料无屈服阶段，当外力增加时，应力集中处的最大应力 σ_{max} 将随之不断增大，首先达到强度极限 σ_b 而产生裂纹，很快导致整个构件破坏。所以对于组织均匀的脆性材料制作的零件，即使在静载荷作用下，应力集中也会使其承载能力大为降低。对于组织不均匀的脆性材料，如灰铸铁，由于其内部的不均匀性及缺陷，使材料本身就具有很严重的应力集中，而截面尺寸改变所引起的应力集中，对零件的承载能力没有明显的影响。

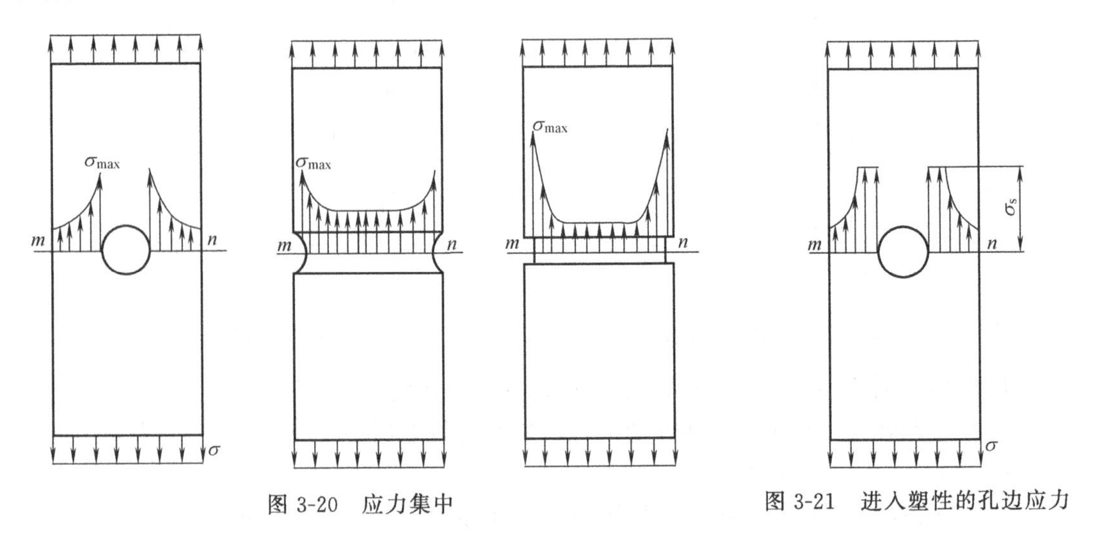

图 3-20　应力集中　　　图 3-21　进入塑性的孔边应力

在交变应力或冲击载荷作用下的零件，无论是塑性材料或是脆性材料，应力集中往往是零件破坏的根源，对零件的强度都有严重的影响。

第七节　压杆稳定

如图 3-22（a）所示，小球位于光滑的凹面最低位置 A 而处于平衡，当它受到外力干扰时，将离开其平衡位置 A 到达位置 A'，但只要去除干扰外力，小球则自动恢复到原来的平衡位置 A 处，表明小球在该处的平衡能经受外力干扰具有稳定性，小球的这种平衡状态称为稳定平衡。而如图 3-22（b）所示，位于凸面顶部 B 的小球，虽然也处于平衡状态，但只要有微小外力干扰，则离开其平衡位置而不会自动回复到原来的平衡位置 B 处，表明小球在该处的平衡不能经受外力干扰，不具有稳定性，小球的这种平衡状态称为不稳定平衡。

如图 3-23（a）所示，在细长直杆两端作用有一对大小相等、方向相反的轴向压力，杆件处于平衡状态。若施加一个横向干扰力，则杆件变弯，如图 3-23（b）所示。但是，当轴向压力 F 小于某一数值 F_{cr}时，若撤去横向干扰力，压杆能回复到原来的直线平衡状态，如图 3-23（c）所示，此时压杆处于稳定平衡状态；当轴向压力 F 大于某一数值 F_{cr}时，若撤去横向干扰力，压杆不能回复到原来的直线平衡状态，如图 3-23（d）所示，此时压杆处于不稳定平衡状态。将压杆不能保持其原有直线平衡状态而突然变弯的现象，称为压杆失稳。经分析计算可知，压杆失稳时其横截面上的计算应力远远小于材料的强度极限 σ_b。可见，失稳破坏与强度破坏迥然不同，它是由平衡形式的突变所致。

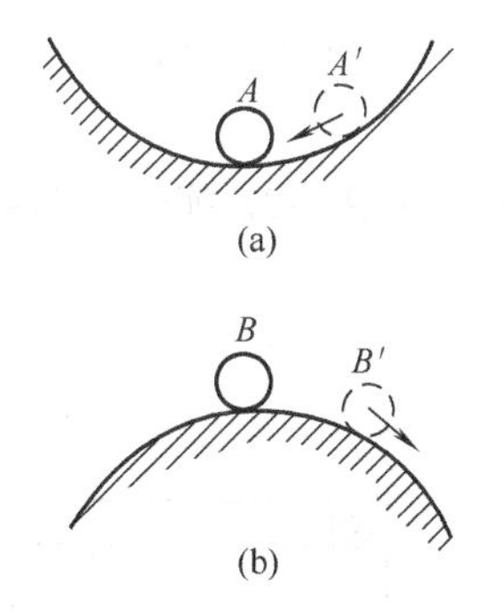

图 3-22 稳定平衡与不稳定平衡

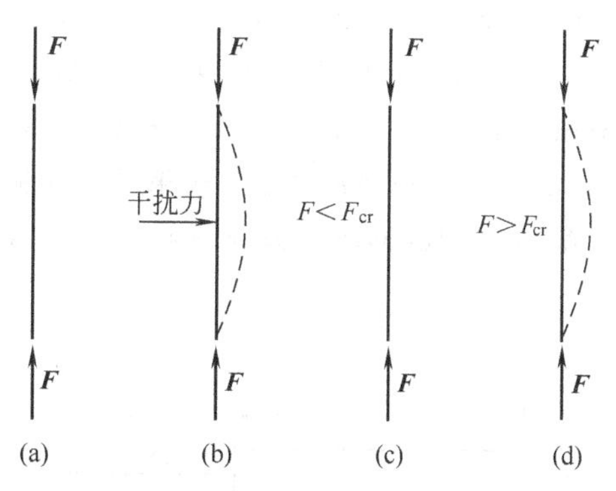

图 3-23 压杆的稳定平衡与不稳定平衡

由上述可知，压杆所受的轴向压力由小到大逐渐增加到某个极限值 F_{cr}时，压杆由稳定平衡状态转化为不稳定平衡状态，这个压力的极限值 F_{cr}称为临界压力。临界压力 F_{cr}的大小表示了压杆稳定性的强弱。临界压力 F_{cr}越大，则压杆不易失稳，稳定性越强；临界压力 F_{cr}越小，则压杆易失稳，稳定性越弱。

对于粗而短的压杆，因不易失稳，其承载能力取决于强度；但对于细长杆往往因不能维持其直线平衡状态而突然变弯，从而丧失正常工作能力，因此，细长杆的承载能力取决于其稳定性。关于稳定性的计算问题可参阅有关资料。

思考题与习题

1. 如何判断构件是否产生轴向拉伸或压缩变形？

2. 指出下列概念的区别：内力与应力、绝对变形与应变、弹性变形与塑性变形、极限应力与许用应力、屈服极限与强度极限。

3. 材料塑性如何衡量？试比较塑性材料与脆性材料的力学性能。

4. 什么是应力集中现象？如何减小应力集中的程度？

5. 什么是冷作硬化现象？它对构件在使用时有何利弊？

6. 如何区分压杆的稳定平衡和不稳定平衡？杆件在什么情况下需考虑其稳定性？

7. 作用于杆上的载荷如图 3-24 所示，试求各杆指定截面上的轴力，并作出其轴力图。

8. 如图 3-25 所示的杆件，两端受轴向载荷 **F** 作用，试计算截面 1—1 和 2—2 上的正应力。

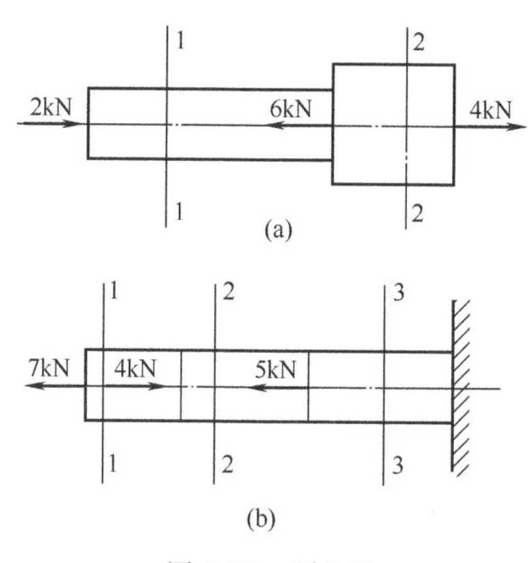

图 3-24 题 7 图

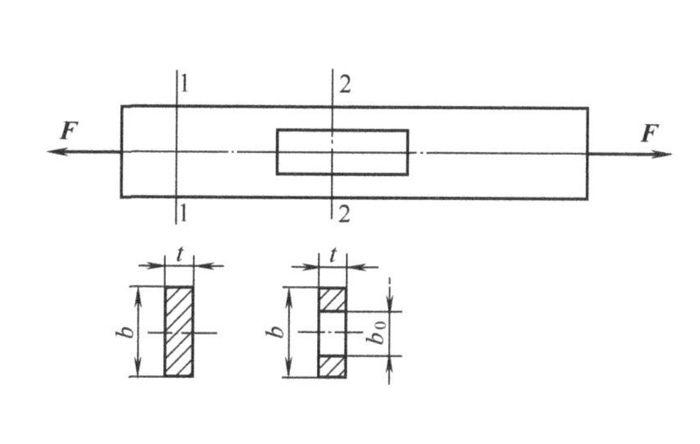

图 3-25 题 8 图

已知 $F=14\text{kN}$，$b=20\text{mm}$，$b_0=10\text{mm}$，$t=4\text{mm}$。

9. 如图 3-26 所示的阶梯形杆 AC，已知 $F=10\text{kN}$，$l_1=l_2=400\text{mm}$，$A_1=2A_2=100\text{mm}^2$，$E=200\text{GPa}$。试计算杆 AC 的轴向变形 Δl。

10. 三角架由 AB 与 BC 两根材料相同的圆截面杆构成，如图 3-27 所示。已知材料的许用应力 $[\sigma]=100\text{MPa}$，载荷 $F=10\text{kN}$。试设计两杆的直径。

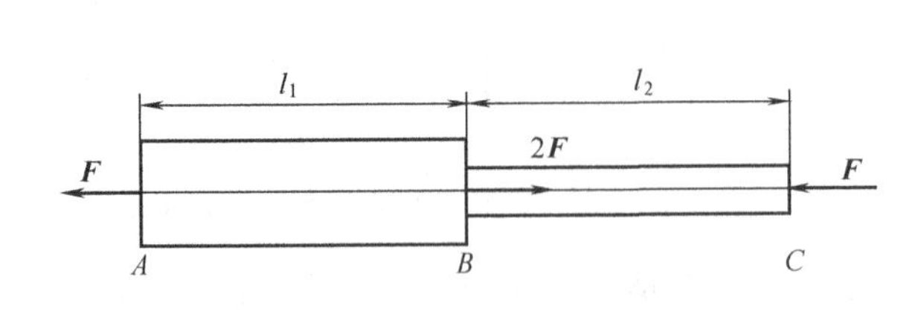

图 3-26　题 9 图

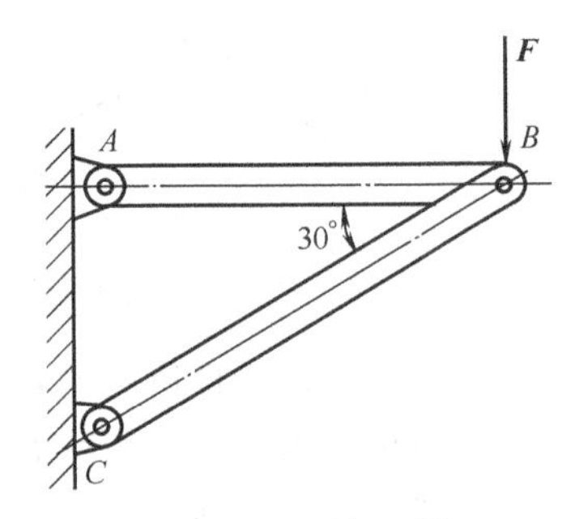

图 3-27　题 10 图

11. 如图 3-28 所示，架子受载荷 $F=15\text{kN}$，木质支柱 AB 的截面为正方形，每边长 $a=100\text{mm}$，已知木材的许用应力 $[\sigma]=10\text{MPa}$。试校核支柱的强度。

12. 如图 3-29 所示的支架，在铰接点 B 处作用有垂直载荷。已知 AB 杆为木杆，横截面积 $A_1=10^4\text{mm}^2$，其许用应力 $[\sigma]=7\text{MPa}$；BC 杆为钢杆，横截面积 $A_2=6\times10^2\text{mm}^2$，其许用应力为 $[\sigma]=160\text{MPa}$。试求支架允许的最大载荷 $\boldsymbol{F}$。

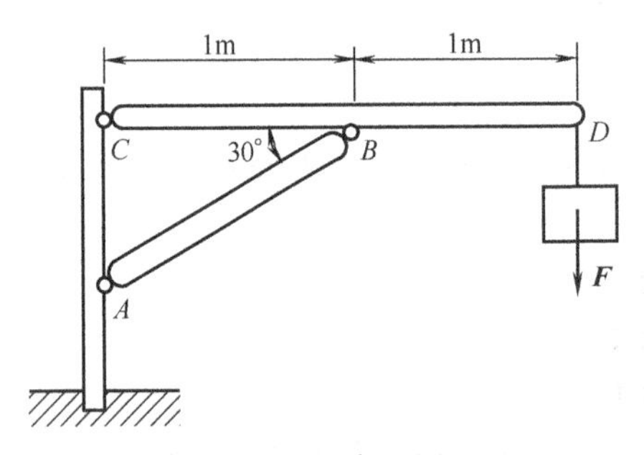

图 3-28　题 11 图

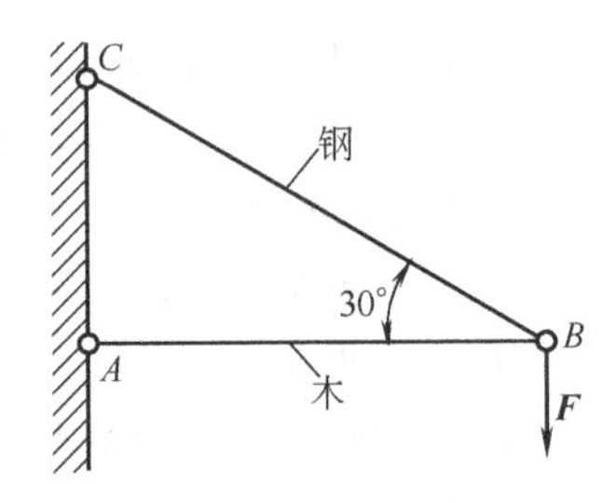

图 3-29　题 12 图

第四章

梁 的 弯 曲

学习目的与要求

理解平面弯曲的意义，掌握求梁弯曲内力的方法，明确内力正负号的规定；熟练掌握剪力图、弯矩图的绘制方法，了解载荷、剪力和弯矩之间的微分关系；能熟练运用正应力强度条件进行强度校核、设计截面、确定许可载荷；掌握拉（压）与弯曲的组合变形的强度计算；了解如何提高梁的承载能力。

第一节 平面弯曲的概念与弯曲内力

一、平面弯曲的概念

弯曲变形是工程中最常见的一种基本变形形式，如桥式起重机的大梁（图 4-1）、火车轮轴（图 4-2）、车削中的工件（图 4-3）等。它们的特点是作用于这些杆件上的外力垂直于杆件的轴线，变形前为直线的轴线，变形后成为曲线。这种形式的变形称为弯曲变形。凡是以弯曲变形为主的杆件习惯上称为梁。

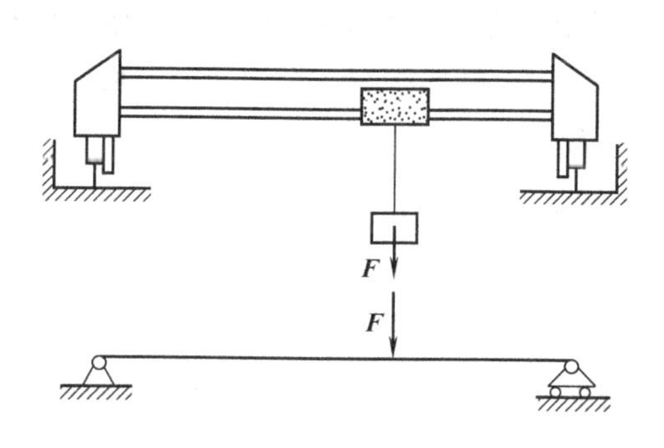

图 4-1 桥式起重机大梁

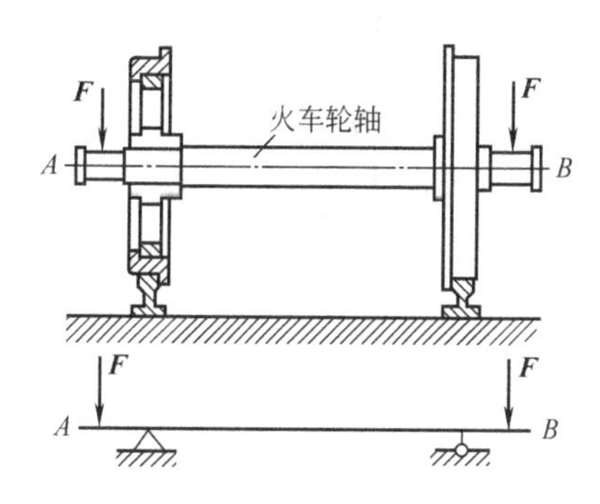

图 4-2 火车轮轴

工程中绝大多数梁的横截面都有一根对称轴，通过梁横截面对称轴的纵向平面称为纵向对称面。若梁上所有外力均作用于梁的纵向对称面内，如图 4-4 所示，则梁的轴线就在纵向对称面内被弯成一条平面曲线，这种弯曲称为平面弯曲。平面弯曲是弯曲问题中最常见和最

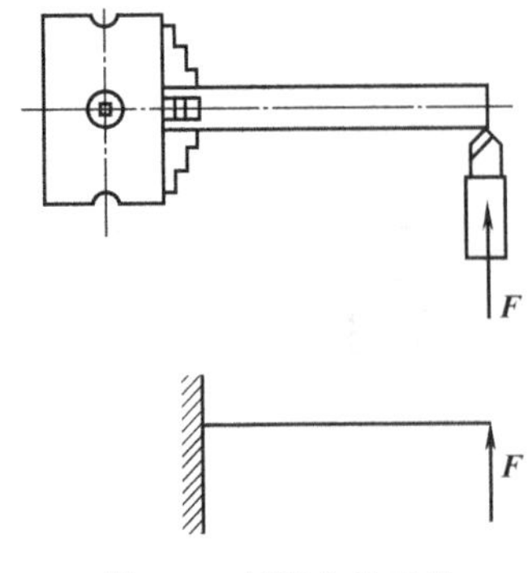

图 4-3　车削中的工件

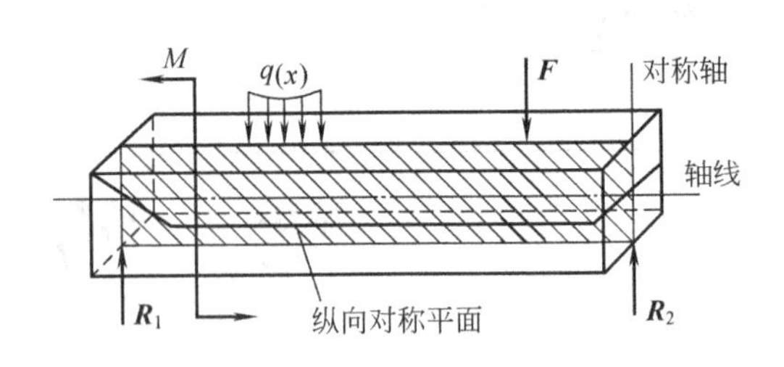

图 4-4　梁的平面弯曲

基本的，本章只研究平面弯曲问题。

工程实际中的梁及其支座结构都比较复杂，为便于分析和计算，常作些必要的简化，以计算简图来代替。常见的梁可归纳为三种基本形式。

① 简支梁（图 4-1），一端为固定铰链支座，另一端为活动铰链支座。

② 外伸梁（图 4-2），外伸梁具有一个或两个外伸端。

③ 悬臂梁（图 4-3），一端为固定端，另一端为自由端。

上述三种梁都可以用静力平衡方程求解全部约束反力，称它们为静定梁。

二、弯曲内力

当作用于梁上的所有外力（包括约束反力）均为已知时，就可进一步分析梁横截面上的内力。梁横截面上的内力可用截面法求得。以图 4-5（a）所示的简支梁为例，求其任意横截面 1—1 上的内力。

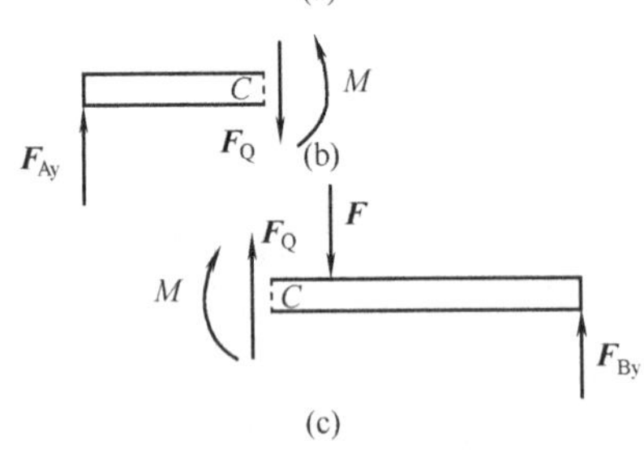

图 4-5　简支梁（一）

利用静力平衡方程求得约束反力为

$$F_{Ay}=F_{By}=\frac{F}{2}$$

假想沿横截面 1—1 把梁分成两部分，取其中任一段（例如左段）作为研究对象，将右段梁对左段梁的作用用截面上的内力来代替。如图 4-5（b）所示，为使左段梁平衡，在横截面 1—1 上必然存在一个切于横截面方向的内力 $\boldsymbol{F}_Q$，由平衡方程

$$\sum F_y=0 \Rightarrow F_{Ay}-F_Q=0$$

得
$$F_Q=F_{Ay}=\frac{F}{2}$$

$\boldsymbol{F}_Q$ 称为横截面 1—1 上的剪力，它是与横截面相切的分布内力系的合力。若把左段梁上的所有外力对截面 1—1 的形心 C 取矩，在截面 1—1 上还应有一个内力偶矩 M 与其平衡，其力矩总和应等于零。由平衡方程

$$\sum M_C(\boldsymbol{F})=0 \Rightarrow M-F_{Ay}x=0$$

得
$$M=F_{Ay}x=\frac{F}{2}x$$

M 称为横截面 1—1 上的弯矩，它是与横截面垂直的内力系的合力偶矩。

如果取右段为研究对象，如图 4-5（c）所示，可得到相同的结果。由平衡方程

$$\sum F_y=0 \Rightarrow F_Q+F_{By}-F=0$$

得

$$F_Q=F-F_{By}=\frac{F}{2}$$

$$\sum M_C(F)=0 \Rightarrow F_{By}(L-x)-F(\frac{L}{2}-x)-M=0$$

得

$$M=F_{By}(L-x)-F(\frac{L}{2}-x)=\frac{F}{2}x$$

从以上结果可以看出，取左段和取右段为研究对象所得的剪力和弯矩的大小相等而方向相反，这是因为截面两侧的力系成作用与反作用关系。为了使无论取左段梁还是右段梁得到的同一截面上的剪力和弯矩不仅大小相等，而且正负号一致，通常对剪力和弯矩作如下规定。

① 梁截面上的剪力对所取梁段顺时针方向错动为正，反之为负（图 4-6）。

② 梁截面上的弯矩使梁段产生上部受压、下部受拉时为正，反之为负（图 4-7）。

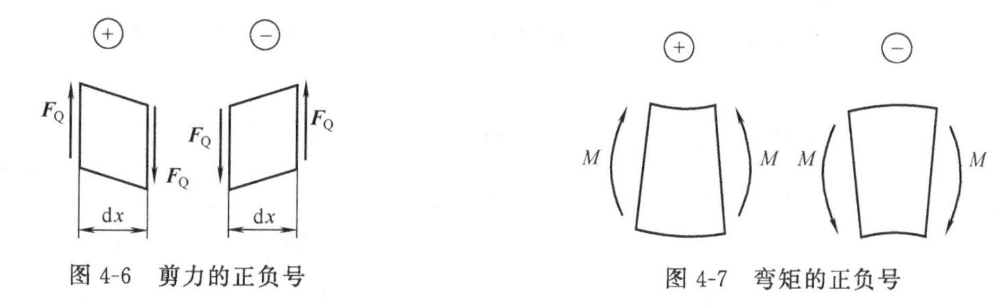

图 4-6　剪力的正负号

图 4-7　弯矩的正负号

根据上述正负号规定，1—1 截面两侧的剪力和弯矩均为正号。

由于截面一侧任一外力在该截面上产生的剪力总是与外力的方向相反，任一外力（包括外力偶）在该截面上产生的弯矩的转向总是与外力对截面形心的矩的转向相反。因此，可以对剪力和弯矩的正负号作如下规定。

① 若外力对所取梁段的截面是顺时针方向，则该力所产生的剪力为正，反之为负。

② 若外力使所取的梁段产生上部受压、下部受拉的变形时，则该力所产生的弯矩为正，反之为负。

根据这个规定和上述分析，计算任一截面的剪力和弯矩时，可由外力的大小和方向直接确定。

① 梁任一横截面上的剪力，等于该截面一侧梁上所有外力的代数和。

② 梁任一横截面上的弯矩，等于该截面一侧梁上所有外力对该截面形心之矩的代数和。

例 4-1　求图 4-8 所示的悬臂梁 1—1 截面上的剪力和弯矩。

解　取 1—1 截面的左侧为研究对象，计算 1—1 截面的剪力和弯矩，不需求出 B 端的约束反力。

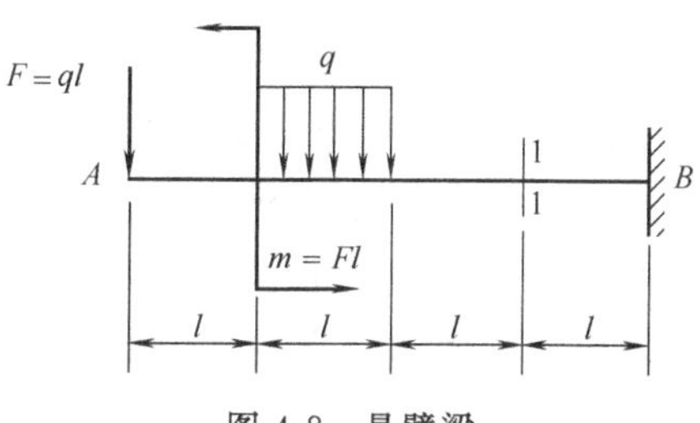

图 4-8　悬臂梁

力 $\boldsymbol{F}$ 和均布载荷 q 对 1—1 截面均为逆时针，使截

面产生负剪力。因此，1—1截面上的剪力为

$$F_{Q1}=-F-ql=-2ql$$

力 $\boldsymbol{F}$、力偶 m 和均布载荷 q 对1—1截面左侧梁段均使其产生上部受拉、下部受压的变形，使截面产生负弯矩。故1—1截面上的弯矩为

$$M_1=-F\times 3l-m-ql\times 1.5l$$
$$=-3ql^2-ql^2-1.5ql^2=-5.5l^2$$

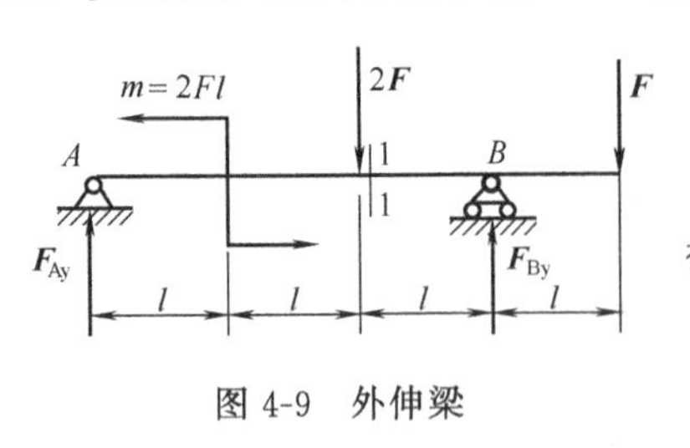

图4-9 外伸梁

例4-2 求图4-9所示的外伸梁1—1截面上的剪力和弯矩。

解 由静力平衡方程求得约束反力为

$$F_{Ay}=F \qquad F_{By}=2F$$

截面右侧受力较简单，故按右侧外力计算。

力 $\boldsymbol{F}$ 对1—1截面为顺时针，使截面产生正剪力；力 $\boldsymbol{F}_{By}$ 对1—1截面为逆时针，产生负剪力。因此，1—1截面上的剪力为

$$F_{Q1}=F-F_{By}=F-2F=-F$$

力 $\boldsymbol{F}$ 对1—1截面右侧梁段产生上部受拉、下部受压的变形，使截面产生负弯矩；力 $\boldsymbol{F}_{By}$ 产生上部受压、下部受拉的变形，产生正弯矩。因此，截面1—1上的弯矩为

$$M_1=-F\times 2l+F_{By}l=-2Fl+2Fl=0$$

例4-3 求图4-10所示的简支梁1—1截面上的剪力和弯矩。

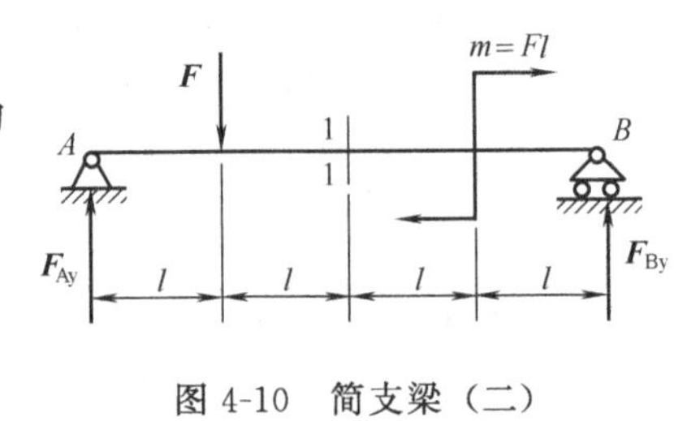

图4-10 简支梁（二）

解

$$F_{Ay}=F_{By}=\frac{F}{2}$$

$$F_{Q1}=F_{Ay}-F=-\frac{F}{2}$$

$$M_1=F_{Ay}\times 2l-Fl=0$$

三、剪力图和弯矩图

在一般情况下，梁横截面上的剪力和弯矩都是随横截面的位置而变化的，若以横坐标 x 表示横截面在梁轴线上的位置，以与 x 轴垂直的坐标表示剪力和弯矩，则各截面上的剪力和弯矩皆可表示为 x 的函数。即

$$F_Q=F_Q(x)$$

$$M=M(x)$$

这两个表达式称为梁的剪力方程和弯矩方程。

为了直观地表示梁的各横截面上的剪力和弯矩沿轴线变化的情况及判断最大剪力和最大弯矩所在截面的位置，将剪力方程和弯矩方程用图线来表示，这种图线分别称为剪力图和弯矩图。下面用例题说明列剪力方程和弯矩方程以及绘制剪力图和弯矩图的方法。

例 4-4 图 4-11 所示的简支梁在 C 点受集中力 $\boldsymbol{F}$ 作用。试绘制剪力图和弯矩图。

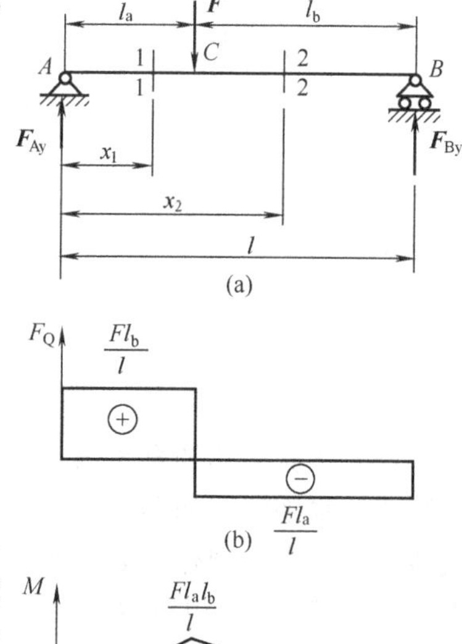

图 4-11 简支梁（三）

解

(1) 求支座反力 由平衡方程

$$\sum M_A(\boldsymbol{F})=0\Rightarrow F_{By}l-Fl_a=0$$

得
$$F_{By}=\frac{Fl_a}{l}$$

$$\sum F_y=0\Rightarrow F_{Ay}+F_{By}-F=0$$

得
$$F_{Ay}=\frac{Fl_b}{l}$$

(2) 列剪力方程和弯矩方程 因集中力 $\boldsymbol{F}$ 作用在 C 点，在 C 截面附近的剪力和弯矩的变化是不连续的，所以 AC 和 BC 两段的剪力方程和弯矩方程也是不同的，必须分别列出。

在 AC 段任取截面 1—1，则

$$F_Q(x_1)=F_{Ay}=\frac{Fl_b}{l} \qquad 0<x_1<l_a \tag{4-1}$$

$$M(x_1)=F_{Ay}x_1=\frac{Fl_b}{l}x_1 \qquad 0\leqslant x_1\leqslant l_a \tag{4-2}$$

在 CB 段任取截面 2—2，则

$$F_Q(x_2)=F_{Ay}-F=-F_{By}=-\frac{Fl_a}{l} \qquad l_a<x_2<l \tag{4-3}$$

$$M(x_2)=F_{Ay}x_2-F(x_2-l_a)=F_{By}(l-x_2)=\frac{Fl_a}{l}(l-x_2) \qquad l_a\leqslant x_2\leqslant l \tag{4-4}$$

(3) 绘剪力图和弯矩图 根据式 (4-1)、式 (4-3) 绘制剪力图。由方程可见，整个梁的剪力都是常数，所以剪力图是平行于 x 轴的水平线，在集中力作用处，剪力图发生突变，突变的值等于集中力的大小，如图 4-11 (b) 所示。当 $l_b>l_a$ 时，AC 段内任意横截面上的剪力值为最大，$F_{Qmax}=\frac{Fl_b}{l}$。

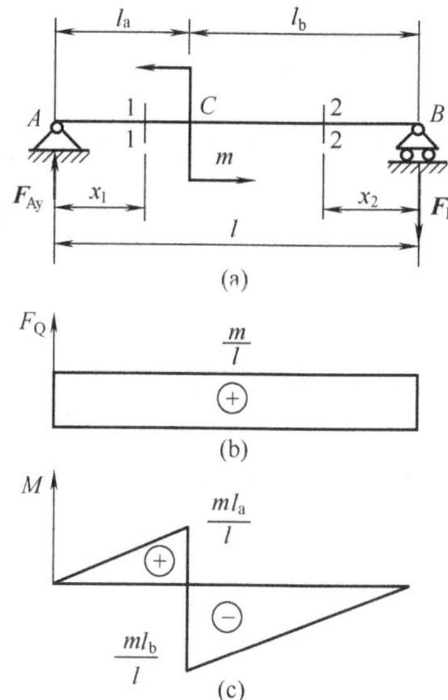

图 4-12 简支梁（四）

根据式 (4-2)、式 (4-4) 绘制弯矩图，如图 4-11 (c) 所示。在 AC 段和 CB 段内的弯矩图各是一条斜直线。在集中力作用处，M 图有一转折，并有最大弯矩，其值为 $M_{max}=\frac{Fl_al_b}{l}$。

例 4-5 图 4-12 所示的简支梁在 C 点受集中力偶 m 作用，试绘制梁的剪力图和弯矩图。

解

(1) 求支座反力 由平面力偶的平衡条件得

$$F_{Ay}=F_{By}=\frac{m}{l}$$

(2) 列剪力方程和弯矩方程　集中力偶 m 将梁分成 AC 和 CB 两段，两段梁的剪力方程和弯矩方程分别为

$$F_Q(x_1)=F_{Ay}=\frac{m}{l} \qquad 0<x_1\leqslant l_a \tag{4-5}$$

$$M(x_1)=F_{Ay}x_1=\frac{m}{l}x_1 \qquad 0\leqslant x_1<l_a \tag{4-6}$$

$$F_Q(x_2)=F_{By}=\frac{m}{l} \qquad 0<x_1\leqslant l_b \tag{4-7}$$

$$M(x_2)=-F_{By}x_2=-\frac{m}{l}x_2 \qquad 0\leqslant x_1<l_b \tag{4-8}$$

(3) 作剪力图和弯矩图　由式（4-5）、式（4-7）可知，两段梁的剪力方程相同，故剪力图为一水平线，如图 4-12（b）所示。由式（4-6）、式（4-8）知，两段梁的弯矩图均为斜直线，在集中力偶作用处，弯矩图有突变，突变值等于集中力偶的大小。若 $l_b>l_a$，则在 C 点稍右的截面上产生最大弯矩，其值为

$$|M|_{max}=\frac{ml_b}{l}$$

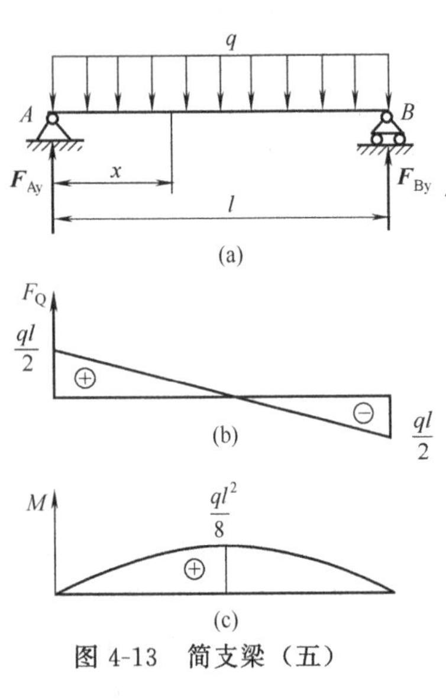

图 4-13　简支梁（五）

例 4-6　图 4-13 所示的简支梁受向下均布载荷 q 的作用，试绘制梁的剪力图和弯矩图。

解

(1) 求支座反力　由梁的对称关系可得

$$F_{Ay}=F_{By}=\frac{ql}{2}$$

(2) 列剪力方程和弯矩方程

$$F_Q(x)=F_{Ay}-qx=\frac{ql}{2}-qx \qquad 0<x<l \tag{4-9}$$

$$M(x)=F_{Ay}x-\frac{qx^2}{2}=\frac{qx}{2}(l-x) \qquad 0\leqslant x\leqslant l \tag{4-10}$$

(3) 绘制剪力图和弯矩图　由式（4-9）可知剪力图为一斜直线，需要确定图形上的两点 $F_Q(0)=\frac{ql}{2}$ 和 $F_Q(l)=-\frac{ql}{2}$。因此，可以绘出剪力图，如图 4-13（b）所示。显然，两端支座截面上的剪力最大，其值为 $|F_Q|_{max}=\frac{ql}{2}$。

由式（4-10）可见，弯矩图为抛物线，取三点 $M(0)=0$、$M(l)=0$ 和 $M\left(\frac{l}{2}\right)=\frac{ql^2}{8}$。因此，可以大致绘出弯矩图，如图 4-13（c）所示。显然，由梁和载荷的对称性，可知梁的中点处的截面上的弯矩最大，其值为 $M_{max}=\frac{ql^2}{8}$，而在这一截面上 $F_Q=0$。

第二节　弯曲强度计算

第一节研究了梁弯曲时横截面上的内力计算，但要解决梁的强度问题。必须进一步研究

梁横截面上内力的分布规律，即研究横截面上的应力。在一般情况，梁的横截面上既有剪力，也有弯矩。剪力是与横截面相切的内力系的合力，故在横截面上必然会存在切应力；而弯矩是与横截面垂直的内力系的合力偶矩，所以在横截面上必然会存在正应力。通常，梁的强度主要取决于横截面上的弯矩，因此，下面着重讨论由弯曲正应力决定的强度问题。

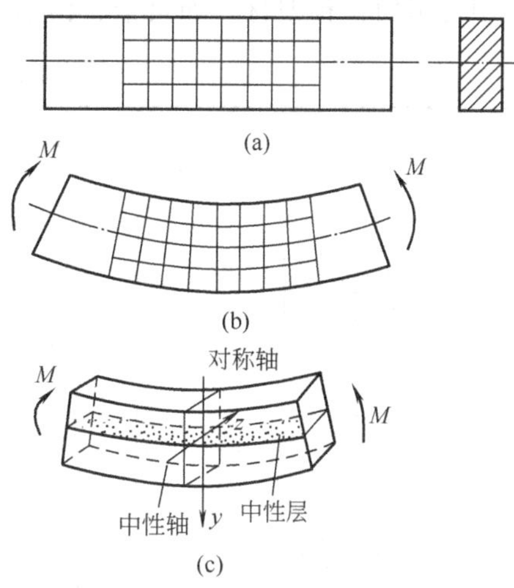

图 4-14　纯弯曲梁的变形

一、弯曲正应力及分布规律

若在梁的横截面上只有弯矩而无剪力，则所产生的弯曲称为纯弯曲；若在梁的横截面上既有弯矩又有剪力，这样的弯曲称为横力弯曲。

取图 4-14（a）所示的梁，在梁的表面画上平行于轴线的纵向线和垂直于轴线的横向线。然后在梁的两端加一对大小相等方向相反的力偶矩，该力偶矩位于梁的纵向对称平面内，使梁产生平面纯弯曲变形，如图 4-14（b）所示。

从弯曲变形后的梁上可以看到，各横向线仍保持直线，只是相对转了一个角度，但仍与变形后的纵向线垂直；各纵向线变成曲线，轴线以下的纵向线伸长，轴线以上的纵向线缩短。根据这些表面变形现象，对梁的内部变形作如下假设，梁的横截面变形后仍为平面，且仍垂直于梁变形后的轴线，只是绕着横截面上的某一轴旋转了一个角度。这个假设称为梁弯曲时的平面假设。其次，设想梁是由无数层纵向纤维组成，且各层纤维之间无挤压作用，可认为每条纤维均为单纯的拉伸或压缩变形。所以对于纯弯曲梁，其截面上只有正应力而无切应力。

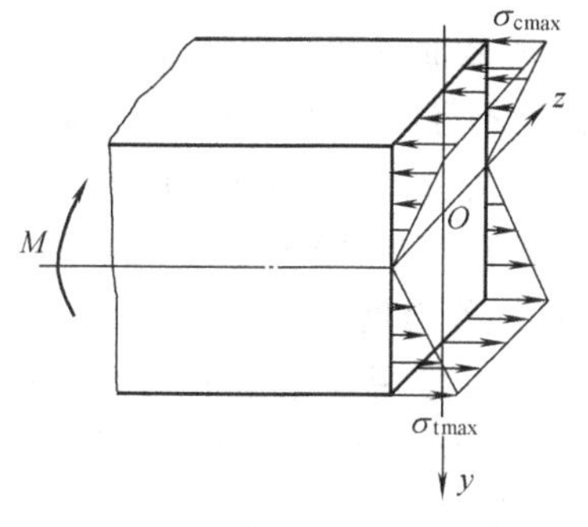

图 4-15　弯曲正应力分布规律

根据前述假设，梁的下部纵向纤维伸长，上部纵向纤维缩短，而纵向纤维的变形沿截面高度应该是连续变化的，所以，从伸长区到缩短区，中间必有一层既不伸长也不缩短的纤维，这一层纤维称为中性层，如图 4-14（c）所示。中性层与横截面的交线称为中性轴。显然，在平面弯曲的情况下，中性轴必然垂直于截面的纵对称轴。可以证明，中性轴通过截面的形心。

正应力沿横截面的高度按直线规律变化，中性轴上各点的正应力均为零，离中性轴越远的点，其正应力越大，如图 4-15 所示。

二、梁弯曲时的正应力强度条件及其应用

由弯曲正应力的分布规律可以看出，对等截面直梁，梁的最大应力发生在最大弯矩所在截面的上、下边缘处，这个最大弯矩所在的截面通常称为危险截面，其上、下边缘处的点称为危险点。为了保证梁能够正常地工作，并有一定的安全储备，必须使梁危险截面上的危险点处的工作应力不超过材料的弯曲许用应力 $[\sigma]$，即梁弯曲时的正应力强度条件为（推导过程从略）。

$$\sigma_{\max}=\frac{M_{\max}}{W_z}\leqslant[\sigma] \tag{4-11}$$

W_z 称为弯曲截面系数，是衡量截面抗弯能力的一个几何量，其数值只与横截面的形状和尺寸有关，常用单位 mm^3 或 m^3。常用截面图形的 W_z 计算式参见表 4-1。工业产品与结构中常用的各种型材，如角钢、槽钢、工字钢等，它们的 W_z 都能从有关手册中查出。

表 4-1　常用截面的弯曲截面系数

图　形	弯曲截面系数	图　形	弯曲截面系数
	$W_y=\frac{hb^2}{6}$ $W_z=\frac{bh^2}{6}$		$W_y=W_z=\frac{\pi D^3}{32}(1-\alpha^4)$ $\alpha=\frac{d}{D}$
	$W_y=W_z=\frac{\pi d^3}{32}$		

工程中常见的梁多为横力弯曲，当梁的跨度与横截面高度之比 $l/h>5$ 时，剪力对弯曲正应力分布规律的影响甚小，其误差不超过 1%。所以在横力弯曲时，用公式（4-11）计算梁的正应力足以满足工程上的精度要求。

式（4-11）只适用于抗拉强度和抗压强度相同的材料，且梁的截面形状与中性轴相对称，如矩形、圆形、工字形、箱形等。对于铸铁等抗拉强度和抗压强度不等的脆性材料，梁的截面形状采用与中性轴不对称的形状，如 T 形等。由于材料的许用拉应力 $[\sigma_t]$ 和许用压应力 $[\sigma_c]$ 不等，则应分别进行强度计算，这部分详细内容可参考材料力学或工程力学教材。

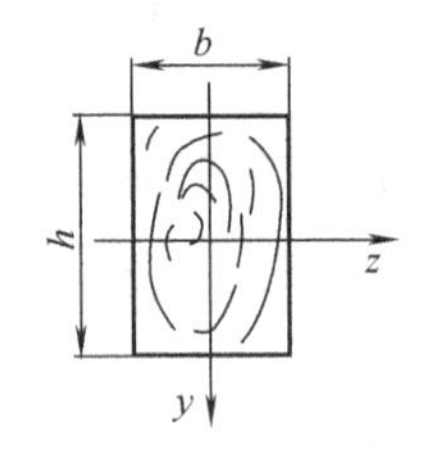

图 4-16　木质截面

例 4-7　木质简支梁［图 4-13（a）］，若跨度 $l=4\text{m}$，截面如图 4-16 所示，宽 $b=160\text{mm}$，高 $h=240\text{mm}$，作用在梁上的均布载荷 $q=5.5\text{kN/m}$，许用弯曲应力 $[\sigma]=8\text{MPa}$，试校核梁的抗弯强度。

解　由例 4-6 可知，梁跨度中点弯矩值最大，是危险截面，该截面上的弯矩为

$$M=\frac{ql^2}{8}=\frac{5.5\times10^3\times4^2}{8}=11\times10^3\text{N}\cdot\text{m}$$

弯曲截面系数为

$$W_z=\frac{bh^2}{6}=\frac{160\times240^2}{6}=1.54\times10^6\text{mm}^3$$

代入强度条件式（4-11）进行强度校核

$$\sigma_{\max}=\frac{M}{W_z}=\frac{11\times10^3\times10^3}{1.54\times10^6}=7.14\text{MPa}<[\sigma]$$

故此梁满足强度要求。

第三节　提高梁承载能力的措施

提高梁的承载能力，是指用尽可能少的材料，使梁能承受尽可能大的载荷，达到既经济又安全，以及减轻重量等目的。

在一般情况下，梁的强度主要是由正应力强度条件控制的。所以要提高梁的强度，应该尽可能减少梁的弯曲应力。由弯曲正应力强度条件可知，在不改变所用材料的前提下，应从减小最大弯矩 M_{max} 或增大弯曲截面系数 W_z 两方面考虑。所以提高梁的承载能力的常用措施有以下几种。

一、减小最大弯矩

1. 合理布置载荷

如图 4-17 所示，四根相同的简支梁，受相同的外力作用，但外力的布置方式不同，则

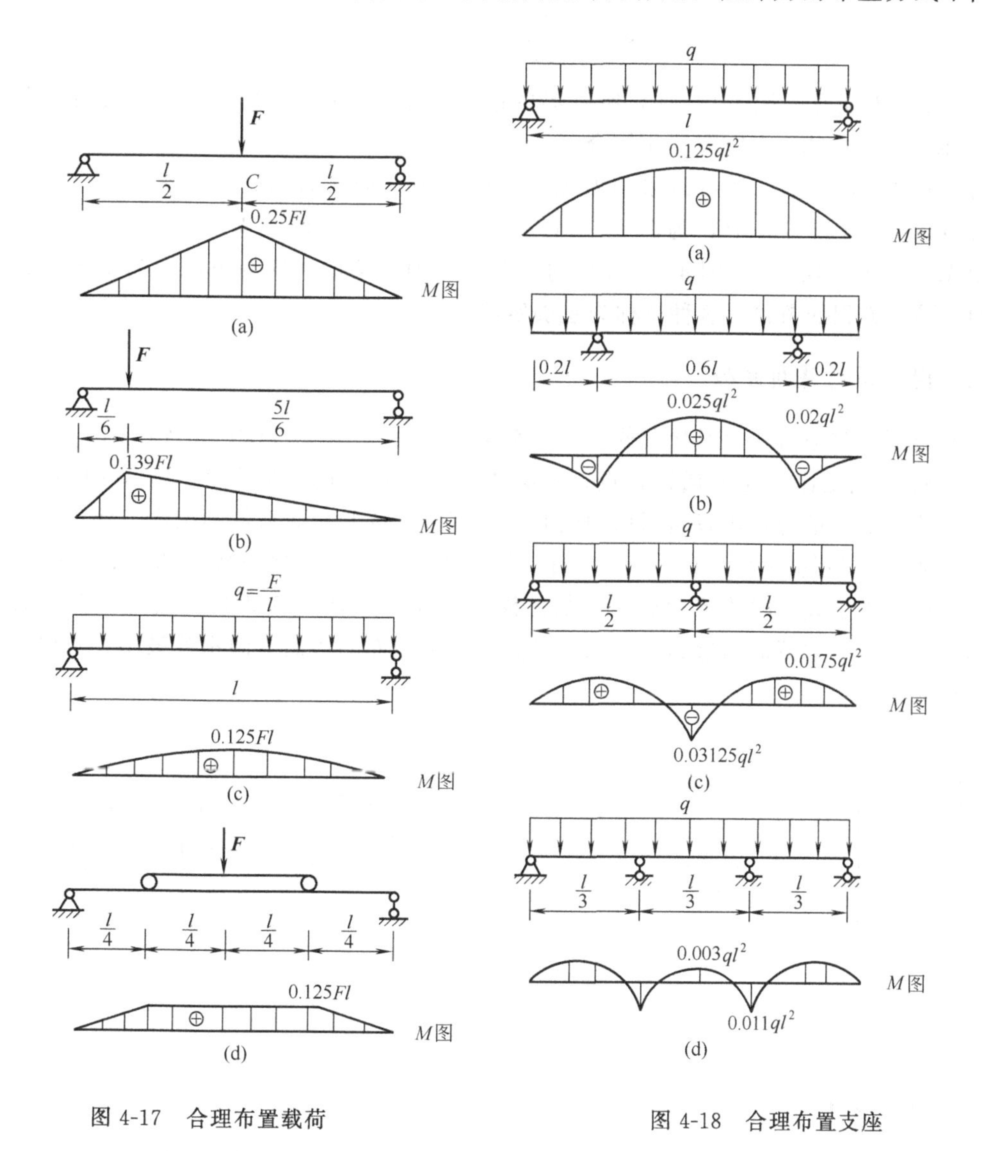

图 4-17　合理布置载荷

图 4-18　合理布置支座

相对应的弯矩图也不相同。

比较图 4-17（a）和（b），图 4-17（b）梁的最大弯矩比图 4-17（a）小，显然图 4-17（b）载荷布置比图 4-17（a）合理。所以，当载荷可布置在梁上任意位置时，则应使载荷尽量靠近支座。`例如，机械中齿轮轴上的齿轮常布置在紧靠轴承处。

比较图 4-17（a）和（c）、（d），图 4-17（c）和（d）梁的最大弯矩相等，且只有图 4-17（a）梁的一半。所以，当条件允许时，尽可能将一个集中载荷改变为均布载荷，或者分散为多个较小的集中载荷。例如工程中设置的辅助梁，大型汽车采用的密布车轮等。

2. 合理布置支座

图 4-18（a）所示简支梁，其最大弯矩为

$$M_{\max}=\frac{1}{8}ql^2=0.125ql^2$$

图 4-18（b）所示外伸梁，其最大弯矩为

$$M_{\max}=\frac{1}{40}ql^2=0.025ql^2$$

由以上计算可见，图 4-18（b）所示梁的最大弯矩仅是图 4-18（a）所示梁最大弯矩的 1/5。所以图 4-18（b）支座布置比较合理。

为了减小梁的弯矩，还可以采用增加支座以减小梁跨度的办法，如图 4-18（c）所示，最大弯矩 $M_{\max}=0.03125ql^2$，为图 4-18（a）的 1/4；若增加两个支座，如图 4-18（d）所示，则 $M_{\max}=0.011ql^2$，为图 4-18（a）的 1/11。这时，梁的未知约束反力的个数显然多于梁的静力平衡方程的数目，这种梁称为超静定梁。

二、提高抗弯截面系数

弯曲截面系数是与截面形状及截面尺寸有关的几何量。在材料相同的情况下，梁的自重与截面面积 A 成正比。为了减轻自重，就必须合理设计梁的截面形状。从弯曲强度考虑，梁的合理截面形状指的是在截面面积相同时，具有较大抗弯截面系数的截面。例如，一个高为 h、宽为 b 的矩形截面梁（$h>b$），截面竖放［图 4-19（a）］比横放［图 4-19（b）］承载能力高，这是由于竖放时的抗弯截面系数比横放时大的缘故。如图 4-20 所示，在截面积相同的条件下，工字形截面的弯曲截面系数最大，圆形截面的弯曲截面系数最小，所以工字形截面承载能力最大。

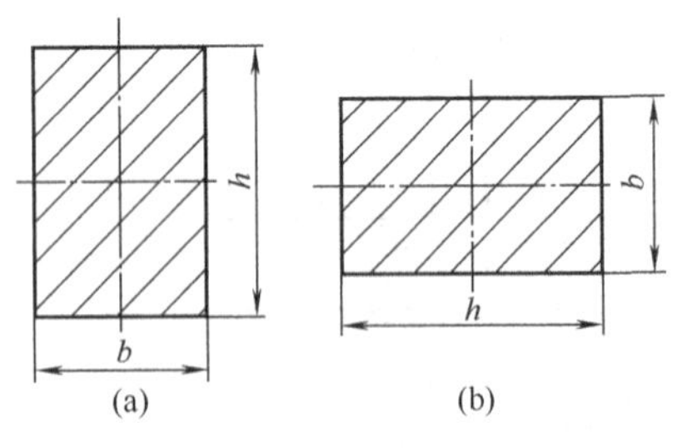

图 4-19　矩形截面

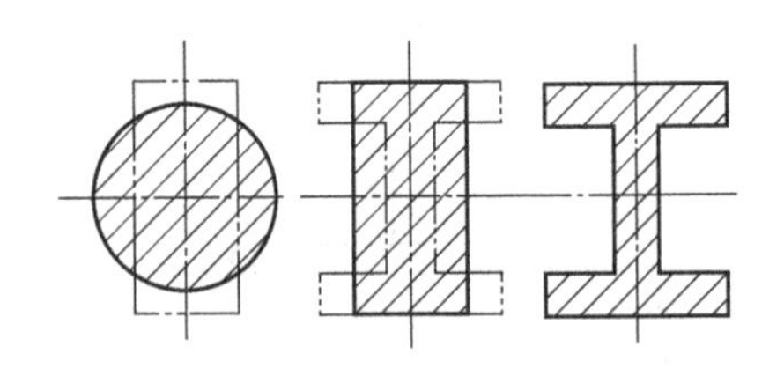

图 4-20　不同截面形状的比较

三、等强度梁

一般情况下，梁的弯矩随截面位置而变化。因此，按正应力强度条件设计的等截面梁，

除最大弯矩截面处外，其他截面上的弯矩都比较小，弯曲正应力也小，材料未得到充分利用，故采用等截面梁是不经济的。

工程中常根据弯矩的变化规律，相应地使梁截面沿轴线变化，制成变截面梁。在弯矩较大处，采用较大的截面；在弯矩较小处，采用较小的截面。这种截面沿梁轴线变化的梁称为变截面梁。

理想的变截面梁应使所有横截面上的最大弯曲正应力均相等，并等于材料的弯曲许用应力，即

$$\sigma_{\max}=\frac{M(x)}{W(x)}=[\sigma]$$

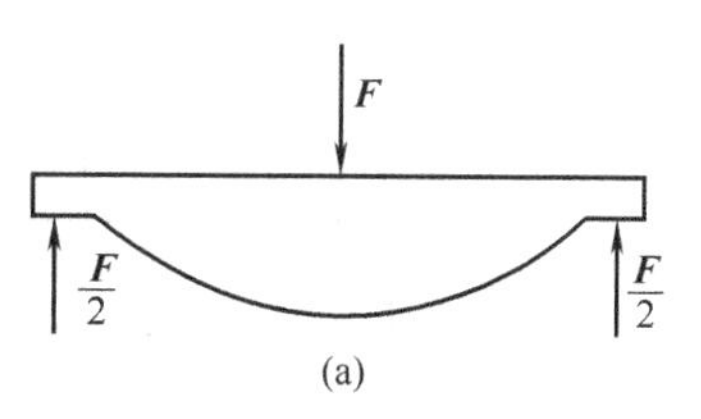

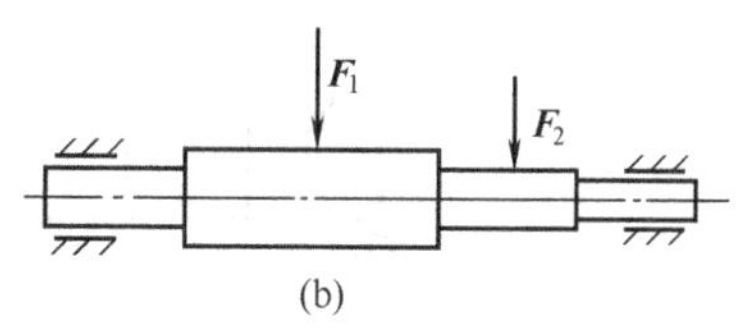

图 4-21　等强度梁

由此可得各截面的弯曲截面系数为

$$W(x)=\frac{M(x)}{[\sigma]} \tag{4-12}$$

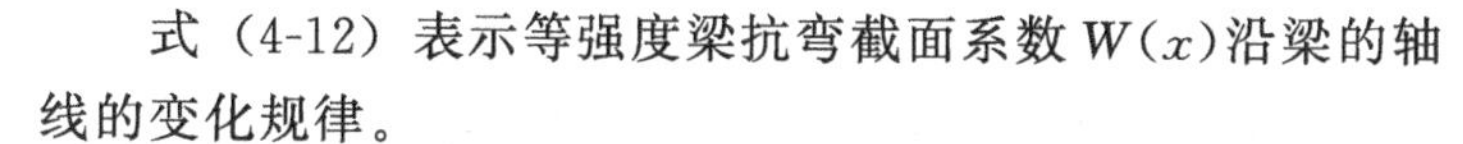

式（4-12）表示等强度梁抗弯截面系数 $W(x)$沿梁的轴线的变化规律。

从强度以及材料的利用上看，等强度梁很理想。但这种梁的加工及制造比较困难，故在工程中一些弯曲构件大都设计成近似的等强度梁。例如，建筑中的“鱼腹梁”［图 4-21（a）］，机械中的阶梯轴［图 4-21（b）］等。

综上所述，提高梁强度的措施很多，但在实际设计构件时，不仅应考虑弯曲强度，还应考虑刚度、稳定性、工艺要求等诸多因素。

思考题与习题

1. 什么情况下梁发生平面弯曲？

2. 剪力和弯矩的正负号按外载荷是如何规定的？它与坐标的选择是否有关？与静力学中力和力偶的符号规定有什么区别？

3. 如图 4-22 所示梁受均布载荷 q 作用，对梁进行强度和刚度计算时，能否应用静力学等效的 $F=qa$ 代替均布载荷？

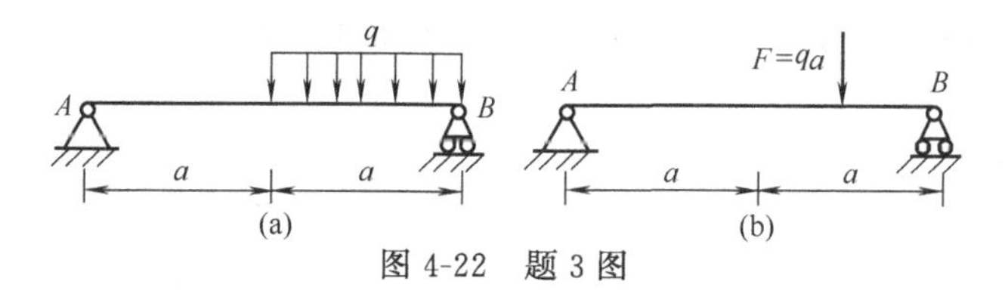

图 4-22　题 3 图

4. 试计算如图 4-23 所示各梁指定截面的剪力和弯矩。

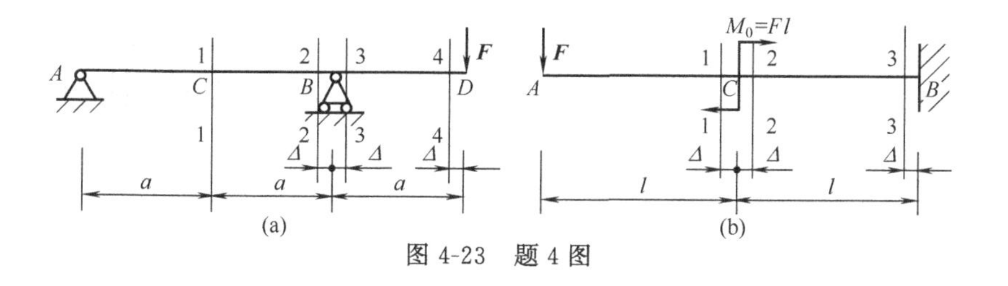

图 4-23　题 4 图

5. 试建立如图 4-24 所示各梁的剪力、弯矩方程，并作剪力图和弯矩图。

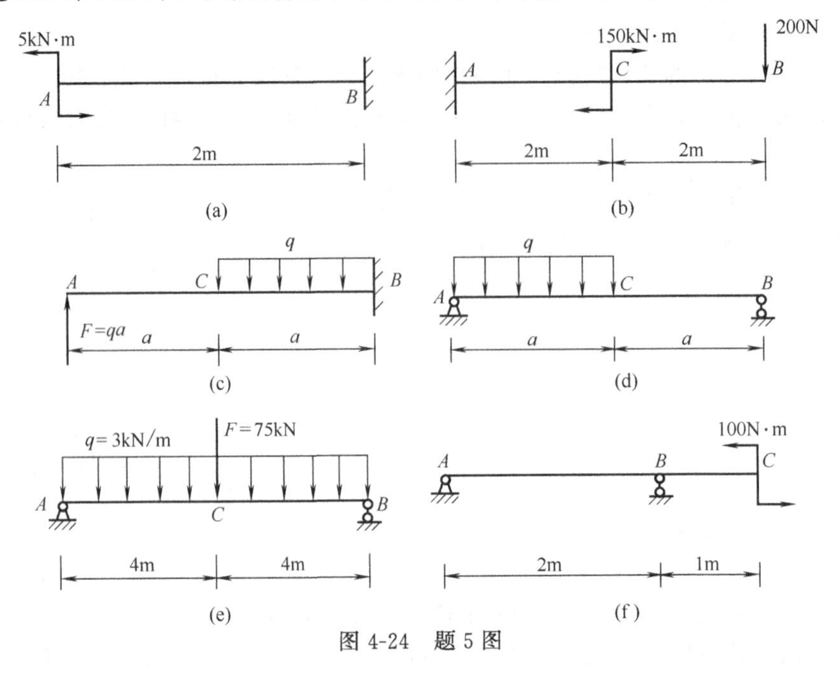

图 4-24　题 5 图

6. 如图 4-25 所示，简支梁受均布载荷 $q=2\text{kN/m}$ 作用，若分别采用截面面积相等的实心和空心圆截面，且 $D_1=40\text{mm}$，$d_2/D_2=0.5$。试分别计算它们的最大正应力。

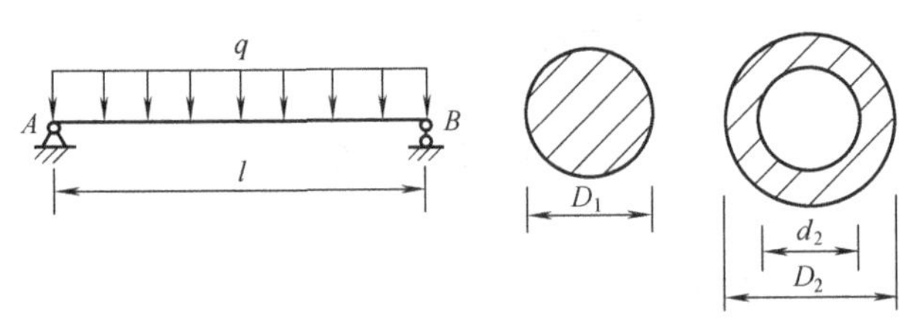

图 4-25　题 6 图

7. 如图 4-26 所示，一圆截面木梁受力 $F=3\text{kN}$，$q=3\text{kN/m}$，弯曲许用应力$[\sigma]=10\text{MPa}$。试设计截面直径 d。

8. 轧辊受轧制力为 1000kN，并均匀分布于轧辊的 CD 范围内，轧辊直径 $d=760\text{mm}$，设轧辊许用应力$[\sigma]=80\text{MPa}$，尺寸如图 4-27 所示。试校核轧辊的强度。

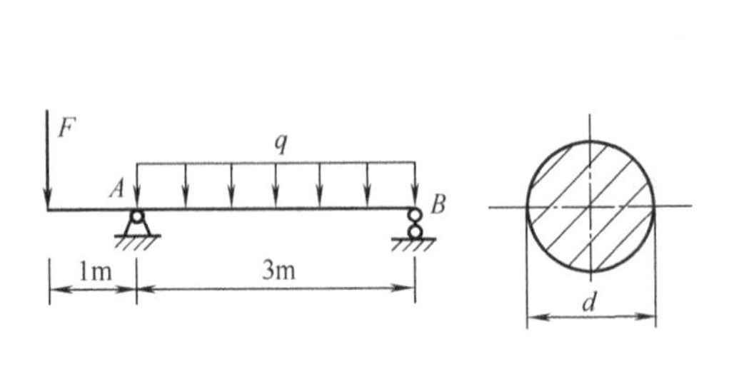

图 4-26　题 7 图

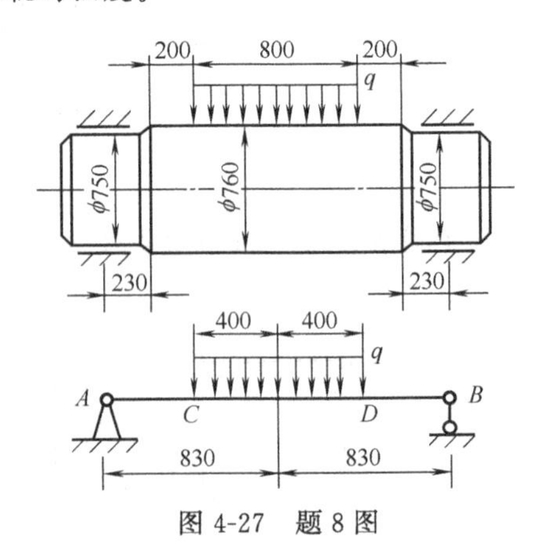

图 4-27　题 8 图

第五章

轴与轴毂连接

学习目的与要求

了解轴的分类、选材、热处理方法、轴毂连接的类型和选用；掌握轴的受力分析、强度计算、结构设计、强度校核及平键连接的选择和强度验算。

第一节　轴的分类与材料

一、分类

根据轴的功用和承载情况，轴可分为以下几类。

（1）传动轴　以传递转矩为主不承受弯矩或承受很小弯矩的轴，如汽车变速箱与后桥之间的轴（图 5-1）。

（2）转轴　既传递转矩又承受弯矩的轴，如齿轮减速器中的输出轴（图 5-2），机器中的大多数轴都属于转轴。

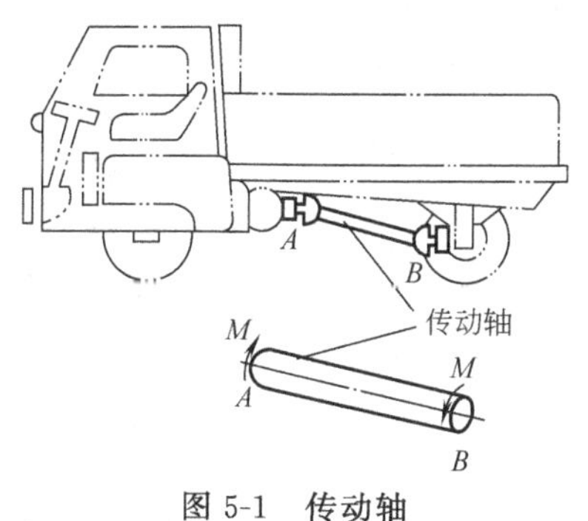

图 5-1　传动轴

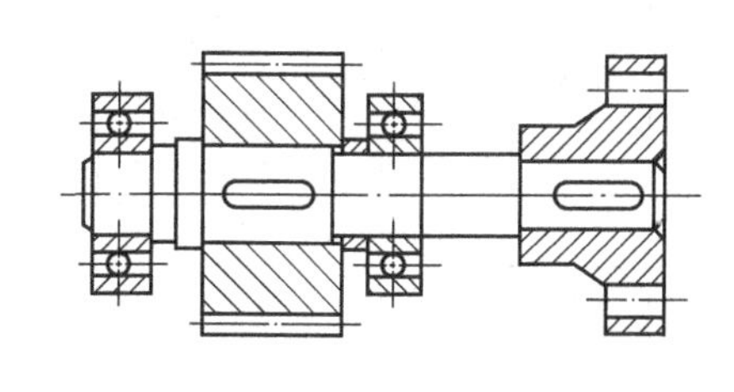

图 5-2　转轴

（3）芯轴　只承受弯矩而不传递转矩的轴。芯轴按其是否转动又可分为转动芯轴（如图 5-3 所示列车车轴）和固定芯轴（如图 5-4 所示自行车前轮车轴）。

此外，按轴线几何形状的不同，轴还可分为直轴（图 5-1～图 5-4）和曲轴（图 5-5）。

二、材料

转轴工作时的应力大多为重复性的应力，所以轴的主要失效形式是疲劳破坏，因此，轴

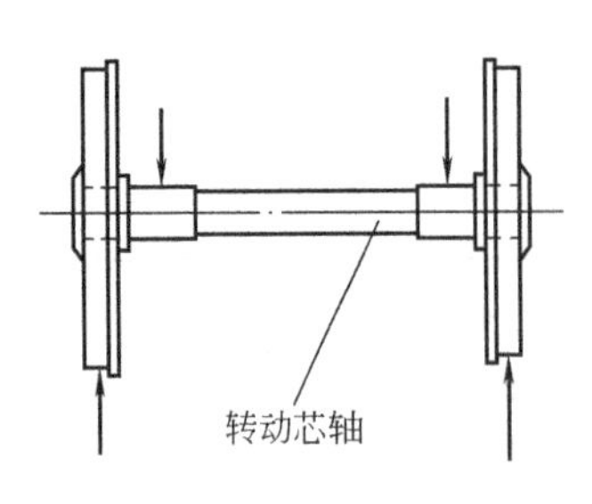

图 5-3　转动芯轴

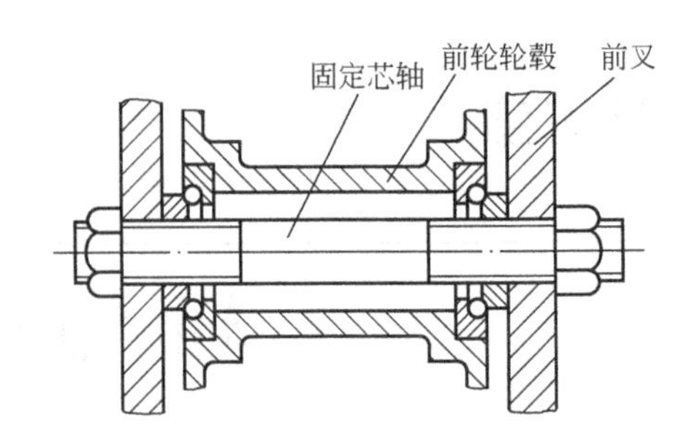

图 5-4　固定芯轴

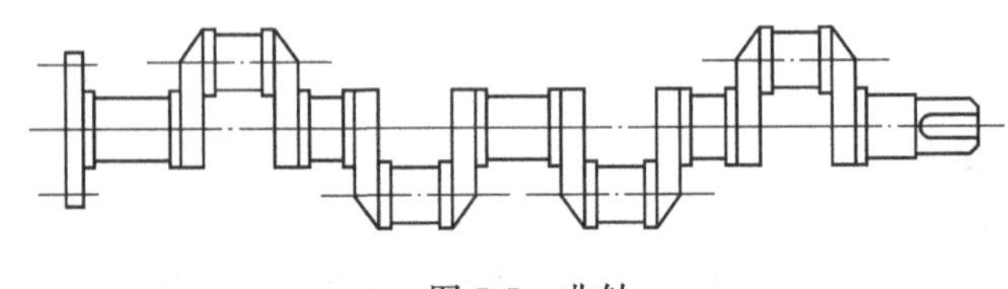

图 5-5　曲轴

的材料要求有较高的强度和韧性。另外，轴与轴上零件有相对运动的表面还应有一定的耐磨性，故轴的材料主要是碳素结构钢和合金结构钢。

碳素钢比合金结构钢价廉，对应力集中的敏感性较小，应用较为广泛。常用的碳素钢有 35 钢、40 钢、45 钢，其中 45 钢应用最广。为改善其力学性能，可进行正火或调质处理。

合金结构钢具有更高的力学性能和更好的淬火性能，但对应力集中比较敏感，且价格较贵，故多用于要求减轻重量、提高轴颈耐磨性以及在高温或低温条件下工作的轴。

轴的常用材料及其力学性能见表 5-1。

表 5-1　轴的常用材料及其力学性能

材料牌号	热处理	毛坯直径/mm	硬度(HBS)	抗拉强度 σ_b/MPa	屈服极限 σ_s/MPa	弯曲疲劳极限 σ_{-1}/MPa	应用说明
35	正火	≤100	149～187	520	270	210	用于一般轴
		>100～300	143～187	500	260	205	
45	正火	≤100	170～217	600	300	240	用于较重要的轴，应用最广泛
		>100～300	162～217	580	290	235	
	调质	≤200	217～255	650	360	270	
40Cr	调质	≤100	241～286	750	550	350	用于载荷较大而无很大冲击的轴
		>100～300		700	500	320	
40MnB	调质	25	≤207	1000	800	485	性能接近 40Cr，用于重要的轴
		≤200	241～286	750	500	335	
35CrMo	调质	≤100	207～269	750	550	350	用于重载荷的轴
		>100～300		700	500	320	
20Cr	渗碳淬火回火	15	表面 56～62HRC	850	550	375	用于要求强度及韧性均较高的轴
		30		650	400	280	
		≤60		650	400	280	

第二节　圆轴扭转时的内力

一、圆轴扭转的概念

在工程实际及日常生活中，常遇到承受扭转的构件。如图 5-1 所示的汽车中传递发动机动力的传动轴 AB，其左端受发动机的主动力偶作用，其右端则受到传动齿轮的等值反向的力偶作用，于是传动轴就产生扭转变形。另外，如图 5-6 所示的螺丝刀、钻孔时的钻头等均为常见的扭转变形实例。

由此可见，杆件扭转时的受力特点是作用在杆两端的一对力偶，大小相等，方向相反，而且力偶平面垂直于轴线。其变形特点是各横截面绕轴线发生相对转动，如图 5-7 所示。杆件任意两横截面间的相对角位移称为扭转角，简称转角，常用 φ 表示。图 5-7 中的 φ_{AB} 就是截面 B 相对于截面 A 的转角。

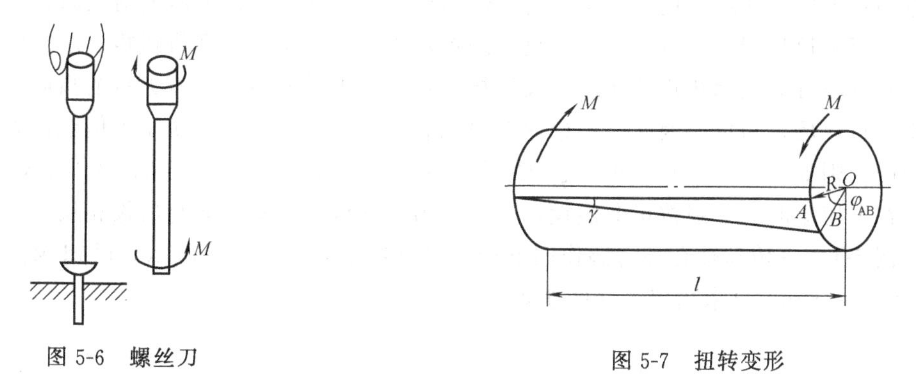

图 5-6　螺丝刀　　　　图 5-7　扭转变形

应注意的是，有许多构件在发生扭转变形的同时，还伴随着其他形式的变形，如弯曲等。凡是以扭转为主要变形的构件称为轴。工程中的轴的横截面大多是圆形或圆环形，故被称为圆轴。

二、外力偶矩的计算

在工程计算中，很少直接给出作用在传动轴上的外力偶矩，通常已知的是传递的功率和轴的转速，因此，可以运用运动力学中导出的公式来计算外力偶矩。

$$M=9550\frac{P}{n} \tag{5-1}$$

式中　M——外力偶矩，N·m；

　　P——轴传递的功率，kW；

　　n——轴的转速，r/min。

必须指出，在确定外力偶矩的方向时，应注意作用在功率输入端的外力偶矩是带动轴转动的主动力偶矩，它的方向和轴转向一致；而作用在功率输出端的外力偶矩是被带动零件传来的反力偶矩，它的方向和轴的转向相反。

三、扭矩的计算

当轴上的外力偶矩确定之后，便可应用截面法来分析圆轴扭转时的内力。下面以图 5-8

(a) 所示受扭转的圆轴为例进行分析说明。若欲求轴 AB 任意截面 $m—m$ 上的内力，可假想沿该截面切开，任取一段（如取左段）为研究对象［图 5-8（b)］。根据力偶平衡条件可知，外力是力偶，显然截面 $m—m$ 上的分布内力也必然构成一个内力偶与之平衡，此内力偶矩称为扭矩，并用 M_n 表示。扭矩的大小可由力偶平衡方程 $\sum M=0$ 求得，即

$$M-M_n=0 \qquad M_n=M$$

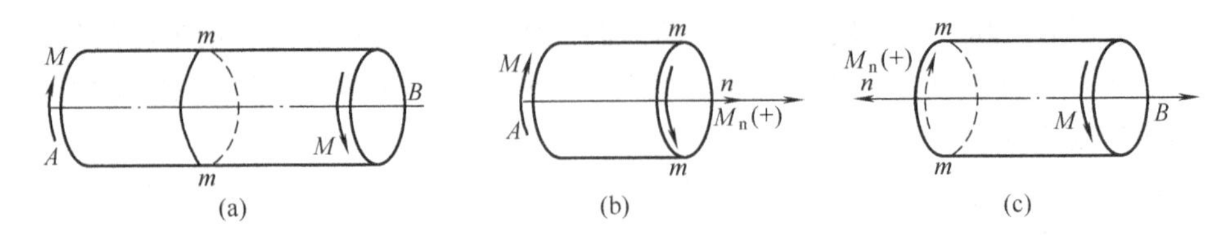

图 5-8　截面法求扭矩

取右段研究，如图 5-8（c）所示，可得到同样数值的扭矩，但是两者转向相反，这是因为它们互为作用和反作用的关系。为了使不论取左段还是右段为研究对象时，所得同一截面上的扭矩正负号相同，对扭矩的正负号的规定为用右手螺旋法则将扭矩表示为矢量，即右手的四指弯曲方向表示扭矩的转向，大拇指表示扭矩矢量的指向，若矢量的指向离开截面，则扭矩为正，反之为负。因此，不论取左段或右段为研究对象，其扭矩不但数值相等，而且符号相同。则如图 5-8 所示的轴不论取左段还是右段为研究对象，其扭矩均为正值。

在求扭矩时，一般按正向假设，若所得为负则说明扭矩转向与所设相反。

例 5-1　一传动轴在外力偶作用下处于平衡状态，如图 5-9 所示。已知 $M_1=200\text{N}\cdot\text{m}$，$M_2=300\text{N}\cdot\text{m}$。试求指定截面的扭矩。

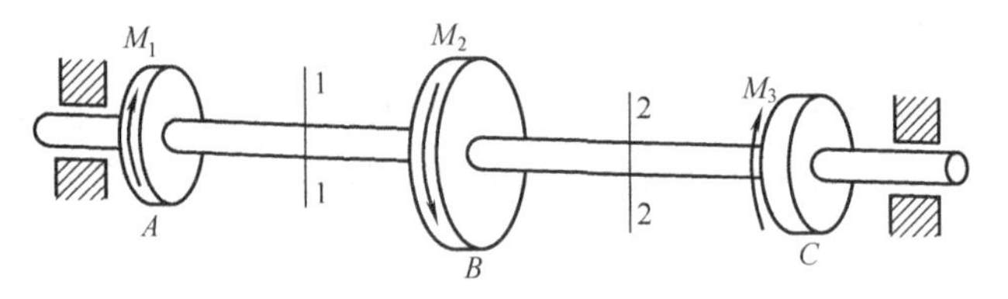

图 5-9　传动轴

解

(1) 外力分析　取轴为研究对象，由

$$\sum M=0\Rightarrow M_1-M_2+M_3=0$$

得
$$M_3=M_2-M_1=300-200=100\text{N}\cdot\text{m}$$

(2) 内力分析　受三个外力偶作用，需将轴分成 AB、BC 两段求其扭矩。求 AB 段的内力时，可在该段的任一截面 1—1 处将轴截开，取左段为研究对象，由平衡条件

$$\sum M=0\Rightarrow M_1-M_{n1}=0$$

得
$$M_{n1}=M_1=200\text{N}\cdot\text{m}$$

按同样方法，求 BC 段的内力。在该段任一截面 2—2 处截开，取左段为研究对象，由

$$\sum M=0\Rightarrow M_1-M_2-M_{n2}=0$$

得 $$M_{n2}=M_1-M_2=200-300=-100\text{N}\cdot\text{m}$$

也可取右段为研究对象，由

$$\sum M=0\Rightarrow M_{n2}+M_1=0$$

得 $$M_{n2}=-M_1=-100\text{N}\cdot\text{m}$$

显然，以截面右段为研究对象求 M_{n2} 比较方便。

四、扭矩图

传动轴的两端受一对大小相等、方向相反的外力偶作用时，轴在各个横截面上的扭矩都相同。如果轴上作用多个外力偶矩时，轴在各段上的扭矩则不一定相同。为了形象地表示各截面上扭矩的大小和正负，以便寻找圆轴扭转的危险截面，常需画出横截面上扭矩沿轴线变化的图像，这种图像称为扭矩图。其画法与轴力图类同。沿平行于轴线方向取坐标 x 表示横截面的位置，以垂直于轴线的方向取坐标 M_n 表示相应横截面上的扭矩，正扭矩画在 x 上方，负扭矩则画在 x 下方。

例 5-2 已知传动轴［图 5-10（a）］的转速 $n=300\text{r/min}$，主动轮 1 输入的功率 $P_1=500\text{kW}$，三个从动轮输出的功率分别为 $P_2=150\text{kW}$，$P_3=150\text{kW}$，$P_4=200\text{kW}$。试绘制轴的扭矩图。

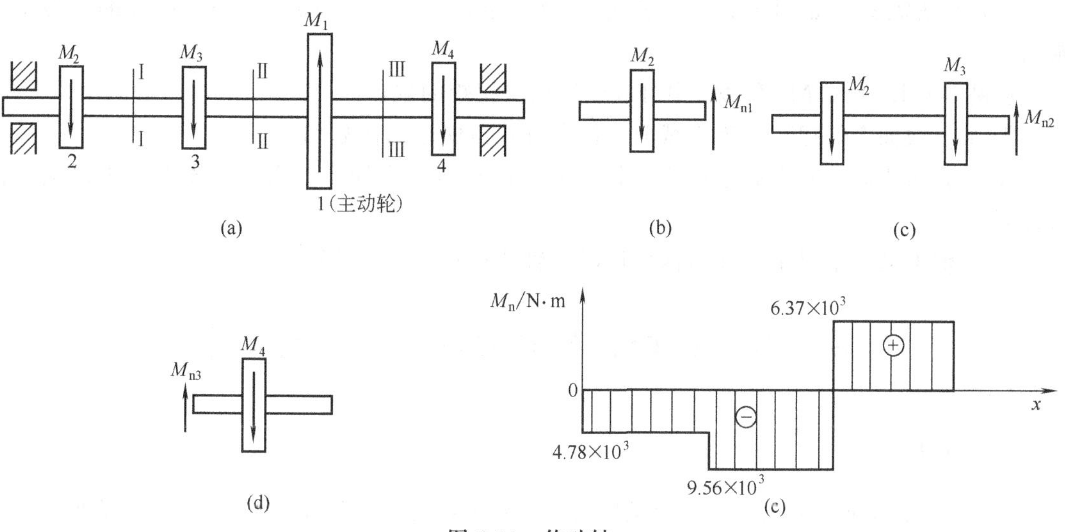

图 5-10 传动轴

解

（1）计算外力偶矩 根据式（5-1）求得

$$M_1=9550\frac{P_1}{n}=9550\times\frac{500}{300}=15.9\times10^3\text{N}\cdot\text{m}$$

$$M_2=9550\frac{P_2}{n}=9550\times\frac{150}{300}=4.78\times10^3\text{N}\cdot\text{m}$$

$$M_3=9550\frac{P_3}{n}=9550\times\frac{150}{300}=4.78\times10^3\text{N}\cdot\text{m}$$

$$M_4=9550\frac{P_4}{n}=9550\times\frac{200}{300}=6.37\times10^3\,\mathrm{N\cdot m}$$

(2) 用截面法求各段扭矩

① 沿截面Ⅰ—Ⅰ截开，取左侧部分为研究对象［图 5-10 (b)］，求轮 2 至轮 3 间截面上的扭矩 M_{n1}。

$$\sum M=0\Rightarrow M_2-M_{n1}=0$$

$$M_{n1}=M_2=4.78\times10^3\,\mathrm{N\cdot m}$$

② 沿截面Ⅱ—Ⅱ截开，取左侧部分为研究对象［图 5-10 (c)］，求轮 3 至轮 1 间截面上的扭矩 M_{n2}。

$$\sum M=0\Rightarrow M_2+M_3-M_{n2}=0$$

$$M_{n2}=M_2+M_3=4.78\times10^3+4.78\times10^3=9.56\times10^3\,\mathrm{N\cdot m}$$

③ 沿截面Ⅲ—Ⅲ截开，取右侧部分为研究对象［图 5-10(d)］，求轮 1 至轮 4 间截面上的扭矩 M_{n3}。

$$\sum M=0\Rightarrow M_4-M_{n3}=0$$

$$M_{n3}=M_4=6.37\times10^3\,\mathrm{N\cdot m}$$

(3) 画扭矩图　如图 5-10(e) 所示，最大扭矩为 $9.56\times10^3\,\mathrm{N\cdot m}$，在轴的 1 轮和 3 轮间。

从例 5-2 求 M_{n1}、M_{n2} 和 M_{n3} 中可以归纳出求扭矩的规律。

① 某一截面上的扭矩，等于截面一侧所有外力偶矩的代数和。

② 计算扭矩时，外力偶矩产生正扭矩者，以正值代入计算；反之，该力偶矩以负值代入计算。

③ 当轴上受两个以上的外力偶作用时，轴的扭矩应分段计算。

第三节　圆轴扭转时的应力和强度计算

一、应力

为了研究传动轴扭转时横截面上的应力，必须了解应力在截面上的分布规律。为此，先来观察扭转试验的现象。取一等截面圆轴［图 5-11 (a)］，在其表面上划出许多平行于轴线的纵向线和代表横截面边缘的圆周线，形成许多小矩形。扭转后的情况如图 5-11 (b) 所示。

由图上可以看到下列现象。

① 各圆周线的形状、大小及相互之间的距离都没有变化，但它们绕轴线发生了相对转动。

② 所有纵向线倾斜了同一角度 γ，使圆轴表面上的矩形变为平行四边形。

根据上述现象，可以推断出圆轴扭转后，各横截面仍保持为互相平行的平面，只是相对地转过了一个角度。这就是圆轴扭转时的平面假设。

由此，可以作出如下的推论。

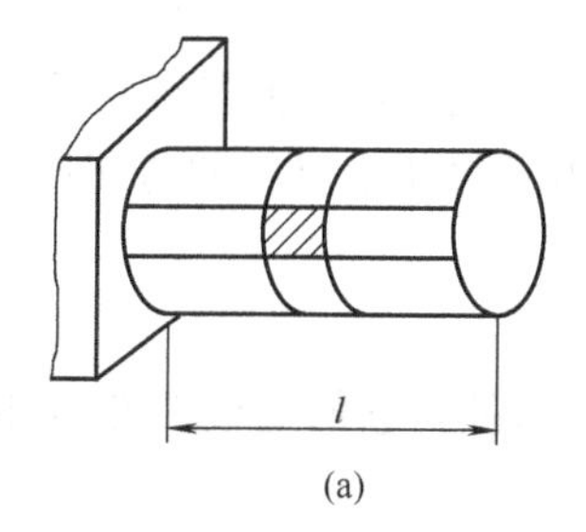

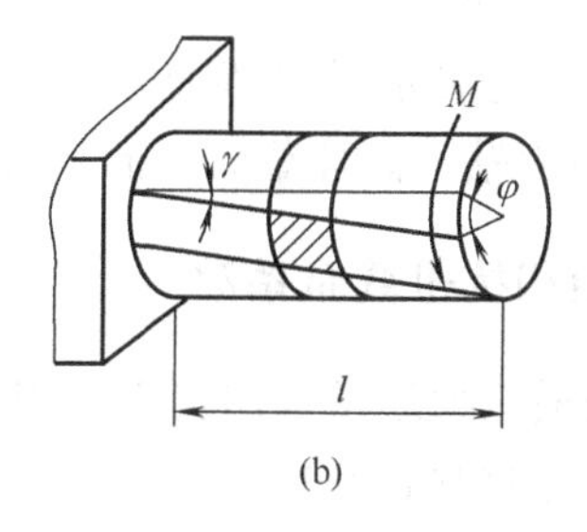

图 5-11　圆轴受扭变形分析

① 由于相邻截面间产生了相对转动，即截面上各点都发生了相对错动，出现了剪切变形，因此，截面上各点都存在着切应力。又因截面半径长度不变，切应力方向必与半径垂直。角 γ 称为切应变。

② 由于相邻截面的间距不变，所以截面没有正应力。

通过实验、假设及推断，可知圆轴扭转时横截面上只有垂直于半径方向的切应力。应用静力学平衡条件、变形的几何条件及胡克定律，可以推导出横截面上各点切应力的计算公式（推导过程从略）为

$$\tau_\rho=\frac{M_n\rho}{I_p} \tag{5-2}$$

式中　τ_ρ——横截面上距圆心 ρ 处的切应力，MPa；

M_n——横截面上的扭矩，N・mm；

ρ——横截面上任一点距圆心的距离，mm；

I_p——横截面的极惯性矩，它表示截面的几何性质，它的大小与截面形状和尺寸有关，mm^4。

式（5-2）说明，横截面上任一点处的切应力的大小，与该点到圆心的距离 ρ 成正比，圆心处的切应力为零，同一圆周上各点切应力相等，切应力分布规律如图 5-12 所示，图 5-12（a)为实心轴截面，图 5-12（b）为空心轴截面。从图中可见，在横截面的边缘上，ρ 达到最大值 R，该处切应力最大，其值为

$$\tau_{max}=\frac{M_nR}{I_p} \tag{5-3}$$

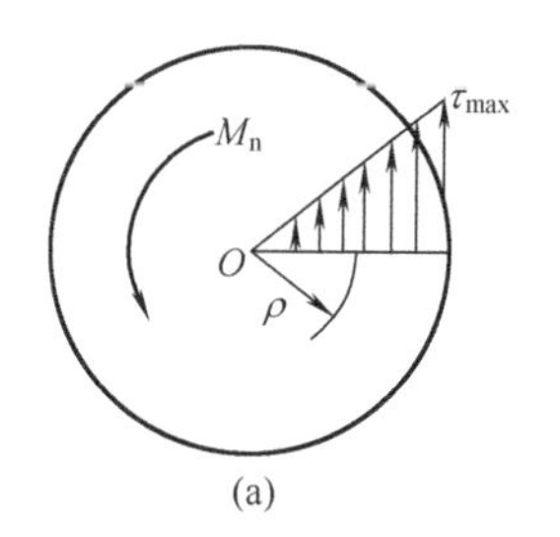

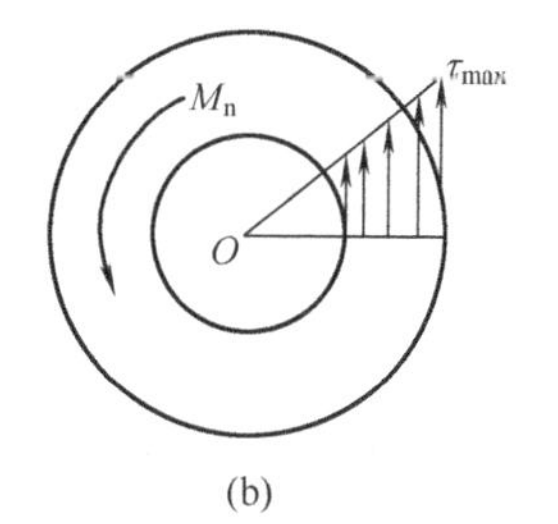

图 5-12　切应力分布

若令 $W_n=I_p/R$，则式（5-3）可写成

$$\tau_{max}=\frac{M_n}{W_n} \tag{5-4}$$

W_n 称为圆轴横截面的抗扭截面系数，单位为 mm^3。从式（5-4）可知，W_n 越大，τ_{max} 就越小。因此，W_n 是表示横截面抵抗扭转的截面几何量。还应该指出，式（5-2）和式（5-4）只适用于圆截面轴，而且截面上的最大切应力不得超过材料的剪切比例极限。

二、极惯性矩和抗扭截面系数

工程中，轴的横截面通常采用实心圆和空心圆两种，它们的极惯性矩和抗扭截面系数的计算公式如下（推导过程省略）。

（1）实心圆轴（直径为 D）

极惯性矩
$$I_p=\frac{\pi D^4}{32}\approx 0.1D^4 \tag{5-5}$$

抗扭截面系数
$$W_n=\frac{2I_p}{D}=\frac{2\pi D^4}{32D}=\frac{\pi D^3}{16}\approx 0.2D^3 \tag{5-6}$$

（2）空心圆轴（轴的外径为 D，内径为 d）

极惯性矩
$$I_p=\frac{\pi D^4}{32}-\frac{\pi d^4}{32}=\frac{\pi D^4}{32}\left[1-\left(\frac{d}{D}\right)^4\right]$$

或
$$I_p=\frac{\pi D^4}{32}(1-\alpha^4)\approx 0.1D^4(1-\alpha^4) \tag{5-7}$$

抗扭截面系数
$$W_n=\frac{2I_p}{D}=\frac{\pi D^3}{16}(1-\alpha^4)\approx 0.2D^3(1-\alpha^4) \tag{5-8}$$

$\alpha=d/D$ 为内外径之比。

例 5-3 已知空心圆轴的外径 $D=32mm$，内径 $d=24mm$，两端受力偶矩 $M=156N\cdot m$ 作用，试计算轴内的最大切应力 τ_{max}。

解

（1）扭矩计算　利用截面法可知转轴任意横截面上的扭矩为

$$M_n=M=156N\cdot m=156\times10^3 N\cdot mm$$

（2）求抗扭截面系数 W_n

$$W_n=\frac{\pi D^3}{16}(1-\alpha^4)=\frac{3.14\times32^3}{16}\left[1-\left(\frac{24}{32}\right)^4\right]=4400mm^3$$

（3）最大切应力计算

$$\tau_{max}=\frac{M_n}{W_n}=\frac{156\times10^3}{4400}=35.5MPa$$

三、强度计算

为了保证圆轴在工作时具有足够的扭转强度，必须使危险截面上最大工作应力 τ_{max} 小于材料的许用切应力 $[\tau]$，即

$$\tau_{max}=\frac{M_n}{W_n}\leqslant[\tau] \tag{5-9}$$

式（5-9）即为等直圆轴扭转时的强度条件。M_n 和 W_n 分别为危险截面的扭矩和抗扭截

面系数。

许用切应力 [τ] 由扭转实验确定，可查有关手册。在静载荷的情况下，许用切应力 [τ] 与许用拉应力 [σ] 之间存在如下关系。

塑性材料 $[\tau]=(0.5\sim0.6)[\sigma]$

脆性材料 $[\tau]=(0.8\sim1.0)[\sigma]$

考虑到传动轴所受载荷并非静载荷，故实际使用的许用切应力一般比上述值要低。

例 5-4 某一传动轴，直径 $d=40\text{mm}$，许用切应力 $[\tau]=60\text{MPa}$，转速 $n=200\text{r/min}$，试求此轴可传递的最大功率。

解

(1) 确定许用外力偶矩 由扭转强度条件得

$$M_n\leqslant W_n[\tau]=0.2\times40^3\times10^{-9}\times60\times10^6=768\text{N}\cdot\text{m}$$

$$M=M_n=768\text{N}\cdot\text{m}$$

(2) 确定最大功率 由式 (5-1) 得

$$P=\frac{Mn}{9550}=\frac{768\times200}{9550}=16\text{kW}$$

第四节 轴的结构设计

图 5-13 所示为圆柱齿轮减速器中高速轴的结构。轴上与轴承配合的部分称为轴颈；与传动零件（如带轮、齿轮、联轴器）配合的部分称为轴头；连接轴颈与轴头的部分称为轴身。轴的合理结构必须满足下列基本条件。

① 轴和轴上零件的准确定位与固定。

② 轴的结构要有良好的工艺性。

③ 尽量减小应力集中。

④ 轴各部分的尺寸要合理。

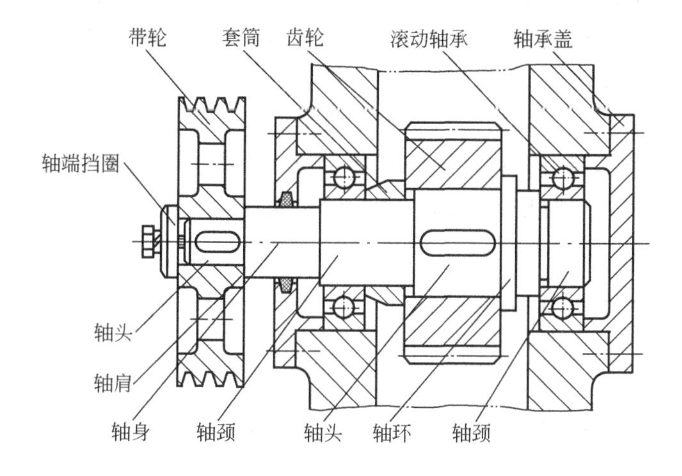

图 5-13 减速器高速轴

1. 轴和轴上零件的定位与固定

阶梯轴上截面变化的部位称为轴肩或轴环，它对轴上零件起轴向定位作用。在图 5-13 中，带轮、齿轮和右端轴承都是依靠轴肩或轴环作轴向定位的。左端轴承是依靠套筒定位的。两端轴承盖将轴在箱体上定位。

为了使轴上零件的轮毂端面与轴肩贴紧，轴肩和轴环的圆角半径 R 必须小于零件轮毂孔端的圆角半径 R_1 或倒角 C_1（图 5-14），其大小要符合标准，否则无法贴紧。轴肩和轴环的高度 h 必须大于 R_1 或 C_1，通常取 $h=(0.07d+5)\sim(0.1d+5)$mm。轴环的宽度 $b\geqslant1.4h$。安装滚动轴承处的定位轴肩或轴环高度必须低于轴承内圈端面高度。

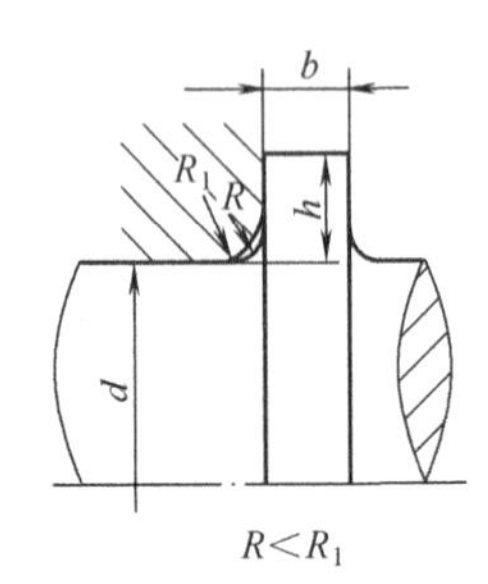

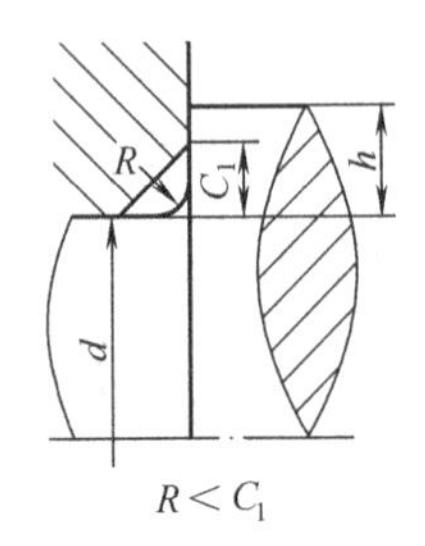

图 5-14　轴肩与轴环定位

在工作中为了防止轴上零件沿轴线方向移动，并承受轴向力，必须对轴上零件进行固定。零件的轴向固定方法很多，其中，采用轴肩或轴环作轴向固定，结构简单，能承受较大的轴向力；当两零件相隔距离不大时，采用套筒作轴向固定，但不宜用于高转速轴；不宜采用套筒固定时，可用圆螺母作轴向固定；对于外伸轴端上的零件固定，则可采用轴端紧定螺钉或销来使零件轴向固定。另外，为使定位面可靠地接触，轴头长度应略小于零件的轮毂长度。

为了传递转矩，防止零件与轴产生相对转动，轴上零件还需进行周向固定。常用的周向固定方法有键连接、花键连接和过盈配合等。当传递转矩很小时，可采用紧定螺钉或销，同时实现轴向和周向固定。

2. 轴的结构工艺性

为了便于安装和拆卸，一般的轴均为中间大、两端小的阶梯轴。为避免损伤配合零件，各轴端需倒角，并尽可能使倒角尺寸相同，以便于加工。为使左、右端轴承易于拆卸，套筒高度和轴肩高度均应小于滚动轴承内圈高度。

在保证工作性能条件下，轴的形状要力求简单，减少阶梯数；轴上的圆角半径尽量取值一致；同一轴上有多个单键时，将各键槽布置在同一母线上，尺寸应尽可能一致，以便于加工；车制螺纹或磨削时，应留出螺纹退刀槽或砂轮越程槽（图 5-15）。

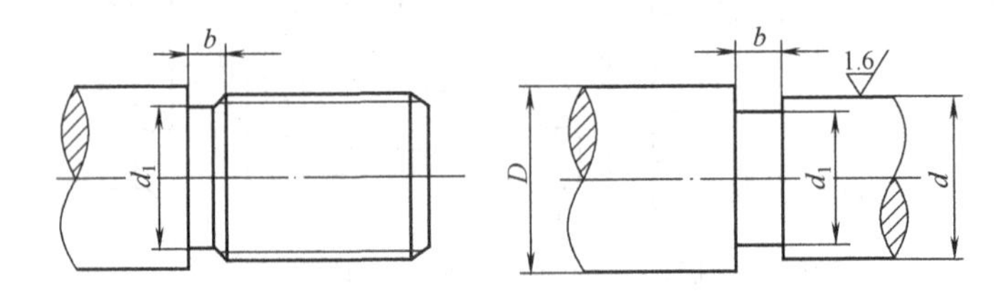

图 5-15　退刀槽及砂轮越程槽

上述结构的尺寸均有标准，可查阅相关的设计手册。

3. 减小应力集中

减小应力集中和提高轴的表面质量是提高轴的疲劳强度的主要措施。

减小应力集中的方法有减小轴截面突变，阶梯轴相邻轴段直径差不能太大，并以较大的圆角半径过渡；尽可能避免在轴上开槽、孔及车制螺纹等，以免削弱轴的强度和造成应力集中源。

轴的表面质量对疲劳强度有显著的影响。提高轴表面质量除降低表面粗糙度值外，还可采用表面强化处理，如碾压、喷丸、渗碳、渗氮或高频淬火等。

4. 轴的直径和长度

轴的直径应满足强度与刚度的要求，并根据具体情况合理确定。轴颈与滚动轴承配合时，其直径必须符合轴承的内径系列；轴头的直径应与配合零件的轮毂内径相同，并符合相应标准；轴上车制螺纹部分的直径，必须符合外螺纹大径的标准系列。

轴各段长度，应根据轴上零件的宽度和零件的相互位置决定。

第五节　剪切与挤压的实用计算与轴毂连接

一、实用计算

1. 基本概念

工程中，由于实际需要常用连接件将构件彼此相连。例如，轴与轮毂之间的键连接，销连接（图 5-16），铆钉连接［图 5-17（a）］等，它们都是起连接作用的。这种连接部件在受力后的主要变形形式就是剪切与挤压。

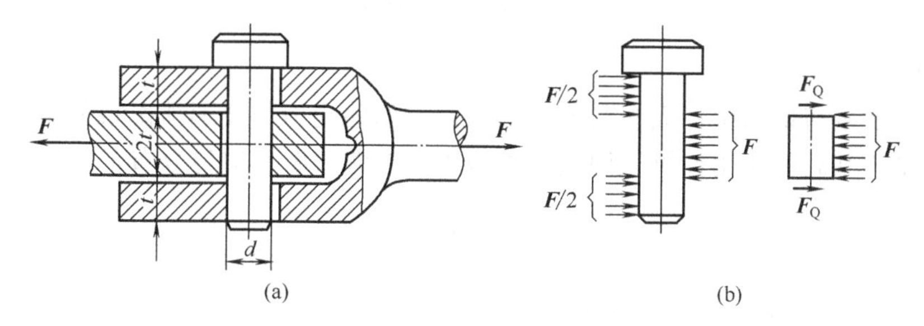

图 5-16　销连接

剪切变形的受力特点是作用在构件两侧且与轴线垂直的两个力，其大小相等、方向相反，而且这两个力的作用线很接近。它的变形特点是在两个力作用线间的小矩形，变成了歪斜的平行四边形［图 5-17（b）］。

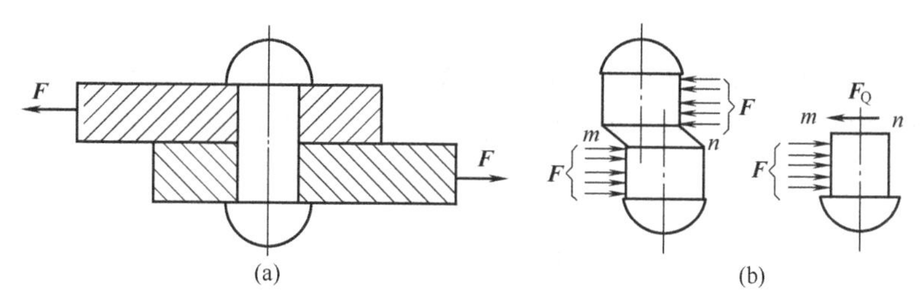

图 5-17　铆钉连接

构件在受到剪切作用的同时，往往还伴随着挤压作用。例如，铆钉受剪切的同时，铆钉和孔壁之间相互压紧，如图 5-18（a）所示，上钢板孔左侧与铆钉上部左侧相互压紧；下钢板孔右侧与铆钉下部右侧相互压紧。这种接触面间相互压紧的现象，称为挤压。挤压时，当压力过大，接触面局部出现显著塑性变形甚至局部压陷，如图 5-18（b）所示，这种破坏称为挤压破坏。构件上产生挤压变形的表面称为挤压面，挤压面一般垂直于外力作用线。作用在挤压面上的力称为挤压力，用 F_{jy}表示。

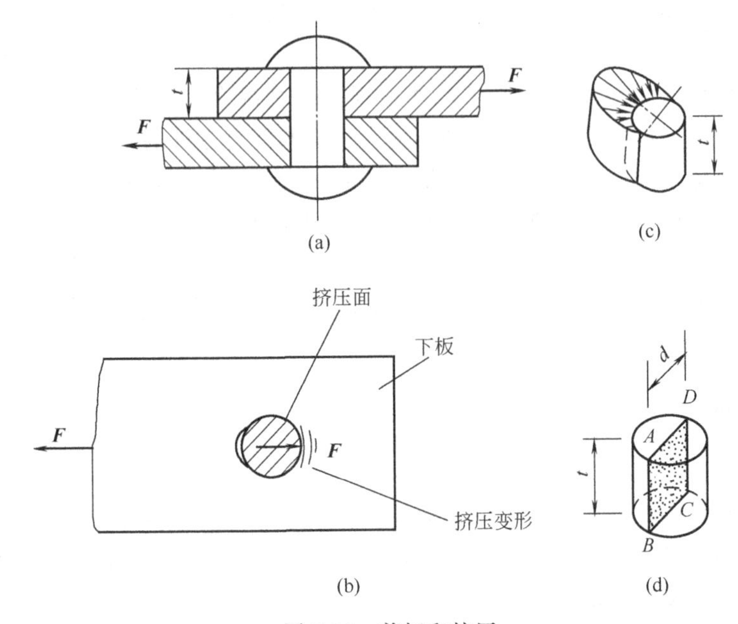

图 5-18　剪切和挤压

2. 实用计算

在工程中发生剪切的构件大多数比较粗短，它们的受力与变形情况很复杂。工程中常用以实验、经验为基础的实用计算，即假设切应力 τ 在剪切面上均匀分布，则有

$$\tau=\frac{F_Q}{A} \tag{5-10}$$

式中　F_Q ——作用于剪切面上的剪力，N；

　　A ——剪切面的面积，mm^2。

为了保证构件在工作时不被剪断，必须使构件剪切面上的切应力不超过材料的许用切应力，即

$$\tau=\frac{F_Q}{A}\leqslant[\tau] \tag{5-11}$$

式（5-11）就是剪切实用计算中的强度条件。$[\tau]$ 为材料的许用切应力。试验表明，金属材料的许用切应力 $[\tau]$ 与材料的许用拉应力 $[\sigma]$ 之间存在如下关系。

塑性材料　　$[\tau]=(0.6\sim0.8)[\sigma]$

脆性材料　　$[\tau]=(0.8\sim1.0)[\sigma]$

同理，假设挤压应力 σ_{jy} 在挤压面上也是均匀分布的，即

$$\sigma_{jy}=\frac{F_{jy}}{A_{jy}} \tag{5-12}$$

A_{jy}为挤压面积，若接触面为平面，则挤压面积就为接触面积。对于螺栓、销等连接件，挤压面为半圆柱面［图 5-18(c)］，在实用计算中，以挤压面的正投影面积作为挤压面积，如图 5-18(d) 所示，$A_{jy}=dt$，这样计算所得结果与实际最大挤压应力比较接近。

为了保证构件在工作时不发生挤压破坏，必须满足工作挤压应力不超过许用挤压应力，即

$$\sigma_{jy}=\frac{F_{jy}}{A_{jy}}\leqslant[\sigma_{jy}] \tag{5-13}$$

式 (5-13) 即为挤压实用计算中的强度条件。$[\sigma_{jy}]$ 是材料的许用挤压应力，其值可由试验来确定，设计时可查有关手册。在一般情况下，许用挤压应力 $[\sigma_{jy}]$ 与许用拉应力 $[\sigma]$ 之间存在如下关系。

塑性材料　　$[\sigma_{jy}]=(1.7\sim2.0)[\sigma]$

脆性材料　　$[\sigma_{jy}]=(0.9\sim1.5)[\sigma]$

必须指出，如果相互挤压的两构件的材料不同，应按材料许用应力较低的那个构件进行挤压强度计算。

例 5-5　拖车挂钩用销钉连接［图 5-16 (a)］，已知 $t=15\text{mm}$，销钉的材料为 45 钢，许用切应力 $[\tau]=60\text{MPa}$，许用挤压应力 $[\sigma_{jy}]=180\text{MPa}$，拖车的拉力 $F=100\text{kN}$。试确定销钉的直径。

解

(1) 分析销钉的受力　销钉受力情况如图 5-16 (b) 所示，有两个剪切面，用截面法取销钉中间部分为研究对象，由平衡方程得

$$F_Q=\frac{F}{2}=\frac{100}{2}=50\text{kN}$$

$$F_{jy}=F=100\text{kN}$$

(2) 按剪切强度条件设计销钉直径　由剪切实用计算的强度条件

$$\tau=\frac{F_Q}{A}\leqslant[\tau]$$

得

$$A\geqslant\frac{F_Q}{[\tau]}$$

又因剪切面积 $A=\pi d^2/4$，所以

$$\pi d^2/4\geqslant\frac{F_Q}{[\tau]}=\frac{50\times10^3}{60}=833\text{mm}^2$$

$$d^2\geqslant\frac{833\times4}{3.14}\text{mm}^2$$

$$d\geqslant32.6\text{mm}$$

(3) 按挤压强度条件设计销钉直径　由挤压的强度条件

$$\sigma_{jy}=\frac{F_{jy}}{A_{jy}}\leqslant[\sigma_{jy}]$$

得

$$A_{jy}\geqslant\frac{F_{jy}}{[\sigma_{jy}]}$$

又因挤压面积 $A_{jy}=2dt$，所以

$$2dt\geqslant\frac{F_{jy}}{[\sigma_{jy}]}=\frac{100\times10^3}{180}=556\text{mm}^2$$

$$d\geqslant\frac{556}{2t}=\frac{556}{2\times15}=18.5\text{mm}$$

为了同时满足剪切和挤压强度条件要求，应取直径 $d\geqslant32.6$mm，查机械设计手册，最后确定销钉直径 $d=36$mm。

二、轴毂连接

1. 键连接

键连接是用键把两个零件连接在一起，它主要用于轴和轴上零件之间的固定。这种连接的结构简单、工作可靠、装拆方便，因此获得了广泛的应用。

(1) 松键连接　这种连接依靠键的两侧面传递转矩。键的上表面与轮毂键槽底面间有间隙，为非工作面，不影响轴与轮毂的同心精度，装拆方便。松键连接包括平键连接和半圆键连接。

① 平键连接　平键的上下表面和两侧面各互相平行，按键的不同用途分为普通平键、导向平键和滑键。

图 5-19 所示为普通平键连接，这种键应用最广。键的端面形状见表 5-2，有圆头（A 型）、方头（B 型）和单圆头（C 型）三种。A 型平键键槽用端铣刀加工，键在槽中固定较好，但槽对轴的应力集中影响较大。B 型平键键槽用盘铣刀加工，槽对轴的应力集中影响较小，但对于尺寸较大的键，要用紧定螺钉压紧，以防松动。C 型平键常用于轴的端部连接，轴上键槽常用端铣刀铣通。

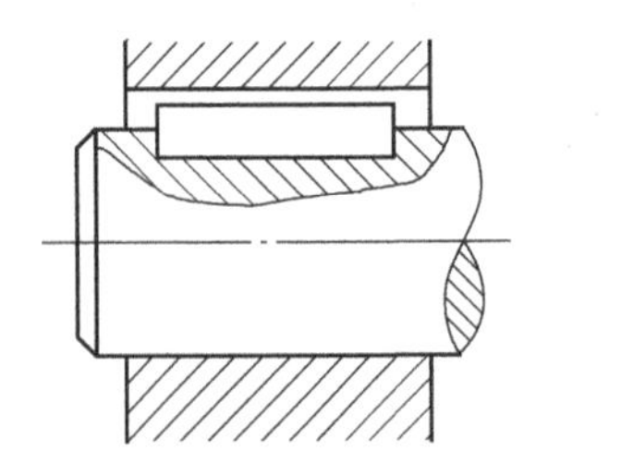

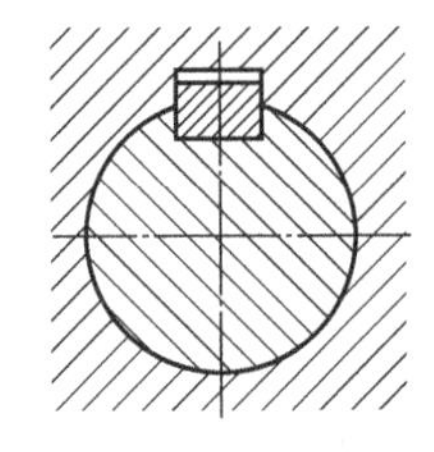

图 5-19　平键连接

当轮毂在轴上需沿轴向移动时，可采用导向平键或滑键连接。导向平键用螺钉固定在轴上（图 5-20），轮毂上的键槽与键是间隙配合，当轮毂移动时，键起导向作用。若轴上零件沿轴向移动距离长时，可采用如图 5-21 所示的滑键连接。

② 半圆键连接（图 5-22）　它能在轴的键槽内摆动，以适应轮毂键槽底面的斜度，故适

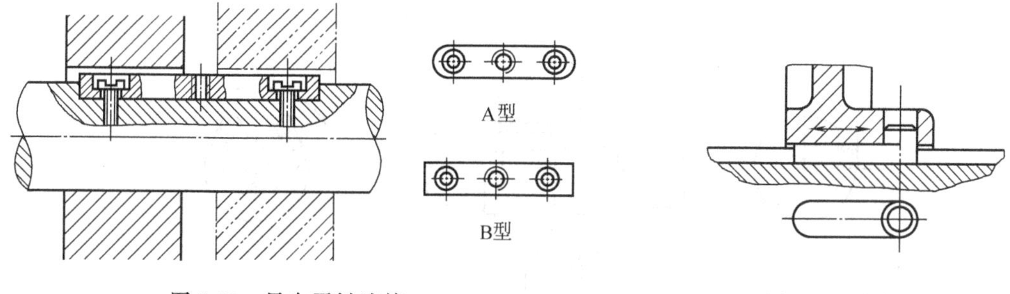

图 5-20　导向平键连接　　图 5-21　滑键连接

合锥形轴头与轮毂的连接；但轴槽过深，对轴的削弱较大，主要用于轻载连接。

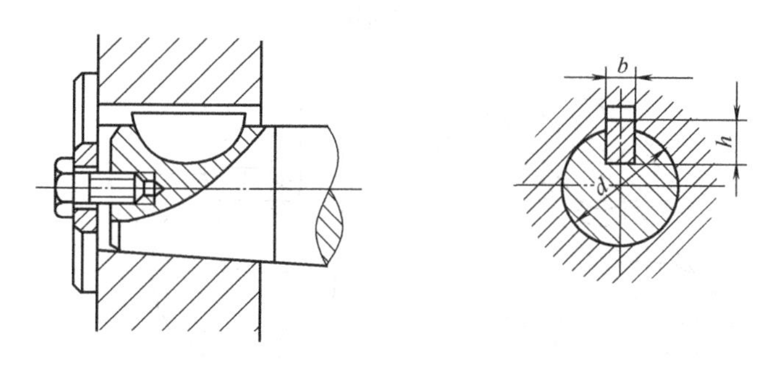

图 5-22　半圆键连接

（2）紧键连接　用于紧键连接的键具有一个斜面。由于斜面的楔紧影响，使轮毂与轴产生偏心，所以紧键连接的定心精度不高。紧键连接包括楔键连接和切向键连接。

① 楔键连接（图 5-23）　键的上、下表面是工作面，键的上表面和轮毂键槽底面，都有 1∶100 的斜度。键楔入键槽后，工作表面产生很大预紧力并靠工作面摩擦力传递转矩。它能承受单向的轴向力和起轴向固定作用。楔键分普通楔键［图 5-23（a）］和钩头楔键［图 5-23（b）］两种。钩头楔键的钩头是为便于拆卸用的，因此装配时须留有拆卸位置。外露钩头随轴转动，容易发生事故，应加防护罩。

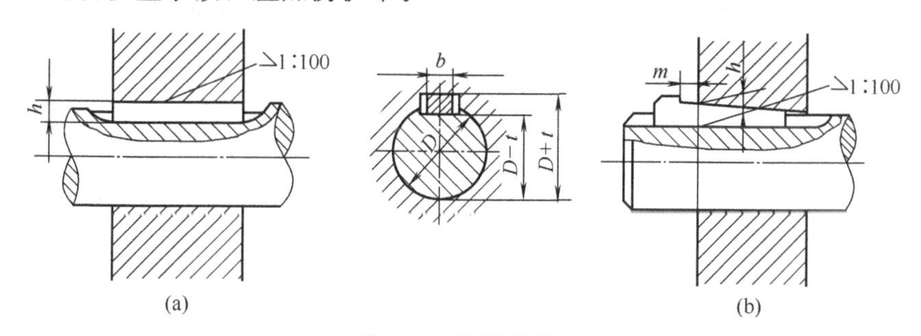

图 5-23　楔键连接

② 切向键连接（图 5-24）　它由两个普通楔键组成。装配时两个键分别自轮毂两端楔入。装配后两个相互平行的窄面是工作面，工作时主要依靠工作面直接传递转矩。单个切向键［图 5-24（a）］只能传递单向转矩。若需传递双向转矩，应装两个互成 120°～135°的切向键［图 5-24（b）］。切向键能传递很大转矩，常用于重型机械。

（3）平键连接的选择和强度验算

① 平键连接的选择　键的类型根据连接的结构特点和工作要求选定。键的剖面尺寸 $b\times$

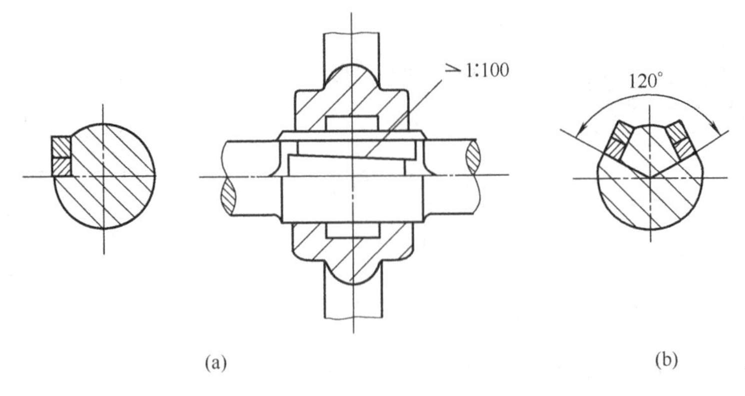

图 5-24 切向键连接

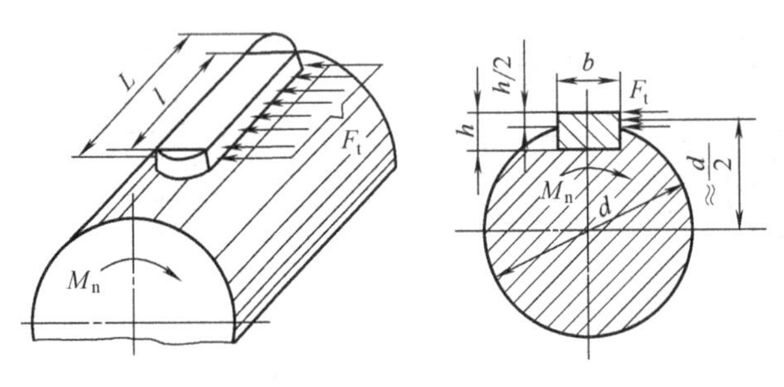

图 5-25 平键连接受力示意

h 根据轴的直径 d 从表 5-2 中选取。键的长度 L 根据轮毂长度确定，一般略小于轮毂长，并与长度系列相符。

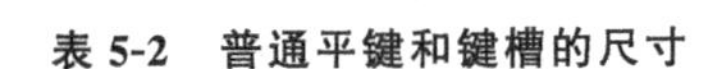

表 5-2 普通平键和键槽的尺寸 mm

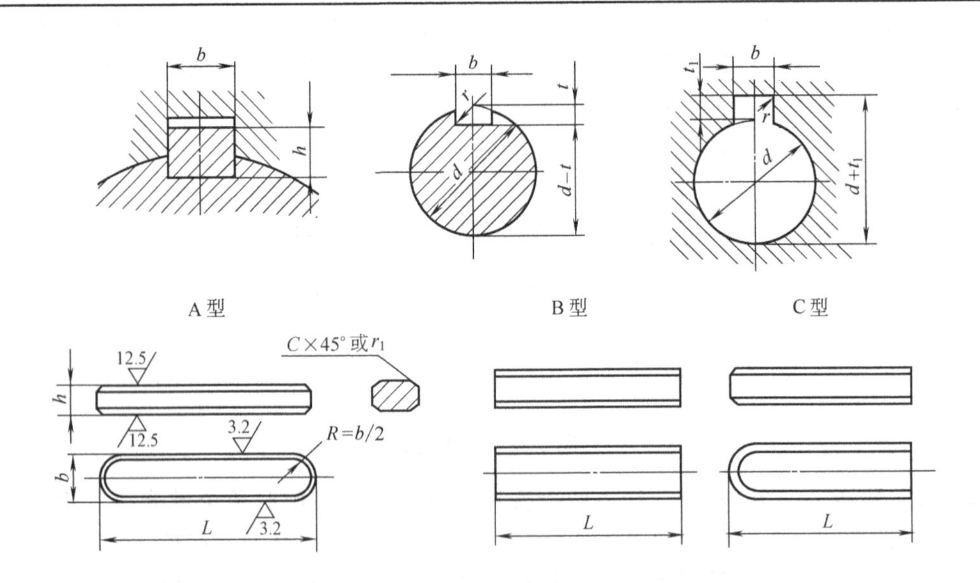

标记示例 圆头普通平键(A 型)，$b=16$，$h=10$，$L=100$ 的标记为键 16×100 GB 1096—79
平头普通平键(B 型)，$b=16$，$h=10$，$L=100$ 的标记为键 B16×100 GB 1096—79
单圆头普通平键(C 型)，$b=16$，$h=10$，$L=100$ 的标记为键 C16×100 GB 1096—79

续表

<table>
<tr><th>轴</th><th>键</th><th colspan="10">键　槽</th></tr>
<tr><th rowspan="3">公称直径
d</th><th rowspan="3">$b \times h$</th><th colspan="5">宽度 b 极限偏差</th><th colspan="2">轴 t</th><th colspan="2">毂 t_1</th><th rowspan="3">半径 r</th></tr>
<tr><th colspan="2">松连接</th><th colspan="2">一般连接</th><th>较紧连接</th><th rowspan="2">公称尺寸</th><th rowspan="2">极限偏差</th><th rowspan="2">公称尺寸</th><th rowspan="2">极限偏差</th></tr>
<tr><th>轴 H9</th><th>毂 D10</th><th>轴 N9</th><th>轴 JS9</th><th>轴毂 P9</th></tr>
<tr><td>>12～17</td><td>5×5</td><td rowspan="2">+0.030
0</td><td rowspan="2">+0.078
+0.030</td><td rowspan="2">0
−0.030</td><td rowspan="2">±0.015</td><td rowspan="2">−0.012
−0.042</td><td>3.0</td><td rowspan="2">+0.1
0</td><td>2.3</td><td rowspan="2">+0.1
0</td><td rowspan="3">0.16～
0.25</td></tr>
<tr><td>>17～22</td><td>6×6</td><td>3.5</td><td>2.8</td></tr>
<tr><td>>22～30</td><td>8×7</td><td rowspan="2">+0.036
0</td><td rowspan="2">+0.098
+0.040</td><td rowspan="2">0
−0.036</td><td rowspan="2">±0.018</td><td rowspan="2">−0.015
−0.051</td><td>4.0</td><td rowspan="10">+0.2
0</td><td>3.3</td><td rowspan="10">+0.2
0</td></tr>
<tr><td>>30～38</td><td>10×8</td><td>5.0</td><td>3.3</td><td rowspan="5">0.25～
0.4</td></tr>
<tr><td>>38～44</td><td>12×8</td><td rowspan="4">+0.043
0</td><td rowspan="4">+0.120
+0.050</td><td rowspan="4">0
−0.043</td><td rowspan="4">±0.0215</td><td rowspan="4">−0.018
−0.061</td><td>5.0</td><td>3.3</td></tr>
<tr><td>>44～50</td><td>14×9</td><td>5.5</td><td>3.8</td></tr>
<tr><td>>50～58</td><td>16×10</td><td>6.0</td><td>4.3</td></tr>
<tr><td>>58～65</td><td>18×11</td><td>7.0</td><td>4.4</td></tr>
<tr><td>>65～75</td><td>20×12</td><td rowspan="4">+0.052
0</td><td rowspan="4">+0.149
+0.065</td><td rowspan="4">0
−0.052</td><td rowspan="4">±0.026</td><td rowspan="4">−0.022
−0.074</td><td>7.5</td><td>4.9</td><td rowspan="4">0.4～
0.6</td></tr>
<tr><td>>75～85</td><td>22×14</td><td>9.0</td><td>5.4</td></tr>
<tr><td>>85～95</td><td>25×14</td><td>9.0</td><td>5.4</td></tr>
<tr><td>>95～110</td><td>28×16</td><td>10.0</td><td>6.4</td></tr>
<tr><td>L 系列</td><td colspan="11">6,8,10,12,14,16,18,20,22,25,28,32,36,40,45,50,56,63,70,80,90,100,110,125,140,160,180,200,220,250,280,320,360</td></tr>
</table>

注：1. 在工作图中，轴槽深用 t 或 $(d-t)$ 标注，轮毂槽深用 $(d+t_1)$ 标注。
2. $(d-t)$ 和 $(d+t_1)$ 两组组合尺寸的极限偏差按相应的 t 和 t_1 极限偏差选取，但 $(d-t)$ 极限偏差值应取负号。

② 强度验算　平键连接受力情况如图 5-25 所示，工作时，键承受挤压和剪切。由于标准平键具有足够的抗剪强度，故设计时键连接只需验算挤压强度，计算式为

$$\sigma_{jy}=\frac{F_t}{l\ (h/2)}=\frac{4M_n}{dhl}\leqslant [\sigma_{jy}] \tag{5-14}$$

式中　l——键的有效工作长度，mm；
M_n——传递的扭矩，N·mm；
F_t——传递的圆周力，N；
$[\sigma_{jy}]$——键连接中较弱零件材料的许用挤压应力，见表 5-3，MPa。键的材料的抗拉强度不得低于 600MPa，常采用 45 钢。

表 5-3　键连接的许用挤压应力　　MPa

<table>
<tr><th rowspan="2">许　用　值</th><th rowspan="2">连接方式</th><th rowspan="2">轮毂材料</th><th colspan="3">载　荷　性　质</th></tr>
<tr><th>静载荷</th><th>轻微冲击</th><th>冲　击</th></tr>
<tr><td rowspan="3">$[\sigma_{jy}]$</td><td rowspan="2">静连接</td><td>钢</td><td>125～150</td><td>100～120</td><td>60～90</td></tr>
<tr><td>铸　铁</td><td>70～80</td><td>50～60</td><td>30～45</td></tr>
<tr><td>动连接</td><td>钢</td><td>50</td><td>40</td><td>30</td></tr>
</table>

例 5-6　图 5-26 (a) 所示为某钢制输出轴与铸铁齿轮采用键连接。已知装齿轮处轴的直径 d=45mm，齿轮轮毂长 L_1=80mm，该轴传递的转矩 M_n=200kN·mm，载荷有轻微冲击。试选用该键连接。

解

(1) 选择键连接的类型　为保证齿轮传动啮合良好，要求轴毂对中性好，故选用 A 型

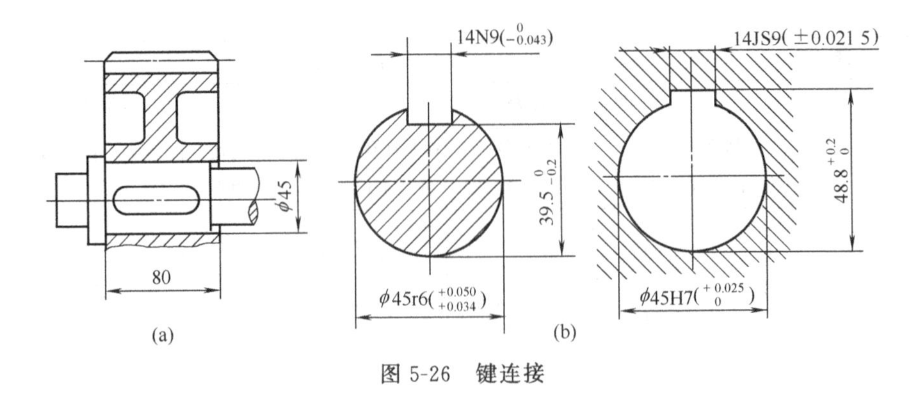

图 5-26 键连接

普通平键连接。

(2) 选择键的主要尺寸　按轴径 $d=45\text{mm}$，由表 5-2 查得键宽 $b=14\text{mm}$，键高 $h=9\text{mm}$，键长 $L=80-(5\sim10)=75\sim70\text{mm}$，取 $L=70\text{mm}$。标记为键 14×70GB/T 1096—79。

(3) 校核键连接强度　由表 5-3 查得铸铁材料 $[\sigma_{jy}]=50\sim60\text{MPa}$，由式 (5-14) 计算键连接的挤压强度为

$$\sigma_{jy}=\frac{4M_n}{dhl}=\frac{4\times200\times10^3}{45\times9\times(70-14)}=35.27\text{MPa}<[\sigma_{jy}]$$

所选键连接强度足够。

(4) 标注键连接公差　轴和毂的键槽公差标注如图 5-26 (b) 所示。

2. 花键连接

由于平键连接的承载能力低，轴被削弱和应力集中程度都较严重，若发展为多个平键与轴形成一体，便是花键轴，同它相配合的孔便是花键孔（图 5-27）。花键轴与花键孔组成的连接，称为花键连接。与平键连接相比，花键连接的特点是键齿数多，承载能力强；键槽较浅，应力集中小，对轴和毂的强度削弱也小；键齿均布，受力均匀；轴上零件与轴的对中性好；导向性好；但加工需要专用设备，成本较高；适用于定心精度要求较高、载荷较大的场合。

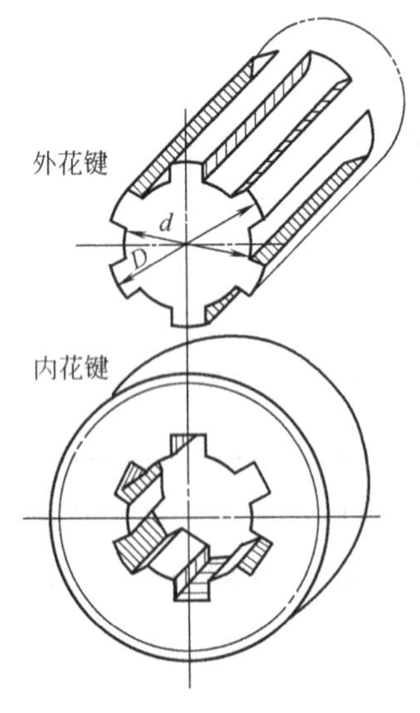

图 5-27　花键连接

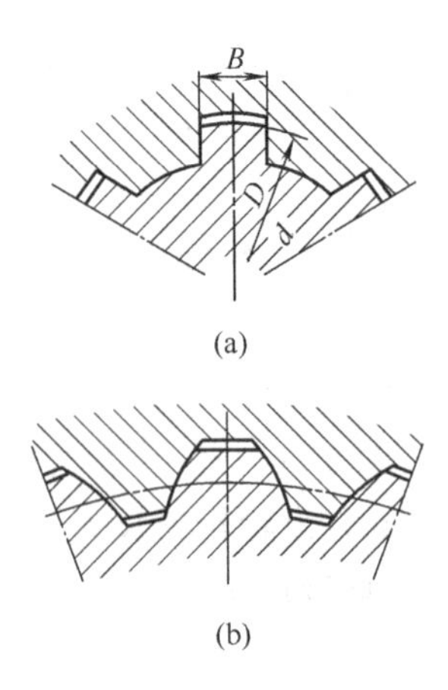

图 5-28　矩形花键和渐开线花键

花键连接已标准化，按齿形不同，分为矩形花键［图 5-28（a）］和渐开线花键［图 5-28（b）］。矩形花键的齿侧面为两平行平面，加工较易，应用广泛。渐开线花键的齿廓为渐开线，工作时齿面上有径向力，起自动定心作用，使各齿均匀承载，渐开线花键强度高，可用加工齿轮的方法加工，工艺性好，常用于传递载荷较大、轴径较大、大批量生产等重要场合。

3. 销连接

销连接通常用于确定零件之间的相对位置［图 5-29（a）］；也用于轴毂之间或其他零件间的连接［图 5-29（b）］；还可充当过载剪断元件［图 5-29（c）］。

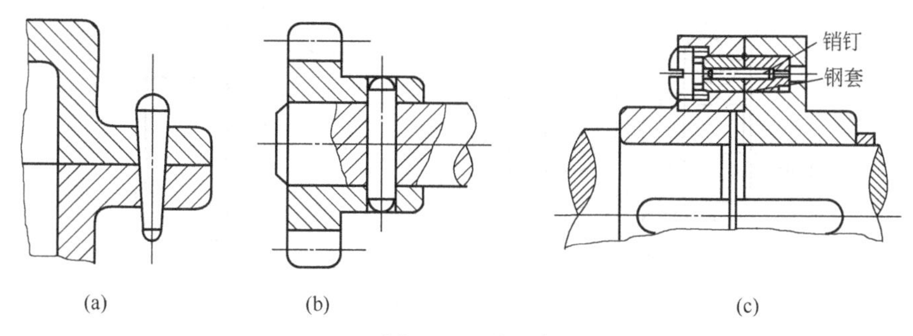

图 5-29　销连接

按销的形状不同可分为圆柱销和圆锥销。圆柱销靠过盈与销孔配合，适用于不常拆卸的场合。圆锥销具有 1∶50 的锥度，适用于经常拆卸的场合。

思考题与习题

1. 自行车的前轴、中轴、后轴分别属于什么类型的轴，为什么？
2. 轴的常用材料有哪几种？各适用于什么场合？
3. 减速器中高速轴的直径总比低速轴的直径小，为什么？
4. 圆轴扭转时横截面上是否有正应力？为什么？
5. 若两轴上的外力偶矩及各段轴长相等，而截面尺寸不同，其扭矩图相同吗？
6. 圆轴扭转时，同一横截面上各点的切应力大小都不相同，对吗？
7. 轴的结构设计要满足哪些基本条件？
8. 轴上零件的轴向固定和周向固定各有哪些方法？
9. 轴的哪些直径应符合零件标准和标准尺寸？哪些直径可随结构而定？
10. 圆头、平头及单圆头普通键分别用于什么场合？各自的键槽是怎样加工的？
11. 比较平键连接和楔键连接在结构、工作面和传力方式等方面区别。
12. 平键怎样发展为花键？花键为什么未能取代平键？
13. 花键连接的优缺点是什么？
14. 销连接的作用是什么？
15. 剪切变形的受力特点和变形特点是什么？
16. 什么叫挤压？挤压和压缩有何区别？
17. 吊车传动轴受到的最大扭矩 $M_n=600\text{N}\cdot\text{m}$，轴的直径 $D=40\text{mm}$，试求横截面内在距轴心 10mm 处的切应力及其上最大切应力。

18. 某传动轴的直径 $D=450$mm，转速 $n=120$r/min，若轴的 $[\tau]=60$MPa，求可传递的最大功率。

19. 传动轴直径 $d=55$mm，转速 $n=120$r/min，传递的功率为 18kW，轴的 $[\tau]=50$MPa，试校核轴的强度。

20. 某机器传动轴传递功率 $P=16$kW，轴的转速 $n=500$r/min，$[\tau]=40$MPa，试设计轴的直径。

21. 确定如图 5-30 所示的轴的局部结构尺寸，D_1、R'；D、b、R''；d_1、b_1、R。(6206 轴承的内径为 30mm)

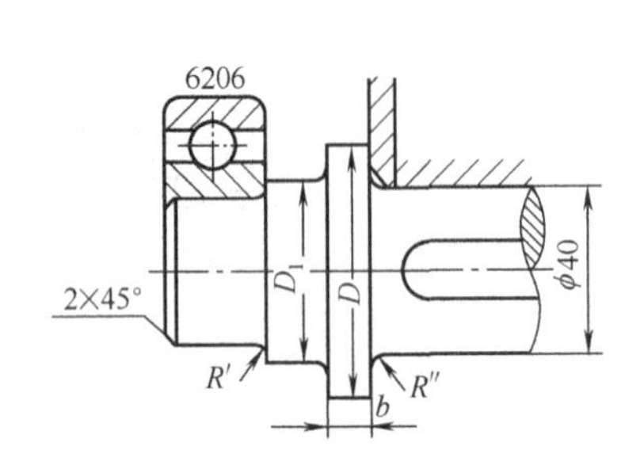

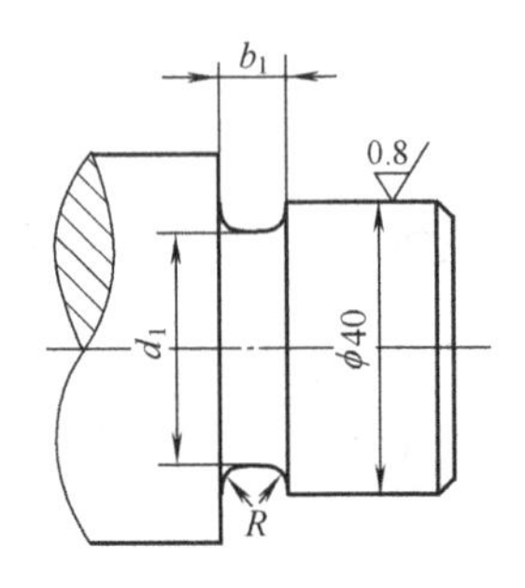

图 5-30　题 21 图

22. 指出如图 5-31 所示的轴的结构错误并说明原因。

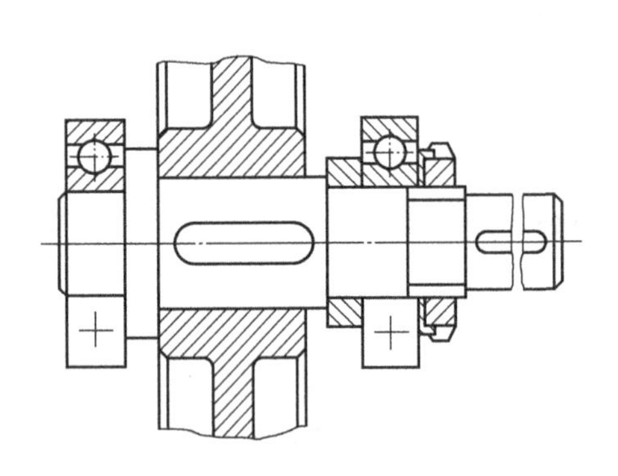

图 5-31　题 22 图

23. 在某钢制轴直径 $d=100$mm 处，安装一钢制直齿轮，轮毂长度 $l=120$mm，工作时有轻微冲击，试选择平键的尺寸并核算所能传递的最大转矩。

24. 一输出轴与齿轮采用平键连接。已知齿轮轮毂长度为 80mm，轴的直径 $d=75$mm，传递的转矩 $M=600$N·m，载荷平稳，齿轮和轴的材料均为 45 钢，试选择键连接的尺寸。

25. 如图 5-32 所示，齿轮用平键与传动轴连接。已知轴径 $d=80$mm，键宽 $b=24$mm，键高 $h=14$mm；键的许用切应力 $[\tau]=40$MPa，许用挤压应力 $[\sigma_{jy}]=90$MPa。若轴传递的最大力矩 $M=3.2$kN·m，试求该键的长度。

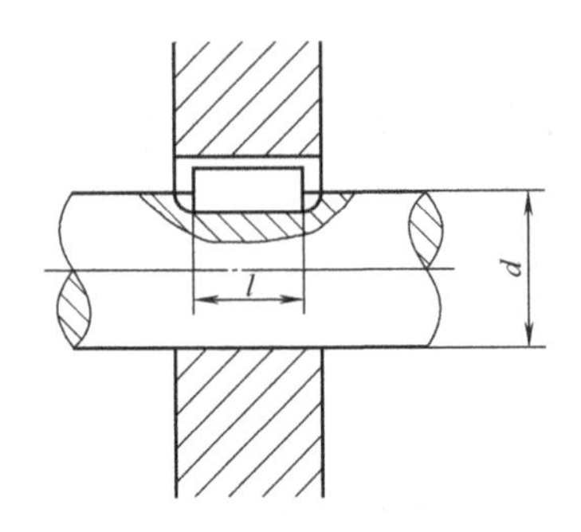

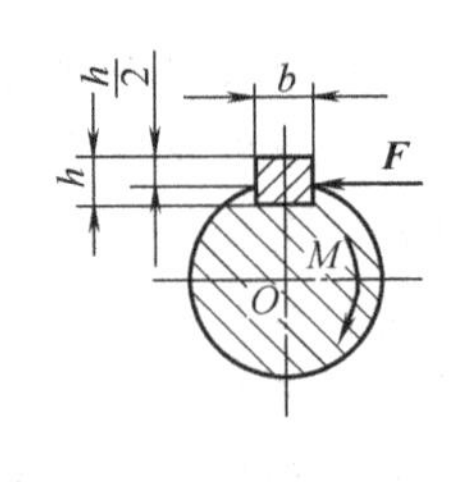

图 5-32　题 25 图

26. 如图 5-33 所示为铆钉连接。设钢板与铆钉的材料相同，许用拉应力 $[\sigma]=160\text{MPa}$，许用切应力 $[\tau]=100\text{MPa}$，许用挤压应力 $[\sigma_{jy}]=320\text{MPa}$。钢板的厚度 $t=10\text{mm}$，宽度 $b=90\text{mm}$，铆钉直径 $d=18\text{mm}$。设拉力 $F=80\text{kN}$，试校核该连接的强度（假设各铆钉受力相同）。

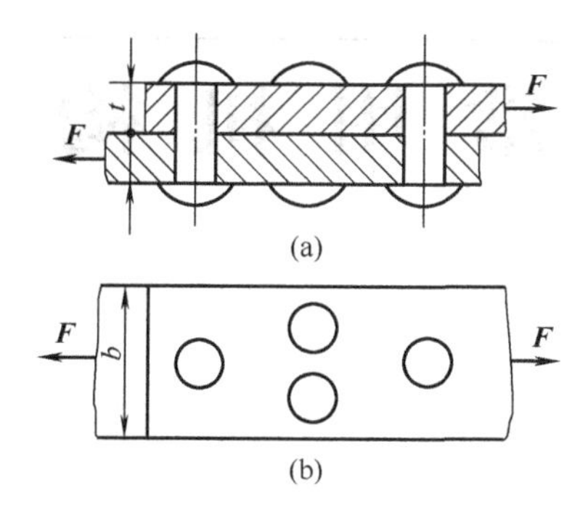

图 5-33　题 26 图

第六章

常用机构

学习目的与要求

掌握构件、运动副的含义及分类；掌握运动副的表示方法，具有阅读机构运动简图的能力；了解平面连杆机构的类型和应用；能正确判断四杆机构的类型；掌握平面四杆机构的运动特性；了解凸轮机构的类型、特点和应用；熟悉棘轮机构、槽轮机构的工作原理、运动特点及应用；了解棘轮机构棘轮转角的调节方法。

第一节　平面机构的组成

一、运动副

组成机构的所有构件都应具有确定的相对运动。为此，各构件之间必须以某种方式连接起来，但这种连接不同于焊接、铆接之类的刚性连接，它既要对彼此连接的两构件的运动加以限制，又允许其间产生相对运动。这种两个构件直接接触又能产生一定相对运动的连接称为运动副。

运动副中的两构件接触形式不同，其限制的运动也不同。其接触形式有点、线、面三种。两构件通过面接触而组成的运动副称为低副，通过点或线的形式相接触而组成的运动副称为高副。

根据组成运动副的两构件之间的相对运动是平面运动还是空间运动，运动副可分为平面运动副和空间运动副。

1. 平面低副

根据两构件间允许的相对运动形式不同，低副又可分为转动副和移动副。

(1) 转动副　组成运动副的两构件只能绕某一轴线在一个平面内作相对转动的运动副称为转动副，又称为铰链。如图 6-1 (a) 所示，构件 1 与构件 2 之间通过圆柱面接触而组成转动副。活塞式压缩机中，曲轴与连杆、曲轴与机架、连杆与活塞之间都组成转动副。

(2) 移动副　组成运动副的两个构件只能沿某一方向作相对直线运动，这种运动副称为移动副。如图 6-1 (b) 所示，构件 1 与构件 2 之间通过四个平面接触组成移动副，这两个构件只能产生沿轴线的相对移动。在活塞式压缩机中，活塞与汽缸之间组成移动副。

由于低副中两构件之间的接触为面接触，因此，承受相同载荷时，压强较低，不易磨损。

2. 平面高副

如图 6-2 所示的齿轮副和凸轮副都是高副，显然，构件 2 可以相对于构件 1 绕接触点 A 转动，同时又可以沿接触点的切线 t—t 方向移动，只有沿公法线 n—n 方向的运动受到限制。

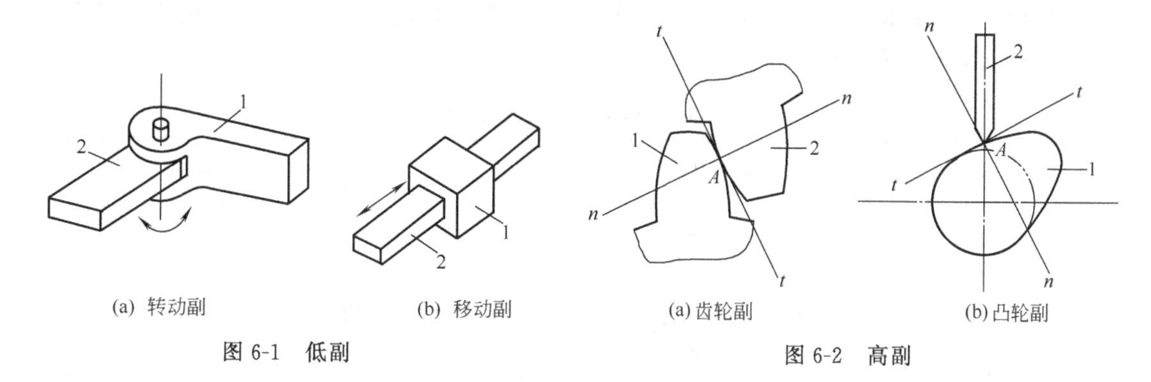

(a) 转动副　(b) 移动副

图 6-1　低副

(a) 齿轮副　(b) 凸轮副

图 6-2　高副

由于高副中两个构件之间的接触为点或线接触，其接触部分的压强较高，故容易磨损。

除上述常见的平面运动副外，常用的运动副还有螺旋副和球面副，如图 6-3 和图 6-4 所示。

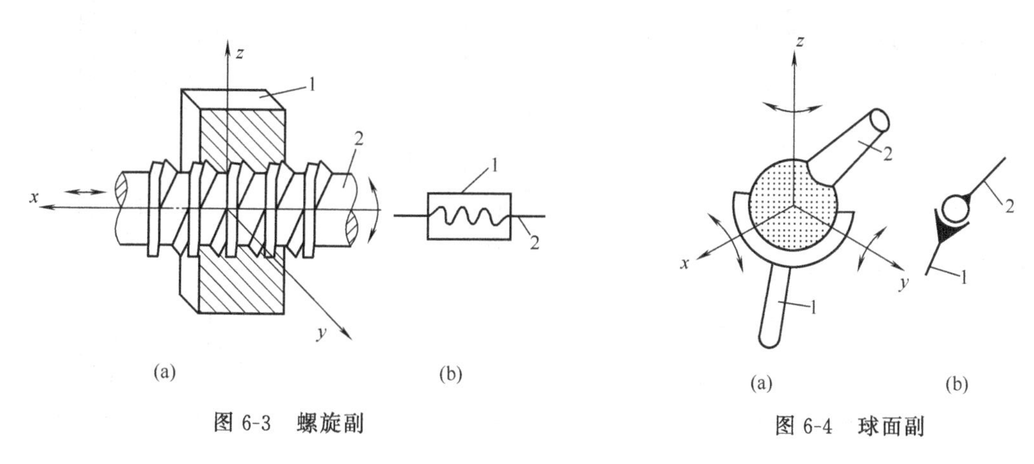

(a)　(b)

图 6-3　螺旋副

(a)　(b)

图 6-4　球面副

二、构件的分类

根据机构工作时构件的运动情况不同，可将构件分为机架、主动件、从动件三类。

① 机架　机架是机构中视作固定不动的构件，用来支撑其他活动构件。任何一个机构，必须有一个构件被相对视为机架。

② 主动件　机构中接受外部给定运动规律的活动构件称为主动件或原动件，一般与机架相连。机构通过主动件从外部输入运动和动力。

③ 从动件　机构中随主动件而运动的其他可动构件称为从动件。当从动件输出运动或实现机构功能时，该从动件便称为输出件或执行件。

由此可见，平面机构是由机架、主动件、从动件三部分通过平面运动副连接而成。

三、机构的运动简图

由于机构的运动特性只与构件的数目、运动副的类型和数目以及它们的相对位置的尺寸有关，而与构件的形状、截面尺寸及运动副的具体结构无关。所以，在分析机构运动时，为了简化问题，便于研究，常常可以不考虑与运动无关的因素，而用一些规定的简单线条和符号表示构件和运动副，并按一定比例确定运动副的相对位置，这种用规定的简化画法简明表达机构中各构件运动关系的图形称为机构运动简图。

机构运动简图的常用符号见表 6-1。熟悉和识别这些简图符号，对看懂机构运动简图、分析机构运动特性有十分重要的意义。

表 6-1　机构运动简图常用符号

名　称		简图符号	名　称		简图符号
构件	杆、轴		机架	基本符号	
构件	三副元构件	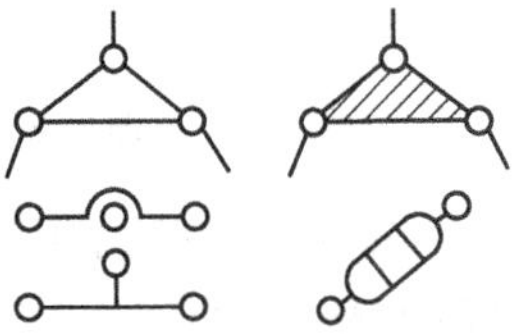	机架	机架是转动副的一部分	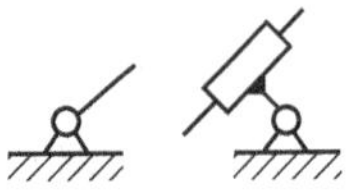
			机架	机架是移动副的一部分	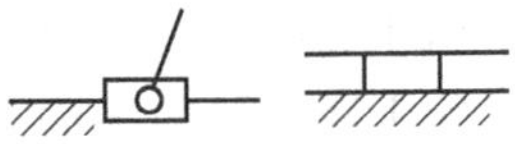
构件	构件的永久连接	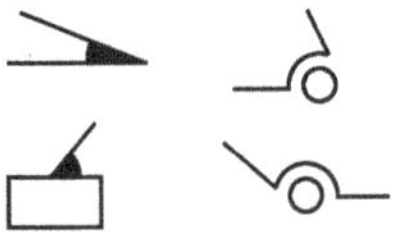	平面高副	齿轮副外啮合 齿轮副内啮合	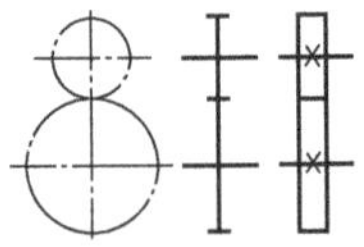
平面低副	转动副	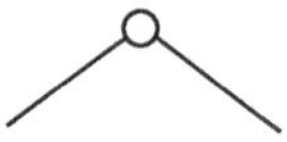	平面高副		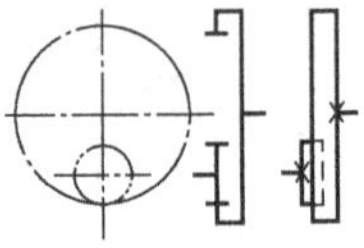
平面低副	移动副	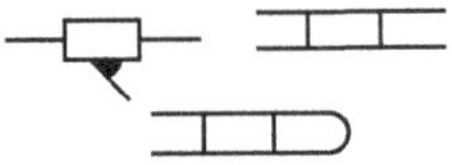	平面高副	凸轮副	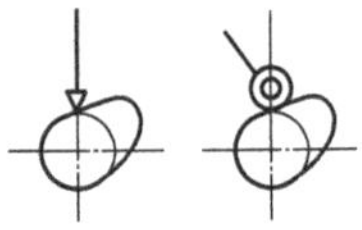

第二节　平面连杆机构

平面连杆机构是由若干个刚性构件用转动副或移动副相互连接而组成，并在同一平面或相互平行的平面内运动的低副机构。低副是面接触，便于制造，容易获得较高的制造精度，而且压强低、磨损小、承载能力大。但是，低副中存在难以消除的间隙，从而产生运动误差，不易准确地实现复杂的运动，不宜用于高速的场合。平面连杆机构广泛应用于各种机械和仪器中，用以传递动力、改变运动形式。

平面连杆机构种类很多，但常见的是由四个构件组成的平面四杆机构。本节将介绍平面四杆机构的类型、应用及其特点。

一、平面四杆机构的类型与应用

平面四杆机构按其运动副不同分为铰链四杆机构和含有移动副的四杆机构。

1. 铰链四杆机构

各个构件之间全部用转动副连接的四杆机构称为铰链四杆机构，它是平面四杆机构的基本形式。如图 6-5 所示，固定不动的构件 AD 称为机架；与机架用转动副相连的构件 AB 和 CD 称为连架杆；连接两连架杆的杆 BC 称为连杆。连架杆中，能绕机架上的转动副作整周转动的构件 AB 称为曲柄，只能在某一角度内绕机架上的转动副摆动的构件 CD 称为摇杆。根据两连架杆是否成为曲柄或摇杆，铰链四杆机构分为曲柄摇杆机构、双曲柄机构、双摇杆机构三种形式。

（1）基本形式与应用

① 曲柄摇杆机构　在铰链四杆机构的两个连架杆中，若一个连架杆为曲柄，另一个连架杆为摇杆，则该机构称为曲柄摇杆机构，如图 6-5 所示。曲柄摇杆机构可实现曲柄整周旋转运动与摇杆往复摆动的互相转换。

图 6-6 所示为汽车前窗的刮雨器。当主动曲柄 AB 转动时，从动摇杆作往复摆动，利用摇杆的延长部分实现刮雨动作。图 6-7 所示的缝纫机踏板机构，当主动件（踏板）CD 上下摆动时，通过连杆 BC 使曲柄 AB 转动，并输出运动和动力。

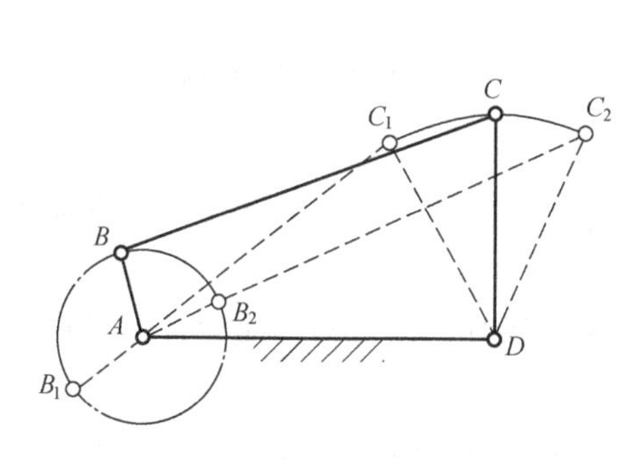

图 6-5　曲柄摇杆机构

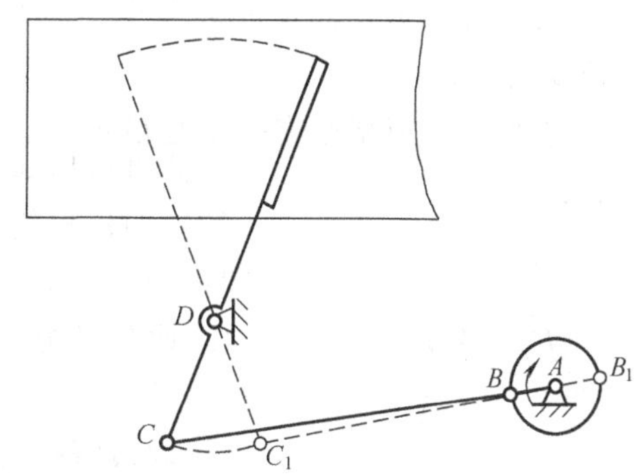

图 6-6　汽车的前窗刮雨器

② 双曲柄机构　两个连架杆都是曲柄的铰链四杆机构称为双曲柄机构。通常其主动曲柄等速转动时，从动曲柄作变速转动。如图 6-8 所示的惯性筛机构，其中机构 $ABCD$ 是双

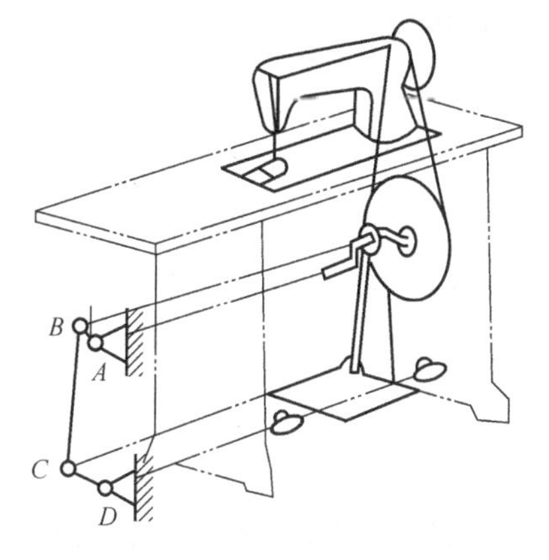

图 6-7　缝纫机踏板机构

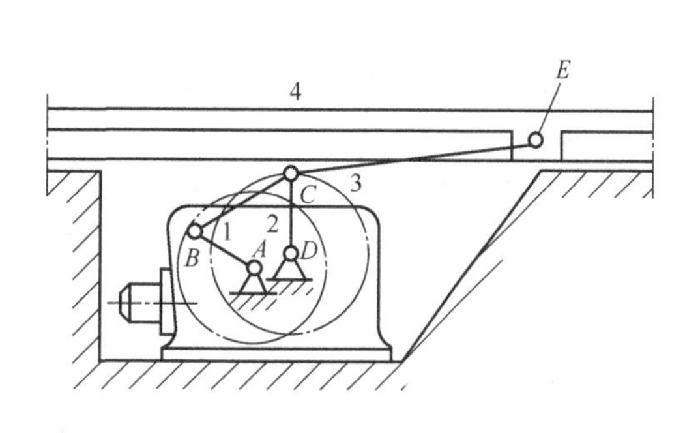

图 6-8　惯性筛机构

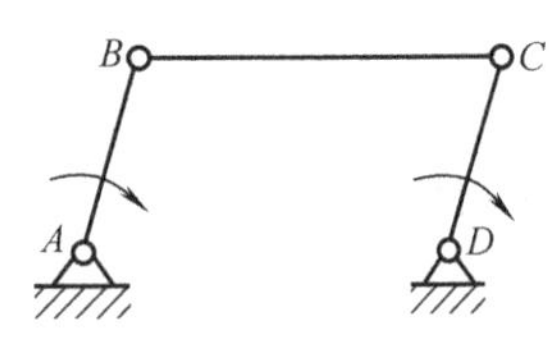

图 6-9 双曲柄结构

曲柄机构。当主动曲柄 1 作等速转动时，利用从动曲柄 2 的变速转动，通过构件 3 使筛子 4 作变速往复的直线运动，达到筛分物料的目的。

在双曲柄机构中，如果对边两构件长度分别相等且相互平行，则两曲柄的转向、角速度在任何瞬时都相同，这种机构称为平行四边形机构，如图 6-9 所示。图 6-10 所示的铲斗机构，利用了平行四边形机构，铲斗与连杆固结作平动，可使铲斗中的物料在运行时不致泼出。

③ 双摇杆机构　两个连架杆都为摇杆的铰链四杆机构称为双摇杆机构。双摇杆机构可将一种摆动转化为另一种摆动。图 6-11 所示为电风扇摇头机构，当安装在摇杆 3 上的电动机转动时，电动机轴上的蜗杆带动蜗轮迫使连杆 1 绕点 A 作整周转动，从而带动连架杆 2 和摇杆 3 作往复摆动，实现电风扇摇头的目的。

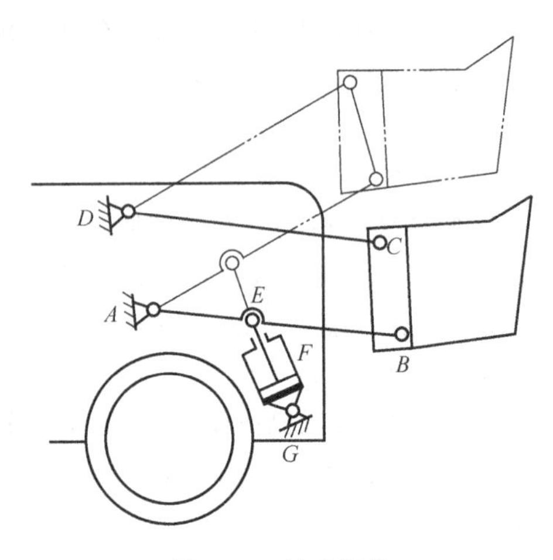

图 6-10 铲斗机构

(2) 类型判别　铰链四杆机构的类型与机构中是否存在曲柄有关。可以论证，铰链四杆机构存在曲柄的条件如下。

① 最短杆与最长杆长度之和小于或等于其余两杆长度之和。

② 连架杆与机架必有一个是最短杆。

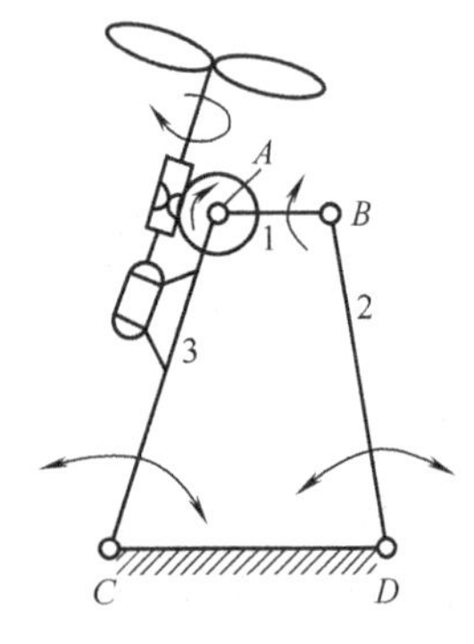

图 6-11 摇头机构

由此可得出如下结论。

铰链四杆机构中，如果最短杆与最长杆长度之和小于或等于其余两杆长度之和，则：

① 取与最短杆相邻的杆为机架时，该机构为曲柄摇杆机构［图 6-12 (a)］；

② 取最短杆为机架时，该机构为双曲柄机构［图 6-12 (b)］；

③ 取与最短杆相对的杆为机架时，该机构为双摇杆机构［图 6-12 (c)］；

④ 铰链四杆机构中，如果最短杆与最长杆长度之和大于其余两杆长度之和，则该机构为双摇杆机构［图 6-12 (d)］。

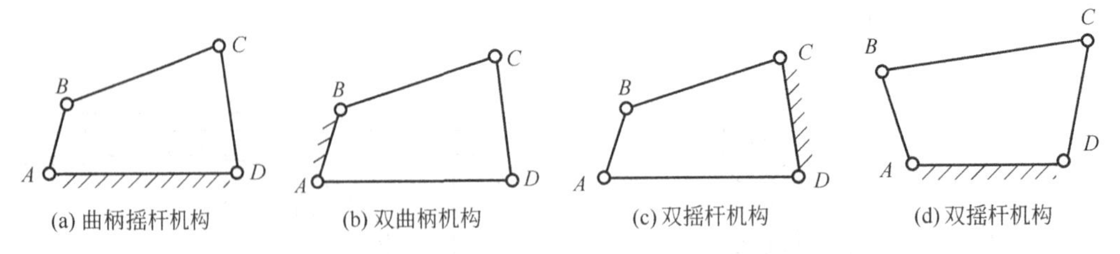

图 6-12 铰链四杆机构类型的判定

2. 含有移动副的四杆机构

(1) 曲柄滑块机构　如图 6-13 所示的机构，连架杆 AB 绕相邻机架 1 作整周转动，是曲柄，另一连架杆 2 在移动副中沿机架导路滑动，称为滑块，因此，该机构称为曲柄滑块机构。如图 6-13（a）所示，当导路中心线通过曲柄转动中心时，称为对心曲柄滑块机构；如图 6-13（b）所示，当导路中心线不通过曲柄转动中心时，称为偏置曲柄滑块机构。曲柄滑块机构能实现回转运动与往复直线运动之间的互相转换。广泛应用于内燃机、活塞式压缩机、冲床机械中。

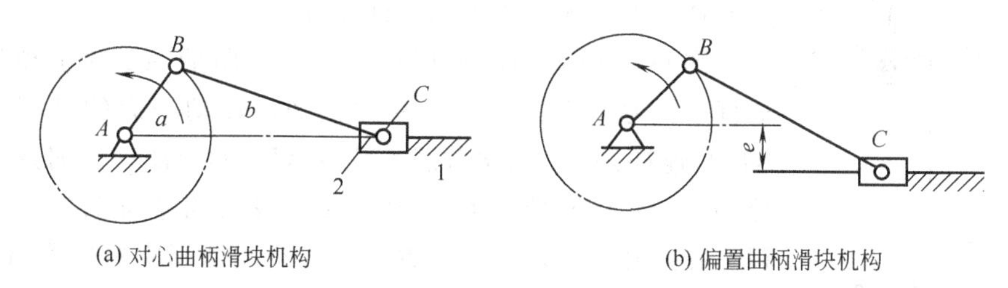

图 6-13　曲柄滑块机构

（2）曲柄导杆机构　导杆机构可以视为改变曲柄滑块机构中的机架演变而成。在图 6-14（a)所示的曲柄滑块机构中，如果把杆件 1 固定为机架，此时构件 4 起引导滑块移动的作用，称为导杆，若杆长 $l_1<l_2$，如图 6-14（b）所示，则杆件 2 和杆件 4 都能作整周转动，因此这种机构称为曲柄转动导杆机构，此机构的功能是将曲柄 2 的等速转动转换为导杆 4 的变速转动；若杆长 $l_1>l_2$，如图 6-14（c）所示，杆件 2 能作整周转动，杆件 4 只能绕 A 点往复摆动，这种机构称为曲柄摆动导杆机构，该机构的功能是将曲柄 2 的等速转动转换为导杆 4 的摆动。曲柄导杆机构广泛应用于牛头刨床、插床等工作机构。

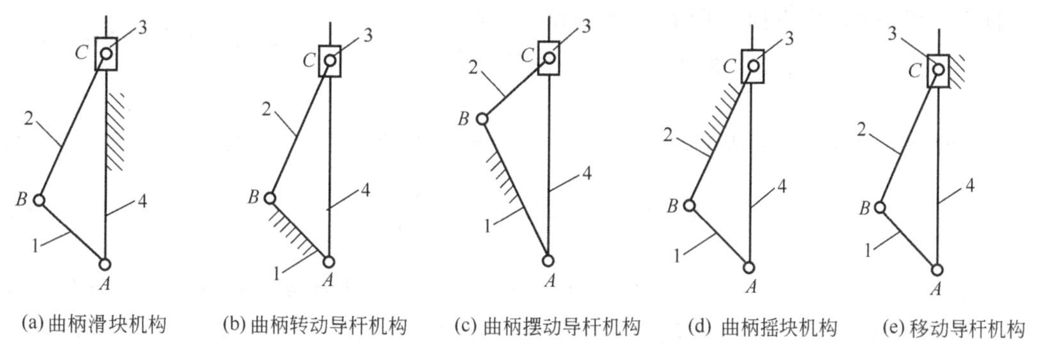

图 6-14　曲柄滑块机构的演变

（3）曲柄摇块机构　如图 6-14（d）所示，取与滑块铰接的杆件 2 作为机架，当杆件 1 的长度小于杆件 2（机架）的长度时，则杆件 1 能绕 B 点作整周转动，滑块 3 与机架组成转动副而绕 C 点转动，故该机构称为曲柄摇块机构。图 6-15 所示的卡车自动卸料机构，就是曲柄摇块机构的应用实例。

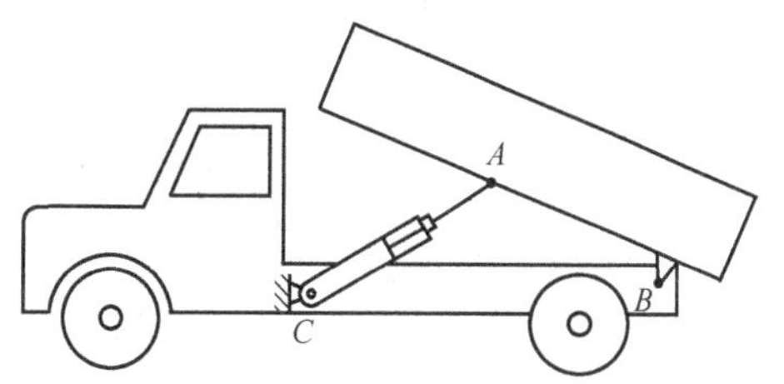

图 6-15　卡车自动卸料机构

（4）移动导杆机构　如图 6-14（e）所示的四杆机构，取滑块 3 作为机架，称为定块，导杆 4 相对于定块 3 作往复的直线运动，故称为移动导杆机构或定块机构，一般取杆件 1 为主动件。图 6-16 所示的手动抽水机就是移动导杆机构的应用实例。

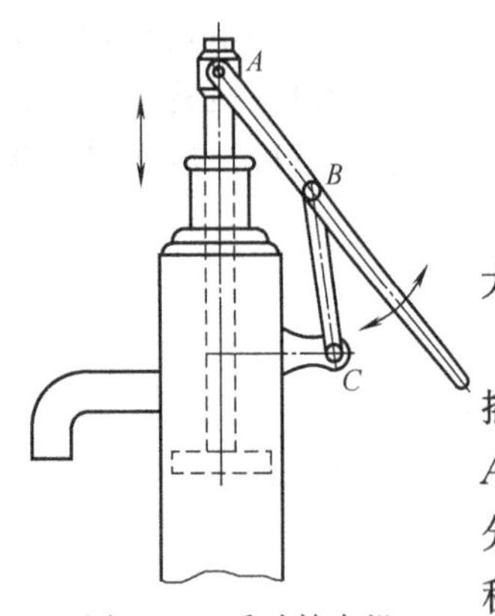

图 6-16 手动抽水机

二、平面四杆机构的基本性质

1. 急回特性

平面连杆机构中，从动件空回行程的速度比工作行程的速度大的特性称为连杆机构的急回特性。

图 6-17 所示的曲柄摇杆机构，取曲柄 AB 为主动件，从动摇杆 CD 为工作件。在主动曲柄 AB 转动一周的过程中，曲柄 AB 与连杆 BC 有两次共线的位置 AB_1 和 AB_2，这时从动件摇杆分别位于两极限位置 C_1D 和 C_2D，其夹角 ψ 称为摇杆摆角或行程。在摇杆位于两极限位置时，主动曲柄相应两位置 AB_1、AB_2 所夹的锐角 θ，称为曲柄的极位夹角。

当主动曲柄沿顺时针方向以等角速度 ω 从 AB_1 转到 AB_2 时，其转角为 $\varphi_1=180°+\theta$，所需时间为 $t_1=(180°+\theta)/\omega$，从动摇杆由左极限位置 C_1D 向右摆过 ψ 到达右极限位置 C_2D，取此过程为做功的工作行程，C 点的平均速度为 v_1；当曲柄继续由 AB_2 转到 AB_1 时，其转角 $\varphi_2=180°-\theta$，所需时间为 $t_2=(180°-\theta)/\omega$，摇杆从 C_2D 向左摆过 ψ 回到 C_1D，取此过程为不做功的空回行程，C 点的平均速度为 v_2。由于 $\varphi_1>\varphi_2$，则 $t_1>t_2$。又因摇杆在两行程中的摆角都是 ψ，故空回行程 C 点的速度 v_2 大于工作行程 C 点的速度 v_1，说明曲柄摇杆机构具有急回特性。

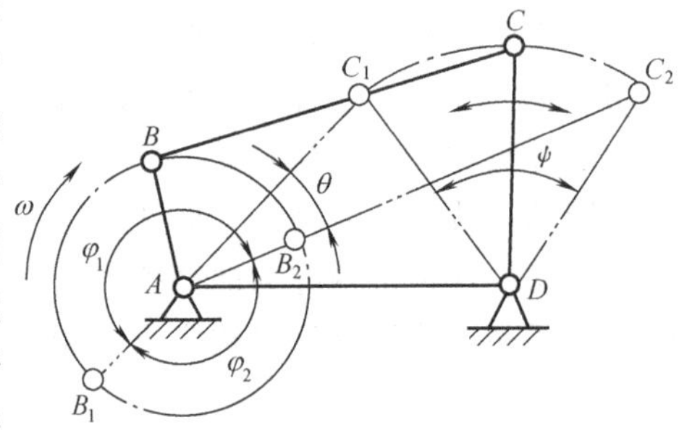

图 6-17 铰链四杆机构的急回运动

工作件具有急回特性的程度，常用 v_2 与 v_1 的比值 K 来衡量，K 称为行程速比系数。即

$$K=\frac{v_2}{v_1}=\frac{C_2C_1/t_2}{C_1C_2/t_1}=\frac{t_1}{t_2}=\frac{180°+\theta}{180°-\theta} \tag{6-1}$$

由式（6-1）可知，当极位夹角 $\theta>0°$ 时，$K>1$，说明机构具有急回特性；当 $\theta=0°$ 时，$K=1$，机构不具有急回特性。θ 越大，K 越大，急回特性越显著。由式（6-1）可得

$$\theta=180°\times\frac{K-1}{K+1} \tag{6-2}$$

式（6-2）说明，若要得到既定的行程速比系数，只要设计出相应的极位夹角 θ 即可。

同理，对于主动件作等速转动，从动件作往复摆动或移动的四杆机构，都可按机构的极限位置画出极位夹角，从而判断其是否具有急回特性。像牛头刨床、插床等单向工作的机器，可利用四杆机构的急回特性来缩短非生产时间，从而提高生产效率。

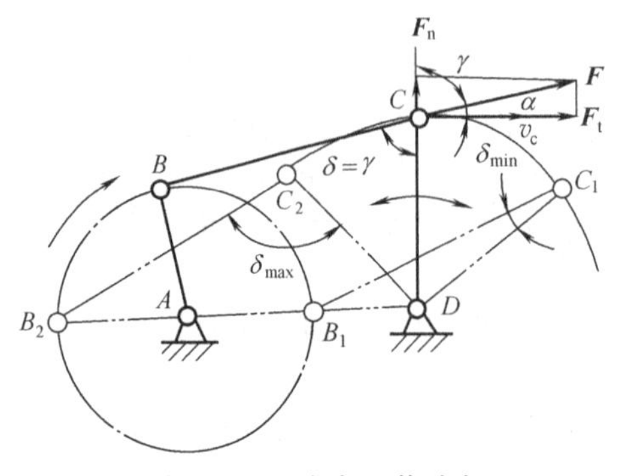

图 6-18 压力角和传动角

2. 压力角和传动角

作用于从动件上的力与该力作用点的速度方向所夹的锐角 α 称为压力角。压力角的余角 γ 称为传动角。

如图 6-18 所示的曲柄摇杆机构中，取曲柄 AB

为主动件，摇杆 CD 为从动件。若不计构件质量和转动副中的摩擦力，则连杆 BC 为二力杆件。因此，连杆 BC 传递到摇杆上的力 $\boldsymbol{F}$ 必沿连杆的轴线而作用于 C 点。因摇杆绕 D 点作摆动（定轴转动），故其上 C 点的速度 v_c 方向垂直于摇杆 CD。力 $\boldsymbol{F}$ 与速度 v_c 方向所夹锐角即为压力角 α。将力 $\boldsymbol{F}$ 分解为沿 v_c 方向的分力 $F_t=F\cos\alpha$ 和沿 CD 方向的分力 $F_n=F\sin\alpha$。$\boldsymbol{F}_t$ 是推动摇杆的有效分力。显然，压力角 α 越小，传动角 γ 越大，有效分力 $\boldsymbol{F}_t$ 越大，机构的传力性能越好。因此，压力角 α、传动角 γ 是判断机构传力性能的重要参数。机构在运行时，其压力角、传动角都随从动件的位置变化而变化，为保证机构有较好的传力性能，必须限制工作行程的最大压力角 α_{max}或最小传动角 γ_{min}。对于一般机械 $\alpha_{max}\leqslant 50°$或 $\gamma_{min}\geqslant 40°$；对于高速重载机械 $\alpha_{max}\leqslant 40°$或 $\gamma_{min}\geqslant 50°$。

3. 死点位置

如图 6-19（a）所示的曲柄摇杆机构中，若以摇杆 CD 为主动件，则当连杆 BC 与从动曲柄 AB 在共线的两个位置时，机构的传动角为零，即连杆作用于从动曲柄的力通过了曲柄的回转中心 A，不能推动曲柄转动。机构的这种位置称为死点位置。

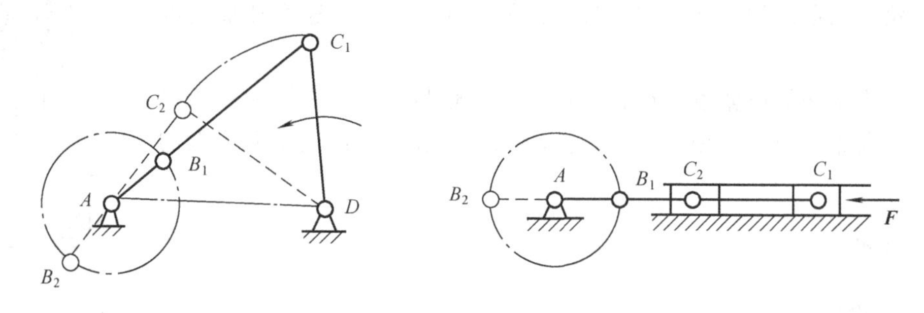

(a) 曲柄摇杆机构的死点位置

(b) 曲柄滑块机构的死点位置

图 6-19　死点位置

当四杆机构的从动件与连杆共线时，机构一般都处于死点位置。如图 6-19（b）所示的曲柄滑块机构，若以滑块为主动件时，则从动曲柄 AB 与连杆 BC 共线的两个位置为死点位置。

为了能顺利渡过机构的死点位置而连续正常工作，一般采用在从动轴上安装质量较大的飞轮以增大其转动惯性。利用飞轮的惯性来渡过死点位置。如缝纫机、柴油机等。另一方面，机构在死点位置的这一传力特性，在工程中也得到应用。如图 6-20 所示的夹具，当夹紧工件后，机构处于死点位置，即使反力 $\boldsymbol{F}_N$ 很大也不会松开，使工件夹紧牢固可靠。在夹紧和需松开时，在杆上却只需加一较小的力 $\boldsymbol{F}$ 即可。

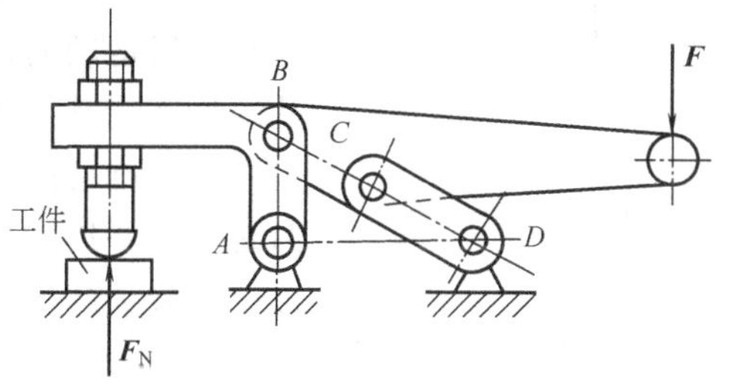

图 6-20　夹具机构

第三节　凸 轮 机 构

一、组成、应用和特点

凸轮机构主要由凸轮、从动件和机架组成。凸轮是一个具有特殊曲线轮廓或凹槽的构

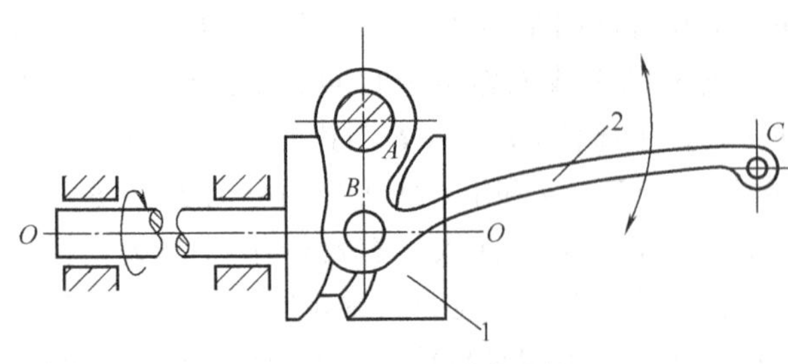

图 6-21　缝纫机挑线机构

件，一般以凸轮作为主动件，它通常作等速转动，但也有作往复摆动和往复直线移动的。通过凸轮与从动件的直接接触，驱使从动件作往复直线运动或摆动。只要适当地设计凸轮轮廓曲线，就可以使从动件获得预定的运动规律。因此，凸轮机构广泛应用于各种自动化机械、自动控制装置和仪表中。

图 6-21 所示为缝纫机挑线机构，当圆柱凸轮 1 转动时，利用其上凹槽的侧面迫使挑线杆 2 绕其转轴上、下往复摆动，完成挑线动作，其摆动规律取决于凹槽曲线的形状。

图 6-22 所示为内燃机中用以控制进气和排气的凸轮机构，当凸轮 1 等速回转时，迫使从动杆（阀杆）2 上、下移动，从而按时开启或关闭气阀，凸轮轮廓曲线的形状决定了气阀开闭的起讫时间、速度和加速度的变化规律。

凸轮机构结构简单紧凑，设计方便；但凸轮与从动件之间为点或线接触，属于高副，故易磨损。因此，凸轮机构一般用于传递动力不大的场合。

图 6-22　内燃机配气

二、分类

1. 按凸轮的形状

（1）盘形凸轮机构　此机构的凸轮是一个绕固定轴线转动并具有变化向径的盘形构件，其从动件在垂直于凸轮轴线的平面内运动，如图 6-22 所示。盘形凸轮是凸轮的

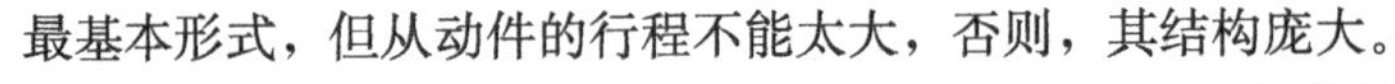

最基本形式，但从动件的行程不能太大，否则，其结构庞大。

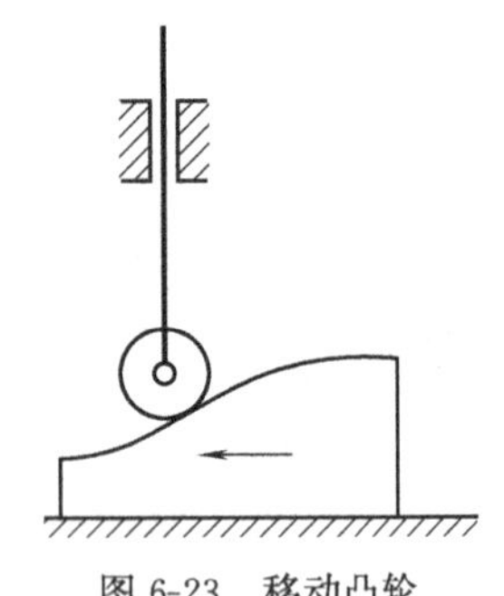

图 6-23　移动凸轮

（2）移动凸轮机构　这种机构的凸轮是一个具有曲线轮廓并作往复直线运动的构件，如图 6-23 所示。有时也可将凸轮固定，而使从动件连同其导路相对凸轮运动。

（3）圆柱凸轮机构　这种机构的凸轮是一个在圆柱表面上开有曲线凹槽并绕圆柱轴线旋转的构件，如图 6-21 所示。它的从动件可以获得较大的行程。

2. 按从动件的形状

（1）尖顶从动件凸轮机构　如图 6-24（a）所示，这种机构的从动件结构简单，尖顶能与任意复杂的凸轮轮廓保持接触，故可使从动件实现复杂的运动规律。但因尖顶易于磨损，所以只适用于传力不大的低速场合。

（2）滚子从动件凸轮机构　如图 6-24（b）所示，这种机构的从动件，一端铰接一个可自由转动的滚子，滚子和凸轮轮廓之间为滚动摩擦，因而磨损较小，可传递较大的动力，应用较普遍。

（3）平底从动件凸轮机构　如图 6-24（c）所示，由于平底与凸轮之间容易形成楔形油膜，利于润滑和减少磨损；不计摩擦时，凸轮给从动件的作用力始终垂直于平底，传动效率较高，因此常用于高速凸轮机构中。但不能用于具有内凹轮廓的凸轮机构。

3. 按从动件运动形式

按从动件运动形式可分为移动从动件（图 6-22）和摆动从动件凸轮机构（图 6-21）。

三、运动过程与运动参数

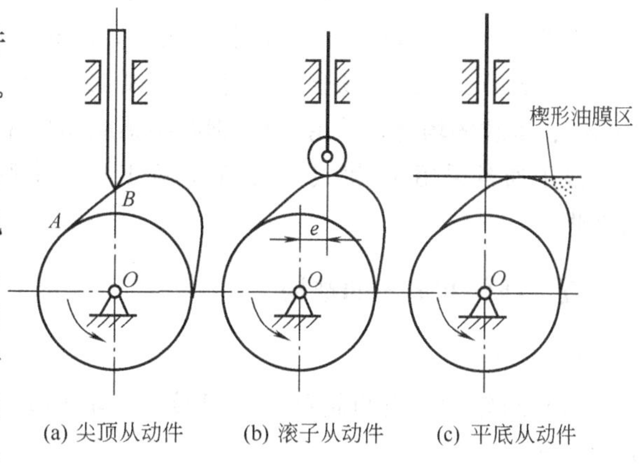

图 6-24　从动件的形状

图 6-25 所示为尖顶移动盘形凸轮机构。以凸轮最小向径所作的圆称为基圆，基圆半径用 r_b 表示。图示位置是凸轮转角为零，从动件位移为零，从动件尖端位于离轴心 O 最近位置 A，称为起始位置。当凸轮以等角速度 ω 逆时针转过 φ_0 时，凸轮经过轮廓 AB，按一定运动规律，将从动件尖顶由起始位置 A 推到最远位置 B'，这一过程称为推程，而与推程对应的凸轮转角 φ_0 称为推程角；从动件移动的最大距离 h 称为从动件的行程。凸轮继续转过 φ_s 时，因凸轮轮廓 BC 段为圆弧，故从动件在最高位置停止不动，这个过程称为远停程，对应的凸轮转角 φ_s 称为远停程角。凸轮继续转过 φ_h 时，从动件尖顶与凸轮轮廓 CA' 接触，从动件在其重力或弹簧力作用下按一定运动规律回到初始位置 A，这个过程称为回程，凸轮相应转角 φ_h 称为回程角。凸轮继续转过 φ_s' 时，因凸轮轮廓段为圆弧 $A'A$，故从动件在最近位置停止不动，这个过程称为近停程，角 φ_s' 称为近停程角。凸轮继续转动时，从动件将重复上述过程。

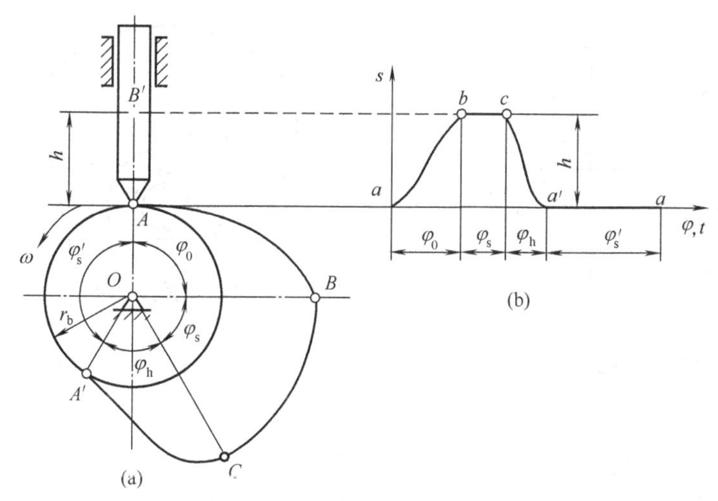

图 6-25　凸轮机构的运动过程

行程 h 以及各阶段的转角 φ_0、φ_s、φ_h、φ_s'，是描述凸轮机构运动的重要参数。

从上述凸轮机构的运动过程分析可知，从动件运动的位移、速度、加速度随凸轮转角而变化，这种变化关系称为从动件的运动规律。从动件运动规律的确定取决于机器的工作要求，因此，是多种多样的。工程上常用的从动件运动规律以及相应的凸轮轮廓曲线的设计，可查阅有关资料。

四、凸轮和滚子的材料

凸轮机构工作时，往往要承受冲击载荷，同时凸轮表面有严重的磨损，凸轮轮廓磨损后将导致从动件运动规律发生变化。因此，要求凸轮表面硬度要高且耐磨，而心部要有较好的韧性。

在低速（$n \leqslant 100$r/min）、轻载的场合，凸轮采用40钢、45钢调质；在中速（100r/min$<n<$200r/min）、中载的场合，采用45钢或40Cr钢表面淬火或20Cr渗碳淬火；在高速（$n \geqslant 200$r/min）、重载的场合，采用40Cr钢高频感应加热淬火。

滚子通常采用45钢或T9、T10等工具钢来制造；要求较高的滚子可用20Cr钢渗碳淬火处理。

五、凸轮和滚子的结构

1. 凸轮

(1) 凸轮轴　当凸轮尺寸小且接近轴径时，则凸轮与轴做成一体，称为凸轮轴，如图6-26所示。

(2) 整体式凸轮　当凸轮尺寸较小又无特殊要求或不需经常装拆时，一般采用整体式凸轮，如图6-27所示。其轮毂直径 d_H 约为轴径的1.5～1.7倍，轮毂长度 b 约为轴径的1.2～1.6倍。轴毂连接常采用平键连接。

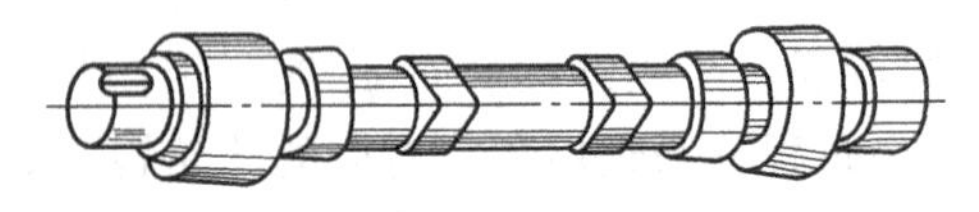

图6-26　凸轮轴

(3) 可调式凸轮　图6-28所示为凸轮片与轮毂分开的结构，利用凸轮片上的三个圆弧形槽来调节凸轮片与轮毂间的相对角度，以达到调整凸轮推动从动件的起始位置。可调式凸轮的形式很多，其他结构参阅有关资料。

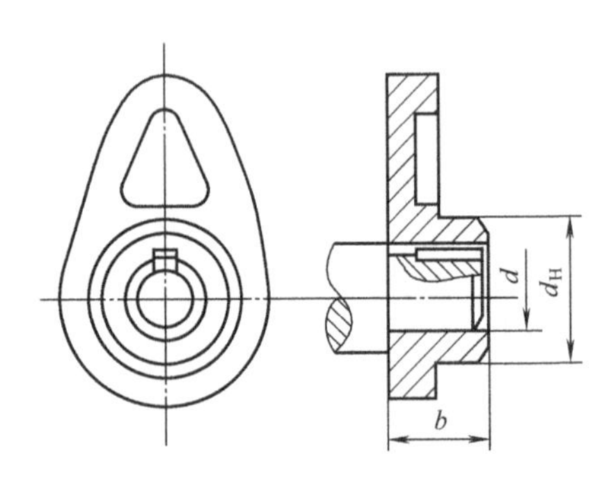

图6-27　整体式凸轮

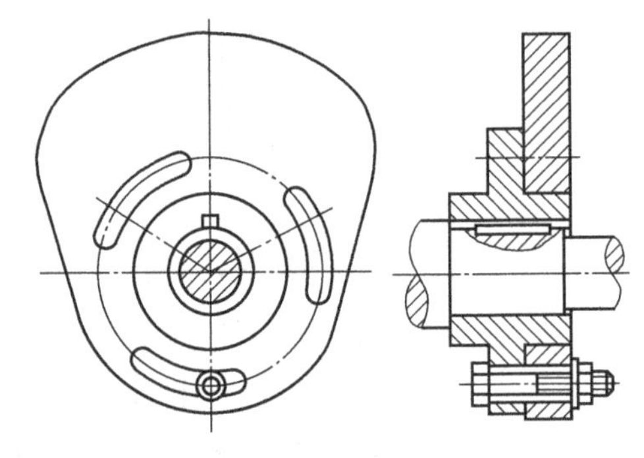

图6-28　可调式凸轮

2. 滚子

滚子的常见装配结构如图6-29所示，无论哪种装配结构形式，都必须保证滚子能相对于从动件自由转动。

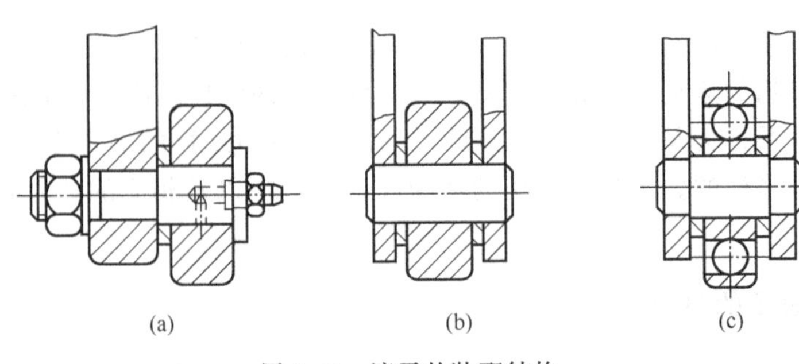

图6-29　滚子的装配结构

第四节 其他常用机构

在各种机器和仪表中，除上述介绍的平面连杆机构、凸轮机构外，还应用了许多其他形式和用途的机构。如间歇机构，其功能是将主动件的连续运动转换为从动件时停时动的周期性的间歇运动。棘轮机构、槽轮机构是实现这种间歇运动的最常用的两种机构。

一、棘轮机构

1. 工作原理

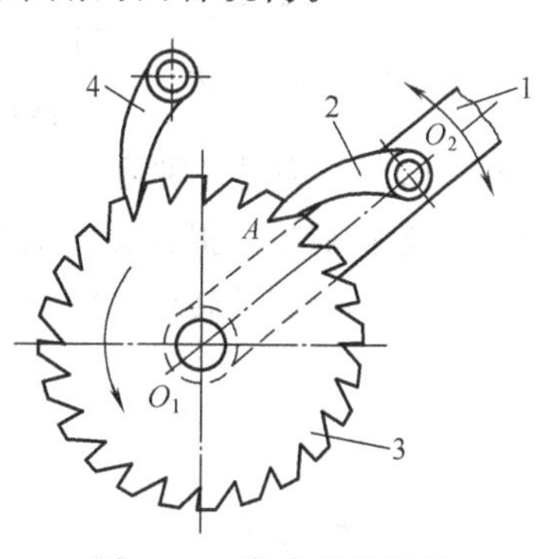

图 6-30 齿式棘轮机构

1—摇杆；2,4—棘爪；3—棘轮

棘轮机构主要由棘轮、棘爪和机架等组成。根据工作原理不同，棘轮机构可分为齿式、摩擦式两大类。图 6-30 所示为齿式棘轮机构，棘爪 2 用转动副铰接于摇杆 1 上，摇杆 1 空套在棘轮轴 O_1 上，可自由转动。当主动摇杆 1 逆时针方向摆动时，棘爪 2 插入棘轮 3 的齿槽内，推动棘轮转动一定角度；当摇杆 1 顺时针方向摆动时，棘爪 2 沿棘轮 3 的齿背滑过，此时止退棘爪 4 插入棘轮齿槽中，阻止棘轮顺时针方向逆转，故棘轮 3 静止不动。于是，当主动摇杆连续往复摆动时，棘轮就实现了单向间歇运动。

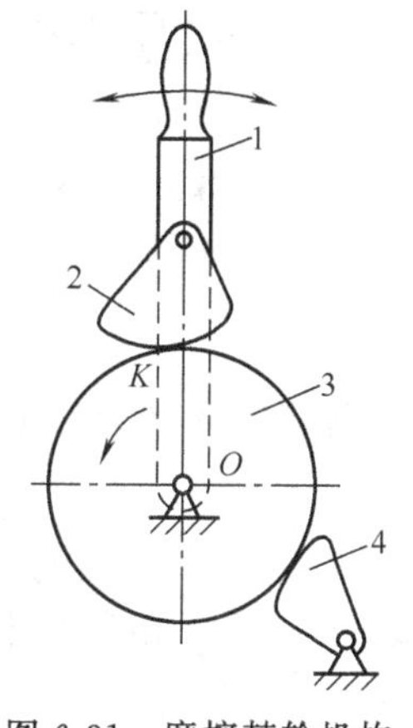

图 6-31 摩擦棘轮机构

1—主动摇杆；2—棘爪；3—棘轮；4—止退棘爪

图 6-31 所示为摩擦棘轮机构。棘轮 3 为圆盘形摩擦轮，棘爪 2 为偏心楔块。当主动摇杆 1 逆时针方向摆动时，因棘爪 2 的向径逐渐增大，致使棘爪 2 与棘轮 3 互相楔紧而产生摩擦力，从而使棘轮 3 逆时针转动；当摇杆顺时针转动时，棘爪 2 在棘轮表面滑过，此时止退棘爪 4 与棘轮楔紧，阻止棘轮顺时针方向逆转。于是，当主动摇杆连续往复摆动时，棘轮就实现了单向间歇运动。

2. 类型

棘轮机构除按其工作原理可分为齿式和摩擦式两大类外，还可按其啮合情况和功能分为以下几种。

(1) 外啮合、内啮合棘轮机构和棘条机构　图 6-30 和图 6-31所示为外啮合棘轮机构，棘爪 2 位于棘轮 3 的外面；图 6-32 所示为内啮合棘轮机构，棘爪 1 位于棘轮 2 的内部，其中图 6-32 (c) 为摩擦式滚子内啮合棘轮机构；图 6-33 所示为棘条机构，棘条可视为直径为无穷大的棘

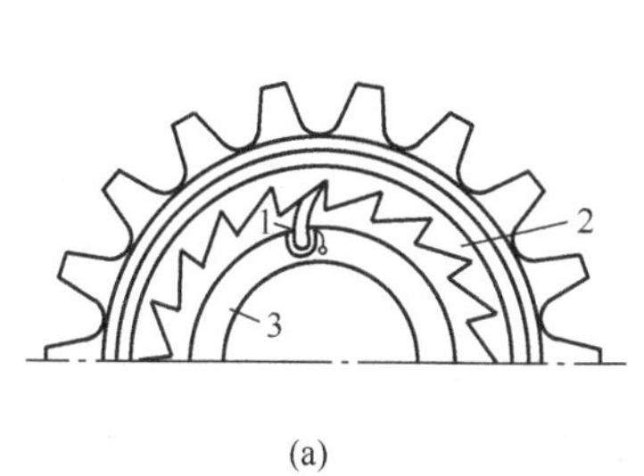

(a)

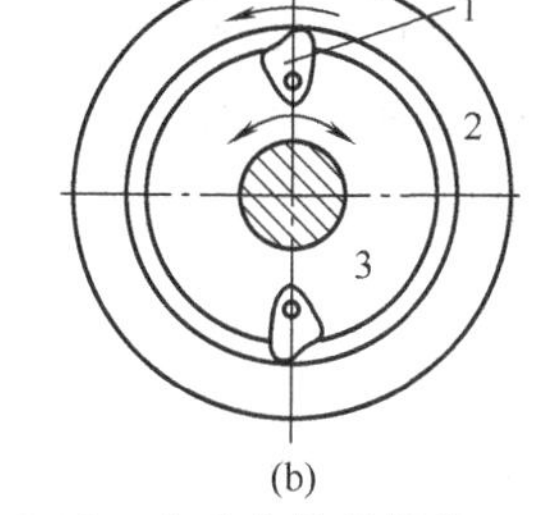

(b)

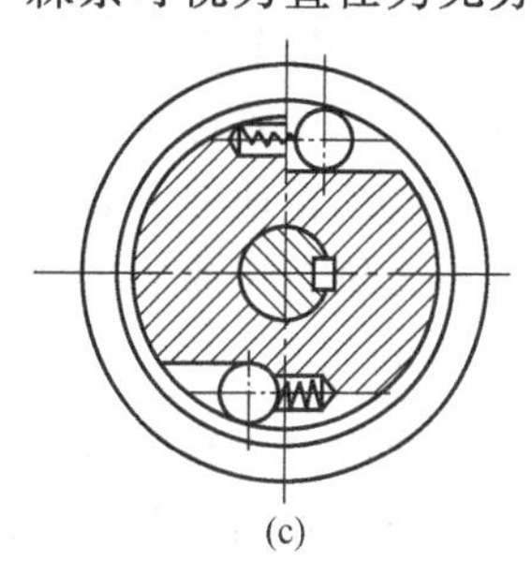

(c)

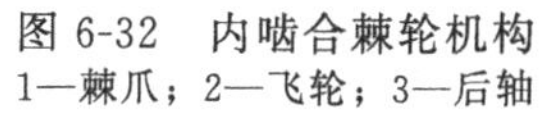

图 6-32 内啮合棘轮机构

1—棘爪；2—飞轮；3—后轴

轮，即把棘轮的单向转动变为棘条的单向移动。

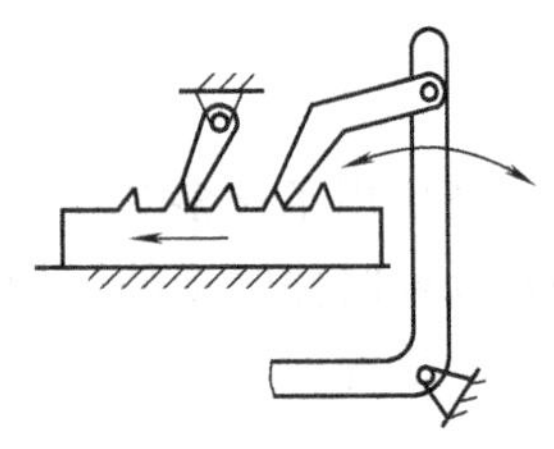
图 6-33　棘条机构

(2) 单动式和双动式棘轮机构　图 6-30 和图 6-32 (a) 所示为单动式棘轮机构，当主动件按某一方向摆动时，才能推动棘轮转动；图 6-34 所示为双动式棘轮机构，摇杆 1 作往复摆动时，能使两个棘爪 3 交替推动棘轮 2 转动。

(3) 可变向棘轮机构　这种棘轮齿做成矩形齿。如图 6-35 (a) 所示，当棘爪 1 位于实线位置时，棘轮 2 沿逆时针方向作间歇转动；当棘爪 1 翻转到虚线位置时，棘轮 2 沿顺时针方向作间歇运动。图 6-35 (b)所示为另一种可变向棘轮机构，当棘爪 2 在图示位置时，棘轮 1 沿逆时针方向作间歇运动；若将棘爪 2 提起并转动 180°后再插入棘轮齿槽中，则棘轮 1 沿顺时针方向作间歇转动；若将棘爪 2 提起并转动 90°，棘爪 2 被架在壳体顶部而与棘轮齿槽分开，则棘轮静止不动。

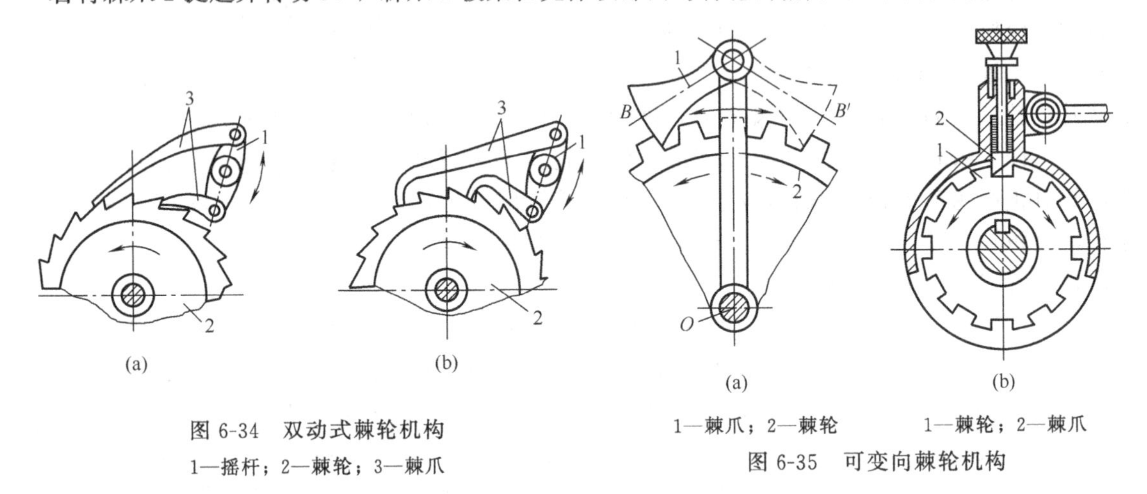

图 6-34　双动式棘轮机构
1—摇杆；2—棘轮；3—棘爪

1—棘爪；2—棘轮　　1—棘轮；2—棘爪
图 6-35　可变向棘轮机构

3. 特点与应用

棘轮机构结构简单，制造方便，运动可靠，转角调节方便。但在棘齿进入啮合和退出啮合时有冲击，噪声较大，运动平稳性差。因此，常用于轻载、低速的场合。在生产中，棘轮机构常常用来完成送料、制动等工作。

图 6-36 所示为起吊设备安全装置中的棘轮制动器。当机械发生故障时，重物在其重力作用下将会下落，但棘轮机构的止退棘爪 2 能及时制动，从而防止棘轮 1 倒转，起到安全保护作用。图 6-32 (a) 所示为自行车后轴上安装的“飞轮”机构，飞轮 2 的外圈做成链轮，其内圈做成棘轮并空套在后轮轴上，棘爪 1 与后轴 3 组成转动副。当链条带动飞轮逆时针转动时，棘轮通过棘爪 1 驱使后轴 3 转动；当不踏动链轮时，飞轮停止转动，但因自行车的惯性作用，棘爪 1 与后轴 3 一起继续转动并沿棘轮齿背滑动，从而实现了从动后轴 3 转速超过主动飞轮 2 转速的超越作用。

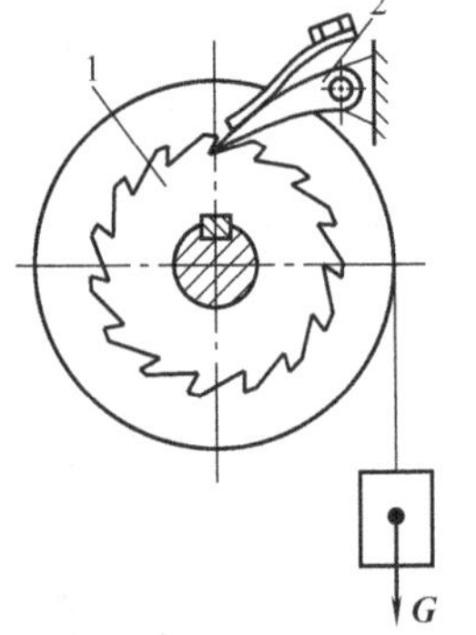

图 6-36　棘轮制动器
1—棘轮；2—止退棘爪

4. 转角的调节

在实际使用中，有时需要调节棘轮的转角，常采用下列方法。

(1) 改变摇杆的摆角　如图 6-37 (a) 所示，利用调节丝杆改变曲柄摇杆机构中曲柄的长度来改变摇杆的摆角，从而控制棘轮的转角。

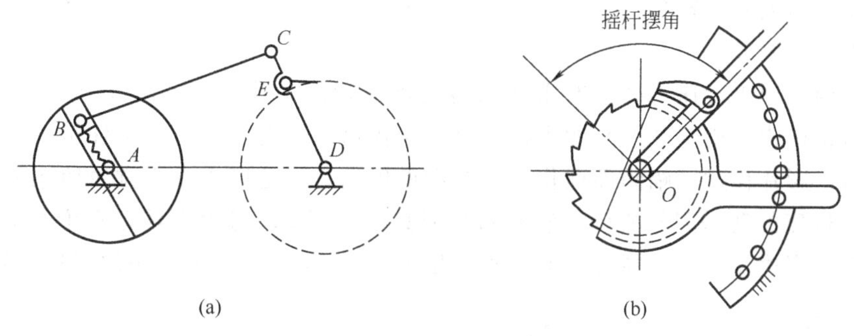

图 6-37 调节棘轮转角

（2）改变遮板位置 如图 6-37（b）所示，在棘轮外面罩一遮板（遮板不随棘轮一起转动），变更遮板的位置，即可使棘爪行程的一部分在遮板上滑过，不与棘轮齿接触，从而改变棘轮转角的大小。

二、槽轮机构

1. 工作原理与类型

如图 6-38 所示，槽轮机构是由装有圆柱销的主动拨盘和开有径向槽的从动槽轮及机架组成的高副机构。主动拨盘 1 以等角速度连续转动，当拨盘上的圆柱销 A 未进入槽轮 2 的径向槽时，槽轮上的内凹锁止弧 S_2 被拨盘上的外凸锁止弧 S_1 锁住，使槽轮静止不动；当拨盘上的圆柱销 A 开始进入槽轮 2 的径向槽时，外凸锁止弧 S_1 的端点正好通过中心线 O_1O_2 而使内凹锁止弧 S_2 松开，此时不起锁紧作用，使圆柱销 A 驱动槽轮 2 转过一定角度；当拨盘上的圆柱销 A 开始退出槽轮 2 的径向槽时，槽轮上的另一个内凹锁止弧 S_2 又被拨盘上的外凸锁止弧 S_1 锁住，使槽轮静止不动。依次下去，槽轮重复上述运动循环而作间歇运动。

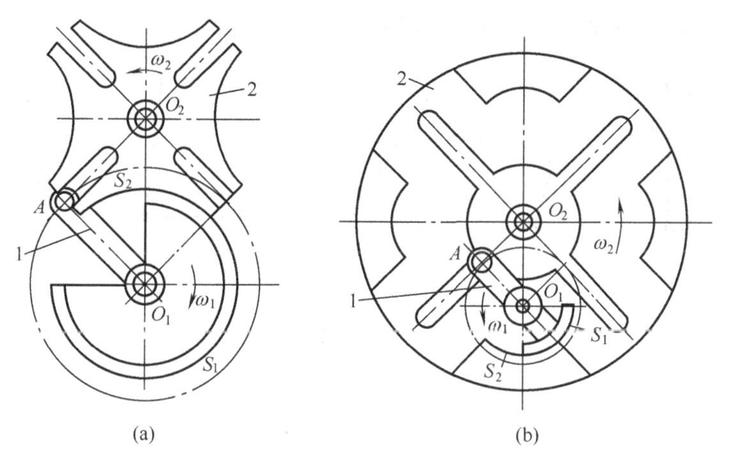

图 6-38 槽轮机构的类型

1—主动拨盘；2—槽轮

槽轮机构有外啮合槽轮机构和内啮合槽轮机构。外啮合槽轮机构如图 6-38（a）所示，拨盘与槽轮转向相反。内啮合槽轮机构如图 6-38（b）所示，拨盘与槽轮转向相同。

2. 特点与应用

槽轮机构的结构简单，制造方便，工作可靠，传动平稳性比棘轮机构好，机械效率高，但加工和装配精度要求较高，拨盘上的圆柱销进入和退出径向槽时存在较严重的冲击，槽轮的转角大小不能调节。

槽轮机构应用于转速不高、要求间歇地送进或转位的装置中。图 6-39 所示为电影放映机的卷片槽轮机构。槽轮 2 上有四个径向槽，当拨盘 1 转过一周时，圆柱销 A 将推动槽轮 2 转过 1/4 周，影片移过一幅画面而作一定时间的停留，以适应人眼视觉暂留图形的需要。图 6-40 所示为机床的转塔刀架机构，装有六把刀具的刀架 3，与相应具有六个径向槽的槽轮 2 固连在一起，当拨盘 1 转一周时，槽轮和刀架都转过 60°，将下一工序的刀具转到工作位置。

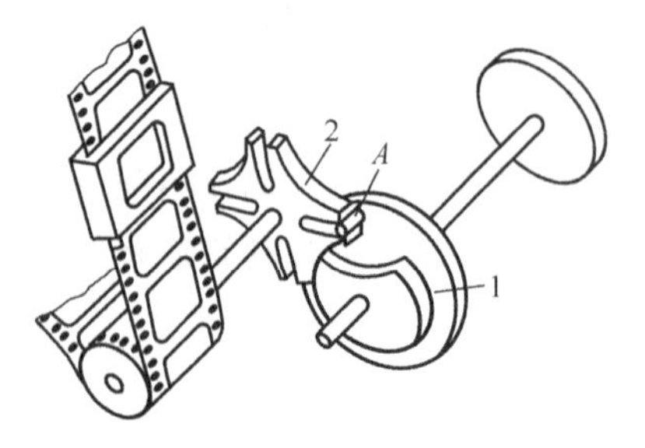

图 6-39　电影放映机的拉片机构

1—拨盘；2—槽轮

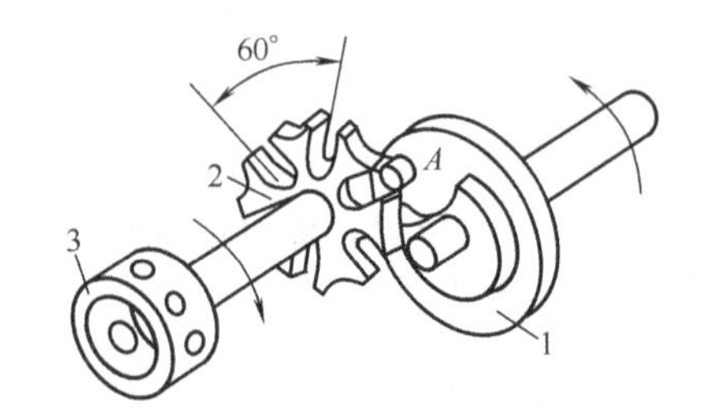

图 6-40　车床刀架的转位机构

1—拨盘；2—槽轮；3—刀架

思考题与习题

1. 铰链四杆机构有哪几种类型？各类型的功能有何区别？
2. 含有移动副的四杆机构有哪几种类型？各类型的功能有何区别？
3. 连杆机构的急回特性的含义是什么？什么条件下连杆机构才具有急回特性？
4. 什么是死点位置？怎样克服死点位置？
5. 什么是压力角？什么是传动角？它们对机构的传力特性有何影响？
6. 根据如图 6-41 所示的各机构的尺寸判断机构的类型。

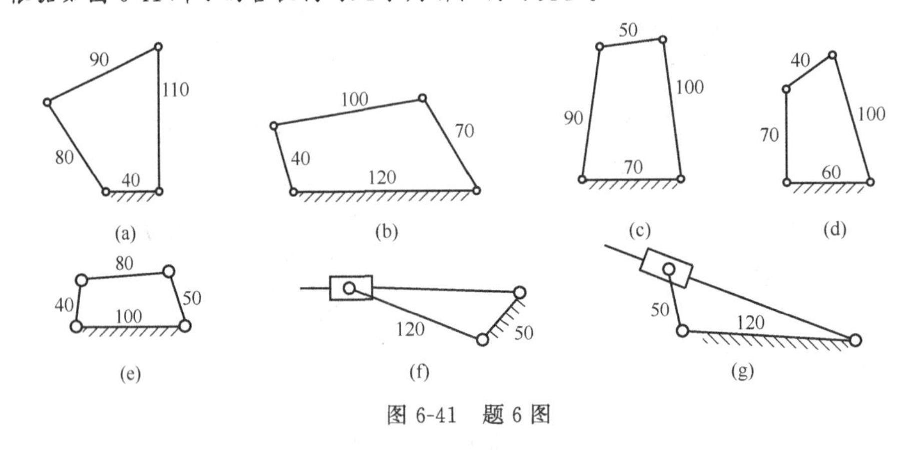

图 6-41　题 6 图

7. 凸轮机构的工作特点是什么？凸轮与从动件的关系如何？
8. 凸轮机构中，常用的从动件的形式有哪几种？各有何特点？
9. 棘轮机构有哪几种类型？各有何特点？
10. 怎样调整棘轮机构的转角？
11. 槽轮机构有哪些类型？各有何特点？

第七章

常用传动方式

学习目的与要求

掌握带传动、链传动、各类齿轮传动的特点、适用场合和维护要求；了解如何表述V带的型号；掌握圆柱齿轮几何尺寸的计算，了解各类齿轮的正确啮合条件；掌握定轴轮系传动比的计算。

第一节 带 传 动

一、类型、特点和应用

如图7-1所示，带传动由主动带轮1、从动带轮2和柔性传动带3组成。按带传动的工作原理将其分为摩擦带传动和啮合带传动。摩擦带传动靠带与带轮接触面上的摩擦来传递运动和动力；啮合带传动靠带齿与带轮齿之间的啮合来传递运动和动力，这种带传动称为同步带传动。

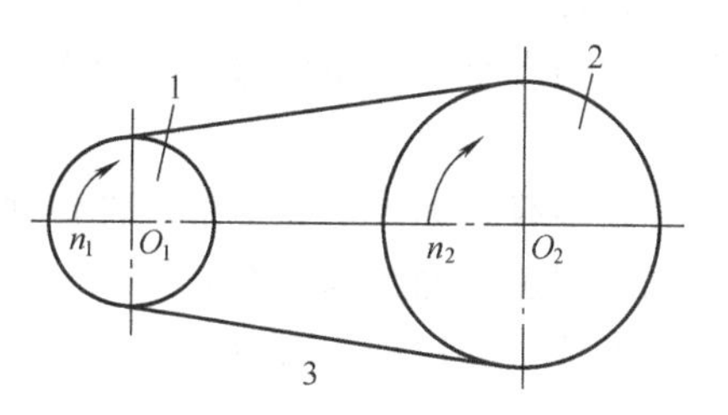

图7-1 带传动
1—主动带轮；2—从动带轮；3—传动带

摩擦带传动按其截面形状分为平带［图7-2（a）］、V带［图7-2（b）］、多楔带［图7-2（c）］、圆带［图7-2（d）］等。

平带的截面为扁平矩形，其工作面是与带轮接触的内表面。它的长度不受限制，可依据需要截取，然后将两端连接到一起，形成一条环形带。平带可实现两根平行轴间的同转向传

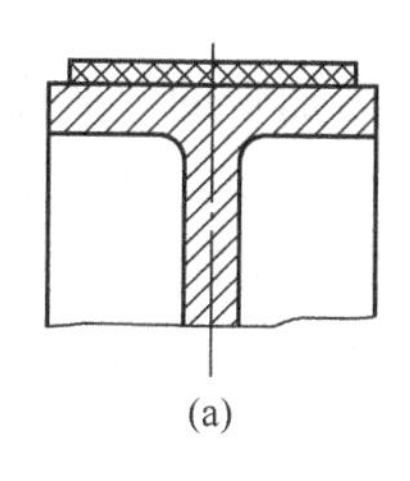
(a)

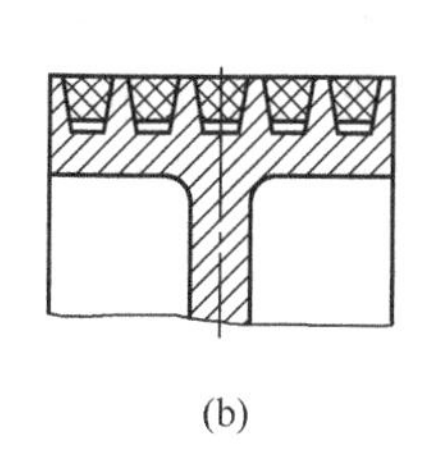
(b)

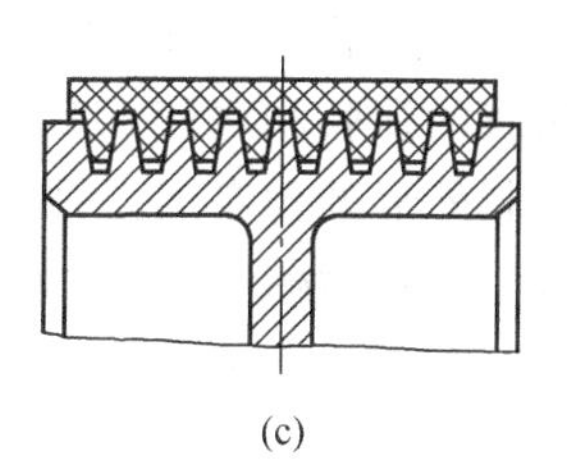
(c)

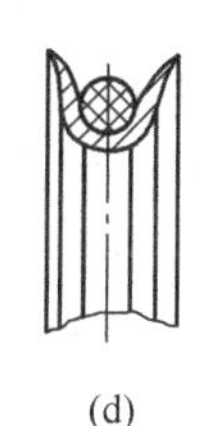
(d)

图7-2 带的截面形状

动（又称开口传动）（图 7-1）、反转向传动（又称交叉传动）[图 7-3（a）] 以及两根交错轴之间的半交叉传动 [图 7-3（b）]。

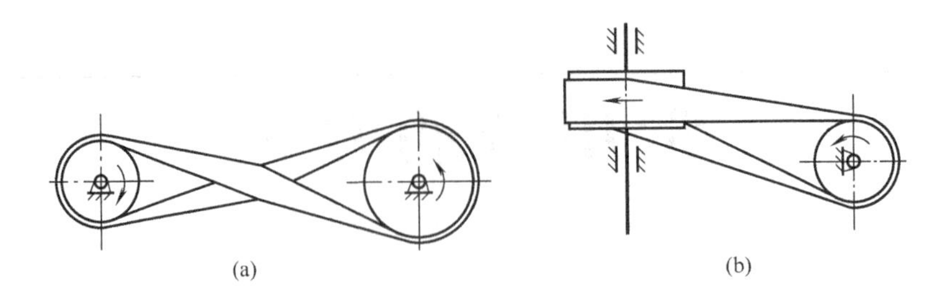

图 7-3 平带传动

V 带的横截面形状为等腰梯形，其工作面是与带轮槽相接触的两侧面。由于轮槽的楔形增压效应，在同样张紧的情况下，V 带传动产生的摩擦力比平带大，故传递功率也较大，应用也最广泛。但 V 带只能实现两平行轴间的开口传动。

多楔带兼有平带挠性好和 V 带摩擦力较大的优点，适用于传递功率较大且要求结构紧凑的场合。

圆带的截面形状为圆形，其传动能力较小，常用于小功率传动，如缝纫机、牙科医疗器械等。

带传动的优点是结构简单，维护方便，制造和安装精度要求不高；带富有弹性，能缓冲吸振，运行平稳，噪声小；适合较大中心距的两轴间的传动。此外，当工作机械发生过载时，传动带可在带轮上打滑，可避免其他零件发生硬性损伤。

带传动的缺点是由于带与带轮之间有弹性滑动，不能确保两轴间的理论传动比；由于带的抗拉强度小，不能传递大的功率，通常小于 50kW；一次变速不能很大，其传动比一般小于 7。

在多级减速传动装置中，带传动多用于与原动机相连的高速级。带的运行速度，也是带轮的圆周速度通常选用在 5～25m/s 为宜。

本节主要讨论 V 带传动。

二、V 带和 V 带轮

1. V 带的结构和标准

V 带有普通 V 带、窄 V 带、宽 V 带、联组 V 带、齿形 V 带、大楔角 V 带、汽车 V 带等 10 余种。一般机械多用普通 V 带。

普通 V 带是由橡胶和编织物两种材料制成的无接头环形带，其横截面是两腰夹角为 40°的梯形。如图 7-4 所示，位于形心附近的编织物称为强力层或抗拉体，用于承受带的拉力；强力层的上下是纯橡胶的顶胶和底胶，或称为伸张层和压缩层，用于增加带的弯曲弹性；最外面是用浸胶布带控制外形的包布层。强力层的编织物若是多层挂胶的帘布，称为帘布结构 [图 7-4（a）]；强力层的编织物若是一排浸胶的绳索，称为线绳结构 [图 7-4（b）]。前者承载力大，制造方便；后者柔韧性好，抗弯强度高，适用于转速较高、带轮直径小的场合。

普通 V 带是标准件，GB/T 11544—1997 规定，按截面尺寸由小到大分为 Y、Z、A、

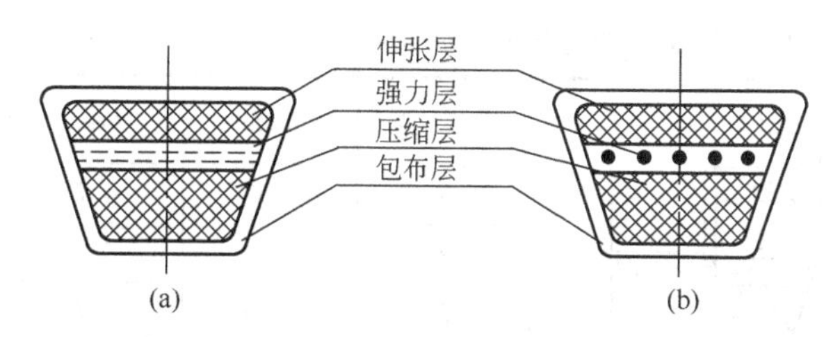

图 7-4　V 带的结构

B、C、D、E 七种型号，其截面尺寸见表 7-1。

表 7-1　普通 V 带的截面尺寸（GB/T 11544—1997）

截　型	Y	Z	A	B	C	D	E
顶宽 b/mm	6	10	13	17	22	32	38
高度 h/mm	4	6	8	11	14	19	25
节宽 b_p/mm	5.3	8.5	11	14	19	27	32

V 带在带轮上将产生弯曲变形，外层受拉伸长，内层受压缩短，中部必有一长度不变的中性层。中性层面称为节面，节面的宽度称为节宽 b_p（表 7-1 图）。在 V 带轮上与节宽 b_p 相对应的带轮直径称为基准直径 d_d（表 7-3 图）。V 带在规定的张紧力下位于带轮基准直径上的周线长度称为基准长度 L_d，它是 V 带的公称长度，用于带传动的几何计算和带的标记。普通 V 带的基准长度见表 7-2。

表 7-2　普通 V 带的基准长度（GB/T 11544—1997）

<table>
<tr><td>基准长度 L_d /mm</td><td>315
355</td><td>400
450
500</td><td>560</td><td>630
710
800</td><td>900
1 000
1 120
1 250
1 400
1 600</td><td>1 800
2 000
2 240
2 500</td><td>2 800</td><td>3 150
3 550
4 000</td><td>4 500
5 000
5 600</td><td>6 300
7 100
8 000
9 000
10 000</td><td>11 200
12 500
14 000</td><td>16 000</td></tr>
<tr><td rowspan="7">截型</td><td colspan="2">Y</td><td colspan="10"></td></tr>
<tr><td></td><td colspan="4">Z</td><td colspan="7"></td></tr>
<tr><td colspan="3"></td><td colspan="4">A</td><td colspan="5"></td></tr>
<tr><td colspan="4"></td><td colspan="5">B</td><td colspan="3"></td></tr>
<tr><td colspan="5"></td><td colspan="5">C</td><td colspan="2"></td></tr>
<tr><td colspan="6"></td><td colspan="5">D</td><td></td></tr>
<tr><td colspan="8"></td><td colspan="4">E</td></tr>
</table>

普通 V 带的标记为：带型 基准长度 国家标准号。例如，B 型普通 V 带，基准长度为 1000mm，其标记为：B 1000 GB/T 11544—1997。

2. V 带轮的材料和结构

V 带轮常用铸铁制造，允许的最大圆周速度为 25m/s。当速度 $v \geqslant 25 \sim 45$m/s 时，宜用铸钢。单件生产时，可用钢板冲压后焊接带轮。为减轻带轮重量，功率小时，可用铝合金或工程塑料。

表 7-3　普通 V 带轮轮槽截面尺寸（GB/T 13575.1—1992）　　min

槽　型	h_{amin}	h_{fmin}	e	f_{min}
Y	1.6	4.7	8±0.3	7±1
Z	2.0	7.0	12±0.3	8±1
A	2.75	8.7	15±0.3	10^{+2}_{-1}
B	3.5	10.8	19±0.4	12.5^{+2}_{-1}
C	4.8	14.3	25.5±0.5	17^{+2}_{-1}
D	8.1	19.9	37±0.6	23^{+3}_{-1}
E	9.6	23.4	44.5±0.7	29^{+4}_{-1}

V 带轮由轮缘、腹板（或轮辐）和轮毂三部分组成。轮缘是带轮外圈的环形部分，轮缘上所制的轮槽数与 V 带根数相同。V 带横截面的楔角均为 40°，但带在带轮上弯曲时，由于截面变形将使其楔角变小，为了使 V 带与轮槽侧面更好地贴合，V 带轮槽角均略小于 V 带的楔角，规定为 32°、34°、36°和 38°四种，带轮直径较小时，轮槽楔角也小，V 带轮的轮槽截面尺寸见表 7-3。轮毂是带轮内圈与轴连接的部分；腹板（或轮辐）是轮毂和轮缘间的连接部分。带轮按腹板（或轮辐）的结构不同分为四种形式：实心带轮［图 7-5（a)］适用

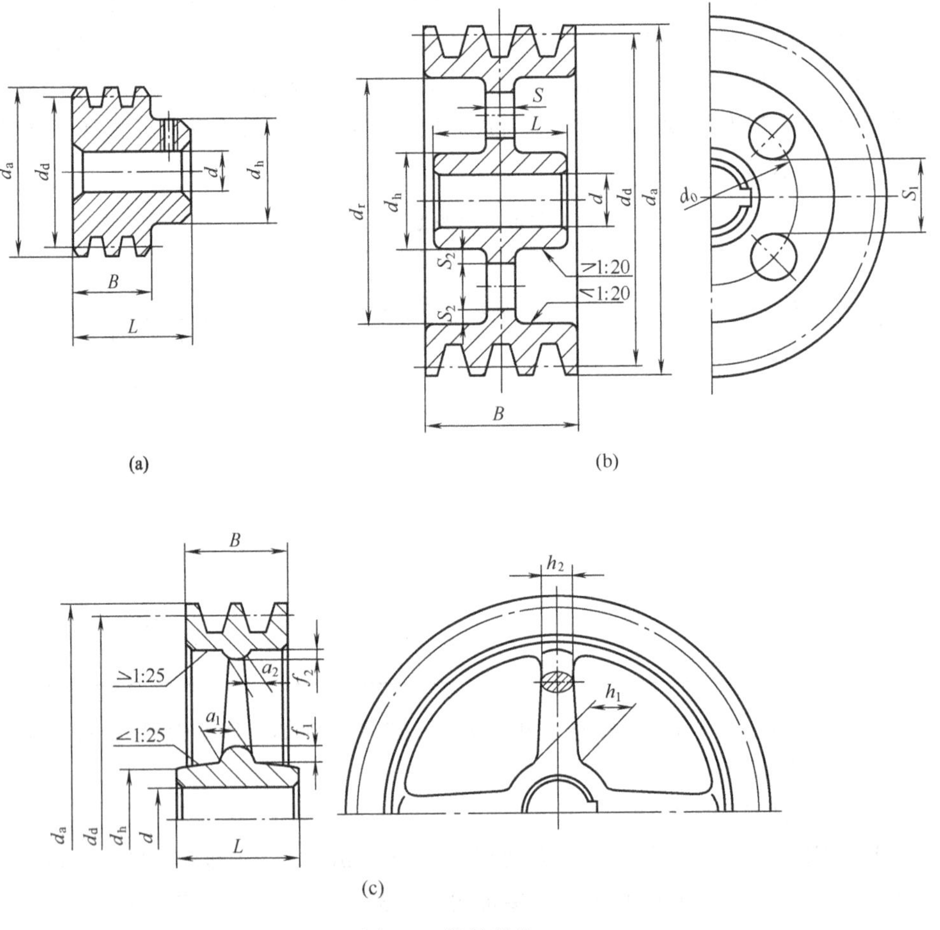

图 7-5　带轮结构

于带轮的基准直径 $d_d \leqslant (2.5 \sim 3)\ d$（$d$ 为轴的直径）；腹板带轮或孔板带轮（腹板上开孔）［图 7-5（b）］适用于带轮基准直径 $d_d = 150 \sim 400$mm；椭圆轮辐带轮［图 7-5（c）］适用于带轮基准直径 $d_d > 400$mm。

三、V 带传动的张紧和维护

1. V 带传动的张紧装置

传动带使用一段时间后会因带的伸长而松弛，及时将传动带张紧是保证带传动正常工作的基础。传动带的张紧通常采用定期移动小带轮增大中心距的方法，常用装置如图 7-6（a）、（b）所示。

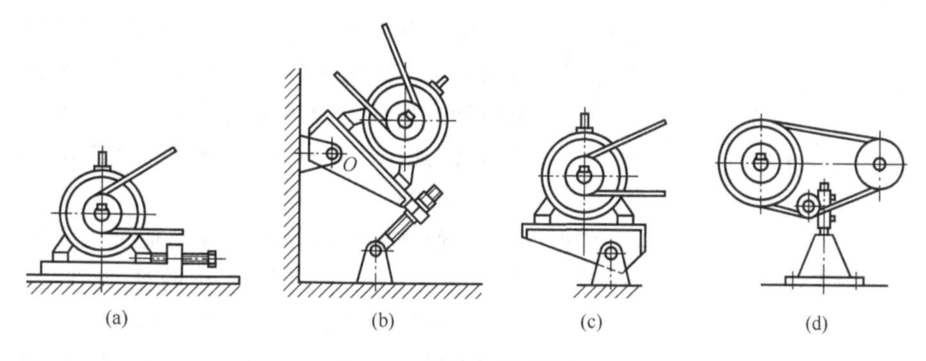

图 7-6　带传动的张紧装置

对一些不便定期调整中心距的带传动，可采用如图 7-6（c）、（d）所示的浮动架或张紧轮的装置。张紧轮应放在传动带的松边并尽量靠近大带轮，以减少对小带轮包角的影响。

2. V 带传动的维护

① 传动带应防止与酸、碱、油等对橡胶有腐蚀的介质接触，并避免日光暴晒以延长其使用寿命。

② 对裸露在机器外的带传动，必须安装防护罩，以确保人身安全。

③ 更换 V 带时，应全部更换，以免新旧带混用形成载荷分配不均，造成新带的急剧损耗。

④ 安装带传动时，两轴必须平行，两带轮的轮槽必须对准。否则会加速带的磨损。

第二节　链　传　动

一、结构和特点

链传动对我们并不陌生，自行车就是靠链传动行走的。如图 7-7 所示，链传动通常是由分别安装在两根平行轴上的主动链轮、从动链轮和链条组成的。它是靠链轮轮齿与链条的啮合来传递运动和力的。

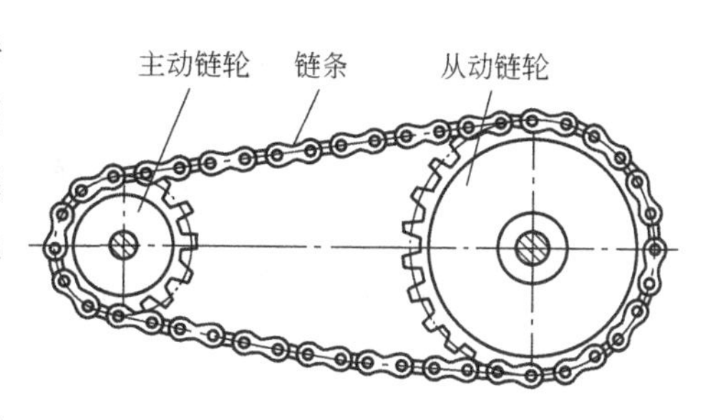

图 7-7　链传动

与带传动相比，链传动有以下优点。

① 由于是啮合传动，在相同的时间内，两

个链轮转过的链齿数是相同的，故能保证平均传动比恒定不变。

② 链条安装时不需要初拉力，故工作时作用在轴上的力较带传动小，有利于延长轴承寿命。

③ 可在恶劣的环境下（如高温、多尘、油污、潮湿等）可靠地工作，故广泛用于农业、矿山、石油、化工、食品等行业。

④ 链条本身强度高，能传递较大的圆周力，故在相同条件下，链传动装置的结构尺寸比带传动小。

链传动的主要缺点是运行平稳性差，工作时不能保证恒定的瞬时传动比，故噪声和振动大，高速时尤其明显；对制造和安装的精度要求较带传动高；过载时不能起保护作用。

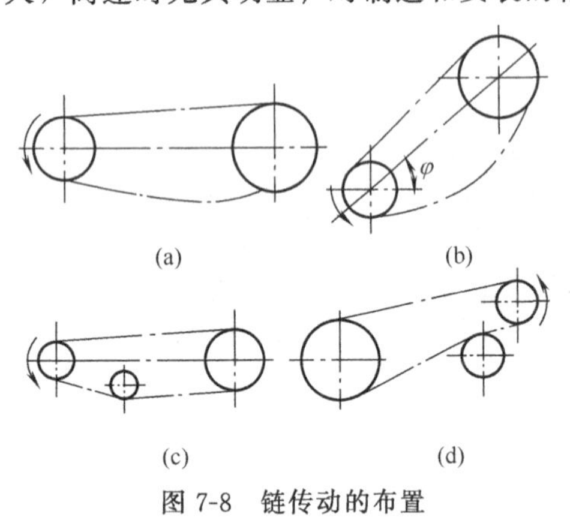

图 7-8　链传动的布置

由于链传动的这些特点，它常在两轴的中心距较大而又不宜用带传动或齿轮传动的场合中使用。链传动一般应用范围为功率 $p<100\text{kW}$，传动比 $i\leqslant6$，链速 $v<15\text{m/s}$，中心距 $a<5\text{m}$，效率 $\eta\approx0.92\sim0.98$。

为使链节和链轮齿能顺畅地进入和退出啮合，主动链轮的转向应使传动的紧边在上［图 7-8 (a)］。若松边在上，会由于垂度增大，链条与链轮齿相干扰，破坏正常啮合，或者引起松边与紧边相碰。链传动最好水平布置，当倾斜布置时，两轮中心线与水平线的夹角应小于 45°［图 7-8 (b)］。

为避免链条在垂度过大时产生啮合不良和链条的振动，当中心距不能调整时，应采用张紧轮［图 7-8 (c)、(d)］。

二、运动特性

链传动运行的不平稳性可通过主动链轮在两个特殊位置得出对链条运动速度的影响。设主动链轮的分度圆半径为 r_1，主动链轮的角速度为 ω_1，则主动链轮的分度圆的切线速度为 $v_1=r_1\omega_1$。

如图 7-9 (a) 所示，当链轮的轮槽中心处于与铅垂线对称位置时，链条运行速度最小，$v=v_1\cos\gamma$，铅垂速度分量最大。当链轮的轮槽中心处于铅垂对称线位置时［图 7-9 (b)］，链条运行速度最大，$v=v_1$，铅垂速度分量为零。

因此，当链轮每转过一个链齿，链条的速度要发生周期性的波动，即传动比呈周期性变

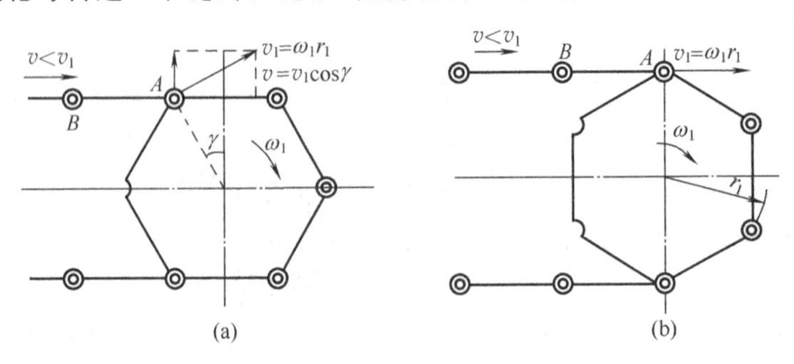

图 7-9　链条运动的不平稳性

化，只能保证平均传动比恒定；在链条速度波动过程中，将产生加速度，并由此引发周期性的动载荷（惯性力），不可避免地要产生振动冲击。

第三节 齿轮传动

一、类型和特点

齿轮传动是现代机械中应用最广的传动机构之一。

按照两轴的相对位置，可将其分为平面齿轮机构和空间齿轮机构两大类。两轴平行的齿轮传动称为平面齿轮传动或圆柱齿轮传动［图 7-10(a)～(e)］；两轴不平行的齿轮传动称为空间齿轮传动［图 7-10(f)～(j)］。按轮齿齿向又可分为直齿、斜齿及人字齿圆柱齿轮；直齿和斜齿圆柱齿轮又可分为外啮合、内啮合及齿轮齿条啮合。

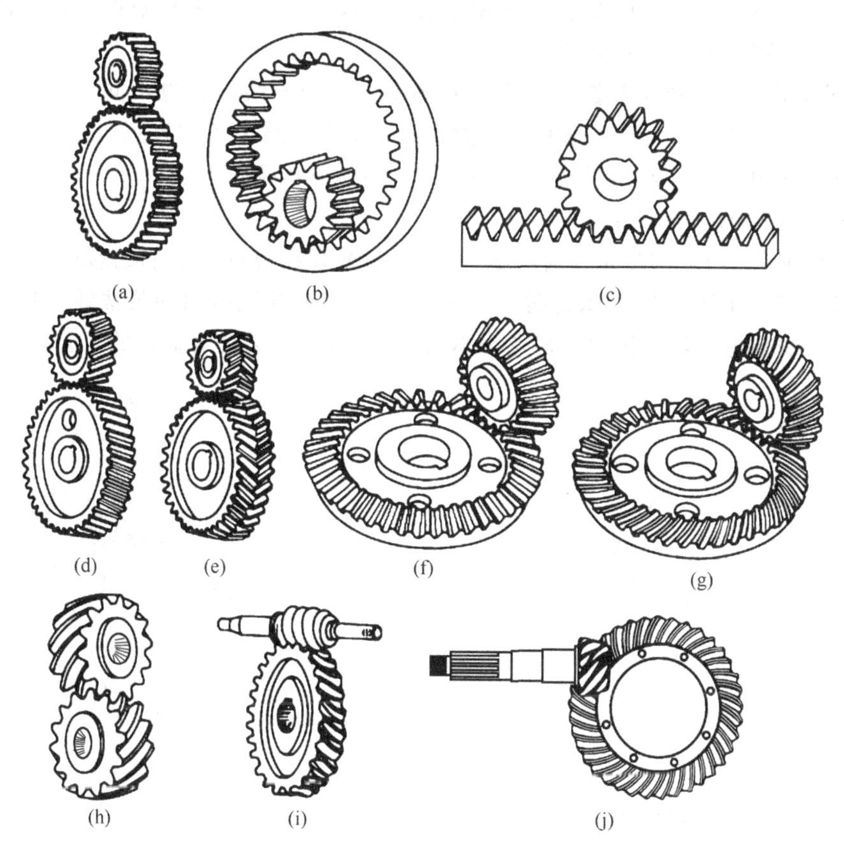

图 7-10 齿轮传动类型

按照工作条件，齿轮传动可分为闭式传动和开式传动。闭式传动的齿轮封闭在刚性箱体内，润滑和工作条件良好，重要的齿轮传动都采用闭式传动；开式传动的齿轮是外露的，不能保证良好润滑，且易落入灰尘、杂质，故齿面易磨损，只易用于低速传动。

此外还可按照速度高低、载荷大小、齿廓曲线形状、齿面硬度进行分类。

齿轮传动与其他传动形式相比，其优点是运行平稳，能保证恒定的传动比；结构紧凑、工作可靠、寿命长、效率高；功率和速度的适用范围广。但齿轮传动的制造和安装精度要求高，故成本较高；不适合于中心距较大的传动。

二、渐开线齿廓

齿轮的轮齿齿廓（即外形）曲线并非随意选取的，为了保证齿轮传动的平稳性，对齿轮齿廓曲线的特性有一定的要求，即任一瞬时的传动比恒定。满足这一要求的齿廓曲线有渐开线、摆线、圆弧等，目前，广泛用于各类机械的齿轮齿廓曲线是渐开线，称为渐开线齿轮。

1. 渐开线的形成及其性质

当一直线 AB 在半径为 r_b 的圆上作纯滚动时（图 7-11），其上任一点 K 的轨迹称为该圆的渐开线。该圆称为基圆，r_b 称为基圆半径；直线 AB 称为发生线。

由渐开线的形成过程可知渐开线有如下性质。

① 发生线在基圆上滚过的长度等于基圆上被滚过的弧长。即 $\overline{KN}=\overset{\frown}{CN}$。

② 因发生线在基圆上作纯滚动，所以，K 点附近的渐开线可以看成以 N 为圆心的一段圆弧。于是，N 点是渐开线在 K 点的曲率中心，KN 是渐开线在 K 点的法线，同时又切于基圆，K 点离基圆越远，曲率半径越大。

③ 渐开线的形状取决于基圆的大小。基圆不同，渐开线形状也不同，基圆越大，渐开线越平直，基圆半径无穷大时，渐开线成为直线，即渐开线齿条的齿廓。

④ 由于渐开线是发生线从基圆向外伸展的，故基圆内无渐开线。

2. 渐开线齿廓的啮合特性

如图 7-12 所示，E_1、E_2 是一对在 K 点啮合的渐开线齿廓，它们的基圆半径分别为 r_{b1} 和 r_{b2}。当 E_1、E_2 在任意点 K 啮合时，过 K 点作这对渐开线齿廓的公法线，依据前述渐开线的特性，该线必与两基圆相切，切点为 N_1、N_2，N_1N_2 又是两基圆的内公切线。

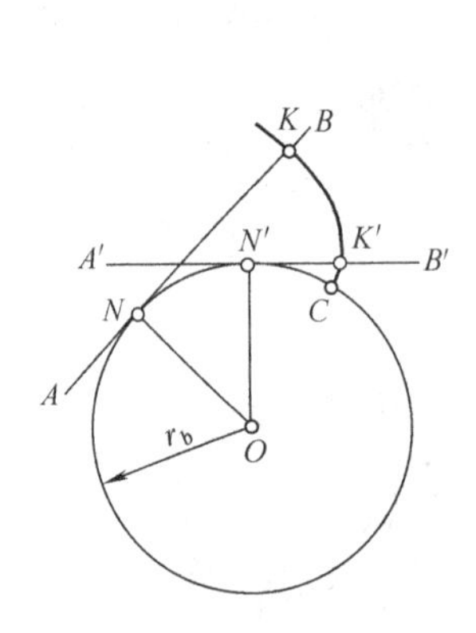

图 7-11　渐开线的形成

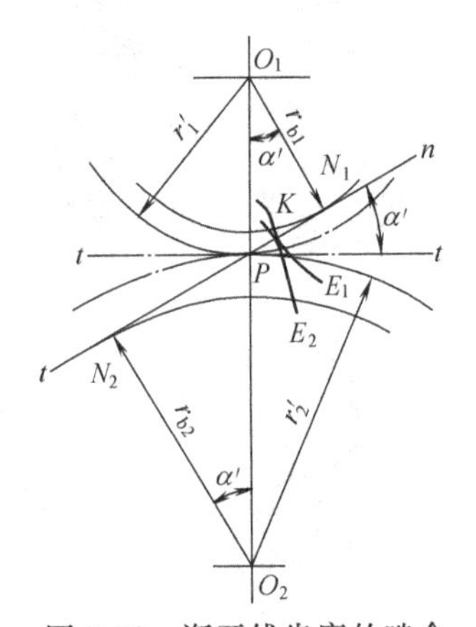

图 7-12　渐开线齿廓的啮合

N_1N_2 与连心线 O_1O_2 相交于 P 点，分别以 O_1、O_2 为圆心，以 O_1P、O_2P 为半径所作的圆称为节圆。由于其基圆半径 r_{b1}、r_{b2} 不变，则其内公切线 N_1N_2 是唯一的，交点 P 必为一定点。所以两轮的传动比为

$$i_{12}=\frac{\omega_1}{\omega_2}=\frac{O_2P}{O_1P}=\text{常数}$$

如图 7-12 所示，直角三角形 O_1N_1P 与直角三角形 O_2N_2P 相似，所以两轮的传动比还可以写为

$$i_{12}=\frac{\omega_1}{\omega_2}=\frac{O_2P}{O_1P}=\frac{r_2'}{r_1'}=\frac{r_{b2}}{r_{b1}}=\text{常数}$$

式中　r_1'，r_2'，r_{b1}，r_{b2}——两轮的节圆半径和基圆半径。

上式说明，一对齿轮的传动比为两基圆半径的反比，而与中心距无关。因此，齿轮传动实际工作时，中心距稍有变化也不会改变瞬时传动比，这是因为已制好的两齿轮基圆不会改变。渐开线齿轮传动的中心距稍有变动时仍能保持传动比不变的特性，称为中心距可分性。可分性给齿轮传动的设计也提供了方便。

齿轮传动时，其齿廓接触点的轨迹称为啮合线。渐开线齿廓啮合时，由于无论在哪一点接触，接触点的公法线总是两基圆的内公切线 N_1N_2，故渐开线齿廓的啮合线就是直线 N_1N_2。啮合线 N_1N_2 与两轮节圆的公切线 tt 间的夹角 α' 称为啮合角。显然，渐开线齿廓啮合传动时，啮合角 α' 为常数。

需要注意的是，只有在一对齿轮相互啮合的情况下，才有节圆和啮合角，单个齿轮不存在节圆和啮合角。

三、渐开线标准直齿圆柱齿轮的基本参数和几何尺寸计算

1. 基本参数

（1）模数 m　图 7-13 所示为渐开线直齿圆柱齿轮的一部分。为了设计、制造的方便，将齿轮上某个圆作为度量齿轮尺寸的基准，这个圆称为分度圆。d 为分度圆直径，d_a 为齿顶圆直径，d_f 为齿根圆直径。沿某一圆周上量得的轮齿厚度称为齿厚，相邻两齿之间的距离称为齿槽宽。对于标准齿轮，在分度圆上的齿厚 s 和齿槽宽 e 相等，即 $s=e$。

相邻两齿同侧齿廓之间的分度圆弧长称为分度圆齿距（简称齿距），用 p 表示。于是，分度圆周长为 $pz=\pi d$，或 $d=zp/\pi$，式中 π 为无理数，为了计算和测量的方便，人为地规定 p/π 的值为标准值，称为模数，用 m 表示，因此有

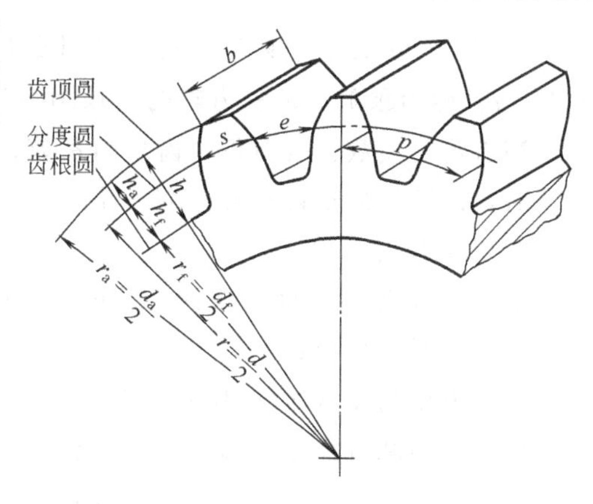

图 7-13　渐开线齿轮几何尺寸

$$d=mz \tag{7-1}$$

表 7-4 为国家标准 GB/T 1357—1987 规定的标准模数系列。

表 7-4　标准模数系列　mm

第一系列	1 1.25 1.5 2 2.5 3 4 5 6 8 10 12 16 20 25 32 40 50
第二系列	1.75 2.25 2.75 (3.25) 3.5 (3.75) 4.5 5.5 (6.5) 7 9 (11) 14 18 22 28 36 45

注：1. 本表适用于渐开线圆柱齿轮，对斜齿轮指法向模数。
2. 优先采用第一系列，括号内的模数尽可能不用。

（2）压力角 α　力的作用方向和物体上力的作用点的速度方向之间的夹角称为压力角。

如图 7-14 所示，在不计摩擦时，正压力 F_n 与接触点 K 的速度 v_k 方向所夹的锐角 α_k 称为渐开线齿廓上该点的压力角。由图可得

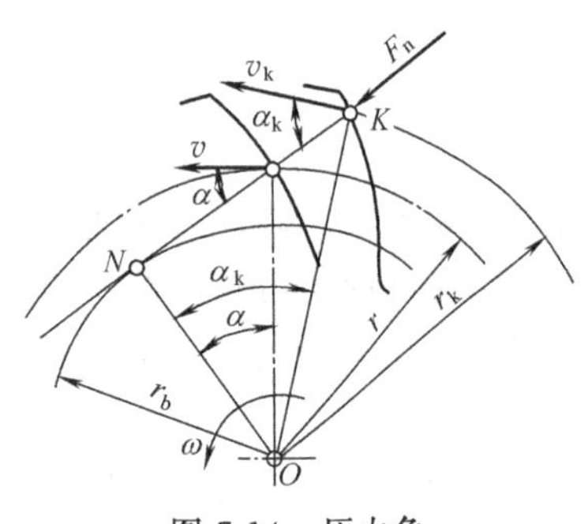

图 7-14　压力角

$$\cos\alpha_k=\frac{r_b}{r_k} \tag{7-2}$$

式中　r_b——基圆半径；

r_k——渐开线上 K 点的向径。

由式（7-2）可知，渐开线齿廓上各点的压力角不相等，离开基圆越远的点，其压力角越大。

齿轮的压力角 α 通常是指渐开线齿廓在分度圆上的压力角。中国规定标准渐开线齿轮的压力角 $\alpha=20°$。只要以分度圆半径 r 代替式（7-2）中的 r_k 即得分度圆上压力角 α 的计算公式。

$$\cos\alpha=\frac{r_b}{r}=\frac{d_b}{d} \tag{7-3}$$

（3）齿顶高系数 h_a^* 和顶隙系数 c^*　齿顶高和齿根高都与模数成正比，所以，齿顶高 h_a 和齿根高 h_f 可分别表示为

$$\left.\begin{aligned}h_a&=h_a^*m\\h_f&=(h_a^*+c^*)m\end{aligned}\right\} \tag{7-4}$$

h_a^* 和 c^* 分别为齿顶高系数和顶隙系数。对于圆柱齿轮，国家标准规定 $h_a^*=1$，$c^*=0.25$。c_m^* 称为顶隙，是一齿轮的齿顶圆与另一齿轮的齿根圆之间的径向距离。

当齿轮的模数、压力角、齿顶高系数、顶隙系数均为标准值，且分度圆上的齿厚等于齿槽宽时，这样的齿轮就称为标准齿轮。

2. 几何尺寸计算

如图 7-13 所示，渐开线标准直齿圆柱齿轮的主要几何尺寸计算如下。

（1）分度圆直径 d　式（7-1）。

（2）齿顶高 h_a 和齿根高 h_f　式（7-4）。

（3）齿顶圆直径 d_a 和齿根圆直径 d_f

$$\left.\begin{aligned}d_a&=d\pm2h_a=m(z\pm2h_a^*)\\d_f&=d\mp2h_f=m(z\mp2h_a^*\mp2c^*)\end{aligned}\right\} \tag{7-5}$$

（4）标准中心距 a　一对渐开线齿轮安装以后，如果两齿轮的分度圆正好互相外切（分度圆与节圆重合），称为标准安装。此时，两轮的中心距等于两轮分度圆半径之和，这种中心距称为标准中心距，即

$$a=\frac{1}{2}(d_1\pm d_2)=\frac{1}{2}m(z_1\pm z_2) \tag{7-6}$$

式（7-5）和式（7-6）中有上下运算符，上面符号用于外啮合或外齿轮，下面符号用于内啮合或内齿轮。

相邻两齿同侧齿廓间沿公法线所量得的距离称为齿轮的法向齿距；相邻两齿同侧齿廓的渐开线起始点之间的基圆弧长称为基圆齿距。根据渐开线的性质知，法向齿距和基圆齿距相等，将二者均用 p_b 表示。由齿距的定义和式（7-3）可得

$$p_b = \frac{\pi d_b}{z} = \pi m \cos\alpha \tag{7-7}$$

四、渐开线直齿圆柱齿轮的啮合条件

1. 正确啮合条件

如图 7-15 所示，一对渐开线齿轮传动时，由于两轮齿廓的啮合点是沿啮合线 N_1N_2 移动的，当前一对轮齿在 K 点啮合而后一对轮齿同时在 B_2 点啮合时，为保证两齿轮能正确啮合，即两对齿廓均在啮合线上相切接触，两轮齿间不产生间隙或卡住，则必须使两齿轮的法向齿距相等。即

$$p_{b1} = p_{b2}$$

将式（7-7）代入上式可得

$$m_1 \cos\alpha_1 = m_2 \cos\alpha_2$$

由于齿轮的模数和压力角都已标准化，所以要满足上式应使

$$\left.\begin{aligned} m_1 = m_2 = m \\ \alpha_1 = \alpha_2 = \alpha \end{aligned}\right\} \tag{7-8}$$

即一对渐开线直齿圆柱齿轮的正确啮合条件是两轮的模数和压力角应分别相等。

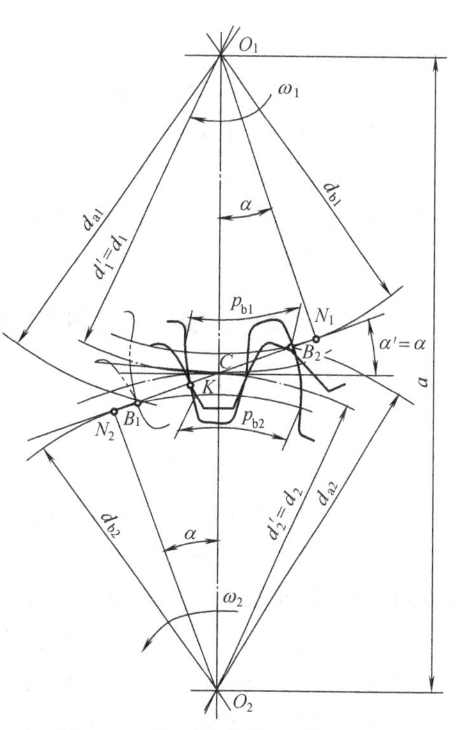

图 7-15　渐开线齿廓的啮合传动

根据正确啮合条件，一对渐开线齿轮的传动比公式可以写为

$$i_{12} = \frac{\omega_1}{\omega_2} = \frac{r_2'}{r_1'} = \frac{r_{b2}}{r_{b1}} = \frac{d_{b2}}{d_{b1}} = \frac{d_2 \cos\alpha}{d_1 \cos\alpha} = \frac{d_2}{d_1} = \frac{m z_2}{m z_1} = \frac{z_2}{z_1} \tag{7-9}$$

2. 连续啮合条件

如图 7-15 所示，齿轮 1 为主动轮，齿轮 2 为从动轮。当两轮的一对轮齿开始啮合时，一定是主动轮的齿根推动从动轮的齿顶，因而开始啮合点是从动轮的齿顶圆与啮合线 N_1N_2 的交点 B_2。随着齿轮啮合传动的进行，啮合点将沿啮合线 N_1N_2 由 B_2 点向 B_1 点移动，当啮合点移至 B_1 点时，这对齿廓的啮合终止。B_1 点为主动轮的齿顶圆与啮合线 N_1N_2 的交点。从一对轮齿的啮合过程来看，啮合点实际走过的轨迹只是啮合线 N_1N_2 上的一段 B_1B_2，故将 B_1B_2 称为实际啮合线，N_1N_2 称为理论啮合线。

从上述一对轮齿的啮合过程可以看出，要保证齿轮能连续啮合传动，当前一对轮齿的啮合点到达 B_1 时，后一对轮齿必须提前或至少同时到达开始啮合点 B_2，这样传动才能连续进行。如果前一对轮齿的啮合点到达 B_1 点即将分离时，后一对轮齿尚未进入啮合，齿轮传动的啮合过程就出现不连续，并产生冲击。所以，保证一对齿轮能连续啮合传动的条件是实际啮合线的长度 B_1B_2 应大于或等于齿轮的法向齿距 B_2K。因齿轮的法向齿距等于基圆齿距，所以有

$$B_1B_2 \geqslant p_b \text{ 或 } \frac{B_1B_2}{p_b} \geqslant 1$$

实际啮合线 B_1B_2 与基圆齿距 p_b 的比值称为齿轮传动的重合度，用 ε 表示。故渐开线齿轮连续传动的条件为

$$\varepsilon = \frac{B_1B_2}{p_b} \geqslant 1$$

ε 越大，意味着多对轮齿同时参与啮合的时间越长，每对轮齿承受的载荷就越小，齿轮传动也越平稳。对于标准齿轮，ε 的大小主要与齿轮的齿数有关，齿数越多，ε 越大。直齿圆柱齿轮传动的最大重合度 $\varepsilon=1.982$，即直齿圆柱齿轮传动不可能始终保持两对轮齿同时啮合。理论上只要 $\varepsilon=1$ 就能保证连续传动，但因齿轮有制造和安装等误差，实际应使 $\varepsilon>1$。一般机械中常取 $\varepsilon \geqslant 1.1 \sim 1.4$。

五、根切现象、最少齿数和变位齿轮的概念

1. 齿轮加工方法简介

渐开线齿轮轮齿的加工方法很多，常用的方法是切削加工。按加工原理的不同，切削加工又分为仿形法和展成法。

仿形法是用轴向剖面形状与齿槽形状相同的圆盘铣刀或指状铣刀在普通铣床上铣出轮齿。采用仿形法加工齿轮简单易行，但精度较低，且加工过程不连续，生产效率低，故一般仅适用于单件小批量生产及精度要求不高的齿轮。

展成法是利用一对齿轮互相啮合传动时其两轮齿廓互为包络线的原理来加工齿轮的。展成法切齿常用刀具有齿轮插刀、齿条插刀及滚刀。展成法加工齿轮时，只要改变刀具与轮坯的传动比，就可以用同一刀具加工出不同齿数的齿轮，而且精度及生产率高。因此，在大批量生产中多数采用展成法。

2. 根切现象和最少齿数

用展成法加工齿轮时，如果齿轮的齿数太少，则齿轮毛坯的渐开线齿廓根部会被刀具的齿顶切去一部分，这种现象称为根切。轮齿根切后，弯曲强度降低，重合度也将减小，使传动质量变差，因此应尽量避免发生根切。

为了避免发生根切现象，标准直齿圆柱齿轮的齿数不能少于 17。

3. 变位齿轮的概念

为加工出齿数少于最少齿数而又不根切的齿轮，可将刀具向远离轮坯中心方向移动一段距离，这种改变刀具和轮坯相对位置的加工方法称为变位修正法，加工出来的齿轮称为变位齿轮。规定，刀具向远离轮坯中心的方向移动称为正变位，向靠近轮坯中心方向移动称为负变位。正变位可以避免根切，并可以使轮齿变厚，提高其抗弯强度。而负变位加剧根切，使轮齿变薄，齿轮强度下降，只有齿数较多的大齿轮且为拼凑中心距时才可采用。例如，齿轮传动中若因齿轮磨损过大而影响使用时，更换大齿轮的费用较高，可采用负变位修正大齿轮的齿廓，再加工一正变位的小齿轮与其配合，可大大降低维修费用。

六、斜齿圆柱齿轮传动

1. 齿面的形成与啮合特点

在讨论直齿圆柱齿轮的齿廓形成和啮合特点时，都是在齿轮端面进行的。由于齿轮具有一定的宽度，所以其齿廓应该是渐开线曲面。如图 7-16（a）所示，直齿轮的齿廓曲面是发生面 S 绕基圆柱作纯滚动时，发生面上平行于基圆柱母线的直线在空间形成的渐开线曲面。如图 7-16（b）所示，斜齿轮的齿廓曲面是发生面上与基圆柱母线成一夹角 β_b 的直线在空间形成的一渐开螺旋面。

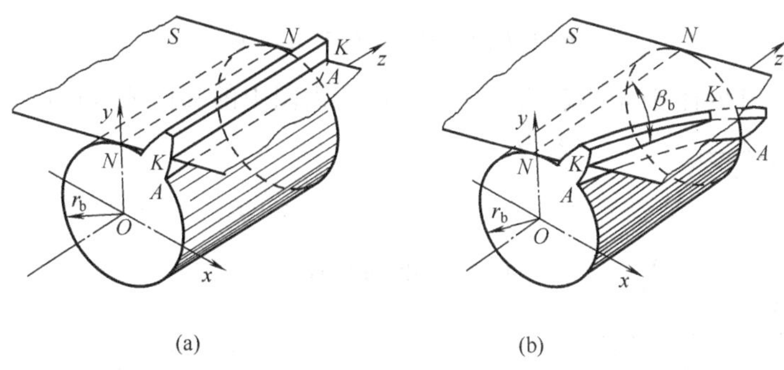

图 7-16　圆柱齿轮齿廓曲面的形成

由齿廓的形成过程可以看出，直齿圆柱齿轮由于轮齿齿向与轴线平行，在与另一个齿轮啮合时，沿齿宽方向的瞬时接触线是与轴线平行的直线。一对轮齿沿整个齿宽同时进入啮合和脱离啮合，致使轮齿受力和变形都是突然发生的，易引起冲击、振动和噪声，尤其在高速传动中更为严重。而斜齿轮啮合传动时，齿面接触线与齿轮轴线相倾斜，一对轮齿是逐渐进入（或脱离）啮合，多齿啮合的时间比直齿轮长，故斜齿轮传动平稳、噪声小、重合度大、承载能力强，适用于高速和大功率场合。斜齿轮传动中要产生轴向力，使轴承支承结构变得复杂。

2. 主要参数和几何尺寸计算

（1）端面齿距 p_t、法面齿距 p_n 和螺旋角 β　图 7-17 所示为斜齿轮分度圆柱面的展开图，图中阴影线部分为被剖切轮齿，空白部分为齿槽，p_t 和 p_n 分别为端面齿距和法面齿距，由图中几何关系可知

$$p_n = p_t \cos\beta \tag{7-10}$$

β 为分度圆柱面上螺旋线的切线与齿轮轴线的夹角，称为斜齿轮的螺旋角，一般 $\beta=8°\sim20°$。根据螺旋线的方向，斜齿轮有左旋和右旋之分（图 7-18）。

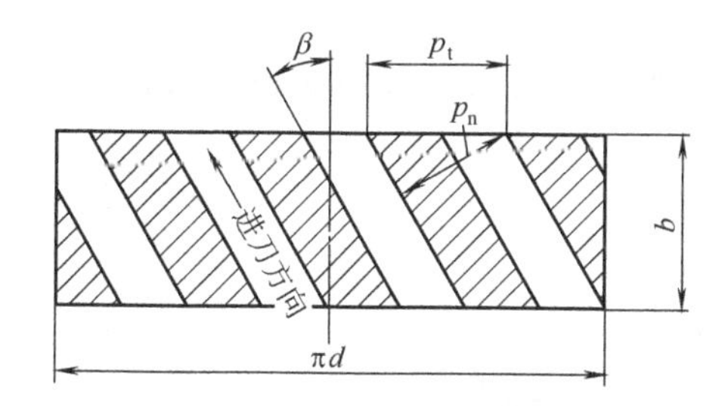

图 7-17　斜齿轮分度圆柱面展开

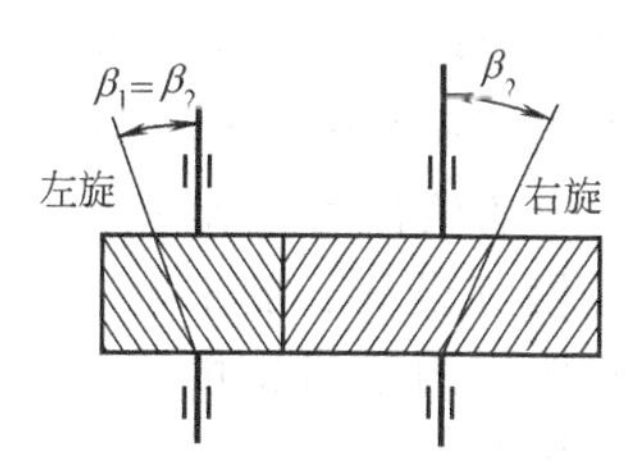

图 7-18　斜齿轮轮齿旋向

（2）端面模数 m_t 和法面模数 m_n　因 $p=\pi m$，由式（7-10）得

$$m_n = m_t \cos\beta \tag{7-11}$$

由于加工斜齿圆柱齿轮的轮齿时，齿轮刀具是沿轮齿的倾角方向进刀的，因此斜齿圆柱

齿轮的齿槽，在法面内与标准直齿圆柱齿轮相同，规定法面斜齿轮的法面参数（m_n、α_n、h_{an}^*、c_n^*）为标准值。加工斜齿轮时，应按其法面参数选用刀具。法面模数 m_n 可由表 7-1 查得，法面压力角 $\alpha_n=20°$，法面齿顶高系数 $h_{an}^*=1$，法面顶隙系数 $c_n^*=0.25$。

（3）齿顶高系数和顶隙系数　因为轮齿的径向尺寸无论从端面还是从法面看都是相同的，所以，端面和法面的齿顶高、顶隙都是相等的，即 $h_a=h_{an}^*m_n=h_{at}^*m_t$，$c=c_n^*m_n=c_t^*m_t$，于是

$$h_{at}^*=h_{an}^*\cos\beta \qquad c_t^*=c_n^*\cos\beta \tag{7-12}$$

（4）压力角　图 7-19 所示为斜齿条的一个齿，由图中的几何关系可以导出 α_n 和 α_t 的关系为

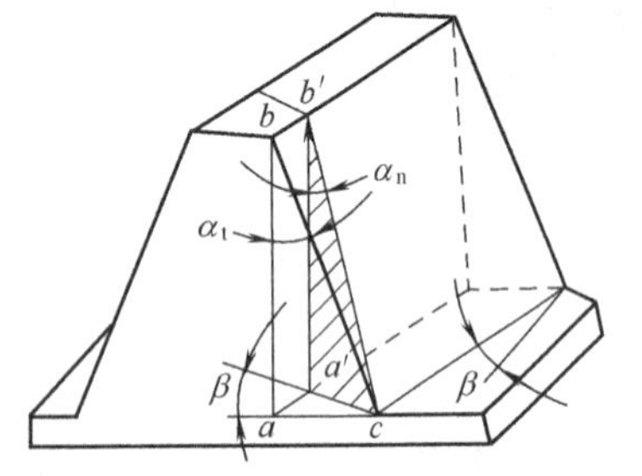

图 7-19　端面压力角和法面压力角

$$\tan\alpha_n=\tan\alpha_t\cos\beta \tag{7-13}$$

（5）分度圆直径

$$d=m_tz=\frac{m_nz}{\cos\beta}$$

（6）标准中心距

$$a=\frac{d_1+d_2}{2}=\frac{m_t(z_1+z_2)}{2}=\frac{m_n(z_1+z_2)}{2\cos\beta}$$

（7）齿顶圆直径

$$d_a=d+2h_a$$

（8）齿根圆直径

$$d_f=d-2(h_{at}^*+c_t^*)m_t$$

3. 正确啮合条件

在端面内，斜齿圆柱齿轮和直齿圆柱齿轮一样，都是渐开线齿廓。因此，一对斜齿圆柱齿轮传动时，必须满足 $m_{t1}=m_{t2}$、$\alpha_{t1}=\alpha_{t2}$；两齿轮的螺旋角 β 应大小相等，旋向相反。又由于斜齿圆柱齿轮的法向参数为标准值，故其正确啮合条件为 $m_{n1}=m_{n2}=m_n$，$\alpha_{n1}=\alpha_{n2}=\alpha_n$，$\beta_1=\pm\beta_2$，式中“－”号用于外啮合，“＋”号用于内啮合。

七、直齿圆锥齿轮传动

圆锥齿轮的轮齿分布在一截锥体上，如图 7-20 所示。它用于两轴线相交的轴间传动，特别是两轴线互垂相交的轴间传动。

圆锥齿轮的轮齿可以是直齿、斜齿或曲齿。直齿圆锥齿轮因其设计、加工及安装均较简便，故应用较广；而曲齿圆锥齿轮由于其传动平稳、结构紧凑并可传递较大负荷，在汽车及拖拉机的差动轮系中获得广泛应用。

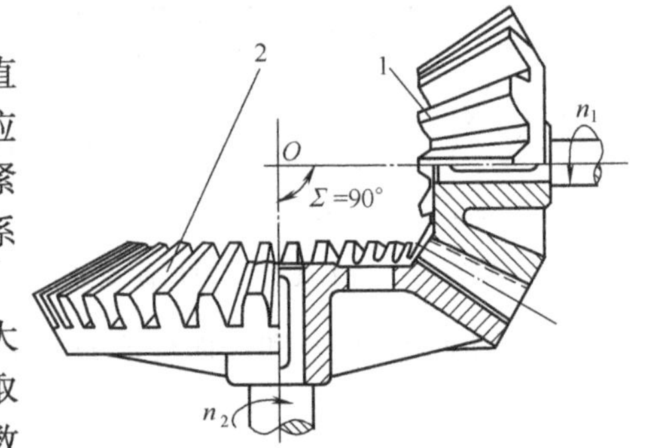

图 7-20　圆锥齿轮传动

圆锥齿轮的几何尺寸计算以大端为标准，在大端的分度圆上，模数按国家标准规定的模数系列取值，压力角 $\alpha=20°$，齿顶高系数 $h_a^*=1$，顶隙系数 $c^*=0.2$。

直齿圆锥齿轮的正确啮合条件为两锥齿轮的大端模数和压力角分别相等且等于标准值，即

$$m_1 = m_2 = m$$

$$\alpha_1 = \alpha_2 = \alpha$$

一对圆锥齿轮传动的传动比为

$$i = \frac{\omega_1}{\omega_2} = \frac{n_1}{n_2} = \frac{z_2}{z_1}$$

八、蜗杆传动简介

蜗杆传动用于传递两交错轴之间的运动和动力，如图 7-10（i）所示。两轴的交错角通常为 90°，蜗杆传动由蜗杆和蜗轮组成，蜗杆常为主动件。蜗杆传动也是一种齿轮传动。

根据蜗杆的形状，蜗杆传动可分为圆柱蜗杆传动［图 7-21（a）］、环面蜗杆传动［图 7-21（b）］和锥蜗杆传动［图 7-21（c）］等。圆柱蜗杆又有普通圆柱蜗杆传动和圆弧圆柱蜗杆传动。普通圆柱蜗杆根据不同的齿廓曲线可分为阿基米德蜗杆、渐开线蜗杆等。其中，阿基米德蜗杆由于加工方便，应用最为广泛。

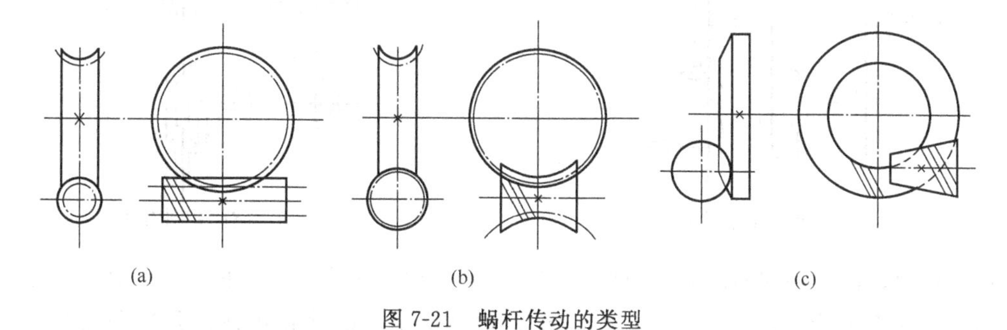

图 7-21　蜗杆传动的类型

蜗杆和螺纹一样，也有左、右旋之分，无特殊要求不用左旋。

根据蜗杆轮齿螺旋线的头数，蜗杆有单头和多头之分。

与齿轮传动相比，蜗杆传动有如下特点。

① 传动比大、结构紧凑　一般传动中，$i=10\sim40$，最大可达 80。在分度机构中，其传动比可达 600～1000。

② 传动平稳、噪声小　蜗杆齿是连续的螺旋形齿，蜗轮和蜗杆是逐渐进入和退出啮合的，同时啮合的齿数较多，所以传动平稳、噪声小。

③ 可以自锁　当蜗杆的螺旋线升角小于啮合面的当量摩擦角时，蜗杆传动具有自锁性。

④ 效率低　由于蜗杆和蜗轮在啮合处有较大的相对滑动，因此发热量大，效率较低。传动效率一般为 0.7～0.9，自锁时效率小于 0.5。

⑤ 蜗轮造价高　为减少磨损，提高效率和寿命，蜗轮齿圈一般多用青铜制造，因此造价较高。

当蜗杆为主动件时，蜗杆传动的传动比为

$$i = \frac{n_1}{n_2} = \frac{z_2}{z_1}$$

式中　n_1，n_2——蜗杆和蜗轮的转速，r/min；

z_1——蜗杆头数；

z_2——蜗轮齿数。

z_1 小，传动比大，效率低；z_1 大，效率高，但加工困难。通常 z_1 取为 1、2、4、6。

九、轮系

在实际机械传动中，一对齿轮组成的齿轮传动往往不能满足不同的工作要求，常常采用一系列互相啮合的齿轮组成的传动系统满足一定功能要求。这种由一系列啮合齿轮组成的传动系统称为齿轮系，简称轮系。

按轮系运转时各齿轮轴线位置相对机架是否固定，将轮系分为定轴轮系和周转轮系两种基本类型。

1. 定轴轮系传动比的计算

当轮系运转时，各个齿轮的几何轴线相对于机架固定不动的轮系称为定轴轮系。定轴轮系又分为平面定轴轮系（图 7-22）和空间定轴轮系（图 7-23）两种。

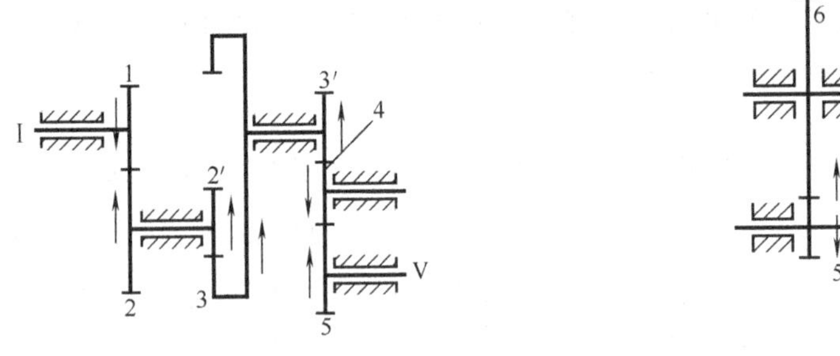

图 7-22　平面定轴轮系　　　　图 7-23　空间定轴轮系

在轮系中，输入轴和输出轴角速度（或转速）之比，称为轮系的传动比，用 i 表示。图 7-22 所示的轮系的传动比 $i_{15}=\omega_1/\omega_5=n_1/n_5$。轮系传动比的计算包括计算传动比的大小和确定输出轴的转动方向。

（1）平面定轴轮系　如图 7-22 所示，平面定轴轮系各轮轴线的转向都是相同或相反的，因此可用带有正、负号的传动比来表示。规定：外啮合圆柱齿轮传动，两轮转向相反，传动比取负号；内啮合圆柱齿轮传动，两轮转向相同，传动比取正号。若各轮的齿数分别为 z_1、z_2、$z_{2'}$、z_3、$z_{3'}$、z_4、z_5，则该定轴轮系中各对齿轮的传动比为

$$i_{12}=\frac{n_1}{n_2}=-\frac{z_2}{z_1}\qquad i_{2'3}=\frac{n_{2'}}{n_3}=\frac{z_3}{z_{2'}}\qquad i_{3'4}=\frac{n_{3'}}{n_4}=-\frac{z_4}{z_{3'}}\qquad i_{45}=\frac{n_4}{n_5}=-\frac{z_5}{z_4}$$

因 $n_2=n_{2'}$，$n_3=n_{3'}$，所以

$$i_{15}=\frac{n_1}{n_5}=\frac{n_1}{n_2}\times\frac{n_{2'}}{n_3}\times\frac{n_{3'}}{n_4}\times\frac{n_4}{n_5}=(-1)^3\frac{z_2z_3z_4z_5}{z_1z_{2'}z_{3'}z_4}=-\frac{z_2z_3z_5}{z_1z_{2'}z_{3'}}$$

注意，齿轮 4 既是前一级齿轮的从动轮，又是后一级齿轮的主动轮，因此它的齿数不影响传动比的大小（z_4 在式中消去），但增加了外啮合次数，改变了传动比的符号。这种不影响传动比大小，只影响传动比符号，即改变轮系从动轮转向的齿轮称为惰轮或过轮。

将上式推广，可得任意平面定轴轮系总传动比的通用计算公式为

$$i_{1k}=\frac{n_1}{n_k}=(-1)^m\frac{\text{所有从动轮齿数的连乘积}}{\text{所有主动轮齿数的连乘积}} \tag{7-14}$$

式中　m——外啮合齿轮的啮合对数；

n_1，n_k——轮系中1、k两齿轮（或两轴）的转速。

（2）空间定轴轮系　图7-23所示为空间齿轮传动的定轴轮系，轮系中有圆柱齿轮、圆锥齿轮、蜗轮蜗杆等。其传动比的大小仍可按式（7-14）计算，但轮系中各齿轮的转向不能由$(-1)^m$来确定。因为空间齿轮的轴线不平行，不能说两轴的转向是相同还是相反，所以空间轮系中各轮的转向只能在图中用箭头画出。

蜗轮旋转方向，按蜗杆的螺旋线旋向和旋转方向，应用左、右手定则判定。当蜗杆为右旋时用右手，四指顺着蜗杆转向握起来，大拇指沿蜗杆轴线所指的相反方向即为蜗轮的转向；当蜗杆为左旋时，用左手按相同方法判定蜗轮转向。

例7-1　图7-23所示的轮系中，已知各轮的齿数为$z_1=20$，$z_2=30$，$z_3=1$，$z_4=40$，$z_5=20$，$z_6=50$，试求传动比i_{16}，并指出齿轮6的转向。

解　根据式（7-14），可得该空间轮系的传动比为

$$i_{16}=\frac{z_2z_4z_6}{z_1z_3z_5}=\frac{30\times40\times50}{20\times1\times20}=150$$

齿轮6的转向用画箭头方法确定，如图中箭头所示。

2. 行星轮系

在轮系运转时，至少有一个齿轮的几何轴线绕另一个齿轮几何轴线转动，该轮系称为行星轮系。如图7-24所示的行星轮系，主要由行星齿轮、行星架（系杆）和太阳轮所组成。

图7-25所示为行星轮系的简图。活套在构件H上的齿轮2，一方面绕自身的轴线回转，另一方面又随构件H绕固定轴线回转，因此，称齿轮2为行星齿轮。支撑行星齿轮2的构件H称为行星架。与行星齿轮2相啮合且作定轴转动的齿轮1和3称为中心轮或太阳轮。

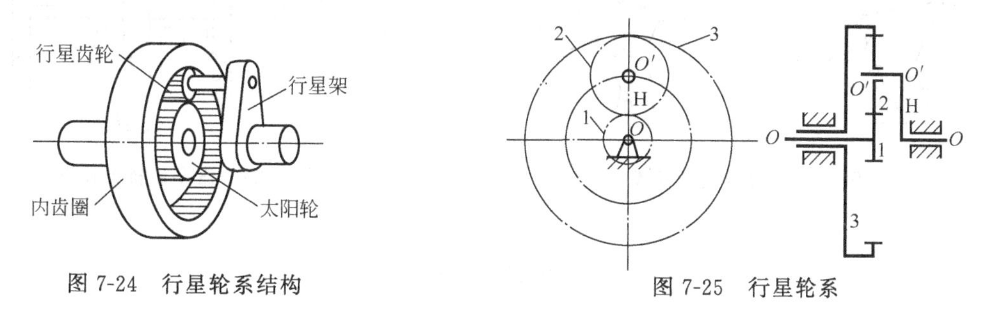

图7-24　行星轮系结构　　图7-25　行星轮系

行星轮系中一般都以太阳轮或行星架作为运动的输入或输出构件，故称太阳轮、行星轮和行星架为行星轮系的基本构件。

3. 轮系的功用

轮系广泛用于各种机械设备中，其主要功用如下。

（1）实现远距离传动　当两轴距离较远时，若只用一对齿轮传动，则齿轮的尺寸必然很大，致使机器的结构尺寸和重量增大，制造安装都不方便。若采用轮系传动，就可克服上述缺点，如图7-26所示。

（2）获得大的传动比　若用一对齿轮获得较大的传动比，则必然有一个齿轮要做得很大，这样会使机构的体积增大，同时小齿轮也容易损坏。如果采用多对齿轮组成的齿轮系，

就可以很容易获得较大的传动比。

(3) 实现变速传动　如图 7-27 所示的简单变速传动。在主动轴转速不变的条件下，移动双联齿轮 1-1′，使之与从动轴上两个齿数不同的齿轮 2、2′分别啮合，就可使从动轴获得两种不同的转速，从而达到变速的目的。一般机床、起重等设备上也都需要这种变速传动。

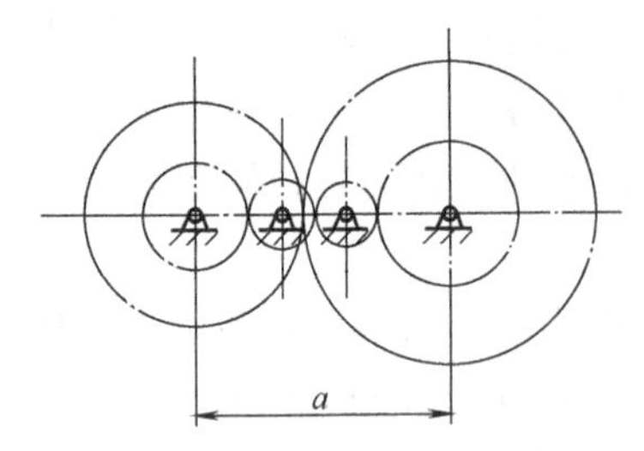

图 7-26　远距离两轴间的传动

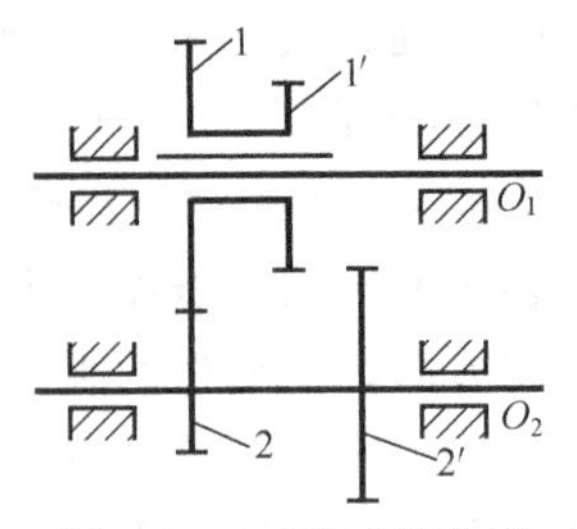

图 7-27　可变速的轮系

(4) 实现换向传动　当主动轴转向不变时，可利用轮系的惰轮来改变从动轴的转向。图 7-28 所示的轮系，主动轮 1 转向不变，可通过扳动手柄，改变中间轮 2、3 的位置，以改变它们外啮合的次数，从而达到从动轮 4 变向的目的。

(5) 实现运动的合成与分解　机械中常用具有两个自由度的差动行星轮系来实现运动的合成与分解。应用差动行星轮系，不仅可将两个构件的运动合成为另一个构件的运动并输出；也可以将一个构件的运动分解成为两个构件的运动并输出。如汽车的后桥差速器（图 7-29），就是利用差动行星轮系将一个输入运动分解成两个构件的运动，从而满足汽车转向时对两车轮转速不同的要求。

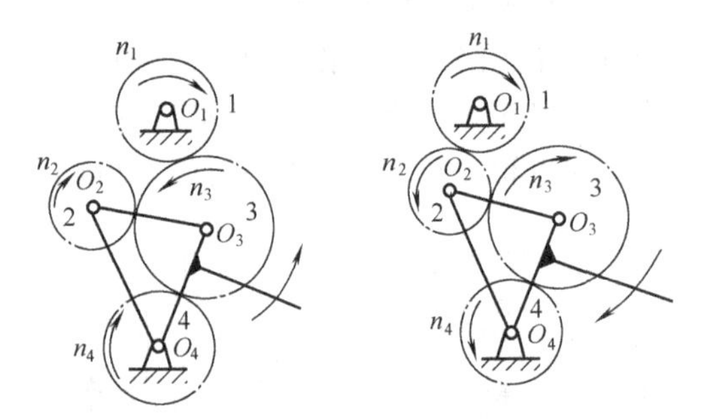

图 7-28　可变向的轮系

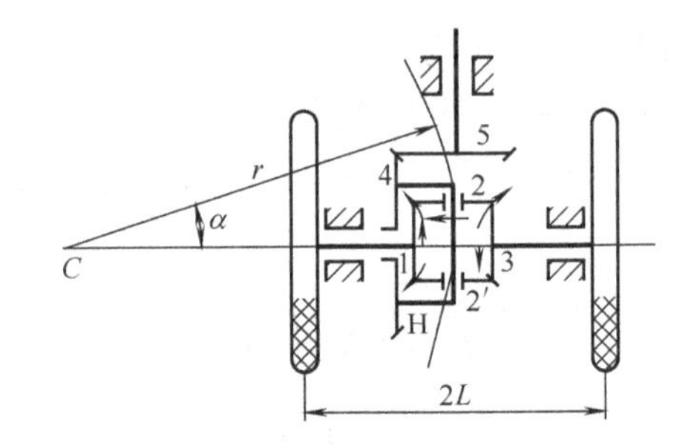

图 7-29　汽车后桥差速器

思考题与习题

1. 普通 V 带的结构是怎样的？
2. 普通 V 带的基准长度是指何处的长度？
3. 普通 V 带的带轮基准直径是指何处的直径？
4. 普通 V 带带轮的轮槽楔形角为何与胶带的楔形角不同？
5. V 带型号是依据哪些参数来选定的？
6. 带轮中心距的大小对带传动有何影响？
7. 传动带有哪些张紧方式？
8. 在日常运行中，如何维护好传动带？
9. 链传动运行的不平稳性是如何产生的？

10. 渐开线的主要特性有哪些？

11. 如何确定一对传动齿轮的节点和节圆？

12. 一对渐开线齿轮可保证传动比恒定的主要因素是什么？

13. 标准直齿圆柱齿轮的特征有哪些？

14. 已知一齿轮的齿数和模数，如何计算标准直齿圆柱齿轮的分度圆、齿顶圆和全齿高？

15. 标准直齿圆柱齿轮传动正确的啮合条件是什么？

16. 避免直齿圆柱齿轮发生根切的基本措施是什么？

17. 变位齿轮主要应用在哪些场合？

18. 当斜齿圆柱齿轮用于平行轴传动时，两齿轮的轮齿螺旋角有何对应关系？

19. 斜齿圆柱齿轮啮合有何特点？

20. 斜齿圆柱齿轮的法面模数为何要选用标准值？

21. 直齿圆锥齿轮的模数通常是指何处轮齿的模数？

22. 定轴轮系的总传动比与其各级传动比有何关系？

23. 已知一对正确安装的标准渐开线直齿圆柱齿轮传动，其中心距 $a=175\text{mm}$，模数 $m=5\text{mm}$，压力角 $\alpha=20°$，传动比 $i_{12}=2.5$。试求这对齿轮的齿数各是多少？并计算小齿轮的分度圆直径、齿顶圆直径、齿根圆直径和基圆直径。

24. 如图 7-30 所示的某二级圆柱齿轮减速器，已知减速器的输入轴的转速 $n_1=960\text{r/min}$，各齿轮齿数为 $z_1=22$，$z_2=77$，$z_3=18$，$z_4=81$，求减速器的总传动比及各轴转速。

25. 机械钟表传动机构如图 7-31 所示，已知各轮齿数为 $z_1=72$，$z_2=12$，$z_{2'}=64$，$z_{2''}=z_3=z_4=8$，$z_{3'}=60$，$z_{5'}=z_6=24$，$z_5=6$，试分别计算分针 m 和秒针 s 之间的传动比 i_{ms}、时针 h 和分针 m 之间的传动比 i_{hm}。

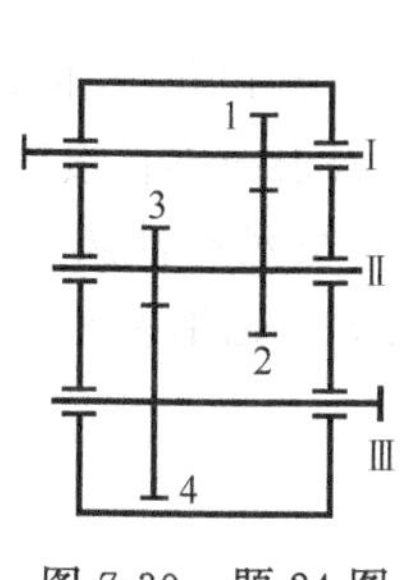

图 7-30　题 24 图

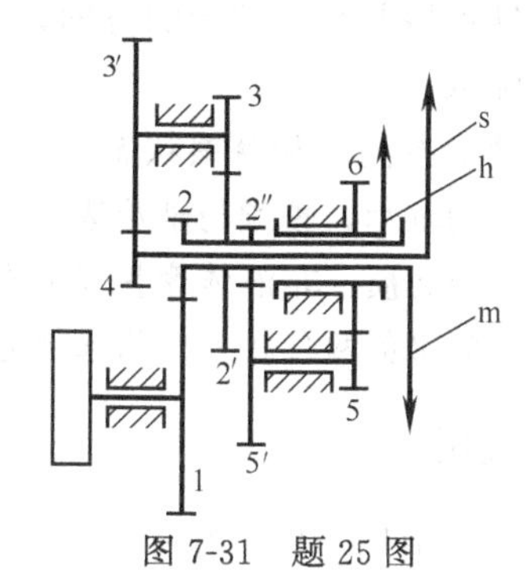

图 7-31　题 25 图

第八章

轴　　承

学习目的与要求

了解滑动轴承、滚动轴承的类型、特点、组成和结构；掌握滑动轴承的选材要求与选材、润滑方式和润滑装置的应用；熟练掌握滚动轴承的标记方法和类型选择。

第一节　滑动轴承的类型、特点和应用

一、类型和特点

滑动轴承按其承受载荷的方向，可分为承受径向载荷的径向滑动轴承和承受轴向载荷的止推滑动轴承。

滑动轴承按润滑和摩擦状态不同，又可分为液体摩擦滑动轴承和非液体摩擦滑动轴承。液体摩擦滑动轴承，轴颈与轴承表面之间完全被压力油隔开，金属表面不直接接触，可以大大降低摩擦减少磨损。非液体摩擦滑动轴承，轴颈与轴承表面之间虽然有油膜存在，但油膜极薄，不能完全避免两金属表面凸起部分的直接接触，因此摩擦较大，轴承表面易磨损。

二、应用

滑动轴承适用于以下几种情况。

① 转速极高、承载特重、回转精度要求特别高。

② 承受巨大冲击和振动。

③ 必须采用剖分结构的轴承。

④ 要求径向尺寸特小。因此，滑动轴承在汽轮机、内燃机、仪表、机床及铁路机车等机械上被广泛应用。此外，在低速、精度要求不高的机械中，如水泥搅拌机、破碎机中也常被采用。

第二节　滑动轴承的结构和材料

一、结构

1. 径向滑动轴承

径向滑动轴承按其结构可分为整体式和对开式两种。

(1) 整体式　如图 8-1 所示，整体式滑动轴承由轴承座 1、轴套 2 组成，轴承座上部有油孔，轴套内有油沟，分别用以加油和引油，进行润滑。这种轴承结构简单，但装拆时轴或轴承需轴向移动，而且轴套磨损后轴承间隙无法调整。它多用于低速轻载或间歇工作的机械。

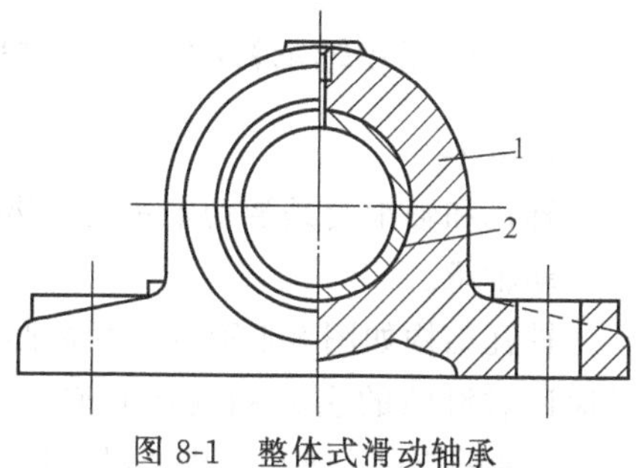

图 8-1　整体式滑动轴承

1—轴承座；2—轴套

(2) 对开式　如图 8-2 (a) 所示，对开式滑动轴承由轴承座 1、轴承盖 2、轴瓦 3 和 4 及螺柱 5 等组成。轴承盖与轴承座接合处做成台阶形榫口，是为了便于对中。上、下两片轴瓦直接与轴接触，装配后应适度压紧，使其不随轴转动。轴承盖上有螺纹孔，可安装油杯或油管，轴瓦上有油孔和油沟。

对开式轴承按对开面位置，可分为平行于底面的正滑动轴承 [图 8-2 (a)] 和与底面成 45°的斜滑动轴承 [图 8-2 (b)]，以便承受不同方向的载荷。这种轴承装拆方便，轴承孔与轴颈之间的间隙可适当调整，因此应用广泛。

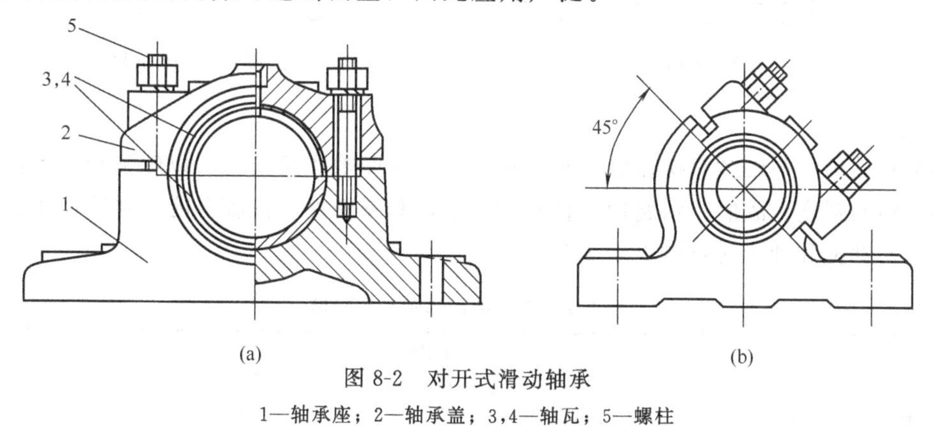

图 8-2　对开式滑动轴承

1—轴承座；2—轴承盖；3,4—轴瓦；5—螺柱

2. 止推滑动轴承

止推滑动轴承的结构如图 8-3 所示，它由轴承座 1、衬套 2、径向轴瓦 3 和止推轴瓦 4 组成。止推轴瓦的底部制成球面，以便对中，并用销钉 5 与轴承座固定。润滑油用压力从底部注入进行润滑。

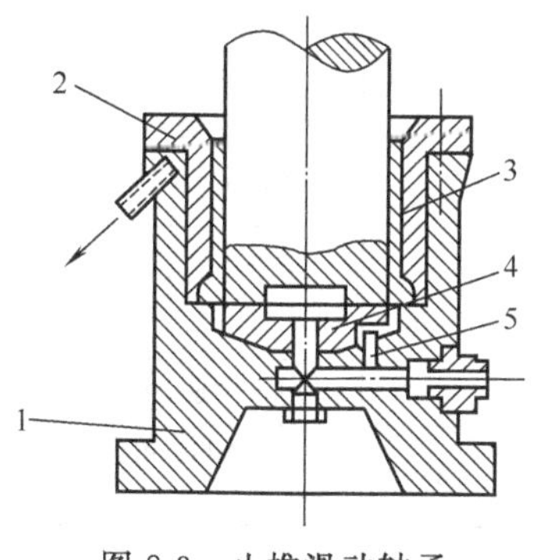

图 8-3　止推滑动轴承

1—轴承座；2—衬套；3—径向轴瓦；4—止推轴瓦；5—销钉

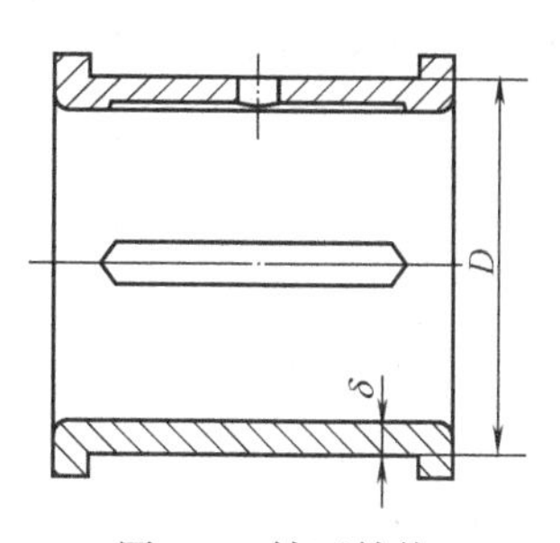

图 8-4　轴瓦结构

二、轴瓦和轴承衬的材料与结构

1. 结构

轴瓦和轴承套是滑动轴承的主要组成部分。轴承套用于整体式滑动轴承，轴瓦用于对开式滑动轴承。

轴瓦结构如图 8-4 所示，两端凸缘可防止轴瓦沿轴向窜动，并能承受一定的轴向力。为了保证润滑油的引入和均布在轴瓦工作表面，在非承载区的轴瓦上制有油孔和油槽（图 8-5)，油槽应以进油口为中心沿纵向、横向或斜向开设，但不应开至端部，以减少端部漏油。

为了提高轴瓦的综合性能，并节省贵重材料，可在轴瓦内表面浇铸一层轴承衬。在轴瓦座上浇铸轴承衬时，为了使轴承衬牢固地黏附在轴瓦基座上，常在轴瓦基座内部开设燕尾槽，如图 8-6 所示。

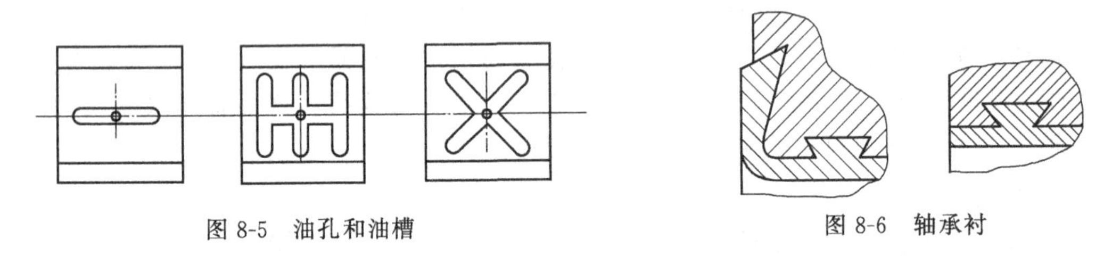

图 8-5 油孔和油槽

图 8-6 轴承衬

2. 材料

轴瓦和轴承衬与轴颈直接接触，承受载荷，产生摩擦和磨损，所以轴瓦和轴承衬的材料应具有足够的强度、耐磨、耐腐蚀、良好的导热性和减摩性、抗胶合能力强等性能。

常用的轴瓦和轴承衬材料见表 8-1。

表 8-1 常用轴瓦和轴承衬材料

材料		最大许用值				应用场合
名称	牌号	$[p]$/MPa	$[v]$/m·s^{-1}	$[pv]$/MPa·m·s^{-1}	t/℃	
铸造锡锑轴承合金	ZSnSb11Cu6	平稳载荷			150	用于高速重载的重要轴承，变载荷下易疲劳，价贵
		25	80	20		
	ZSnSb8Cu4	冲击载荷				
		20	60	15		
铸造铅锑轴承合金	ZPbSb16Sn16Cu2	15	12	10	150	用于中速、中等载荷的轴承。不宜受显著冲击。可作为锡锑轴承合金的代用品
	ZPbSb15Sn5Cu3	5	6	5		
	ZPbSb15Sn10	20	15	15		
铸造锡青铜	ZCuSn10P1	15	10	15	280	用于中速、重载及受变载荷的轴承
	ZCuSn5Pb5Zn5	5	3	10		用于中速、中载的轴承
铸造铝青铜	ZCuAl10Fe3	15	4	12	280	用于润滑充分的低速、重载轴承

注：1. $[p]$ 为许用压强。

2. $[v]$ 为许用速度。

3. pv 值代表轴承的发热情况，$[pv]$ 为许用值。

第三节　滑动轴承的润滑

一、润滑剂及其选择

轴承常用的润滑剂有润滑油和润滑脂。

润滑油按轴颈圆周速度 v 和压强 p，由表 8-2 中选择牌号。

表 8-2　滑动轴承润滑油的选择（工作温度 10～60℃）

轴颈圆周速度 /m·s^{-1}	轻载 $p<3$MPa		中载 $p=3\sim7.5$MPa	
	40℃运动黏度 /mm^2·s^{-1}	润滑油牌号	40℃运动黏度 /mm^2·s^{-1}	润滑油牌号
0.1～0.3	65～125	L-AN68 L-AN100	120～170	L-AN100 L-AN150
0.3～1.0	45～70	L-AN46 L-AN68	100～125	L-AN100
1.0～2.5	40～70	L-AN32 L-AN46 L-AN68	65～90	L-AN68 L-AN100
2.5～5.0	40～55	L-AN32 L-AN46		
5～9	15～45	L-AN15 L-AN22 L-AN46		

润滑脂按轴颈圆周速度 v、压强 p 和工作温度 t，由表 8-3 中选择。

表 8-3　滑动轴承润滑脂的选择

轴颈圆周速度 v/m·s^{-1}	压强 p/MPa	工作温度 t/℃	选用润滑脂牌号
<1	1～6.5	<55～75	2号 3号　钙基脂
0.5～5	1～6.5	<110～120	2号钠基脂 1号钙钠基脂
0.5～5	1～6.5	−20～120	2号锂基脂

二、润滑方式和润滑装置

1. 油润滑方式和装置

油润滑有间歇供油和连续供油两类。间歇供油由操作人员用油壶或油枪注油，供油是间歇性的，供油量不均匀，且容易疏忽。连续供油的主要方式如下。

（1）滴油润滑　图 8-7 所示为针阀油杯。将手柄放至水平位置，阀口关闭，停止供油；当手柄垂直，阀口开启，可连续供油。调节螺母，可调节供油量。

图 8-8 所示为油绳油杯。利用油绳的毛细管作用实现连续供油，但供油量无法调节。

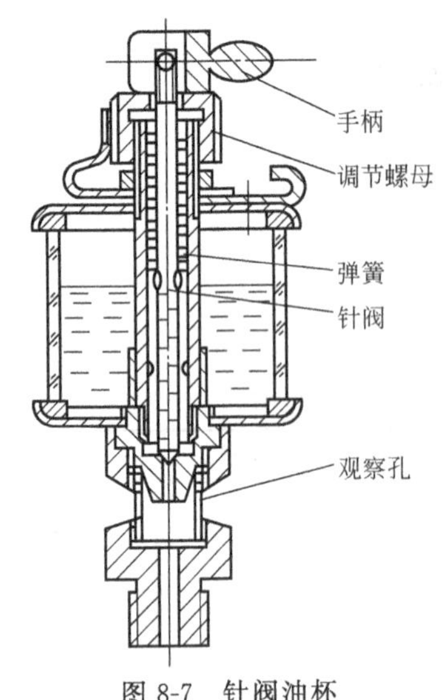

图 8-7　针阀油杯

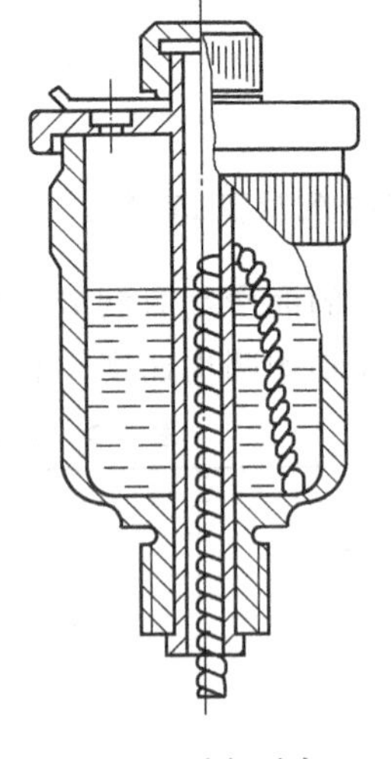
图 8-8　油绳油杯

(2) 油环润滑　图 8-9 所示为油环润滑。油环套在轴上，下部浸入油池中，当轴颈旋转时，油环依靠摩擦力被轴带动旋转，将油带到轴颈上进行润滑。这种装置结构简单，供油充分，但轴的转速不能太高或太低。

(3) 飞溅润滑　利用旋转件（如齿轮、蜗杆或蜗轮等）将油池中的油飞溅到箱壁，再沿油槽流入轴承进行润滑。

(4) 压力循环润滑　用油泵将压力油输送至轴承处实现润滑，使用后的油回到油箱，经冷却过滤再重复使用。这种润滑可靠、效果好，但结构复杂，费用高。

2. 脂润滑方法简介

润滑脂的加脂方式有人工加脂和脂杯加脂。图 8-10 所示为旋盖油杯，杯中装入润滑脂后，旋转上盖即可将润滑脂挤入轴承。

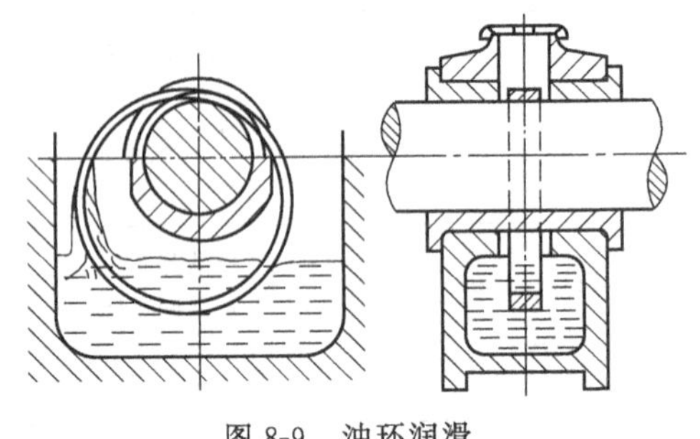
图 8-9　油环润滑

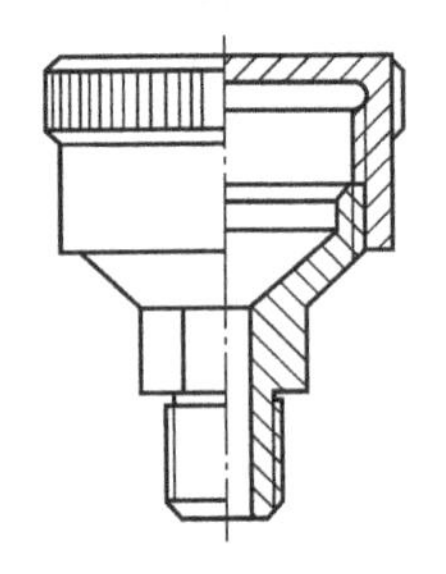
图 8-10　旋盖油杯

第四节　滚动轴承的结构、类型与特点

一、结构

滚动轴承的基本结构如图 8-11 所示，它由内圈 1、外圈 2、滚动体 3 和保持架 4 组成。内圈装在轴颈上，外圈装在机座内，当内圈与外圈相对滚动时，滚动体沿滚道滚动，保持架将各滚动体均匀隔开。滚动轴承与滑动轴承相比，摩擦和磨损较小，适用范围广泛，在一般

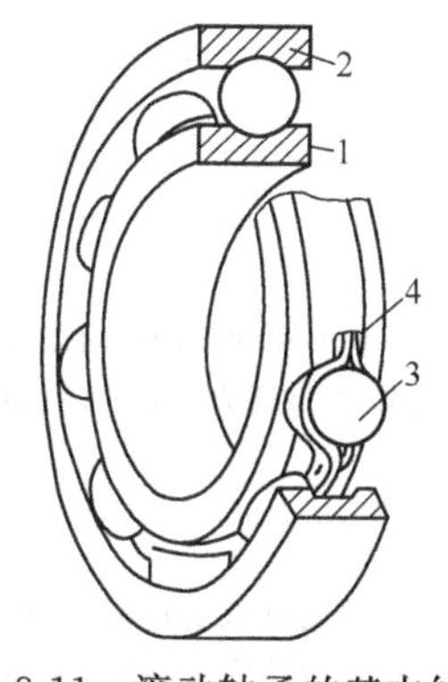

图 8-11　滚动轴承的基本结构

1—内圈；2—外圈；3—滚动体；4—保持架

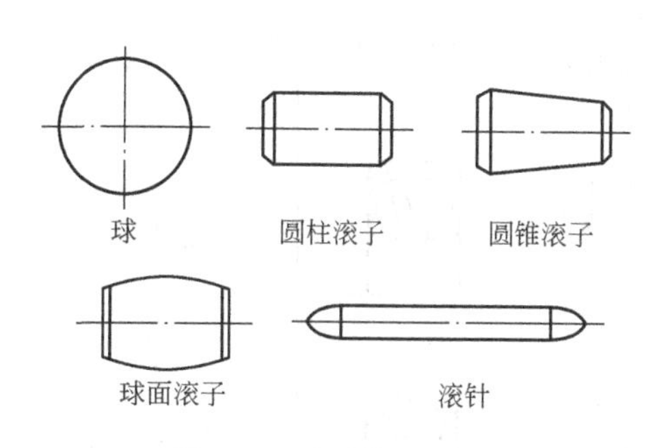

图 8-12　滚动体的种类

速度和载荷的场合都可采用。

滚动轴承已标准化，由专业工厂进行大批量生产，因此，使用者只需根据工作条件和使用要求，正确选用轴承类型和尺寸。

二、类型与特点

(1) 按滚动体的形状分类（见图 8-12）　滚动轴承可分为球轴承和滚子轴承两大类。

① 球轴承　滚动体为球形的轴承称为球轴承。它与内、外圈滚道之间是点接触，摩擦小，但承载能力和耐冲击能力较低；允许的极限转速高。

② 滚子轴承　滚动体是圆柱、圆锥、鼓形等形状的轴承称为滚子轴承。它与轴承内、外圈滚道之间为线接触，摩擦大，但其承载能力和耐冲击能力较高；允许的极限转速较低。

(2) 按承受载荷方向和公称接触角的不同分类　滚动轴承又可分为向心轴承和推力轴承两大类。滚动体与轴承外圈滚道接触点的法线方向与轴承径向平面之间所夹的锐角，称为公称接触角。

① 向心轴承　主要承受径向载荷，公称接触角 $0° \leqslant \alpha \leqslant 45°$。其中 $\alpha = 0$ 的，称为径向接触轴承，除深沟球轴承外，只能承受径向载荷；$0° < \alpha \leqslant 45°$，称为角接触向心轴承，$\alpha$ 越大，承受轴向载荷的能力就越大。

② 推力轴承　主要承受轴向载荷，公称接触角 $45° < \alpha \leqslant 90°$。其中 $\alpha = 90°$ 的称为轴向接触轴承，只能承受轴向载荷；$45° < \alpha < 90°$，称为角接触推力轴承，α 越小，承受径向载荷能力就越大。

滚动轴承的基本类型与特性见表 8-4。

表 8-4　滚动轴承的基本类型与特性

轴承名称 类型代号	结构简图	承载方向	基本额定 动载荷比①	极限转 速比②	允许角 偏差	主要特性和应用
调心球轴承 1			0.6～0.9	中	2°～3°	主要承受径向载荷，同时也能承受少量的轴向载荷。因为外圈滚道表面是以轴线中点为球心的球面，故能自动调心

续表

轴承名称类型代号	结构简图	承载方向	基本额定动载荷比①	极限转速比②	允许角偏差	主要特性和应用
调心滚子轴承 2			1.8～4	低	1°～2.5°	能承受很大的径向载荷和少量轴向载荷，承载能力大，具有自动调心性能
圆锥滚子轴承 3			1.1～2.5	中	2′	能同时承受较大的径向、轴向联合载荷。因其为线接触，故承载能力大于7类，内、外圈可分离，装拆方便，成对使用
推力球轴承 5			1	低	不允许	只能承受轴向载荷，而且载荷作用线必须与轴线相重合，不允许有角偏差。有两种类型： 单向——承受单向推力 双向——承受双向推力 高速时，因滚动体离心力大，球与保持架摩擦发热严重，寿命较低，只用于轴向载荷大、转速不高之处
深沟球轴承 6			1	高	2′～10′	主要承受径向载荷，同时也可承受一定量的轴向载荷。当转速很高而轴向载荷不太大时，可代替推力球轴承承受纯轴向载荷
角接触球轴承 7			1.0～1.4	较高	2′～10′	能同时承受径向、轴向联合载荷，接触角越大，轴向承载能力也越大。有接触角 $\alpha=15°$(7200C)、$\alpha=25°$(7200AC)和$\alpha=40°$(7200B)三种，成对使用，可以分装于两个支点或同装于一个支点上
圆柱滚子轴承 N			1.5～3	较高	2′～4′	能承受较大的径向载荷，不能承受轴向载荷，因其为线接触，内、外圈只允许有极小的相对偏转
滚针轴承 NA			—	低	不允许	径向尺寸最小，径向承载能力较大，摩擦因数大，极限转速较低。内、外圈可以分离，工作时允许内、外圈有少量的轴向错动。适用于径向载荷很大而径向尺寸受到限制的地方，如万向联轴器、活塞销等

① 与6类轴承为1的比值。

② 高—为6类轴承的90%～100%；中—为6类轴承的60%～90%；低—为6类轴承的60%以下。

第五节 滚动轴承的代号与类型选择

一、代号

按照GB/T 272—1993的规定，滚动轴承代号由基本代号、前置代号和后置代号组成，代号一般印在轴承的端面上，其排列顺序如下。

前置代号　　基本代号　　后置代号

1. 基本代号

基本代号表示轴承的类型、结构和尺寸。一般用五个数字或字母加四个数字表示，如图8-13所示。

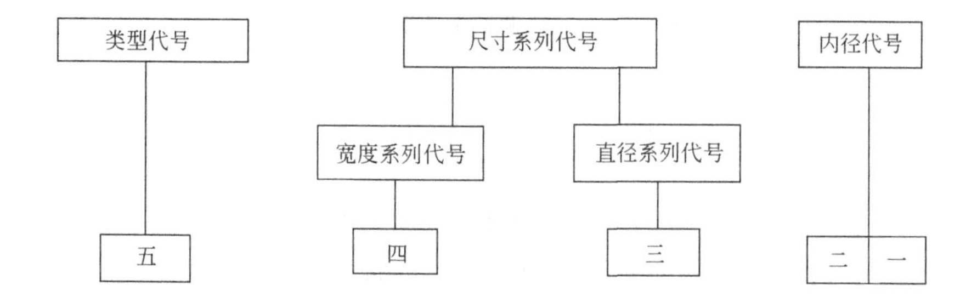

图8-13　基本代号示意

(1) 内径代号　右边第一、二位数字代表内径尺寸，表示方法见表8-5。

表8-5　轴承内径代号

内径代号	00	01	02	03	04～96
轴承内径 d/mm	10	12	15	17	数字×5

(2) 尺寸系列代号　包括直径系列代号和宽（高）度系列代号。

右起第三位数字表示轴承的直径系列代号。直径系列是指同一内径的轴承，配有不同外径的尺寸系列，常用代号为0、1、2、3、4，尺寸依次递增。

右起第四位数字表示宽（高）度系列代号。宽（高）度系列是指内径、外径都相同的轴承，对向心轴承，配有不同宽度的尺寸系列，常用代号为8、0、1、2、3，尺寸依次递增；对推力轴承，配有不同高度的尺寸系列，代号为7、9、1、2，尺寸依次递增。

当宽度系列为“0”系列时，对多数轴承在代号中可不标出宽度系列，但对于调心滚动轴承和圆锥滚子轴承，则不可省略。

(3) 类型代号　右起第五位是轴承类型代号，其表示方法见表8-4。

2. 前置代号

前置代号表示可分离轴承的各部分的分部件，用字母表示，如用L表示可分离的内圈或外圈。

3. 后置代号

后置代号为补充代号，用字母和数字表示，包括的 8 项内容为内部结构、密封与防尘结构、保持架及其材料、轴承材料、公差等级、游隙、多轴承配置及其他。其中，内部结构代号，表示轴承内部结构。如以 C、AC、B 分别表示公称接触角 $\alpha=15°$、25°、40°的角接触球轴承。公差等级代号表示轴承的公差等级，它共有六级，其代号与精度顺序为/P0、/P6、/P6x、/P5、/P4、/P2，依次由低级到高级，/P0 级为常用的普通级，可不标出。

例 8-1 试说明 30210、7314B/P6 轴承代号的意义。

解

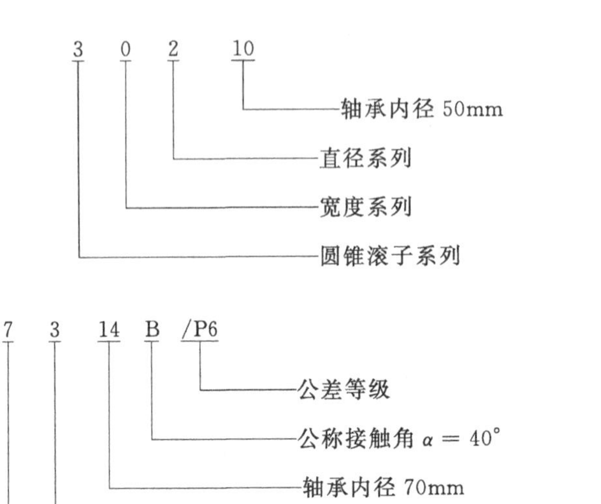

二、类型与型号选择

1. 类型选择

选择滚动轴承的类型时，应根据表 8-4 各类轴承的特点，并考虑下列各因素进行。

(1) 载荷的性质　当载荷小而平稳时，可选用球轴承；载荷大或有冲击时，宜选用滚子轴承。当轴承只受径向载荷时，应选用径向接触轴承；当仅承受轴向载荷时，则应选用轴向接触轴承；同时承受径向和轴向载荷时，选用角接触轴承，轴向力越大，应选择接触角越大的轴承。

(2) 轴承的转速　转速高时，宜选用球轴承；转速低时可用滚子轴承。

(3) 装拆方便　为了便于安装和拆卸，可选用内、外圈可分离的圆锥滚子轴承等。

(4) 经济性　一般说，球轴承比滚子轴承便宜，公差等级低的轴承比公差等级高的便宜，有特殊结构的轴承比普通结构的轴承贵。

2. 型号选择

对于一般机械轴承型号的选择，可根据轴颈直径选取轴承内径，轴承外廓系列，则根据空间位置参考同类型机械选取。

思考题与习题

1. 滑动轴承适用于什么场合？

2. 对开式滑动轴承由哪些零件组成？各零件起什么作用？
3. 轴瓦和轴承衬对材料有什么要求？常用的材料有哪些？
4. 轴瓦有哪两种形式？轴瓦结构中为什么要用轴承衬？
5. 轴瓦上开设油槽应注意哪些问题？
6. 滑动轴承常用的润滑方式和装置有哪几种？
7. 选择润滑油牌号的依据是什么？
8. 典型的滚动轴承由哪几部分组成？各组成部分有何作用？
9. 按承受载荷方向的不同，滚动轴承可分为哪几类？各有什么特点？
10. 何谓公称接触角？公称接触角的大小对滚动轴承承受轴向、径向载荷的能力有何影响？
11. 球轴承、滚子轴承各有什么特点？各适用于什么场合？
12. 滚动轴承的代号由哪几部分组成？各代表什么意义？
13. 说明下列轴承代号的意义：60210/P6、6304、LN206/P63、30309、7210AC、7211C。
14. 选择滚动轴承类型时应考虑哪些因素？

第九章

连接零件

学习目的与要求

了解连接用螺纹的类型与特点、常用连接件的结构与应用、螺纹连接的结构与装拆；掌握螺纹连接的基本类型与使用特点、螺纹连接的防松方法；了解联轴器、离合器的结构、功用和特点；了解弹簧的类型与功用。

第一节　螺纹连接

螺纹连接是利用带螺纹的零件构成的一种可拆连接。螺纹连接具有结构简单、装拆方便、工作可靠、成本低、类型多样等特点，在机械制造和工程结构中应用广泛。绝大多数螺纹连接件已标准化，并由专业工厂成批量生产。本节主要介绍螺纹连接及螺纹连接件的类型、结构、标准、材料、安装等基本知识。

一、连接用螺纹

轴向剖面内牙型为三角形的三角形螺纹，因其自锁性好，螺纹牙强度高，故多用于连接。三角形螺纹分为米制（公制）和英制两类，中国除管螺纹采用英制螺纹外，其余均采用米制螺纹。

1. 米制螺纹

米制螺纹的牙型角（牙型两侧边的夹角）为 60°，牙根较厚，牙根强度高。按螺距 P（相邻两螺纹牙对应点间的轴向距离）不同又分为粗牙螺纹和细牙螺纹。同一公称直径（螺纹大径 d）的螺纹可有多种螺距，螺距最大的称为粗牙螺纹，其余称为细牙螺纹。

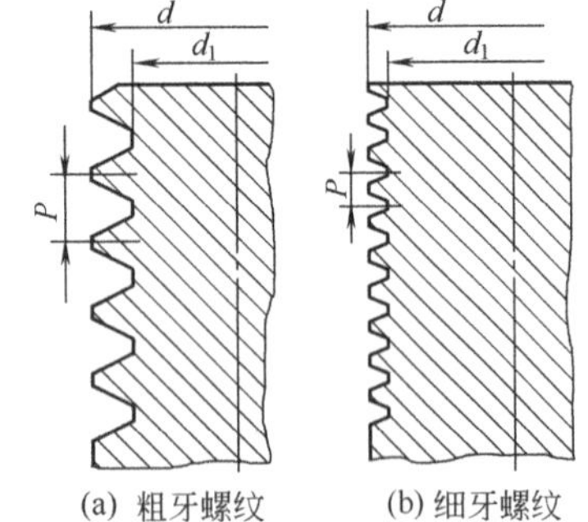

图 9-1　粗、细牙螺纹比较

（1）粗牙螺纹　为基本螺纹，如图 9-1（a）所示，一般情况下使用的均为粗牙螺纹。

（2）细牙螺纹　与公称直径相同的粗牙螺纹相比，细牙螺纹的螺距小、牙细、小径大，如图 9-1（b）所示，故自锁性好，对螺纹件的强度削弱小。但细牙螺纹因每圈接触面较小，不耐磨，磨损后易滑丝，常用于受冲击、振动、变载荷以及薄壁零件的连接和微调装置中。

2. 管螺纹

管螺纹是专用于管件连接的特殊细牙三角形螺纹。其牙型角为55°，公称直径为管子的内径。管螺纹分为圆柱管螺纹和圆锥管螺纹。圆柱管螺纹连接的内、外螺纹间无径向间隙，连接密封性较好，常用于水、煤气和润滑油管道；圆锥管螺纹有1∶16的锥度，主要依靠牙的变形来保证连接的密封性，常用于高温、高压等密封性要求较高的管道连接。

二、螺纹连接的类型

螺纹连接是通过螺纹连接件或被连接件上的内、外螺纹来实现的，有螺栓连接、双头螺柱连接、螺钉连接和紧定螺钉连接等类型。

1. 螺栓连接

螺栓连接是将螺栓穿过被连接件上的通孔，再拧紧螺母的连接。这种连接结构简单、加工方便、成本低，一般用于被连接件不太厚、需经常装拆的场合。螺栓连接可分为普通螺栓连接和铰制孔螺栓连接两类。

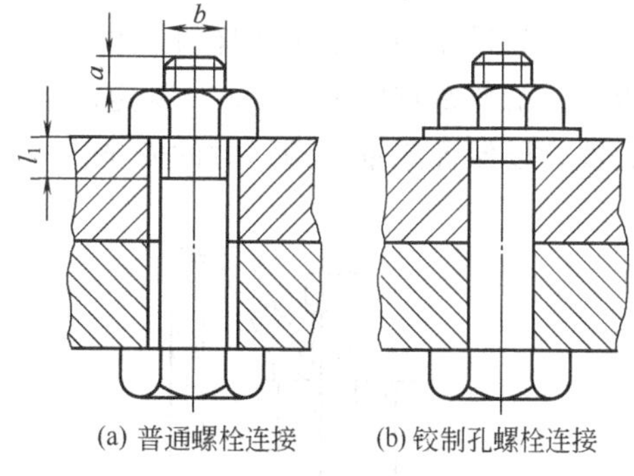

(a) 普通螺栓连接　(b) 铰制孔螺栓连接

图 9-2　螺栓连接

(1) 普通螺栓连接　如图 9-2 (a) 所示，螺栓杆与被连接件孔壁之间保持一定的间隙，杆与孔的加工精度低，应用广泛。使用时需拧紧螺母。不管连接传递的载荷是何种形式，都使连接螺栓产生拉伸变形。

(2) 铰制孔螺栓连接　如图 9-2 (b) 所示，螺栓杆与被连接件孔壁之间没有间隙，螺栓杆与孔需精加工（孔需铰制），成本较高。螺栓工作时承受剪切和挤压作用。一般用于承受横向载荷、要求定位精度高的场合。

2. 双头螺柱连接

双头螺柱连接如图 9-3 所示，螺柱两头都制有螺纹，一头旋紧在被连接件之一的螺纹孔中，另一头穿过其余连接件的通孔，再拧紧螺母。双头螺柱连接装拆方便，拆卸时，只需拧下螺母而不必从螺纹孔中拧出螺柱。这种连接适用于被连接件之一较厚难以穿孔并经常装拆的场合。

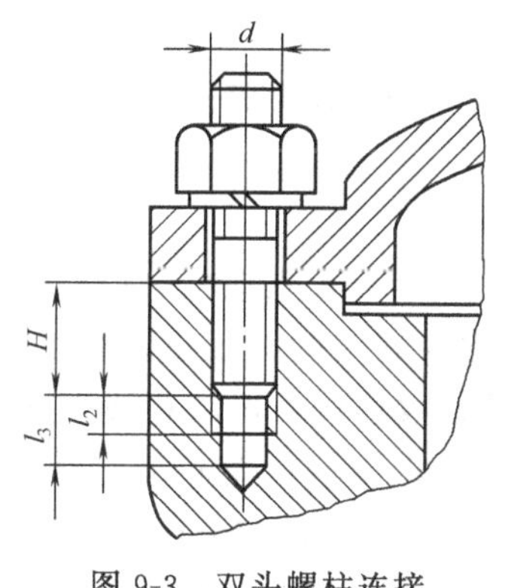

图 9-3　双头螺柱连接

3. 螺钉连接

螺钉连接是将螺钉穿过一被连接件的通孔后直接拧入另一较厚的被连接件螺纹孔中的一种连接，如图 9-4 所示。这种连接不用螺母，结构简单，经常拆卸时易损坏孔内螺纹，故螺钉连接多用于受力不大、被连接件之一较厚难以穿孔、不需经常装拆的场合。

4. 紧定螺钉连接

紧定螺钉连接是将紧定螺钉旋入一螺纹零件的螺纹孔中，并用紧定螺钉端部顶住或顶入另一个零件，以固定两个零件的相对位置，并可传递不太大的力或转矩的一种连接，如图 9-5 所示。

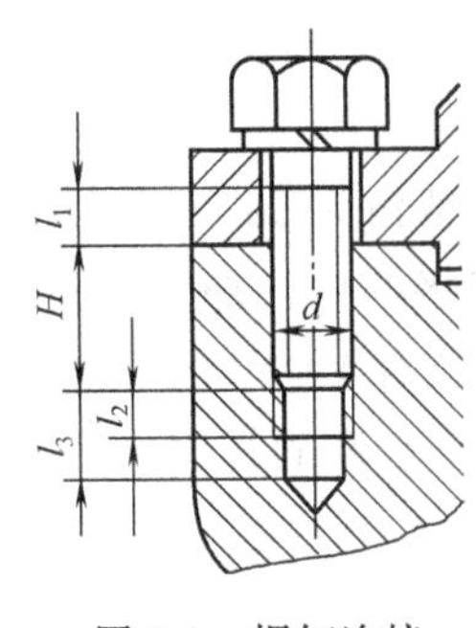

图 9-4 螺钉连接

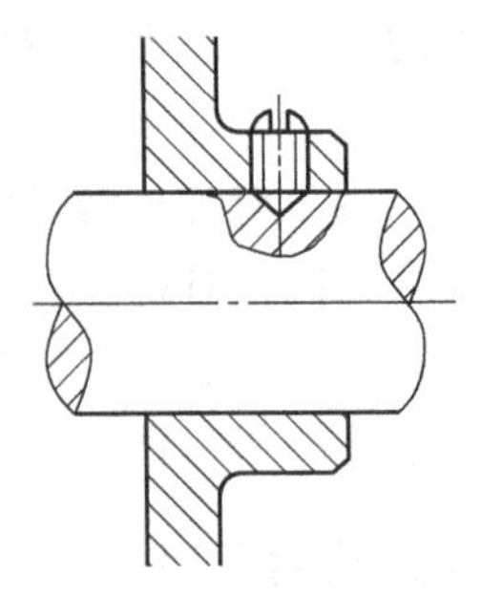

图 9-5 紧定螺钉连接

5. 地脚螺栓连接

地脚螺栓连接如图 9-6 所示，用于水泥基础中固定各种机架。

6. 吊环螺钉连接

吊环螺钉连接如图 9-7 所示。吊环一般装在机器的外壳上，以便于安装、拆卸和运输时起吊。如果使用两个吊环螺钉工作时，两个吊环间的受力夹角 α 不得大于 90°，如图 9-7（b）所示。吊环螺钉应进行 200%额定静载荷的强度试验，试验后吊环螺钉不允许有永久变形和裂纹，以保证起重和搬运时的安全。

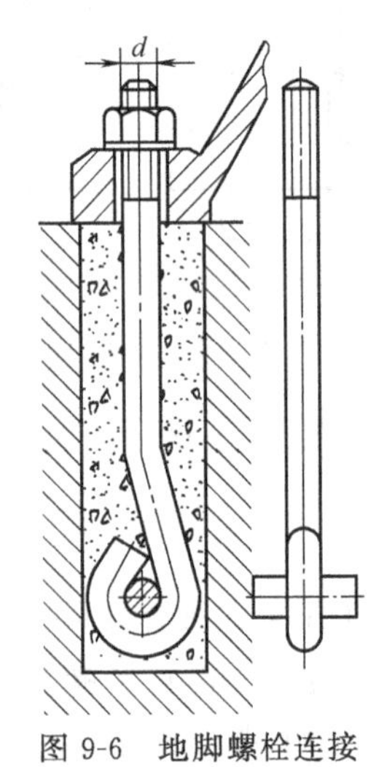

图 9-6 地脚螺栓连接

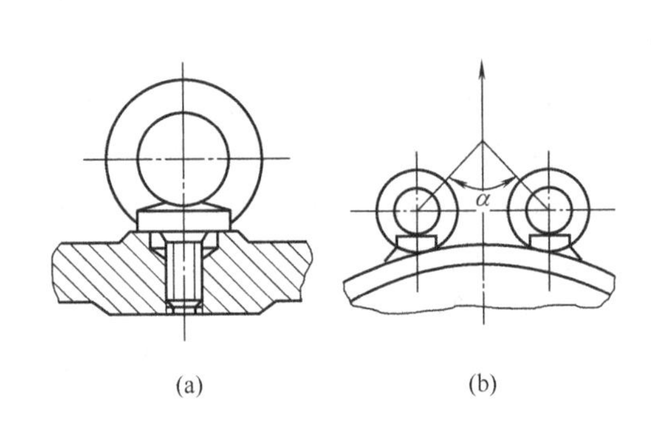

图 9-7 吊环螺钉连接

三、螺纹连接件

螺纹连接件的品种虽然很多，但基本上都是商业性的标准件，只要合理选择其规格、型号后，就可直接购买。国家标准规定，螺纹连接件的公称直径均为螺纹的大径；其精度分 A、B、C 三个等级，A 级精度最高，B 级精度次之，常用的标准螺纹连接件选用 C 级精度。

螺纹连接件一般常用 Q215、Q235、10 钢、35 钢、45 钢等材料制造；受冲击、振动、变载荷作用的螺纹连接件可采用合金钢，如 15Cr 、40Cr、15MnVB、30CrMnSi；有防腐、防磁、耐高温、导电等特殊要求时，采用 1Cr13、2Cr13、CrNi2、1Cr18Ni9Ti 和黄铜 H62、HPb62 及铝合金 2B11、2A10 等材料；近年来还发展了高强度塑料的螺栓和螺母。螺母材料的强度和硬度一般较相配合螺栓材料稍低。

工程上常用螺纹连接件有如下几种。

1. 螺栓

螺栓的结构形式如图 9-8 所示，螺栓杆部可以全部制成螺纹或只有一段螺纹。螺栓头部的形状很多，如六角头、方头、T 形头，但以六角头螺栓应用最广。六角头螺栓按头部大小分为标准六角头螺栓和小六角头螺栓两种。用冷镦法生产的小六角头螺栓，用材省、生产率高、力学性能好，但由于头部尺寸小，不宜用于被连接件抗压强度低和经常装拆的场合。螺栓还可分为普通螺栓和铰制孔螺栓两类，以分别用于普通螺栓连接和铰制孔螺栓连接。

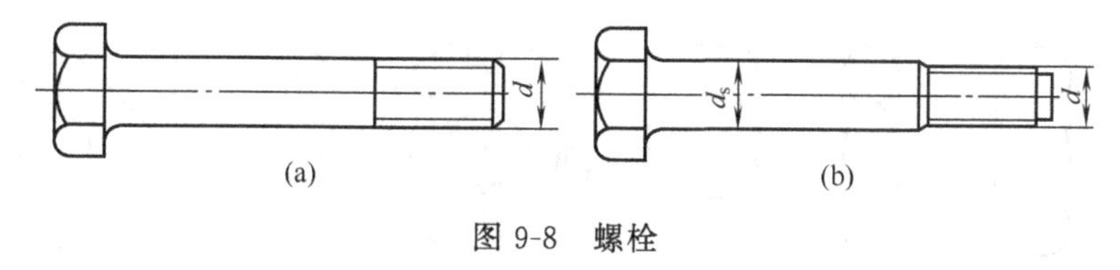

图 9-8　螺栓

2. 双头螺柱

双头螺柱的结构如图 9-9 所示，其两端均制有螺纹。双头螺柱的一端旋入被连接件的螺纹孔，另一端用螺母拧紧，有 A、B 两种结构。

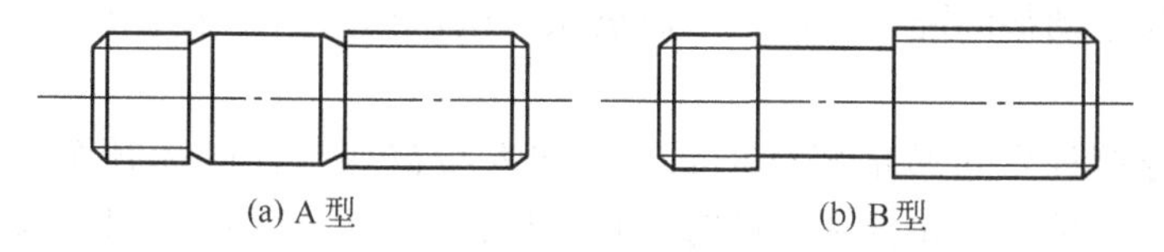

图 9-9　双头螺柱

3. 螺钉

如图 9-10 所示，螺钉的结构与螺栓的结构相似，但头部的形状较多，以适应不同的要求。内六角沉头螺钉用于拧紧力矩大、连接强度高、结构紧凑的场合；十字槽沉头螺钉拧紧时易对中、不易打滑，便于用机动工具装配；一字槽浅沉头螺钉结构简单，用于拧紧力矩小的场合。

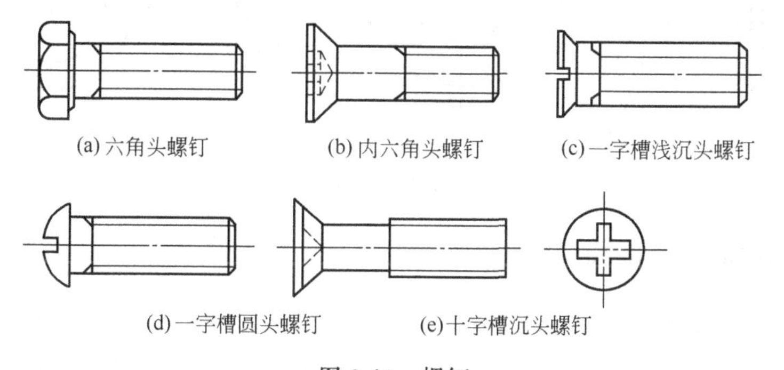

图 9-10　螺钉

4. 紧定螺钉

紧定螺钉用末端顶住被连接件，末端结构有多种形式，如图 9-11 所示，以适应不同的工作要求。锥端要求被顶面有凹坑，紧顶可靠，适用于被紧定零件硬度较低、不经常拆装的场合；倒角端适用顶紧硬度较高的平面、经常装拆的场合；圆柱端不伤被顶表面，多用于需经常调节位置的场合。

5. 螺母

螺母形状有六角螺母、圆螺母、方螺母等，如图 9-12 所示。应用最普遍为六角螺母，按螺母厚度不同，六角螺母分为普通螺母、薄螺母、厚螺母。薄螺母用于尺寸受空间限制的

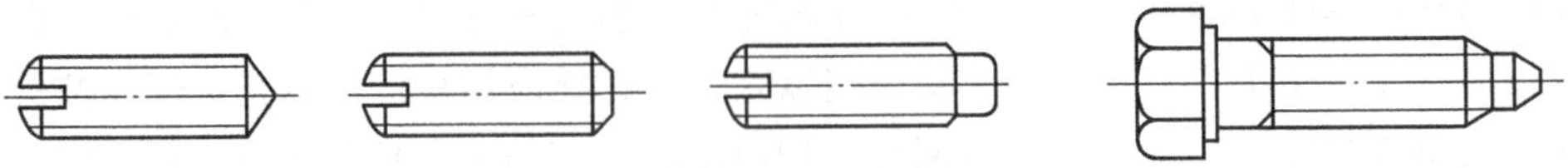

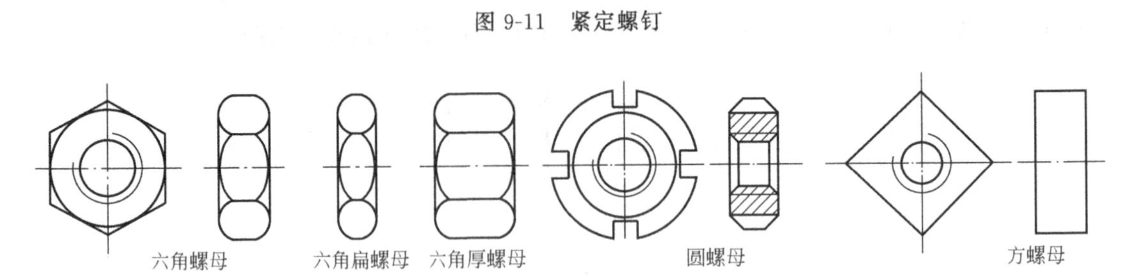

开槽锥端紧定螺钉　开槽倒角端紧定螺钉　开槽长圆柱端紧定螺钉　六角头圆锥端紧定螺钉

图 9-11　紧定螺钉

六角螺母　六角扁螺母　六角厚螺母　圆螺母　方螺母

图 9-12　螺母

地方，厚螺母用于装拆频繁、易于磨损的地方。圆螺母的螺纹常为细牙螺纹，四个缺口供扳手拧螺母用，常与止动垫圈配合使用，形成机械防松，用来固定轴上零件。

6. 垫圈

在螺母与被连接件之间通常装有垫圈，以增大与被连接件的接触面，降低接触面的压强，从而保护被连接件表面在拧紧螺母时不致被擦伤。垫圈常用的有平垫圈、斜垫圈和弹簧垫圈，如图 9-13 所示。斜垫圈用于垫平倾斜的支承面，避免螺杆受到附加的偏心载荷。弹簧垫圈与螺母配合使用，可起摩擦防松作用。

(a) 平垫圈　(b) 斜垫圈　(c) 弹簧垫圈

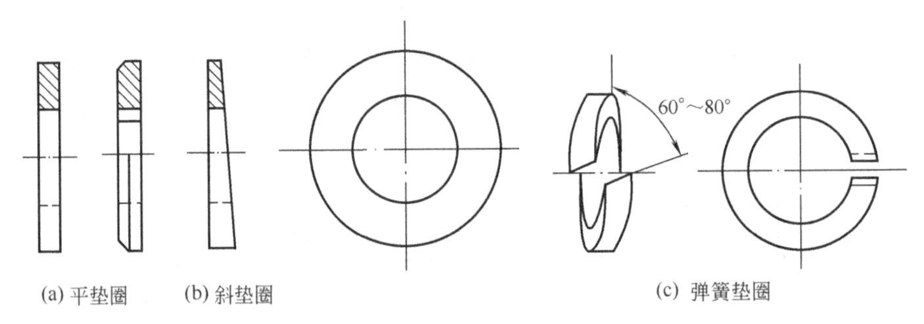

图 9-13　垫圈

四、螺栓连接的几个结构问题

机器中多数螺栓连接一般都是成组使用的，因此，必须合理地布置其结构。

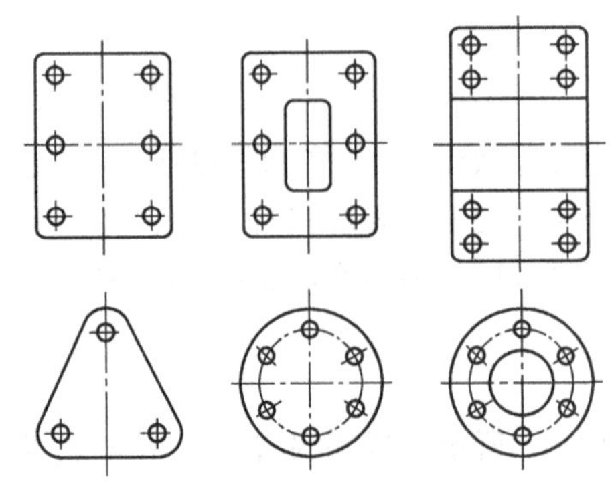

① 在连接接合面上，合理地布置螺栓。

a. 为了便于加工制造、确保接合面受力比较均匀，接合面采用轴对称的简单几何形状，螺栓在接合面上应对称布置，如图 9-14 所示。

b. 为了便于钻孔时在圆周上分度和画线，分布在同一圆周上的螺栓数应取易于等分的数，如 3、4、6、8、12 等。

c. 为了避免螺栓受力严重不均匀，对承受横向载荷的螺栓连接，沿工作载荷方向上不要成对地布置 8 个以上的螺栓。

图 9-14　螺栓的布置形式

d. 为了便于制造，在同一螺栓组中，螺栓材料、直径均应相同。

② 为了便于装拆，螺栓与箱壁或螺栓与螺栓间应留足够的扳手空间，如图 9-15 所示。

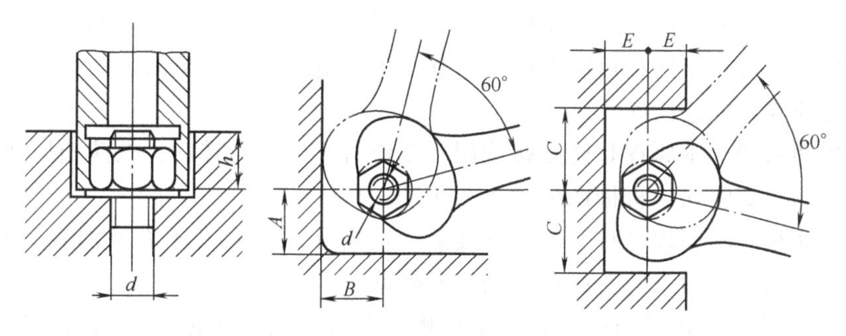

图 9-15　扳手空间

③ 为了连接可靠，避免产生附加载荷，螺栓头、螺母与被连接件的接触面应加工平整并保证螺栓轴线与接触面垂直。为减少加工面，常将支承面做成凸台或凹坑，如图 9-16 所示。对于有斜坡的型钢，可采用方形斜垫圈垫平，如图 9-17 所示。

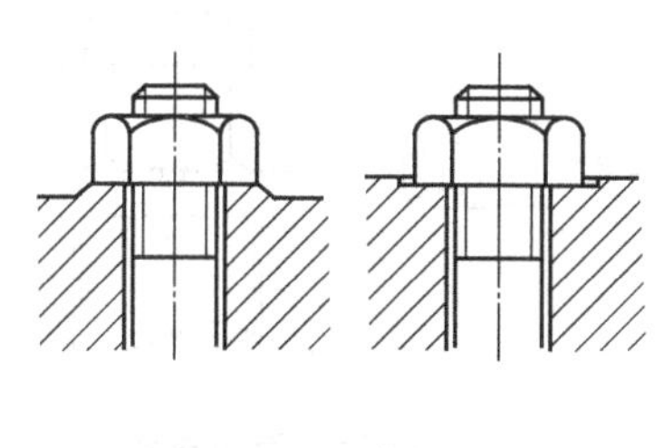

图 9-16　凸台与凹坑

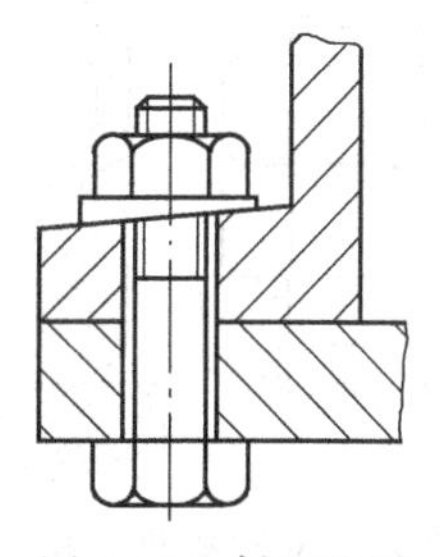

图 9-17　斜面垫圈

五、螺纹连接装配中的几个问题

1. 螺栓连接的预紧

大多数螺栓连接在装配时都需要拧紧螺母，使螺栓与被连接件间以及被连接件间产生足够的预紧力，以增强连接的可靠性、紧密性和防松能力。通常螺栓连接的拧紧由操作者的手感、经验决定，但不易控制，可能将小直径的螺栓拧断。重要的螺栓连接可通过测力矩扳手等来控制预紧程度，如图 9-18 所示。在重要的螺栓连接中，若不严格控制预紧力，则不能采用小于 M12～16 的螺栓。

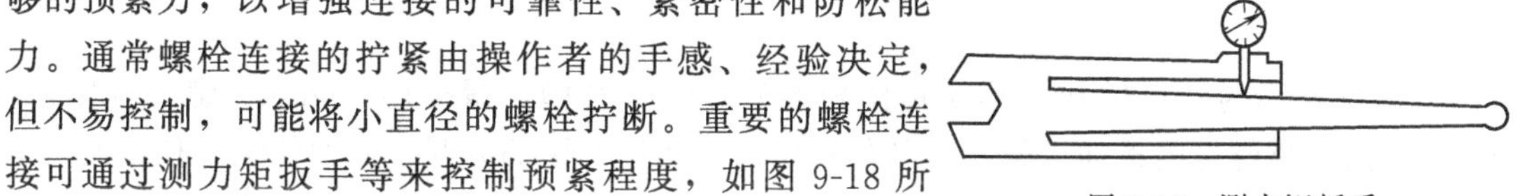

图 9-18　测力矩扳手

为了保证接合面贴合良好、螺栓间承载一致，在拧紧螺栓组中各螺栓时，必须按一定顺序分步拧紧，如图 9-19 所示。

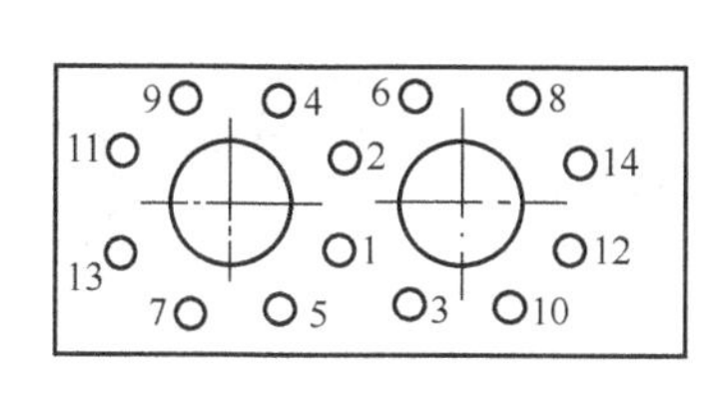

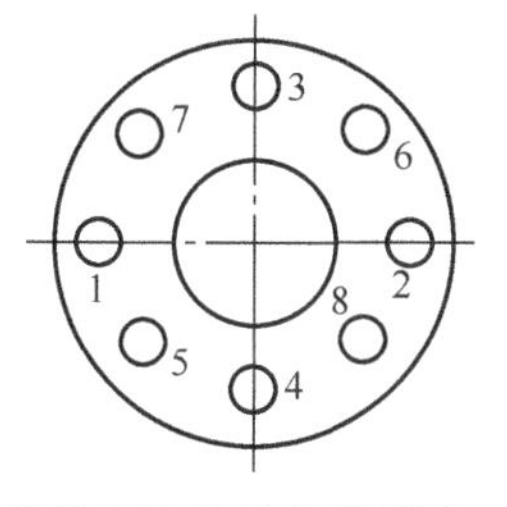

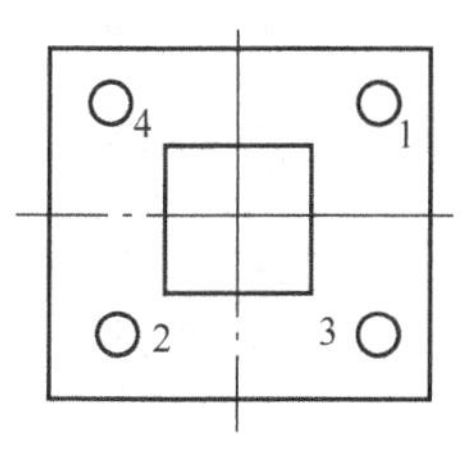

图 9-19　螺栓组连接的拧紧顺序

2. 螺纹连接的防松

连接用螺纹都能满足自锁条件，在静载荷和温度变化不大时，自锁可靠，连接不会自动松脱。但若有冲击、振动、变载或温度变化较大时，螺纹牙间和支承面间的摩擦阻力可能瞬时消失，经多次重复后，连接可能会松动，甚至脱落造成严重的事故。因此，机器中的螺纹连接在装配时应考虑防松措施。

螺纹连接防松的基本原理是防止螺旋副在工作时产生相对转动。按防松原理不同，螺纹防松方法可分为摩擦防松、机械防松和永久止动三种。

(1) 摩擦防松　其原理是拧紧螺纹连接后，使内外螺纹间有不随外加载荷而变的压力，因此始终有一定的摩擦力来防止螺旋副的相对转动。

图 9-20 所示为对顶螺母防松装置，是在螺栓上旋合两个螺母，利用两螺母的对顶作用使螺栓始终受到附加拉力和附加摩擦力作用，尽管外载荷为零，但附加摩擦力总是存在，故达到防松的目的。由于多了一个螺母，且工作并不十分可靠，故不适宜剧烈振动和高速场合。

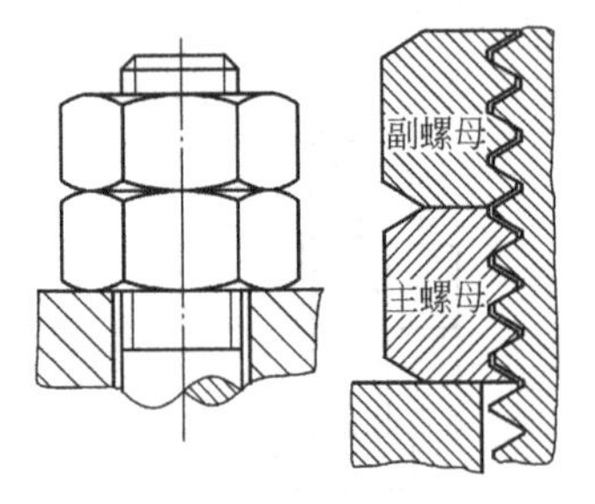

图 9-20　对顶螺母防松装置

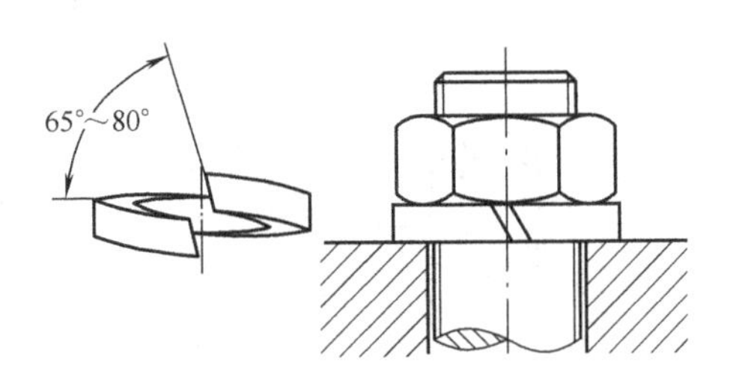

图 9-21　弹簧垫圈防松装置

图 9-21 所示为弹簧垫圈防松装置。弹簧垫圈的材料为 65Mn 钢，制成后经过淬火处理，并具有 65°～80°的翘开斜口。拧紧螺母后，弹簧垫圈被压平而产生弹力，从而使螺纹间始终保持压紧力和摩擦力，达到防松的目的。垫圈切口处的尖角刮着螺母和被连接件的支承面，也有防松作用。弹性垫圈结构简单、工作可靠、应用广泛。

(2) 机械防松　其原理是利用止动零件直接防止内外螺纹间的相对转动，机械防松的可靠性高。

图 9-22 所示为开口销和槽形螺母防松装置，螺母开槽，螺栓尾部钻孔。螺母拧紧后，开口销通过开槽螺母的槽插入螺栓尾部的孔中后，将销的尾部分开，从而使螺母和螺栓间不能相对转动。这种防松装置安全可靠，常应用于有较大振动和冲击载荷的高速机械中。

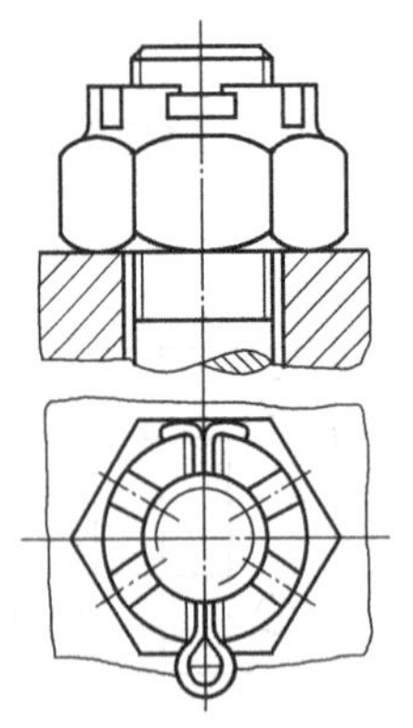

图 9-22　开口销和槽形螺母防松装置

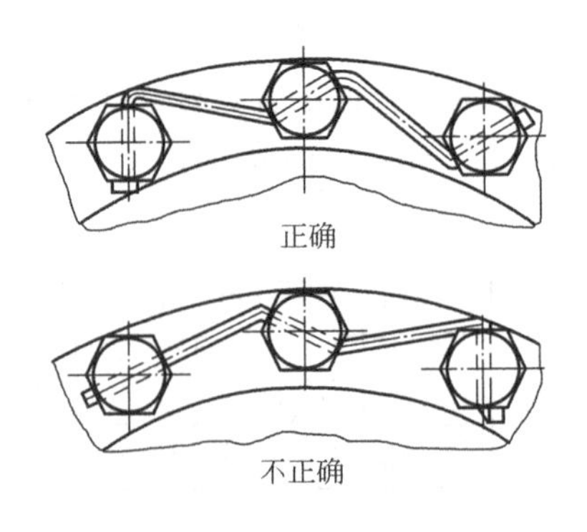

图 9-23　串联钢丝防松装置

图 9-23 所示为串联金属丝防松装置，螺钉头部钻孔。螺钉拧紧后，用金属丝穿过各螺钉头部的孔，将各螺钉串联而互相制约来防止松动。穿绕的金属丝应让任一螺钉在松动时，使其余的螺钉产生拧紧的趋势。这种防松装置结构轻便，防松可靠，适用于螺钉组连接。

图 9-24 所示为单耳止动垫圈防松装置，拧紧螺母后，将垫圈的单耳弯折贴紧在被连接件的侧面，把垫圈的一边弯折贴紧在螺母侧边平面，从而把螺母锁紧在被连接件上。

图 9-25 所示为圆螺母用止动垫圈防松装置，止动垫圈有一个内翅和几个外翅。将垫圈的内翅嵌入螺栓（或轴）的槽内，拧紧螺母后将外翅的一折嵌于螺母的一个槽内，从而实现防松。

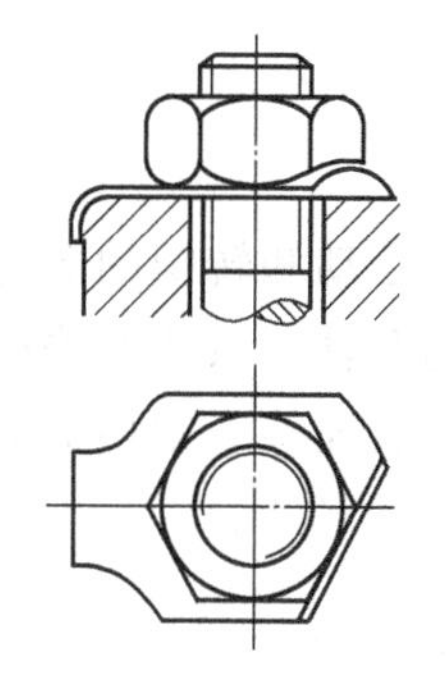

图 9-24 止动垫圈防松装置

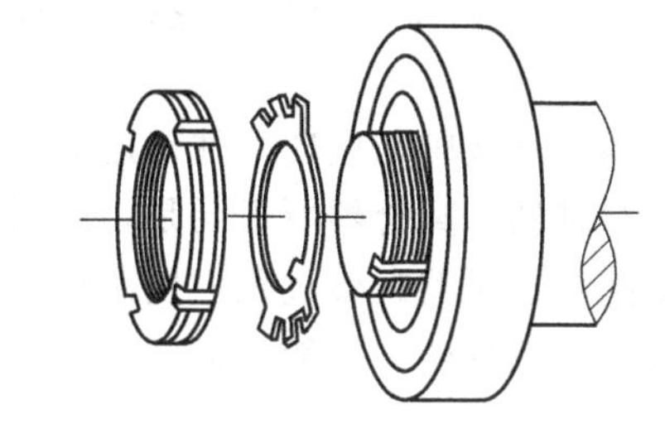

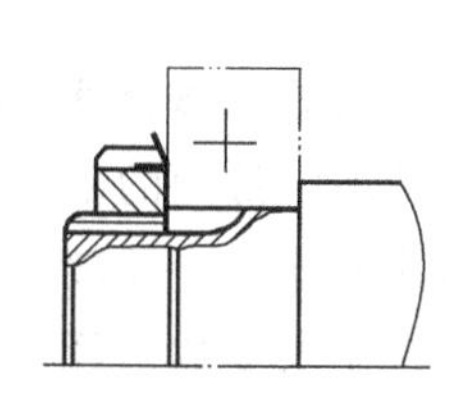

图 9-25 圆螺母用止动垫圈防松装置

（3）永久止动 其原理是把螺旋副变为不可拆卸的连接，从而排除相对运动的可能。图 9-26 所示为焊接和冲点防松，螺母拧紧后，在螺栓末端与螺母的旋合缝处的 2～3 个位置进行焊接或冲点来实现防松。图 9-27 所示为粘接防松，通常用厌氧性粘接剂涂于螺纹旋合表面，拧紧螺母后粘接剂将螺纹副粘接在一起，实现防松。

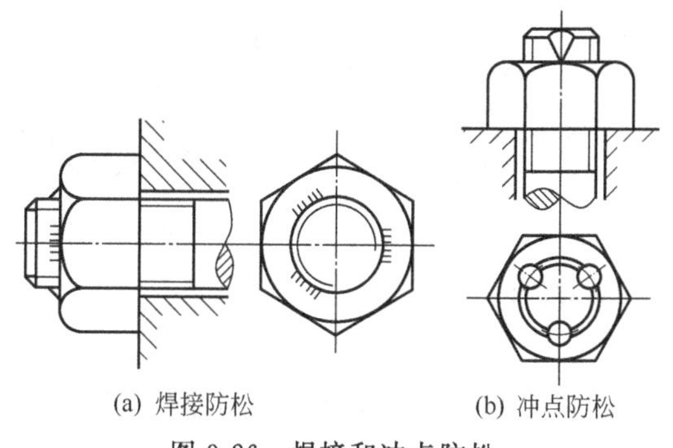

(a) 焊接防松　(b) 冲点防松

图 9-26 焊接和冲点防松

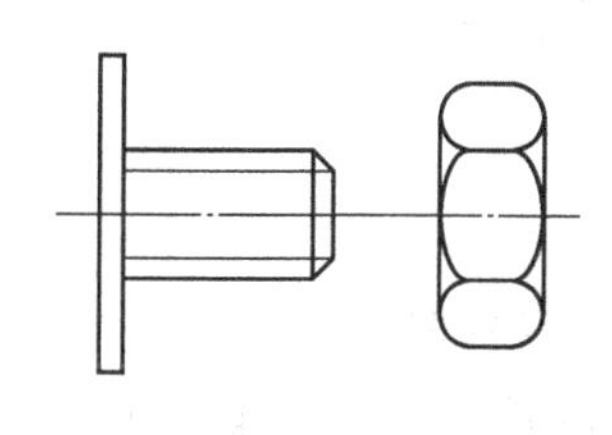

图 9-27 粘接防松

3. 双头螺柱旋入端的紧固

由于双头螺柱没有头部，无法将旋入端紧固，为此，常采用两螺母对顶的方法来装配双头螺柱。

如图 9-28 所示，采用双头螺母对顶方法紧固双头螺柱时，先将两个螺母互相旋紧在双头螺柱上，然后用扳手转动上面一个螺母，因下面一个螺母的锁紧作用，迫使双头螺柱随扳手转动而拧入螺纹孔中紧固。松开时，用两把扳手分别夹住两螺母同时反向松动。

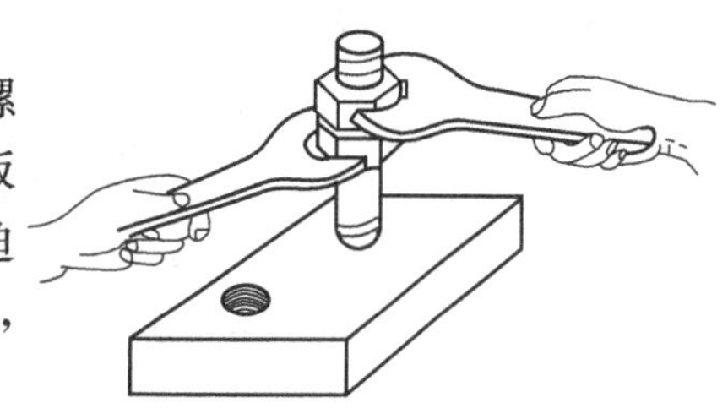

图 9-28 双头螺母拧入法

4. 装拆时螺纹连接件转向的判定

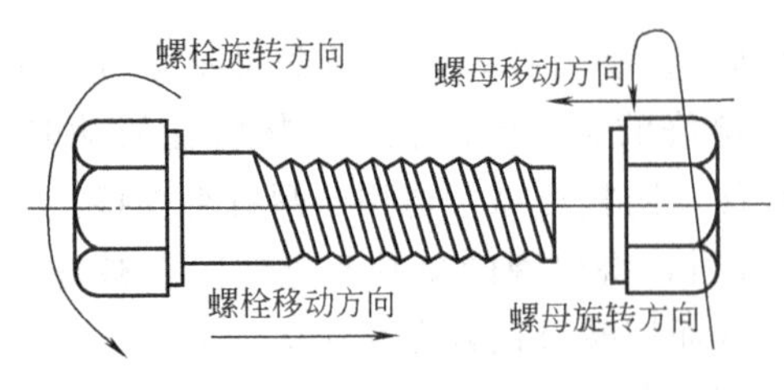

图 9-29　螺纹连接件转向的判定

螺纹按其旋向分为左旋螺纹和右旋螺纹，右旋螺纹的相对轴向移动方向和旋转方向满足右手定则，即右手的大拇指表示螺纹件轴向移动方向，四指的弯曲方向则为该螺纹件的转动方向（扳手的转动方向）。由于机械工程中通常用右旋螺纹，故在装拆螺纹连接时，一般情况下可用右手定则来判定螺纹连接件的轴向移动方向与转向间的关系，如图 9-29 所示。

第二节　联轴器和离合器

联轴器和离合器是将两轴（或轴与旋转零件）连成一体，以传递运动和转矩的部件，是机械传动中常用的部件。联轴器和离合器所不同是，用联轴器连接的两轴，只能在停机后经拆卸才能分离；而离合器则可在机器运转过程中使两轴随时都能分离或连接。常用的联轴器和离合器大多数已经标准化和系列化，一般从标准中选择所需的型号和尺寸。

一、联轴器

由于制造和安装误差、受载后的变形、温度变化和局部地基的下沉等因素，使连接的两轴产生一定的相对位移，如图 9-30 所示。因此，要求联轴器能补偿这些位移，否则会在轴、联轴器和轴承中引起附加载荷，导致工作情况恶化。联轴器种类很多，按有无补偿两轴相对位移的能力，可分为刚性联轴器和挠性联轴器两大类。

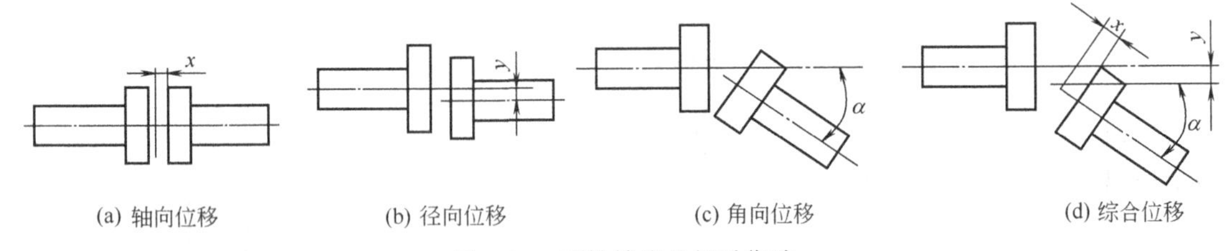

图 9-30　两轴轴线的相对位移

1. 刚性联轴器

刚性联轴器不能补偿两轴的相对位移，要求所连接两轴对中性要好，对机器安装精度要求高。常用的刚性联轴器有套筒联轴器和凸缘联轴器。

（1）套筒联轴器　套筒联轴器是利用套筒、键或圆锥销将两轴端连接起来，如图 9-31 所示。当主动轴转动时，通过其上的键或圆锥销带动套筒转动，套筒通过与从动轴间的键或销驱动从动轴转动。套筒联轴器的结构简单、容易制造、径向尺寸小，但装拆不便（需作轴向位

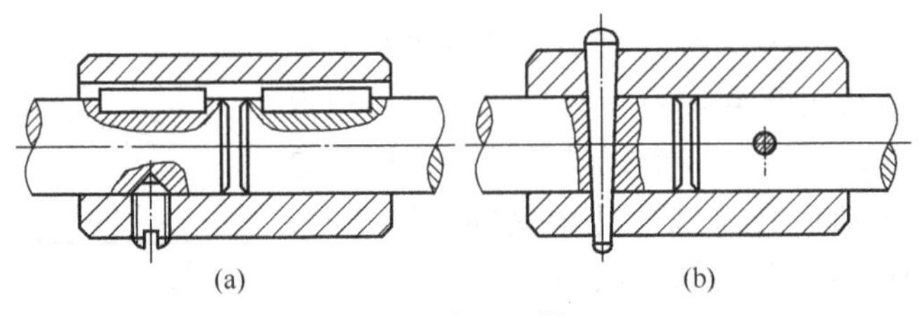

图 9-31　套筒联轴器

移)，用于载荷不大、转速不高、工作平稳、两轴对中性好、要求联轴器径向尺寸小的场合。

(2) 凸缘联轴器　凸缘联轴器的结构如图 9-32 所示，由两个带凸缘的半联轴器通过键分别与两轴相连接，再用一组螺栓把两个半联轴器连接起来。凸缘联轴器有两种对中方式，图 9-32 (a) 所示是用一个半联轴器上的凸肩与另一个半联轴器上的凹槽相配合来实现两轴的对中。它用普通螺栓连接来连接两半联轴器，依靠两半联轴器接合面上的摩擦力传递转矩，因而，其对中性好，传递的转矩较小，但装拆时需移动轴。图 9-32 (b) 所示是通过铰制孔螺栓连接来实现两轴的对中，依靠螺栓杆产生剪切和挤压变形来传递转矩，故传递的转矩大，装拆时不需移动轴，但铰制孔加工较复杂，两轴对中性稍差。

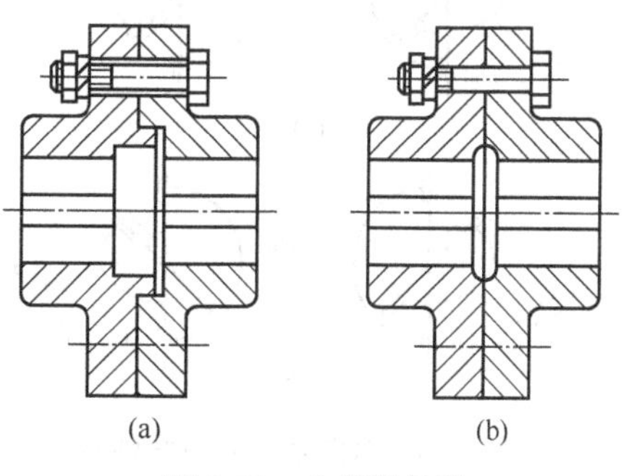

图 9-32　凸缘联轴器

凸缘联轴器的全部零件都是刚性的，不能缓冲吸振，不能补偿两轴间的位移，制造、安装精度要求高，但结构简单、对中性好、传递转矩大、价格低廉，适用于连接低速、载荷平稳、刚性大的轴。

2. 挠性联轴器

挠性联轴器能补偿两轴的相对位移，按是否具有弹性元件可分为无弹性元件和有弹性元件两类。

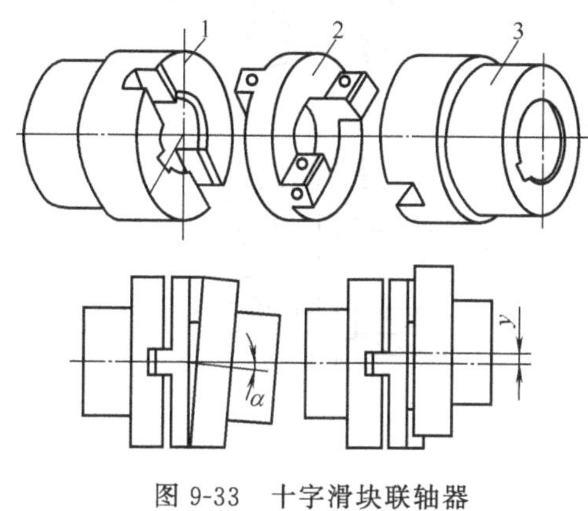

图 9-33　十字滑块联轴器

1,3—半联轴器；2—中间盘

(1) 无弹性元件　这类联轴器利用其内部工作元件间构成的动连接实现位移补偿，但其结构中无弹性元件，不能缓和冲击与振动。常用的有十字滑块联轴器、十字轴式万向联轴器、齿式联轴器等。

① 十字滑块联轴器　其结构如图 9-33 所示，由两个端面开有径向凹槽的半联轴器 1、3 和一个两面带有凸块的中间盘 2 组成。中间盘两端面上互相垂直的凸块嵌入 1、3 的凹槽中并可相对滑动，以补偿两轴间的相对位移。为了减少滑动面间的摩擦、磨损，在凹槽与凸榫的工作面应注入润滑油。

十字滑块联轴器结构简单、径向尺寸小，制造方便，但工作时中间盘因偏心而产生较大的离心力，故适用于低速、工作平稳的场合。

② 十字轴式万向联轴器　其结构如图 9-34 所示，十字轴 3 的四端分别与固定在轴上的两个叉形接头 1、2 用铰链相连，构成一个动连接。当主动轴转动时，通过十字轴驱使从动轴转动，两轴在任意方向可偏移 α 角，并且轴运转时，即使偏移角 α 发生改变仍可正常转动。偏移角 α 一般不能超过 35°～45°，否则零件可能相碰撞。当两轴偏移一定角度后，虽然主动轴以角速度 ω_1 作匀速转动，但从动轴角速度 ω_2 将在一定范围内作周期性变化，因而引起附加动载荷。为了消除这一缺点，常将十字轴式万向联轴器成对

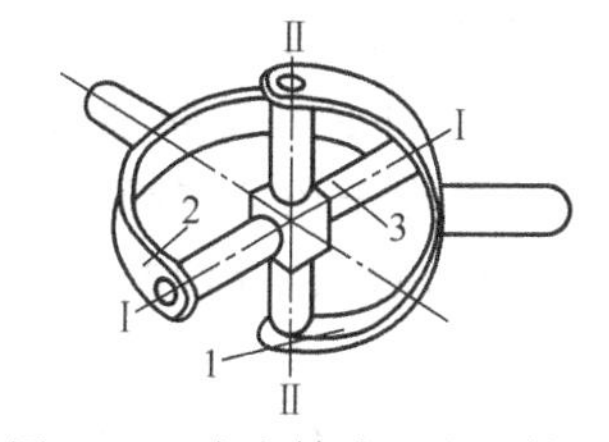

图 9-34　十字轴式万向联轴器

1,2—叉形接头；3—十字轴

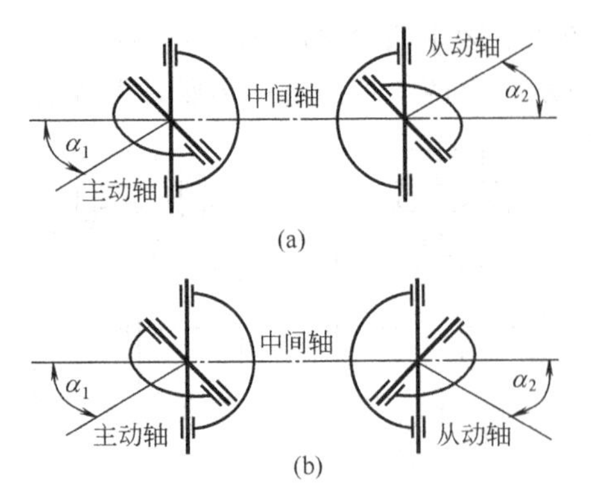

图 9-35　双向轴式万向联轴器

使用，如图 9-35 所示。在安装时，应使中间轴的两叉形接头位于同一平面，并使主、从动轴与中间轴的夹角相等，从而使主动轴与从动轴同步转动。

十字轴式万向联轴器结构紧凑，维护方便，能传递较大转矩，且能补偿较大的综合位移，广泛应用于汽车、拖拉机和金属切削机床中。

③ 齿式联轴器　如图 9-36 所示，由两个具有外齿的半联轴器 1、2 和两个具有内齿的外壳 3、4 组成。两个半联轴器分别与主动轴和从动轴用键相连接，外壳 3、4 的内齿轮分别与半联轴器 1、2 的外齿轮相互啮合，并且内、外齿轮的齿数相等，两外壳用螺栓连接在一起。为了使其具有补偿轴间综合位移的能力，齿顶和齿侧均留有较大的间隙，并把外齿的齿顶制成球面。联轴器内注有润滑油，以减少齿间磨损。

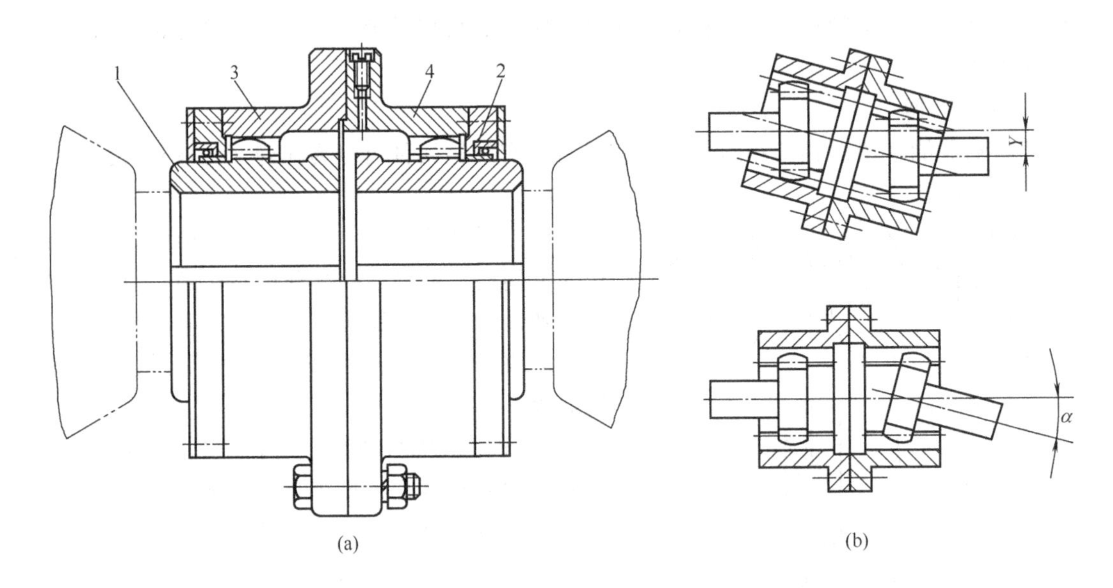

图 9-36　齿式联轴器

1,2—半联轴器；3,4—外壳

齿式联轴器有较多的齿同时工作，能传递很大的转矩，能补偿较大的综合位移，结构紧凑，工作可靠，但结构复杂、比较笨重、制造成本较高，因此广泛应用于传递平稳载荷的重型机械中。

(2) 有弹性元件　这类联轴器利用其内部弹性元件的弹性变形来补偿轴间相对位移，并能缓和冲击、吸收振动。

① 弹性套柱销联轴器　如图 9-37 所示，弹性套柱销联轴器的结构与凸缘联轴器相似，不同之处在于用装有弹性套圈的柱销代替了螺栓。安装时，一般将装有弹性套的半联轴器作动力的输出端，并在两半联轴器间留有轴向间隙，使两轴可有少量的轴向位移。这种联轴器的结构简单、重量较轻、安装方便、成本较低，但弹性套易磨损、寿命较短，主要应用于冲击小、有正反转或启动频繁的中、小功率传动的场合。

② 弹性柱销联轴器　如图 9-38 所示，弹性柱销联轴器与弹性套柱销联轴器相类似，不

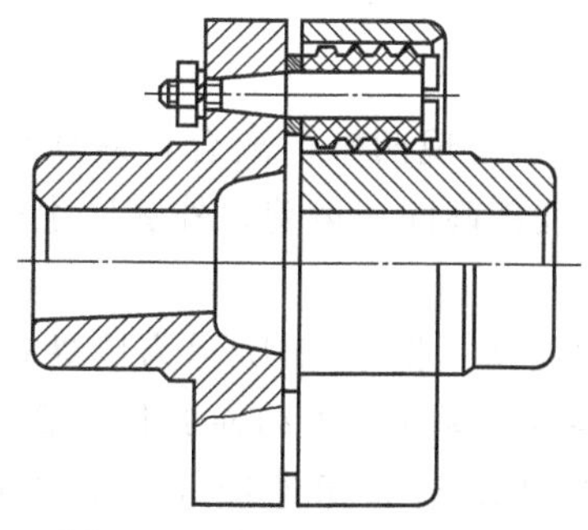

图 9-37　弹性套柱销联轴器

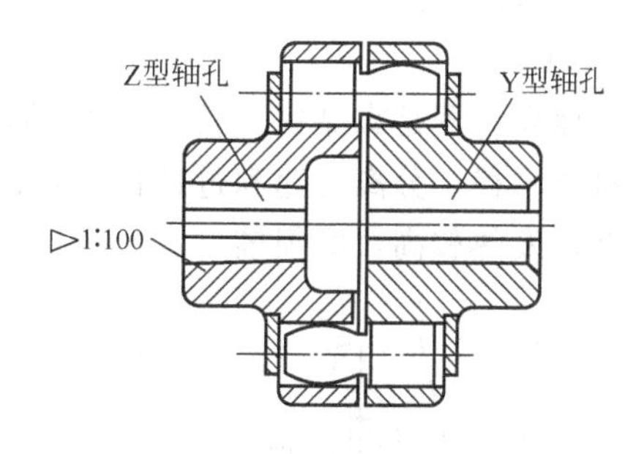

图 9-38　弹性柱销联轴器

同的是用尼龙柱销代替弹性套柱销，工作时通过尼龙柱销传递转矩。柱销形状一段为柱形，另一段为腰鼓形，以增大补偿两轴间角位移的能力，为防止柱销脱落，两侧装有挡板。这种联轴器结构简单，制造、安装、维护方便，传递转矩大、耐用性好，适用于轴向窜动较大、正反转及启动频繁、使用温度在－20～70℃的场合。

③ 轮胎式联轴器　如图 9-39 所示，轮胎式联轴器是用压板 2 和螺钉 4 将轮胎式橡胶制品 1 紧压在两半联轴器 3 上。工作时通过轮胎传递转矩。为便于安装，轮胎通常开有径向切口。这种联轴器结构简单，具有较大的补偿位移的能力，良好的缓冲防振性能，但径向尺寸大。适用于潮湿、多尘、冲击大、正反转频繁、两轴间角位移较大的场合。

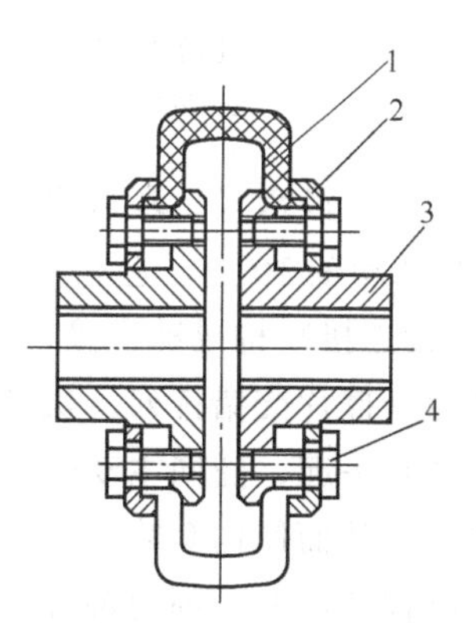

图 9-39　轮胎式联轴器

1—橡胶制品；2—压板；3—半联轴器；4—螺钉

二、离合器

用离合器连接的两轴，可以通过操纵系统在机器运转过程中随时进行结合或分离，以实现传动系统的间断运行、变速和换向等。离合器按其接合方式不同，可分为牙嵌式和摩擦式两大类。

1. 牙嵌式

牙嵌离合器的结构如图 9-40 所示，由端面带牙的两个半离合器 1、3 组成，依靠相互嵌合的牙面接触传递转矩。半离合器 1 用普通平键和紧定螺钉固定在主动轴上，半离合器 3 用导向键或花键装在从动轴上，并通过操纵机构带动滑环 4 使其沿轴向移动，从而实现离合器的分离或接合。对中环 2 固定在主动轴的半联轴器内，以使两轴能较好地对中，从动轴轴端可在对中环内自由转动。牙嵌离合器结构简单，尺寸小，工作时被连接的两轴无相对滑动而同速旋转，并能传递较大的转矩，但是在运转中接合时有冲击和噪声，因此接合时必须使主

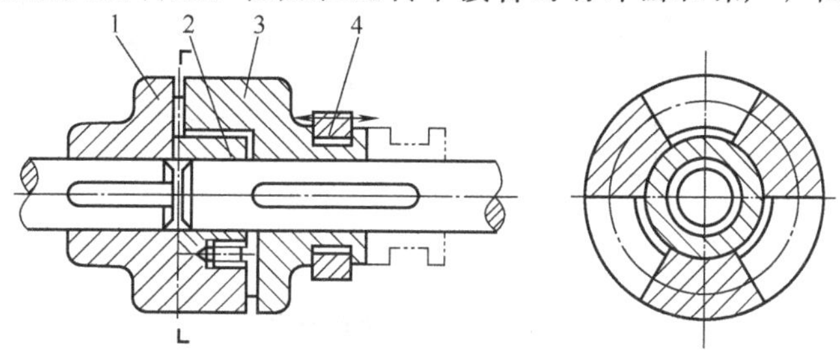

图 9-40　牙嵌离合器

1,3—半离合器；2—对中环；4—滑环

动轴慢速转动或停车。

2. 摩擦式

摩擦离合器是靠摩擦力传递转矩的，可在任何转速下实现两轴的离合，并具有操纵方便、接合平稳、分离迅速和过载保护等优点，但两轴不能精确同步运转，外廓尺寸较大，结构复杂，发热较高，磨损较大。

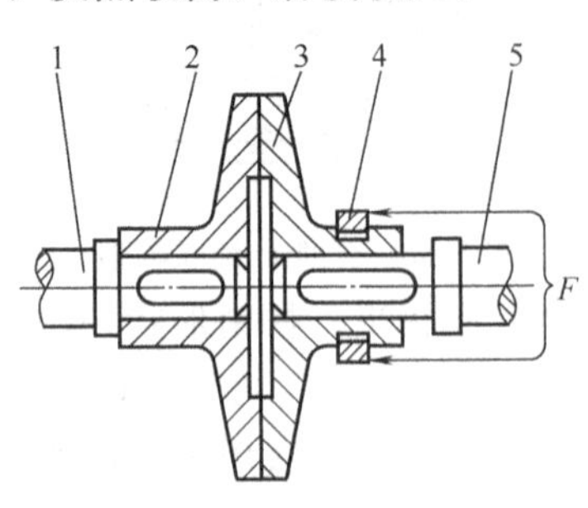

图 9-41　单盘式摩擦离合器

1—主动轴；2，3—摩擦盘；4—滑环；5—从动轴

（1）单盘式　图 9-41 所示为单盘式摩擦离合器，摩擦盘 2 紧固在主动轴 1 上，摩擦盘 3 用导向平键与从动轴 5 相连接并可沿轴向移动，工作时，通过操纵系统拨动滑环 4，使摩擦盘 3 左移，在轴向力作用下将其压紧在摩擦盘 2 上，从而在两摩擦盘的接触面间产生摩擦力，将扭矩和运动传递给从动轴。反向操纵滑环 4，使摩擦盘 3 右移，两摩擦盘分离。这种摩擦离合器结构简单，散热性好，但径向尺寸较大、摩擦力受到限制，常用在轻型机械上。

（2）多盘式　多盘式摩擦离合器如图 9-42 所示，外套筒 2、内套筒 9 分别固定在主动轴 1 和从动轴 10 上，它有两组摩擦片，其中一组外摩擦片 4 的外齿插入外套筒 2 的纵向槽中（花键连接）构成动连接。另一组内摩擦片 5 的内齿插入内套筒 9 的纵向槽中构成动连接，两组摩擦片交错排列。操纵滑环 7 向左移动时，角形杠杆 8 通过压板 3 将内、外摩擦片相互压紧在一起，随同主动轴和外套筒一起旋转的外摩擦片通过摩擦力将扭矩和运动传递给内摩擦片，从而使内套筒和从动轴旋转。当操纵滑环 7 向右移动时，角形杠杆 8 在弹簧的作用下将摩擦片放松，则两轴分离。为使摩擦片易于松开、提高接合时的平稳性，常将内摩擦片制成蝶形［图 9-42（c）］，并使其具有一定弹性。螺母 6 可调节摩擦片之间的压力。多片式摩擦离合器由于增多了摩擦面，传递转矩的能力显著增大，结构紧凑，安装调节方便，应用广泛。

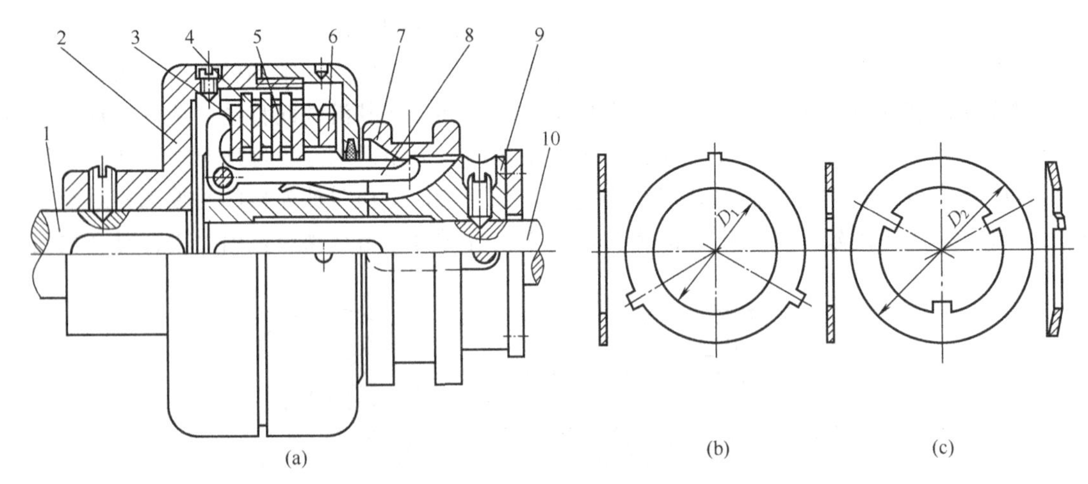

图 9-42　多盘式摩擦离合器

1—主动轴；2—外套筒；3—压板；4—外摩擦片；5—内摩擦片；6—螺母；7—滑环；8—角形杠杆；9—内套筒；10—从动轴

第三节　弹　　簧

一、功用

弹簧是受外力后能产生较大弹性变形的一种常用弹性元件，是机械和仪表中的重要零件。利用其弹性变形可把机械能或动能转变为弹簧的弹性变形能，或把弹性变形能变为动能或机械能。弹簧的主要功用如下。

① 缓冲吸振，如汽车、火车车厢的缓冲弹簧和各种缓冲器中的弹簧。

② 控制机构运动，如凸轮机构中的控制弹簧、圆珠笔中的复位弹簧。

③ 储存及输出能量，如钟表弹簧、枪支中的弹簧。

④ 测量载荷，如测力器、弹簧秤中的弹簧。

二、类型

弹簧的类型很多，按外形可分为螺旋弹簧、板弹簧、蜗卷形盘簧、蝶形弹簧和环形弹簧五种。

(1) 螺旋弹簧　如图 9-43 所示，螺旋弹簧是用弹簧钢丝按螺旋线卷绕而成。按其外形可分为圆柱螺旋弹簧和圆锥螺旋弹簧；按其受载性质分为拉伸弹簧、压缩弹簧、扭转弹簧。由于螺旋弹簧制造简单，所以应用广泛，其中以圆柱螺旋弹簧应用最为广泛。

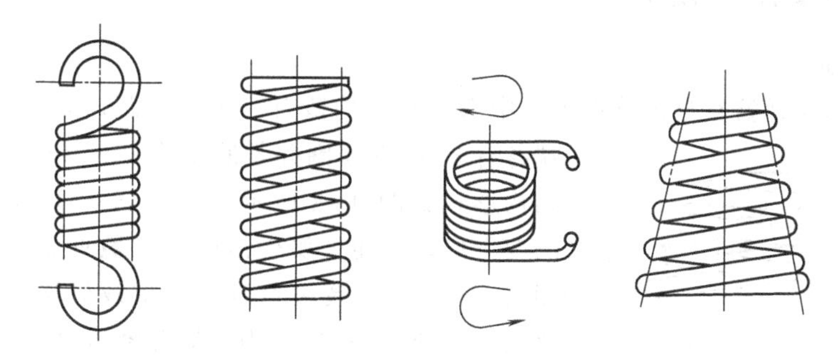

(a) 圆柱螺旋拉伸弹簧 (b) 圆柱螺旋压缩弹簧 (c) 圆柱螺旋扭转弹簧　(d) 圆锥螺旋弹簧

图 9-43　螺旋弹簧

(2) 板弹簧　如图 9-44 所示，板弹簧是由许多长度不同的条状钢板叠合而成，主要用来承受弯矩。板弹簧有较好的缓冲、消振性能，常用做各种车辆的减振弹簧。

(3) 蜗卷形盘簧　如图 9-45 所示，蜗卷形盘簧由钢带盘绕而成，其轴向尺寸很小，主要用于承受转矩不大的仪器和钟表的储能装置。

(4) 蝶形弹簧　如图 9-46 所示，由薄钢板冲压而成，主要用做压缩弹簧，其刚性大，缓冲吸振能力很强，常用于重型机械和大炮的缓冲装置。

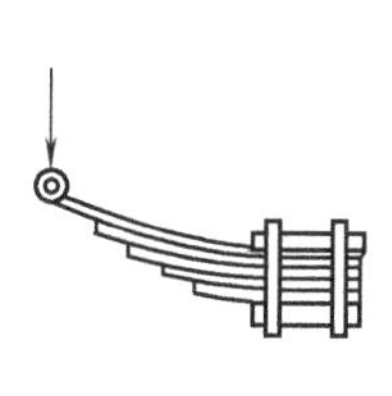

图 9-44　板弹簧

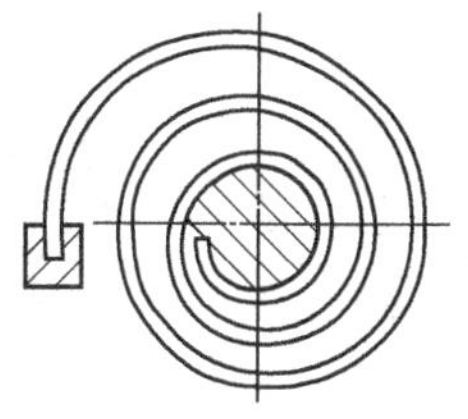

图 9-45　蜗卷形盘簧

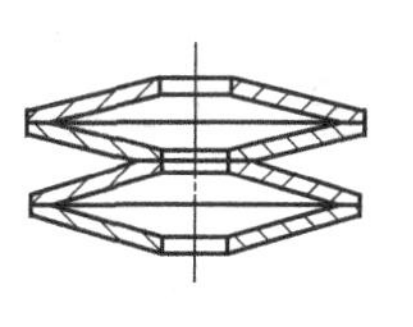

图 9-46　碟形弹簧

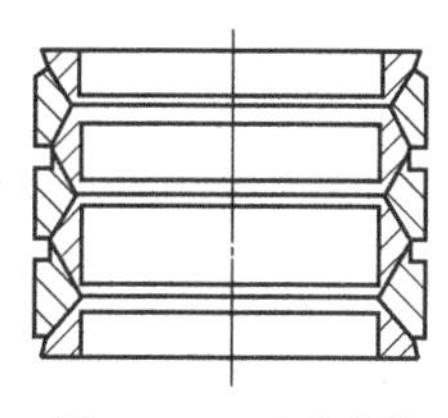

图 9-47　环形弹簧

(5) 环形弹簧　如图 9-47 所示，由内或外部具有锥度的钢制圆环交错叠合而成，主要用做压缩弹簧，因圆锥面具有较大的摩擦力而消耗能量，故具有很高的缓冲吸振能力，常用做重型机械的缓冲装置。

三、材料

由于弹簧在机械中常常承受交变载荷和冲击载荷，所以弹簧材料应具有较高的弹性极限、疲劳极限，具有足够的冲击韧性、塑性以及良好的热处理性能，以保证弹簧工作可靠。常用的材料有碳素弹簧钢、合金弹簧钢、不锈钢和铜合金。

(1) 碳素弹簧钢　常用的有 65 钢、70 钢、85 钢等，这类材料价廉、强度高、性能好，但其热处理性能不如合金钢，适用于制造不承受冲击载荷的小弹簧。

(2) 合金弹簧钢　常用的有 65Mn、60Si2Mn、50CrVA 钢等，65Mn 钢比碳素弹簧钢的强度高、淬透性好，但易产生淬火裂纹，一般用于制作直径在 8～15mm 左右的小弹簧。60Si2Mn 钢弹性好，回火稳定性好，但易脱碳，用于制作承受较大载荷的重要弹簧。50CrVA 钢有较高的疲劳性能，弹性、淬火性和回火稳定性好，耐高温，适合制作承受交变载荷的重要弹簧。

(3) 不锈钢和铜合金　不锈钢耐腐蚀、耐高温，1Cr18Ni9 适合制作小弹簧，4Cr13 适合制作较大的弹簧。铜合金耐腐蚀、防磁性好，用于潮湿、酸性或其他腐蚀性介质中工作的弹簧。

四、圆柱螺旋弹簧的结构

1. 压缩弹簧

圆柱螺旋压缩弹簧在自由状态下，中部各圈间均留有一定的间距，以便于承载后变形，其两端各有 3/4～5/4 圈并紧的支承圈不参与变形。支承圈的主要结构形式如图 9-48 所示，图 9-48 (a) 为两端圈并紧且磨平的 YⅠ型，以使弹簧受压时能平稳直立、保证中心线垂直于端面，适用于承受变载荷、要求载荷与变形关系很准确的重要场合；图 9-48 (b) 为两端并紧不磨平的 YⅢ型。

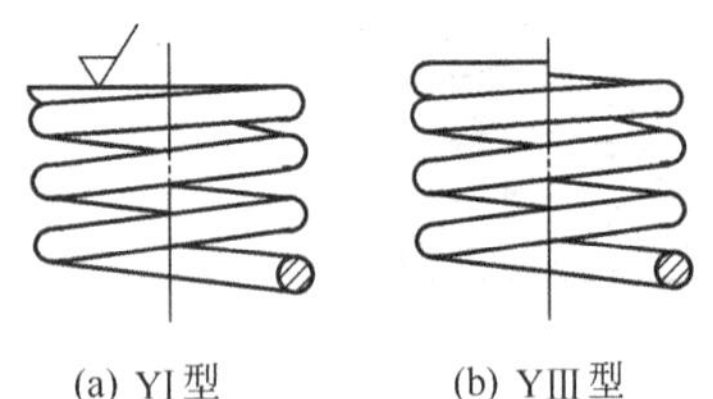

图 9-48　压缩弹簧的结构

2. 拉伸弹簧

圆柱螺旋拉伸弹簧的各圈相互并紧，为了便于安装和加载，其端部制有挂钩，常用挂钩的结构如图 9-49 所示。LⅠ型 [图 9-49 (a)] 为半圆钩环，LⅡ型 [图 9-49 (b)] 为圆钩环，两者均由末端弹簧圈弯折而成，制造方便，但在过渡处产生很大的弯曲应力，适用于弹簧直径不大于 10mm 且不重要的弹簧。LⅦ型 [图 9-49 (c)] 为螺旋块可调式，LⅧ型 [图 9-49 (d)] 为耳环可转式，这两种挂钩的弯曲应力小，挂钩可

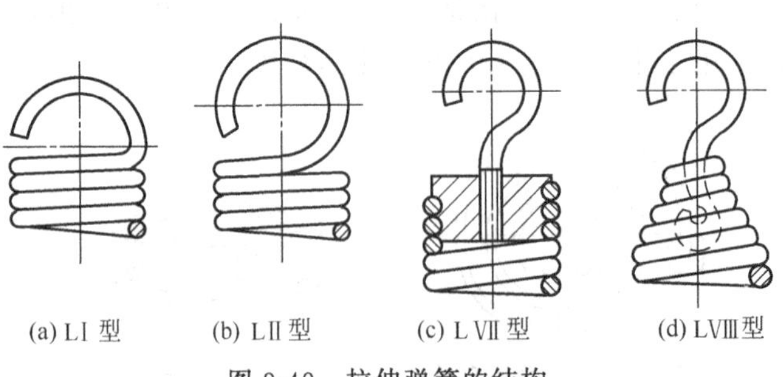

图 9-49　拉伸弹簧的结构

以任意转动，便于安装。LⅦ型适用于较大载荷处，但价格较贵。

五、圆柱螺旋弹簧的几何参数

如图 9-50 所示，圆柱螺旋弹簧的几何参数有弹簧丝直径 d、弹簧中径 D_2、节距 P、工作圈数 n、自由高度 H_0 以及旋绕比 C 。

弹簧丝直径 d 由弹簧的强度条件确定。圆柱螺旋弹簧的旋绕比 C 又称弹簧指数，是指弹簧中径 D_2 与弹簧丝直径 d 的比值，$C=D_2/d$。旋绕比越大，弹簧越软，卷制容易，但卷制后会有明显的回弹现象，且弹簧工作时易产生颤动，承载能力降低；旋绕比越小，弹簧越硬，卷制困难，弹簧丝受到的弯曲应力增大，容易断裂。一般 $C=4\sim16$。弹簧中径 $D_2=Cd$。弹簧的工作圈数由弹簧的刚度条件确定，为了保证弹簧的稳定性，其工作圈数 $n\geqslant2$。压缩弹簧的节距 P 一般取 $(0.28\sim0.5)D_2$，拉伸弹簧的节距 P 等于弹簧丝直径 d。两端并紧且磨平的压缩弹簧的自由高度 $H_0\approx Pn+(1.5\sim2)d$ ，两端并紧不磨平的压缩弹簧的自由高度 $H_0\approx Pn+(3\sim3.5)d$ ，拉伸弹簧的自由高度 H_0 为 $(n+1)d$ 与挂钩长度之和。

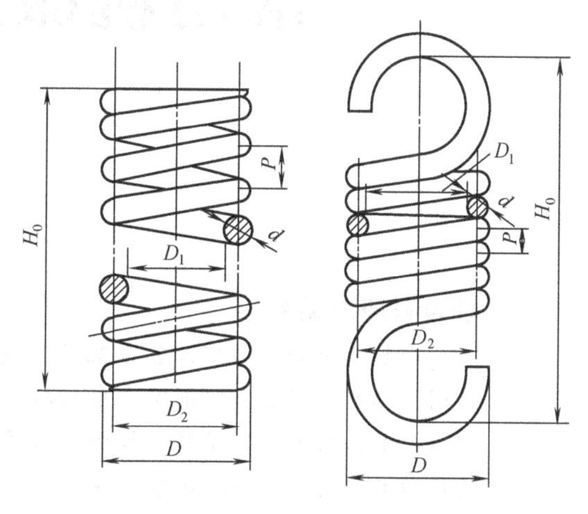

(a) 圆柱螺旋压缩弹簧　　(b) 圆柱螺旋拉伸弹簧

图 9-50　圆柱螺旋弹簧的几何参数

思考题与习题

1. 连接用螺纹有哪几种类型？各用于什么场合？
2. 螺纹连接的基本类型有哪些？简述其特点及应用场合。
3. 普通螺栓连接和铰制孔螺栓连接，在结构上有何区别？适用哪些场合？
4. 螺纹连接既然能自锁，为何还要防松？常见的防松措施有哪些？
5. 设计螺纹连接的结构时需注意哪些问题？
6. 怎样装拆双头螺柱？
7. 联轴器和离合器的功用是什么？二者有何区别？
8. 试述常用联轴器的类型和特点。
9. 试述常用离合器的类型和特点。
10. 结合生产实际说明弹簧的功用。
11. 圆柱弹簧的基本参数有哪些？弹簧的旋绕比对弹簧的制造、使用有何影响？

第十章

常用机械加工方式

学习目的与要求

理解金属切削加工工艺系统及金属切削加工的原理；掌握车削、铣削、镗削、磨削、钻削、刨削和铰削等常用机械加工工艺系统及其组成要素和工艺特点；理解数控加工的原理，了解数控加工程序的组成要素及编制方法；理解机械加工工艺规程的作用，了解其编制方法。

第一节　金属切削加工基本知识

一、切削加工

用金属切削刀具从工件上切除多余的（或预留的）金属，从而获得在形状、尺寸精度及表面质量上都合乎预定要求的加工，称为金属切削加工。在切削加工过程中，刀具与工件之间必须有相对的切削运动，它是由金属切削机床来完成的。

1. 金属切削加工的工艺系统

由机床、夹具、刀具和工件组成且刀具与工件间具有确定的相对运动轨迹的切削加工系统称为金属切削加工的工艺系统。切削过程的各种现象、规律及其本质，都要在这个工艺系统的运动状态中去考察研究。工艺系统中的种种误差，将会在不同的具体条件下，以不同的程度和方式反映为加工误差（图 10-1）。

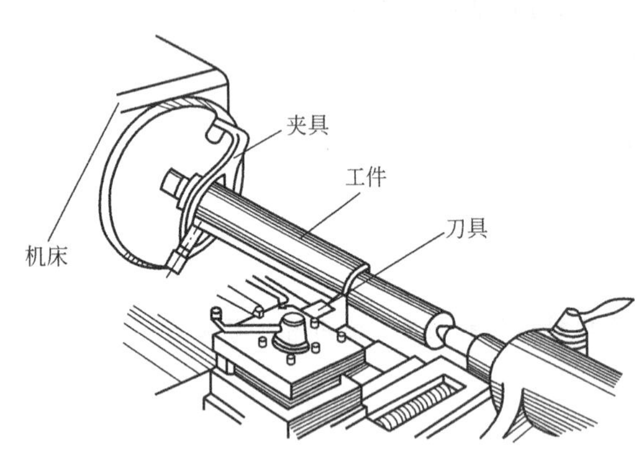

图 10-1　金属切削加工的工艺系统

2. 主运动、进给运动

各种切削加工的切削运动，按照它们在切削过程中所起的作用，可分为主运动和进给运动。

（1）主运动　是直接切除工件上的切削层，使之转变为切屑，形成新的工件表面的运动。通常，主运动的速度较高，消耗的切削功率也较大。如车削加工中工件的回转运动、钻削加工中钻头的旋转、刨削加工中刨刀的直线运动等，都是主运动。

（2）进给运动　是不断地把切削层投入切削的运动。如车削加工中车刀的纵向和横向移动、钻削加工中钻头的轴向移动以及铣削加工中工件的纵向与横向移动等，都是进给运动。

通常，切削加工中的主运动只有一个，而进给运动可能是一个或数个。

3. 已加工表面、待加工表面、加工表面

在切削运动的作用下，工件上的切削层不断地被刀具切削并转变为切屑，从而加工出所需要的工件新表面。在这一表面形成的过程中，工件上有三个不断变化着的表面。它们分别是待加工表面、加工表面和已加工表面（图 10-2）。

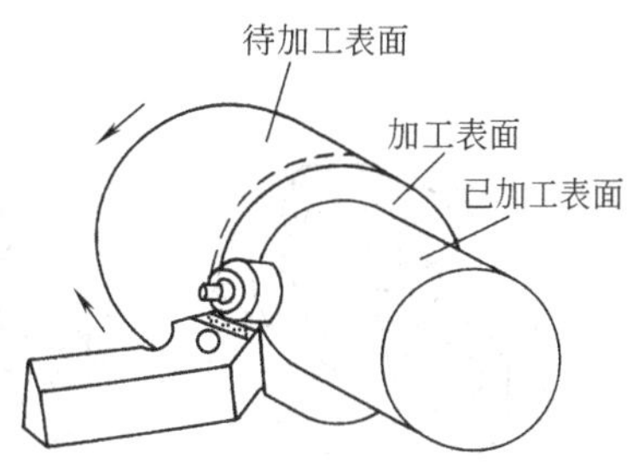

图 10-2　切削运动和加工表面

① 待加工表面指即将被切去金属层的表面。

② 加工表面指切削刃正在切削的表面。

③ 已加工表面指已经切去多余金属而形成的新表面。

4. 切削运动单元及其组合

各种切削加工运动都是由一些简单的运动单元组合而成的。直线运动和回转运动是切削加工的两个基本运动单元。不同数目的运动单元，按照不同大小的比值，不同的相对位置和方向进行组合，即构成各种切削加工的运动。

① 一个回转运动和一个直线运动组合，如车削、镗削、铣削、钻削等。这是目前应用最为广泛的一种组合形式。

② 两个直线运动组合，如锯、仿形刨削等。

③ 两个回转运动组合，如铣削回转体表面等。

④ 两个回转运动和一个直线运动组合，如铣螺旋槽、铣螺纹、磨外圆、磨内圆、滚刀滚齿轮等。这也是目前应用很广泛的一种运动组合形式。

⑤ 一个回转运动、三个直线运动的组合，如数控铣床、加工中心等加工空间曲面。

⑥ 一个回转运动、两个直线运动的组合，如数控车床车球面等。

图 10-3 所示为几种常见的切削运动和加工方法。

在理论上还可以有许多更新的运动组合，只是目前在工艺上尚不能实现。随着科学技术的发展和工艺上的突破，这些未被利用的运动组合形式和相应的新型切削加工方法，都有实现的可能性。

5. 成形法加工和包络法加工

金属切削加工的目的是形成合乎要求的工件表面。因此，表面形成问题是切削加工的基本问题。从这个意义上来说，切削刃相对于工件的运动过程，就是表面形成过程；切削刃相对于工件的运动轨迹面，就是工件上的加工表面和已加工表面。这里有两个要素，一是切削刃，二是运动。不同形状的切削刃加上不同的运动组合即可形成各种工件表面。

按表面形成过程的特点，金属切削加工可以分为成形法和包络法两大类。

（1）成形法　是用整个切削刃相对于工件运动的轨迹面直接形成工件的已加工表面；或者说，被加工的工件的廓形是用刀具的刃形（或刃形的投影）复印形成的。如用指状铣刀、成形车刀、螺纹车刀、拉刀等加工工件，如图 10-4 所示。

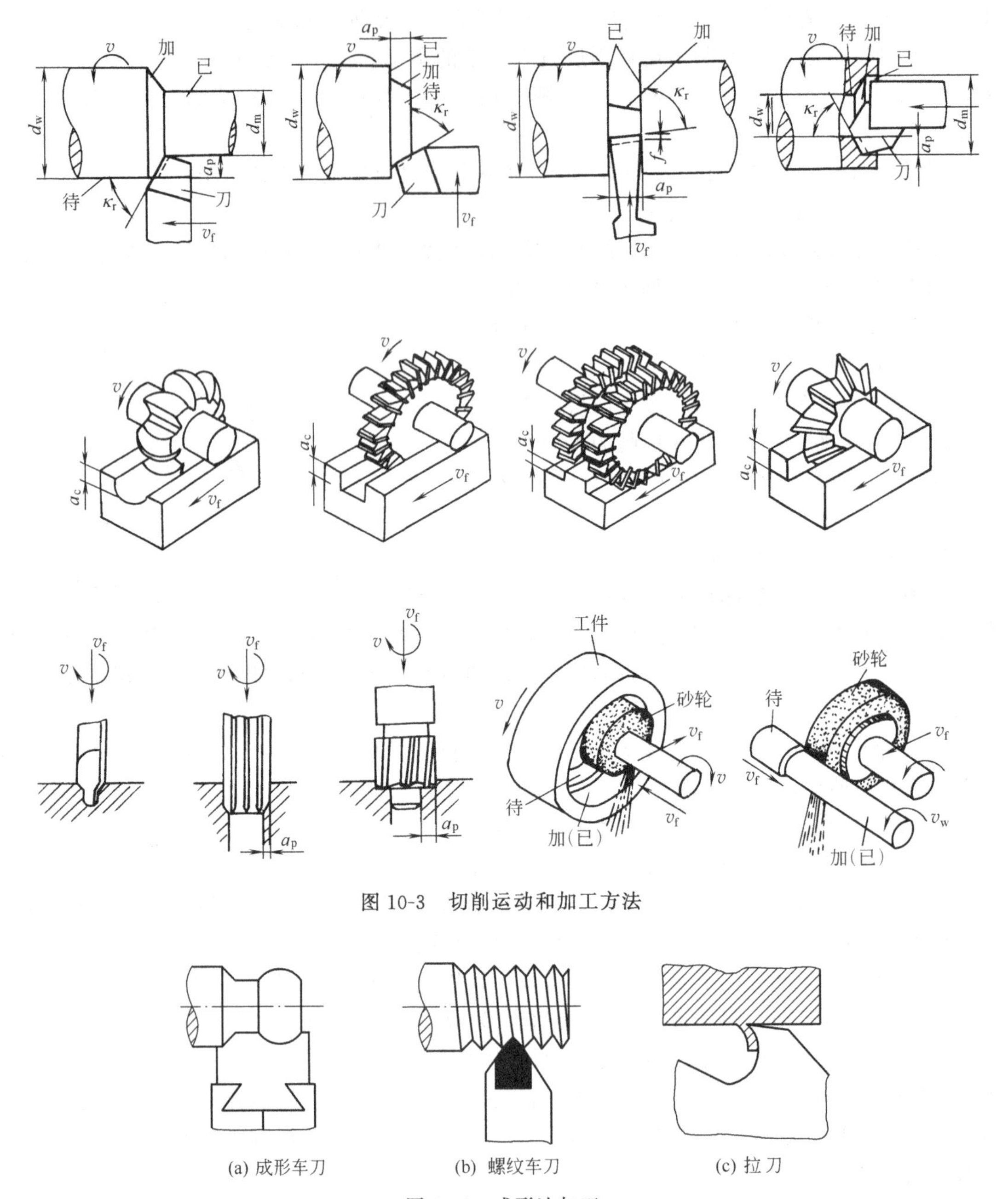

图 10-3　切削运动和加工方法

(a) 成形车刀　(b) 螺纹车刀　(c) 拉刀

图 10-4　成形法加工

（2）包络法　是用切削刃相对于工件运动的轨迹面的包络面形成工件的已加工表面；或者说，被加工工件的廓形是切削刃在切削运动过程中连续位置的包络线。如外圆车削、铣削、刨削等，如图 10-5 所示。

因此，从表面形成的观点看来，切削刃本身也是表面形成的运动学要素。成形切削刃的工作可以用仿形运动来代替；反之，包络法加工的进给运动也可以用宽刃切削来代替。

6. 切削用量三要素

切削速度 v_c、进给量 f、背吃刀量 a_p 是控制切削过程的三个主要参数，称为切削用量

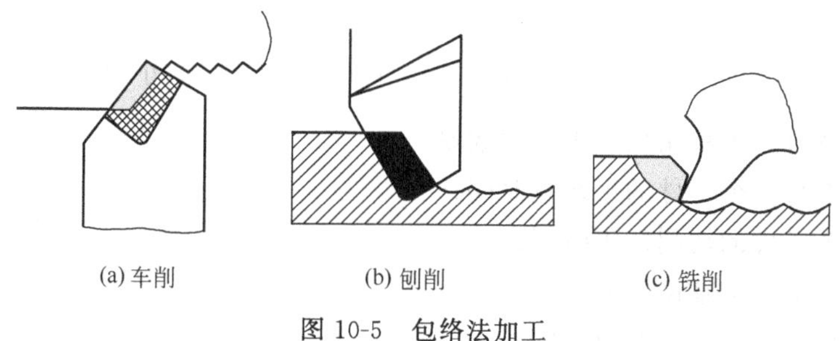

(a) 车削　　(b) 刨削　　(c) 铣削

图 10-5　包络法加工

三要素。

① 切削速度 v_c　指切削刃上选定点相对于工件主运动的瞬时速度，即在单位时间内，工件和刀具沿主运动方向上相对移动的距离，单位为 m/s 或 m/min。

② 进给量 f　指刀具在进给运动方向上相对于工件的移动量，常用的单位有每转进给量（mm/r)、每齿进给量（mm/z）和每分钟进给量（m/min）等。如车削、钻削用每转进给量（mm/r)，铣削用每齿进给量（mm/z）或每分钟进给量（m/min)。

③ 背吃刀量 a_p　指通过切削刃基点并垂直于工作平面的方向上测量的吃刀量（深度)，单位一般用 mm。如外圆车削时的待加工表面与已加工表面间的垂直距离。

二、金属切削机床

金属切削机床是加工机器零件的主要设备。一般金属切削机床约占机械行业所有技术装备总台数的 60%～80%。在由机床、夹具、刀具和工件组成的金属切削加工的工艺系统中，机床承担着提供功率和成形运动的任务，是该系统的核心部分。

1. 技术经济指标

衡量一台机床的质量是多方面的，但主要是要求工艺性好，系列化、通用化和标准化程度高（简称三化)，结构简单，工作可靠，效率高等，这些要求组成了机床的技术经济指标。具体指标如下。

(1) 工艺的可能性　指机床适应不同生产要求的能力，它包括以下内容。

① 在机床上可以完成的工序种类。

② 被加工零件的类型、材料和尺寸范围。

③ 毛坯的种类。

④ 加工精度和表面粗糙度。

⑤ 适应的生产规模等。

一般通用机床工艺的可能性较宽，而结构则相对复杂，主要用于单件小批生产；专用机床工艺的可能性较窄，但生产率高、结构简单、设备成本低，加工质量好，主要用于大批量生产。

(2) 加工精度和表面粗糙度　机床的加工精度是指被加工零件在尺寸形状和相互位置等方面所能达到的准确程度。影响机床加工精度的因素有很多，如机床的几何精度、传动精度、运动精度及刚度等。

机床所加工的工件表面的粗糙度也是机床的主要性能之一。它与工件和刀具的材料、进给量、刀具的几何形状以及切削时的振动等有关。

(3) 生产率　衡量机床生产率高低的方法很多，通常是用机床在单位时间内所能加工的

工件数量 Q 表示。

$$Q=1/T_{总}=1/(T_{切削}+T_{辅助}+T_{准结}/N)\ (件/小时)$$

式中 Q——单位时间内机床加工工作的数量；

$T_{总}$——加工每一个工件的平均总时间；

$T_{切削}$——每个工件的切削加工时间；

$T_{辅助}$——每个工件的辅助时间；

$T_{准结}$——每批工件的准备结束时间；

N——每批工件的数量。

(4) 自动化程度　为了提高劳动生产率，减轻工人的劳动强度和更好地保证加工精度和精度的稳定性，机床应尽量提高自动化程度。自动化程度，可以用机床自动工作的时间与全部工作时间的比值来表示。

(5) 工作可靠性　机床工作的可靠性包括机床结构的可靠性、运动的可靠性和控制的可靠性，以及操纵的方便、省力、容易掌握以及不易发生故障和操作错误等。

(6) 系列化、通用化和标准化程度　机床系列化的工作应包括如下内容。

① 制定机床参数标准。

② 编制机床系列型谱。

③ 进行系列设计。

零部件的通用化和标准化的目的是要尽量加大通用件、标准件在零件总量中的比重，以降低成本、提高质量和机床结构的可靠性。

产品的系列化是零部件通用化、标准化的基础；而零部件的通用化、标准化又反过来促进产品的系列化。

(7) 机床的寿命　机床寿命的长短是标志一台机床好坏的重要指标之一。它与机床结构的可靠性、耐磨性直接相关。

2. 分类

常用的机床分类方法如下。

(1) 按加工性质和所用刀具分类　目前我国将机床分为十一大类，它们是车床、钻床、镗床、磨床、齿轮加工机床、螺纹加工机床、铣床、刨插床、拉床、锯床及其他机床。每一类机床划分为若干组，每个组又划分为若干系列。

(2) 按工作精度分类　根据机床的工作精度，分为普通机床、精密机床和高精度机床。

在十一大类机床中，有些种类的机床同时存在普通、精密和高精度三个级别，如车床，并在机床编号中使用 P、M、G 相区别（P 一般省略不标注）；有些种类只有普通级，如钻床；有些种类不存在普通级，如丝杠车床只有精密级和高精度级；有些种类只有高精度级，如坐标镗床（在型号中一般也不标注精度级 G）。

(3) 按加工工件尺寸的大小和自身的质量分类

① 仪表机床　主要用于仪器、仪表、无线电等工业部门加工小型工件的机床。

② 中、小型机床　机床自身质量在 10t 以下为中小型机床。

③ 大型机床　机床自身质量在 10～30t 的机床。

④ 重型机床　机床自身质量在 30～100t 的机床。

⑤ 超重型机床　机床自身质量超过 100t 的机床。

(4) 按通用性分类

① 通用机床　可以加工多种零件的不同工序，其通用性范围较广，结构一般较为复杂。

② 专门化机床　专门用于加工不同尺寸的一类或几类零件某一特定工序，如凸轮车床。

③ 专用机床　专门用于加工某一种零件的特定工序的机床。

3. 型号编制

我国机床型号的编制自1957年原第一机械工业部颁布机床型号编制办法以来，随着机床工业的发展，曾进行多次的修改。目前，我国的机床工业正在采用国际标准，修订了一大批机床产品标准。

GB/T 15375—94《金属切削机床型号编制方法》中规定，机床型号由汉语拼音字母和数字按一定规律组合而成。通用机床的型号由基本和辅助部分组成，中间用“/”隔开，读作“之”。基本部分统一管理，辅助部分纳入型号与否由生产厂家自定。型号的构成如图10-6所示。

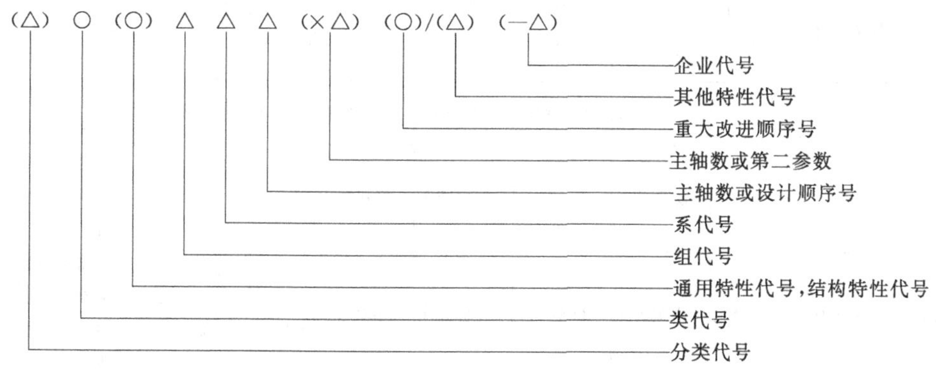

注：1. 有“（　）”的代号或数字，当无内容时，则不表示；若有内容则不带括号。

2. 有“○”符号者，为大写的汉语拼音字母。

3. 有“△”符号者，为阿拉伯数字。

4. 有“◎”符号者，为大写的汉语拼音字母，或阿拉伯数字，或两者兼有之。

图10-6　机床型号的构成

① 各类代号见表10-1。

② 通用特性代号见表10-2。

表10-1　机床分类代号

类别	车床	钻床	镗床	磨床			齿轮加工机床	螺纹加工机床	铣床	刨插床	拉床	锯床	其他机床
代号	C	Z	T	M	2M	3M	Y	S	X	B	L	G	Q
读音	车	钻	镗	磨	二磨	三磨	牙	丝	铣	刨	拉	割	其他

表10-2　机床通用特性代号

通用特性	高精度	精密	自动	半自动	数控	加工中心（自动换刀）	仿形	轻型	加重型	简式或经济型	柔性加工单元	数显	高速
代号	G	M	Z	B	K	H	F	Q	C	J	R	X	S
读音	高	密	自	半	控	换	仿	轻	重	简	柔	显	速

③ 对于主参数值相同而结构、性能不同的机床，在型号中增加结构特性代号予以区分，并用汉语拼音字母表示 。结构特性代号可以依各类机床的具体情况赋予一定的含义，在型号中设有固定的统一含义，只起到区分同类机床结构、性能异样的作用。常用字母 A、D、E、L、N、P、R、S、T、U、V、W、X、Y 表示。当不够用时，可将两个字母组合起来使用，如 AD、AE 等。当型号中有通用的特性代号时，结构特性代号排在通用代号之后；当型号无通用特性代号时，结构特性代号排在类代号之后。

④ 每类机床分为 10 个组，每个组分为 10 个系，并分别使用阿拉伯数字 0～9 表示。各类机床组的代号及划分见表 10-3。

⑤ 大多数情况下，主参数用折算值表示。常用主参数及折算系数见表 10-4。

表 10-3　金属切削机床类、组划分

机床名称		0	1	2	3	4	5	6	7	8	9
车床 C		仪表车床	单轴自动车床	多轴自动、半自动车床	回轮、转塔车床	曲轴及凸轮轴车床	立式车床	落地及卧式车床	仿形及多刀车床	轮、轴、辊、锭及铲齿车床	其他车床
钻床 Z			坐标镗钻床	深孔钻床	摇臂钻床	台式钻床	立式钻床	卧式钻床	铣钻床	中心孔钻床	其他钻床
镗床 T				深孔镗床		坐标镗床	立式镗床	卧式铣镗床	精密镗床	汽车、拖拉机修理用镗床	其他镗床
磨床	M	仪表磨床	外圆磨床	内圆磨床	砂轮机	坐标磨床	导轨磨床	刀具刃磨床	平面及端面磨床	曲轴、凸轮轴、花键轴及轧辊磨床	工具磨床
	2M		超精机床	内圆珩磨机床	外圆及其他珩磨机床	抛光机	砂带抛光及磨削机床	刀具刃磨及研磨机床	可转位刀片磨削机床	研磨机床	其他磨床
	3M		球轴承套圈沟磨床	滚子轴承套圈滚道磨床	轴承套圈超精机床		叶片磨削机床	滚子加工机床	钢球加工机床	气门、活塞及活塞环磨削机床	汽车、拖拉机修磨机床
齿轮加工机床 Y		仪表齿轮加工机		锥齿轮加工机	滚齿机及铣齿机	剃齿及珩齿机	插齿机	花键轴铣床	齿轮磨齿机	其他齿轮加工机	齿轮倒角及检查机
螺纹加工机床 S					套线机	攻丝机		螺纹铣床	螺纹磨床	螺纹车床	
铣床 X		仪表铣床	悬臂及滑枕铣床	龙门铣床	平面铣床	仿形铣床	立式升降台铣床	卧式升降台铣床	床身铣床	工具铣床	其他铣床
刨插床 B			悬臂刨床	龙门刨床			插床	牛头刨床		边缘及模具刨床	其他刨床
拉床 L				侧拉床	卧式外拉床	连续拉床	立式内拉床	卧式内拉床	立式外拉床	键槽、轴瓦及螺纹拉床	其他拉床
锯床 G				砂轮片锯床		卧式带锯床	立式带锯床	圆锯床	弓锯床	锉锯床	
其他机床 Q		其他仪表机床	管子加工机床	木螺钉加工机		刻线机	切断机	多功能机床			

表 10-4 常见机床主参数及折算系数

机床名称	主参数名称	主参数折算系数
普通车床	床身上最大工作回转直径	1/10
自动车床、六角车床	最大棒料直径或最大车削直径	1/1
立式车床	最大车削直径	1/100
立式钻床、摇臂钻床	最大钻孔直径	1/1
卧式镗床	主轴直径	1/10
牛头刨床、插床	最大刨削或插削长度	1/10
龙门刨床	工作台宽度	1/100
卧式及立式升降台铣床	工作台工作面宽度	1/10
龙门铣床	工作台工作面宽度	1/100
外圆磨床、内圆磨床	最大磨削外径或孔径	1/10
平面磨床	工作台工作面的宽度或直径	1/10
砂轮机	最大砂轮直径	1/10
齿轮加工机床	(大多数是)最大工作直径	1/10

⑥ 机床主轴数应以实际数据列入型号，位于主参数之后，用“×”分开。第二主参数是指最大跨距，最大工件长，最大模数等。在型号中表示第二主参数一般折算成两位数为宜。凡长度采用“1/100”的折算系数；直径、深度、宽度则采用“1/10”的折算系数；属于厚度的则以实际值列入型号。

⑦ 当机床的结构、性能有重大改进和提高，并需按新产品重新设计、试制和鉴定时，才在机床型号之后按 A、B、C…顺序选用（“I”、“O”不得选用）加入型号尾部，以区别原机床型号。

⑧ 其他特性代号置于辅助部分首位。其中，同一型号机床的变型代号一般应放在其他特性代号的首位。

随着机床工业发展，我国机床型号编制方法至今已变动多次，对过去已定型号且目前仍在生产的机床，其型号一律不变，仍保持原型号。

4. 运动与功能

机床是金属切削加工工艺系统的核心，它承担着提供切削功率和各种运动的任务。机床的运动很多，主要可分为两大类，即成形运动和辅助运动。

(1) 成形运动　保证得到工件要求的表面形状的运动。它又可分为主运动及进给运动。例如，车削圆柱或圆锥面时，主轴带着工件的旋转运动和刀架带着车刀的直线运动。

(2) 辅助运动　指成形运动以外的各种运动。如各种空行程运动，分度运动，送、夹料运动等。

机床的运动是通过传动机构实现的。各传动副组成的传动系统称为传动链，一般地，机床的传动链由外联传动链和内联传动链组成。外联传动链是运动部件与外部（动力源）的联系。每一个运动，不论是简单运动还是复合运动，必须有一条外联传动链；只有复合运动才有内联传动链。如果一个复合运动分解为两个部分，则有一条内联传动链；如果分解为三个部分，则有两条内联传动链，依此类推。内联传动链决定加工出来的表面的特性，如螺纹的导程。数控机床的传动链只有外联传动，其内联传动链的功能通过数控装置的计算实现。

三、金属切削刀具

在金属切削加工的工艺系统中，多余层金属的切除任务是由刀具来完成的。刀具的质量直接影响所加工的零件的精度及表面质量。

1. 切削部分的构造要素

金属切削刀具的种类虽然很多，但它们在切削部分的几何形状与参数方面却有着共性的内容。不论刀具构造如何复杂，它们的切削部分总是近似地以外圆车刀切削部分为基本形态的，如图 10-7 所示。各种复杂的刀具或多齿刀具，拿出其中一个刀齿，它的几何形状都相当于一把车刀的刀头。切削刀具引入“不重磨”概念之后，刀具的切削部分更具有了统一性（图 10-8）。

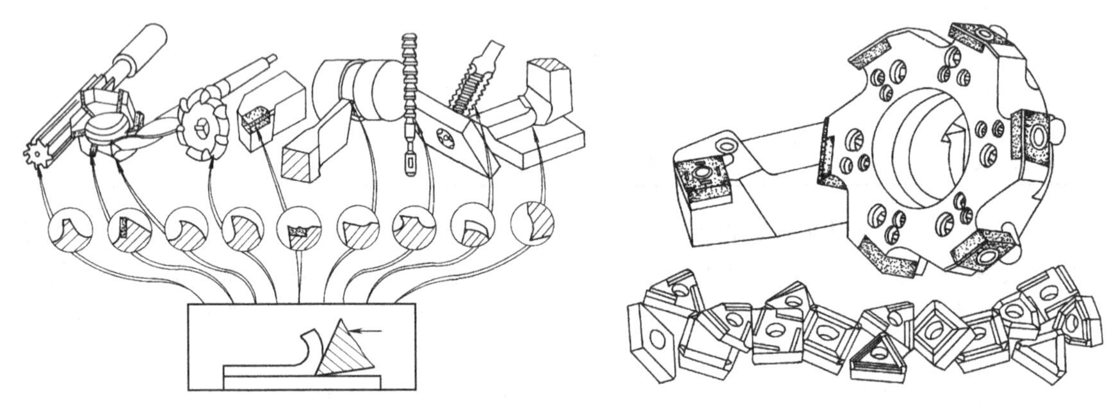

图 10-7　各种刀具切削部分的形状

图 10-8　不重磨式刀具的切削部分

因此，在确立刀具一般性的基本定义时，以普通外圆车刀为基础，如图 10-9 所示。刀具切削部分构造要素及定义如下。

① 前刀面（A_γ）　直接作用于被切削的金属层，并控制切屑沿其排出的刀面。

② 主后刀面（A_α）　同工件上的加工表面相互作用和相对着的刀面。

③ 副后刀面（A'_α）　同工件上已加工表面相互作用和相对着的刀面。

④ 主切削刃（S）　前刀面与主后刀面的相交部位，它完成主要的切除或表面形成工作。

⑤ 副切削刃 S'　前刀面与副后刀面的相交部位，它配合主切削刃完成切除工作，并最终形成已加工表面。

⑥ 刀尖　主切削刃和副切削刃的连接部位。

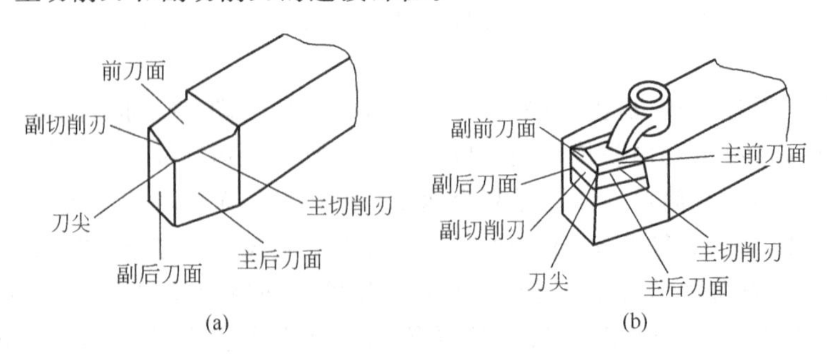

图 10-9　刀具切削部分的结构要素

每条切削刃都可以有自己的前刀面和后刀面，但为了设计、制造和刃磨简便，常常是多段切削刃在同一个公共前刀面上［图 10-9（a)］，不重磨刀片则分别有主前刀面和副前刀面［图 10-9（b)］。

2. 几何角度

（1）切削角度的参考平面

① 基面 P_r 通过切削刃选定点，垂直于假定主运动方向的平面。

② 主切削平面 P_s 通过切削刃选定点，与主切削刃相切并垂直于基面的平面，也就是假定主切削速度和切削刃的切线组成的平面。

③ 正交平面 P_o 通过切削刃上的选定点，垂直于切削刃在基面的投影平面。它同时垂直于基面和主切削平面。

如图 10-10 所示，P_r、P_s、P_o 三平面相交于切削刃上选定点，且两两垂直，构成刀具角度参考系。

（2）标注角度 在正交平面（P_o）中测量的角度如下。

① 前角 γ_o 前刀面与基面间的夹角。角度的正与负规定为前刀面高出基面为负，低于基面为正（图 10-11）。

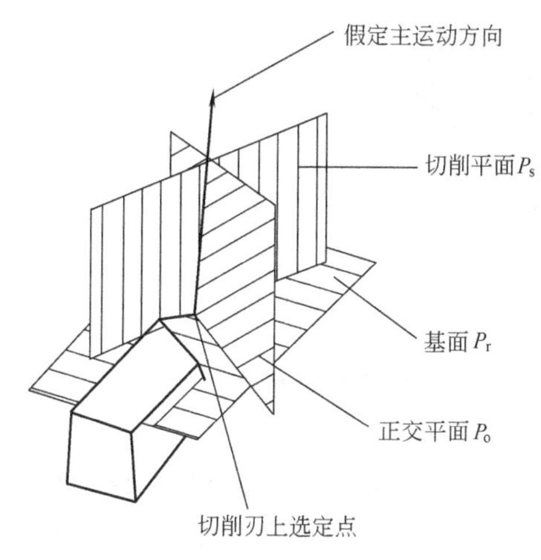

图 10-10 刀具角度参考系

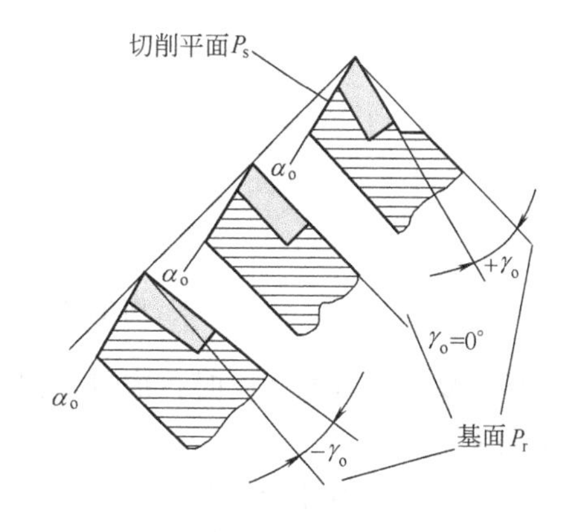

图 10-11 前角的正与负

② 后角 α_o 后刀面与切削平面间的夹角。

在基面（P_r）中测量的角度如下。

① 主偏角 κ_r 主切削刃与进给方向在基面的投影所夹的角度。

② 副偏角 κ_r' 副切削刃与进给方向在基面上的投影所夹的角度。

在主切削平面 P_s 中测量的角度有刃倾角 λ_s，即主切削刃与基面的夹角。正与负的规定同前角（图 10-12）。

车刀的标注角度如图 10-13 所示。对车刀进行角度分析的一般过程如下。

① 先画出基面（P_r）上的投影图，标出主偏角（κ_r）和副偏角（κ_r'）。

② 画出切削平面（P_s）投影图，标出刃倾角（λ_s）。

③ 在主切削刃的 O—O 剖面（正交平面 P_o）内标出前角（γ_o）和后角（α_o）。

④ 对于副切削刃重复主切削刃的分析过程。

每一切削刃都可以有自己的前角、后角、偏角及刃倾角四个角度，简称一刃四角。分析

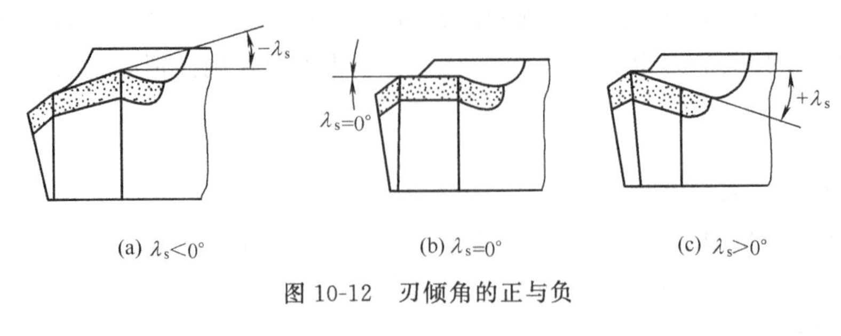

(a) $\lambda_s<0°$　　(b) $\lambda_s=0°$　　(c) $\lambda_s>0°$

图 10-12　刃倾角的正与负

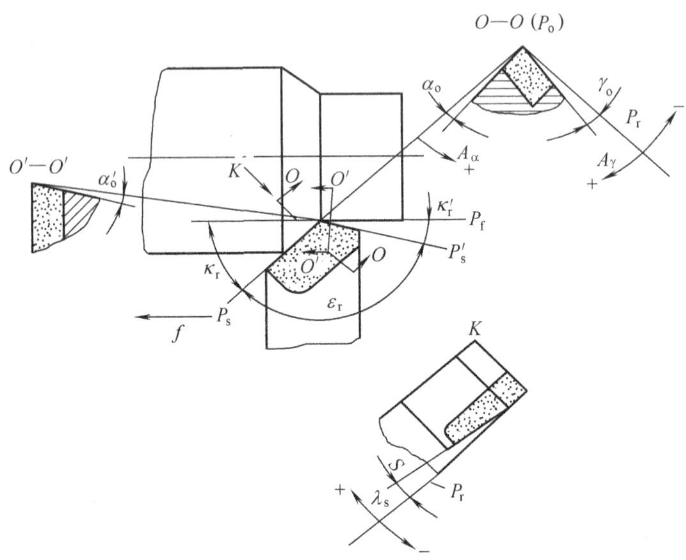

图 10-13　车刀的主要标注角度

多刃刀具及复杂刀具的角度时，应以切削刃为单位，逐刃分析其基本角度。

3. 材料

(1) 对刀具切削部分材料的要求　在金属切削过程中，刀具切削部分是在较大的切削力、较高的切削温度及剧烈的摩擦条件下工作的。在切削余量不均匀或切削断续表面时，刀具受到很大的冲击和振动，切削温度也在不断变化。因此，刀具材料必须具备以下几方面的性能。

① 高硬度　它是刀具材料最基本的性能。硬度的高低在一定程度上决定了刀具材料的应用范围。在金属切削加工中，刀具材料的硬度一般应在 60HRC 以上。工件材料硬度越高，要求刀具材料的硬度相应提高。

② 高耐磨性　它表示刀具材料抵抗摩擦和磨损的能力。刀具材料应具有较高的耐磨性。耐磨性一方面取决于它的硬度，另一方面还与其化学成分和显微组织有关。一般而言，硬度越高，耐磨性越好；含有耐磨的合金元素越多、晶粒越细、分布越均匀，耐磨性也越好。

③ 足够的强度和韧性　切削时刀具要承受切削力和冲击。刀具材料的强度与韧性分别用抗弯强度和冲击韧度来衡量。它们能反映刀具材料抗断裂、崩刃的能力。但是，强度和冲击韧度的提高，必然引起硬度和耐磨性的降低。

④ 高的耐热性　它是指刀具材料在高温下保持其常温硬度的能力。一般用热硬温度表示。如高速钢在 660℃时仍能保持其常温硬度，为 62～66HRC；当温度超过 600℃时，其硬

度下降，故高速钢的热硬温度为600℃。材料的热硬温度越高，耐热性越好，高温下越耐磨。

（2）刀具材料　目前生产中所用的刀具材料以高速钢和硬质合金居多，碳素工具钢（如T10A、T12A）、合金工具钢（如9SiCr、CrWMn）因耐热性差，仅用于一些手工或切削速度较低的刀具。

① 高速钢　分为通用性高速钢和高性能高速钢两种。

通用性高速钢是以钨、铬、钒、钼为主要合金元素的高合金钢。高速钢经热处理后的硬度可达62～67HRC，在550～600℃时仍能保持正常的切削性能，有较高的抗弯强度和冲击韧度。高速钢具有一定的切削加工和热处理的工艺性能，并易磨出锋利的切削刃，因此，特别适宜制造形状复杂的切削刀具，如钻头、丝锥、铣刀、拉刀、齿轮刀具等。常用的材料牌号有W18Cr4V和W6Mo5Cr4V2。

高性能高速钢是在通用性高速钢的基础上提高碳含量和添加一些其他合金元素，其常温下的硬度可达68～70HRC，在600～650℃时仍可保持60HRC的硬度，具有更好的切削性能。它的耐用度较通用性高速钢高1.3～3倍，适用于加工高温合金、钛合金等难加工材料。常用的材料牌号有W6Mo5Cr4V3、W6Mo5Cr4V2Co8、W6Mo5Cr4V2A1等。

② 硬质合金　它是用难熔金属碳化物（如WC、TiC）粉末为基体，以金属（如Co）作为黏结剂，经高压后烧结制成的。

因含有大量熔点高、硬度高、化学稳定性好的金属化合物，所以硬质合金的硬度可达89～93HRA（相当于74～82HRC），其耐磨性、耐热性都很好，能耐850～1000℃的高温。硬质合金允许的切削速度为1.7～5m/s，较高速钢高4～10倍，耐用度较高速钢高几十倍，但其抗弯强度和韧性比高速钢低，工艺性也不如高速钢。硬质合金一般制成刀片，用焊接或机械夹固方法固定在刀体上，很少制成整体刀具。

根据GB 2075—87及ISO 513—1975标准，硬质合金分为三类，分别用字母P、M、K表示，见表10-5。

表10-5　切削用硬质合金牌号与用途分组代号

用途分组代号	硬质合金牌号	用途分组代号	硬质合金牌号	用途分组代号	硬质合金牌号
P01	YT30、YN10	M10	YW1	K01	YG3X
P10	YT15	M20	YW2	K10	YG6X、YG6A
P20	YT14			K20	YG6、YG3N
P30	YT5			K30	YG8N、YG8

YG类（K）即钨钴类硬质合金（WC+Co），其牌号有YG3X、YG6X、YG6、YG8等，其中数字表示Co的质量分数。Co的质量分数少的，较脆但较耐磨。牌号后加“X”者为细晶粒硬质合金，在Co的质量分数相同时，其硬度和耐磨性要高些，但抗弯强度和韧性则低些。

YT类（P）即钨钛钴类硬质合金（WC+TiC+Co），其牌号有YT5、YT14、YT15、YT30等，其中数字表示TiC的质量分数。TiC的质量分数多的，硬度和耐磨性高，但抗弯强度和冲击韧度显著降低。

YW类（M）即通用硬质合金（WC+TiC+TaC+Co），在YT类中加入TaC（NbC）可提高其抗弯强度、冲击韧度、抗氧化能力、耐磨性、耐热性等。常用牌号有YW1、YW2。

正确选用适当代号的硬质合金用于切削加工，对于发挥其效能具有重要意义，参见表10-6。

表 10-6 切削加工用硬质合金的应用范围

代号	被加工材料	适用的加工条件
P01	钢、铸钢	高切削速度、小切屑截面、无振动条件下的精车、精镗
P10	钢、铸钢	高切削速度、中等或小切屑截面条件下的车削、仿形车削、车螺纹和铣削
P20	钢、铸钢、长切屑可锻铸铁	中等切削速度和中等切屑截面条件下的车削、仿形车削和铣削，小切屑截面的刨削
P30	钢、铸钢、长切屑可锻铸铁	中或低等切削速度、中等或大切屑截面条件下的车削、铣削、刨削和不利条件下的加工
P40	钢、含砂眼和气孔的铸钢件	低切削速度、大切削角、大切屑截面，以及不利条件下的车削、刨削、切槽和自动机床上的加工
P50	钢、含砂眼和气孔的中、低强度钢铸件	用于要求硬质合金有高韧性的工序，在低切削速度、大切削角、大切屑截面及不利条件下的车削、刨削、切槽和自动机床上加工
M10	钢、铸钢、锰钢、灰铸铁和合金铸铁	中或高切削速度、小或中等切屑截面条件下的车削
M20	钢、铸钢、奥氏体钢或锰钢、灰铸铁	中等切削速度、中等切屑截面条件下的车削、铣削
M30	钢、铸钢、奥氏体钢、灰铸铁、耐高温合金	中等切削速度、中等或大切屑截面条件下的车削、铣削、刨削
M40	低碳易切钢、低强度钢、有色金属和轻合金	车削、切断，特别适于自动机床上的加工
K01	特硬灰铸铁、肖氏硬度大于 85 的冷硬铸铁、高硅铝合金、淬硬钢、高耐磨塑料、硬纸板、陶瓷	车削、精车、镗削、铣削、刮削
K10	布氏硬度高于 220 的灰铸铁、短切屑的可锻铸铁、淬硬钢、硅铝合金、铜合金、塑料、玻璃、硬橡胶、硬纸板、瓷器、石料	车削、铣削、钻削、镗削、拉削、刮削
K20	布氏硬度低于 220 的灰铸铁，有色金属铜、黄铜、铝	用于要求硬质合金有高韧性的车削、铣削、刨削、镗削、拉削
K30	低硬度灰铸铁、低强度钢、压缩木料	用于在不利条件下可能采用大切削角的车削、铣削、刨削、切槽加工
K40	软木或硬木、有色金属	用于在不利条件下可能采用大切削角的车削、铣削、刨削、切槽加工

注：不利条件是指原材料或零件铸造或锻造的表皮硬度不匀和加工时的背吃刀量不匀、间断切削以及振动等情况。

③ 陶瓷　在 Al203 中加入耐高温的碳化物（TiC、WC）和金属添加剂（Ni、Fe、W、Cr、Mn、Co 等）制成。其硬度可达 90～95HRA，耐热性高达 1200～1450℃，能承受的切削速度比硬质合金更高，但抗弯强度低、冲击韧度低。目前，主要用于半精加工和精加工高硬度、高强度钢及冷硬铸铁等。牌号有 AM、AMF、AMT 等。

④ 人造金刚石（JR）　它是在高压、高温和其他条件配合下由石墨转化而成的，硬度高达 10000HV，是目前人工制成的硬度最高的刀具材料。人造金刚石不但可以加工硬质合金、陶瓷、耐磨塑料及玻璃等硬、脆材料，还可以加工有色金属及其合金。它不宜加工黑色金属，这是由于铁和碳原子的亲和力强，易产生黏结作用而加速刀具磨损的缘故。

⑤ 立方氮化硼（CBN）　它是人工合成的一种硬度、耐磨性仅次于人造金刚石的材料，其耐热性高于 JR，可达 1300～1500℃。它的切削性能好，适于加工铁族及非铁族难加工材料，如精车淬火钢时，表面粗糙度 R_a 值可达 0.4～0.2μm，可以车代磨。

JR 和 CBN 材料脆性大，所以要求机床刚性好。主要用于连续切削，避免冲击和振动。这两种材料价格较昂贵。

四、机床夹具

在金属切削加工工艺系统中，机床夹具的任务是保证在切削加工过程中工件相对于刀具始终处于正确的位置。这里有两层含义，其一是保证加工时，刀具与工件的相对位置正确，即工件只有处于这一位置上接受加工，才能保证其被加工表面达到工序所规定的各项技术要求，称之为定位；其二是保证工件在加工过程中始终处于其正确的位置，即工件在加工过程中不因受到切削力、离心力、冲击力和振动等的影响，发生不应有的位移而破坏了定位，称之为夹紧。所以，定位和夹紧是机床夹具的两项基本任务。

1. 工件装夹的方法

在机械加工工艺过程中，常见的工件装夹方法，按其实现工件定位的方式来分，可以归纳为以下两类。

（1）按找正方式定位　这是用于单件和小批量生产中装夹工件的方法。一般这种方法是以工件的有关表面或专门划出的线痕作为找正依据，用划针或指示表进行找正，以确定工件的正确定位的位置，然后再将工件夹紧。

（2）用专用夹具装夹工件　这是用于大批量生产中装夹工件的方法。它的特点是夹具上具有定位元件、对刀元件及夹紧装置。夹具在机床上调好位置并对刀后，在机床上锁紧，然后将工件在夹具上定位并夹紧以获得正确定位的位置。

2. 机床夹具的分类

机床夹具可以按使用机床、使用特点及夹紧动力源进行分类，如图 10-14 所示。

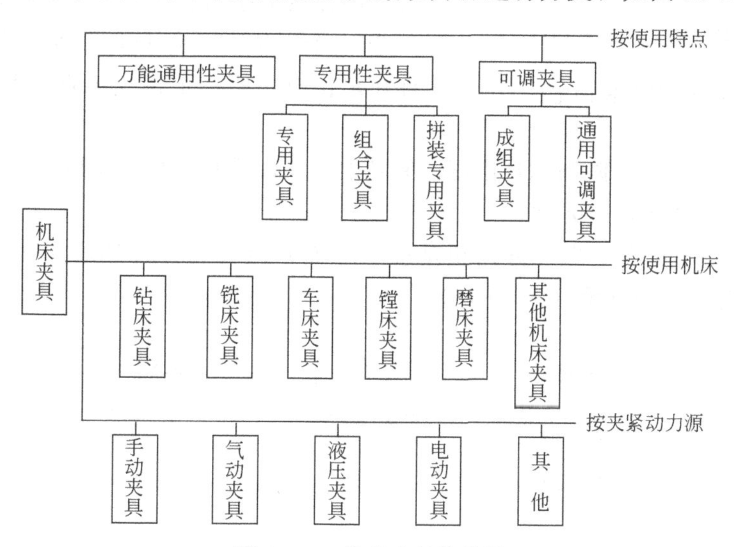

图 10-14　机床夹具的分类

3. 工件定位的基本原理

一个在空间处于自由状态的刚体，具有六个自由度即三个沿互相垂直坐标轴的移动自由度与三个绕其转动的自由度，分别用 $\vec{X}$、$\vec{Y}$、$\vec{Z}$ 和 $\widehat{X}$、$\widehat{Y}$、$\widehat{Z}$ 表示（图 10-15）。假如用恰好能限制一个自由度的定位支承点来限制这些自由度，则将空间刚体的自由度全部限制所需的定位支承点数为六个，称之为六点定位，如图 10-16 所示的矩形块定位。定位一个平面必须有三个定位支承点，定位一条边必须有两个定位支承点，定位一端只须有一个定位支承点。

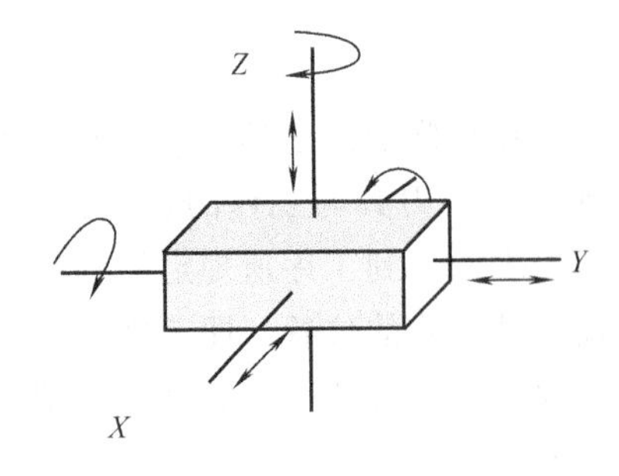

图 10-15　刚体的六个自由度

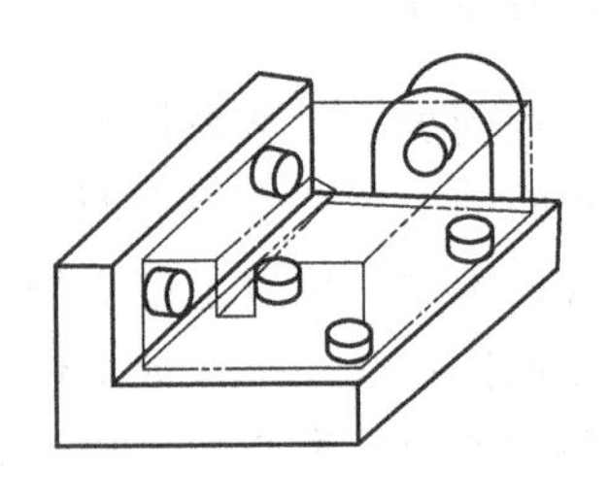

图 10-16　矩形块的定位

在实际加工中，并不是所有的工件都需要六点定位，应该有多少个定位点，视加工的具体需要。如图 10-17 所示，铣槽的工件只需五点定位，剩下端面一个自由度并不影响实际加工，所以无需定位 。

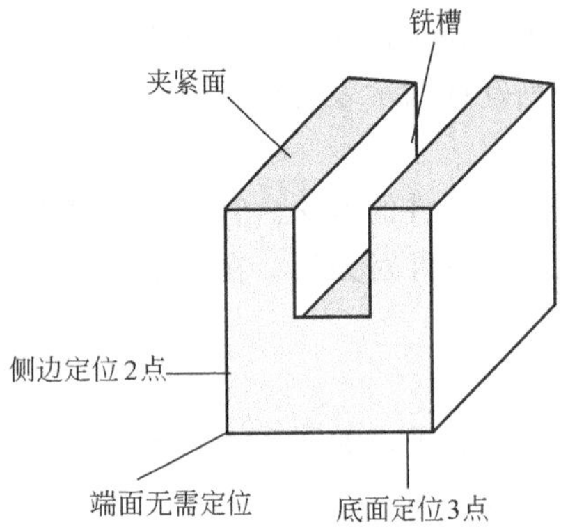

铣槽
夹紧面
侧边定位2点
端面无需定位
底面定位3点

图 10-17　铣槽工件所需的定位

工件定位的基本原理可以归纳为以下四点。

① 工件在夹具中的定位，可以转化成在空间直角坐标系中，用定位支承点限制工件自由度的方式来分析。

② 工件在定位时应采取的定位支承点数目，完全由工件在该工序的加工技术要求所确定。

③ 一个定位支承点只能限制工件一个自由度。工件在定位时，所用定位支承点的数目，决不应多于六个。

④ 每个定位支承点所限制的自由度，原则上不允许重复或相互矛盾。

4. 常见定位方式与定位元件

(1) 工件以平面定位　当工件以粗基准（毛面）定位时，可选用 B 型（球头）、C 型（锯齿头）支承钉或可调支承（图 10-18）。

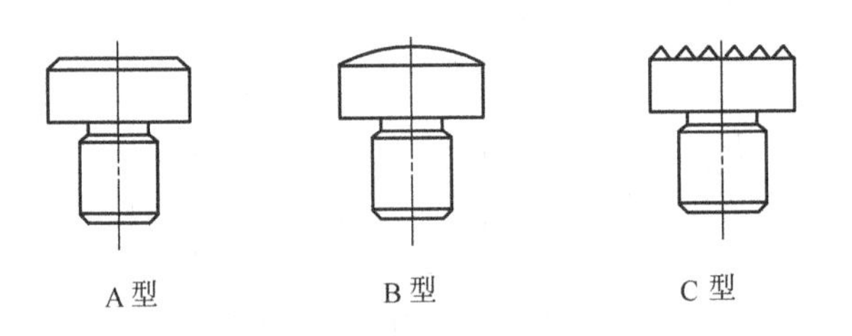

图 10-18　支承钉

当工件以精基准（光面）定位时，可选用 A 型（平头）（图 10-18）支承钉或支承板（图 10-19）。

(2) 工件以圆孔定位　当工件以圆孔定位时，可采用芯轴（图 10-20）、定位销（图 10-21）、锥销（图 10-22）。

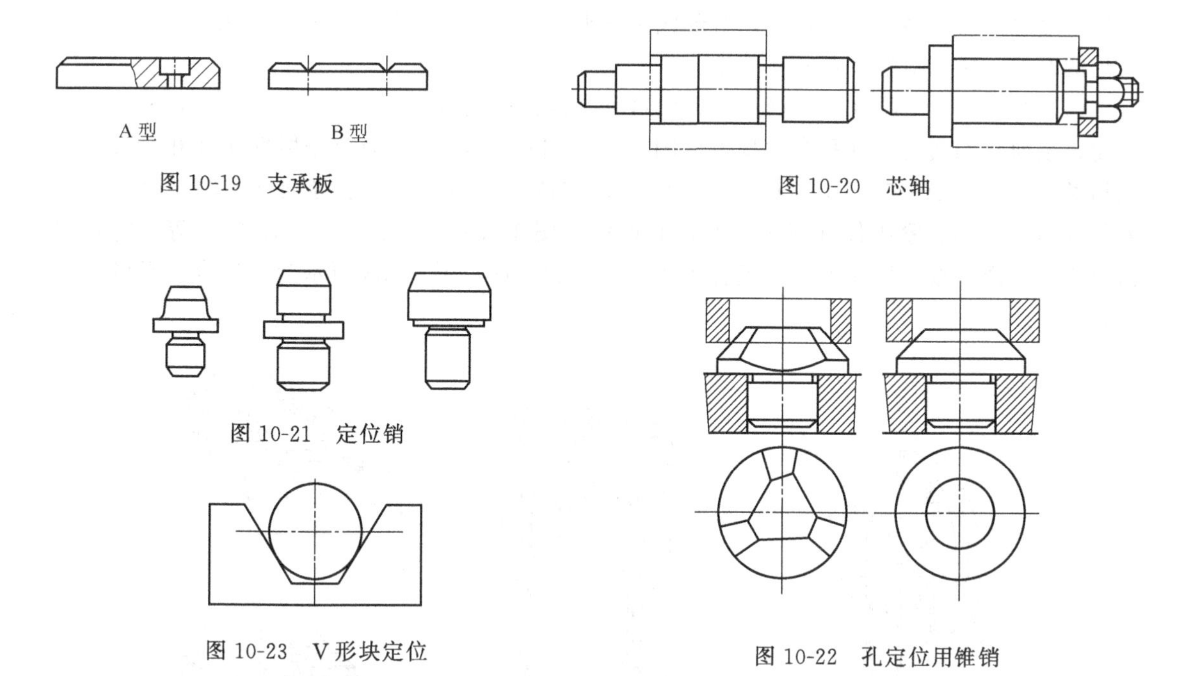

图 10-19 支承板

图 10-20 芯轴

图 10-21 定位销

图 10-23 V形块定位

图 10-22 孔定位用锥销

(3) 工件以外圆定位 当工件以外圆柱面定位时，可采用V形块定位（图 10-23）。

5. 专用夹具的基本结构

图 10-24 所示为铣轴端面槽的夹具。该夹具由定位元件（包括定位键、V形块），夹紧装置（偏心轮），对刀引导元件（对刀块）及夹具体（包括夹具体、定向键）构成。这些就是专用夹具的基本结构。

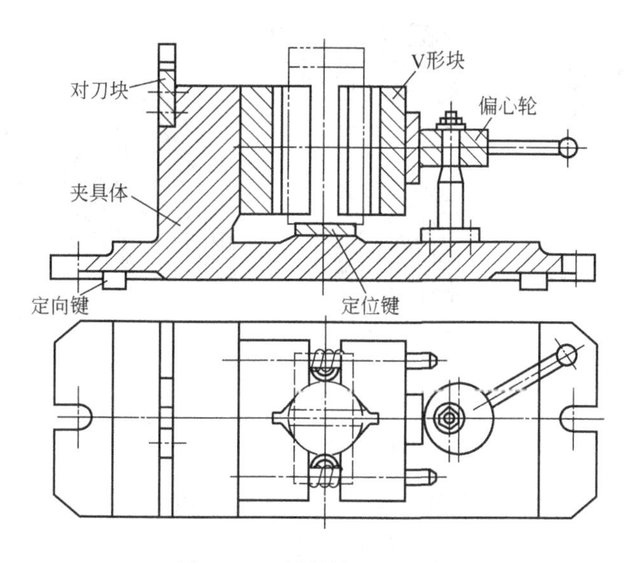

图 10-24 铣轴端面槽的夹具

夹具体为其他元件提供安装基准，并通过连接元件与机床相连接；定位元件为工件提供装夹基准；夹紧机构对工件实施锁定；对刀导引元件专为对刀需要而设置。

6. 现代机床夹具

传统机床夹具存在的最大缺点是生产技术准备工作时间长，产品更新成本高。随着产品周期的缩短，品种多样化的发展，对现代机床夹具提出了精密化、高效自动化、标准化和通用化的要求，所以新型夹具应运而生。

（1）组合夹具　早在20世纪50年代这种夹具便已出现。它是由一套结构和尺寸已经规格化、系列化的通用元件和合件构成。图10-25～图10-32所示为部分标准元件和合件。它包括基础件（图10-25）、支承件（图10-26）、定位件（图10-27）、导向件（图10-28）、压紧件（图10-29）、紧固件（图10-30）、其他件（图10-31）和合件（图10-32）等。它可以像搭积木一样，按工件加工需要组合成各种功能的夹具。图10-33所示为一组合夹具的组装过程示意。

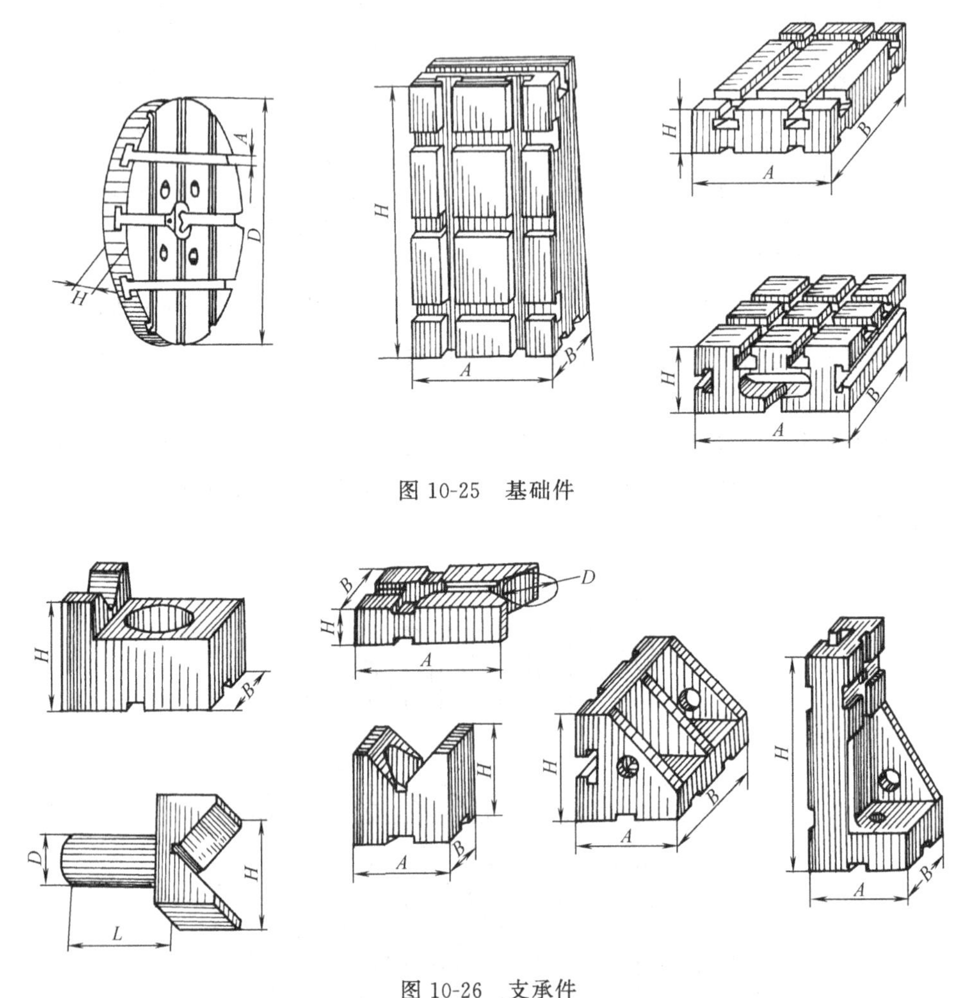

图10-25　基础件

图10-26　支承件

（2）成组夹具　成组夹具是采用成组工艺时，根据该组内的典型代表零件来设计的夹具。成组夹具用于加工组内零件时，只需对个别定位元件、夹紧元件等进行调整或更换。成组工艺是指把具有相似特性的零件归为同一组别，在安排工艺路线及工艺装备时，只需少量调整，就能进行生产。

五、金属切削过程

1. 切屑形成过程

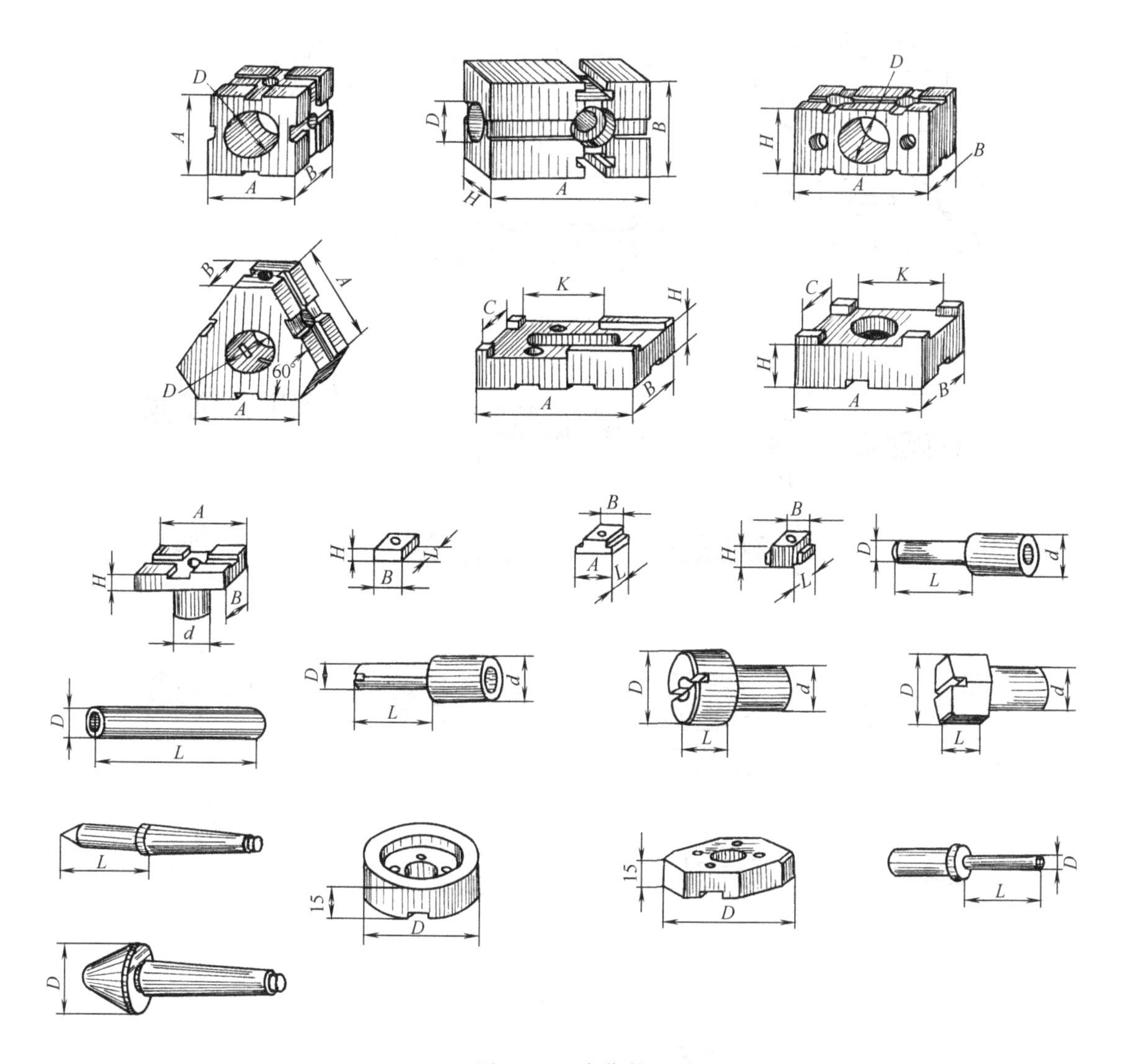

图 10-27　定位件

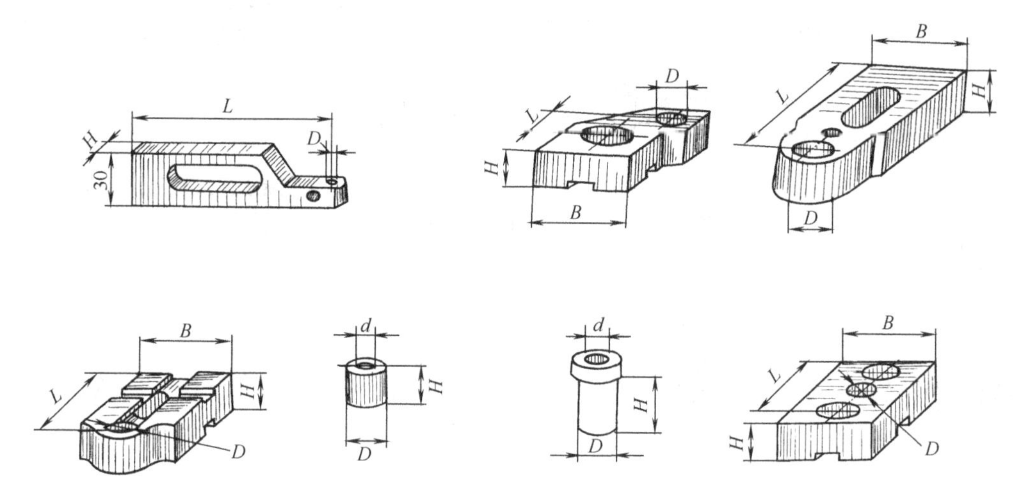

图 10-28　导向件

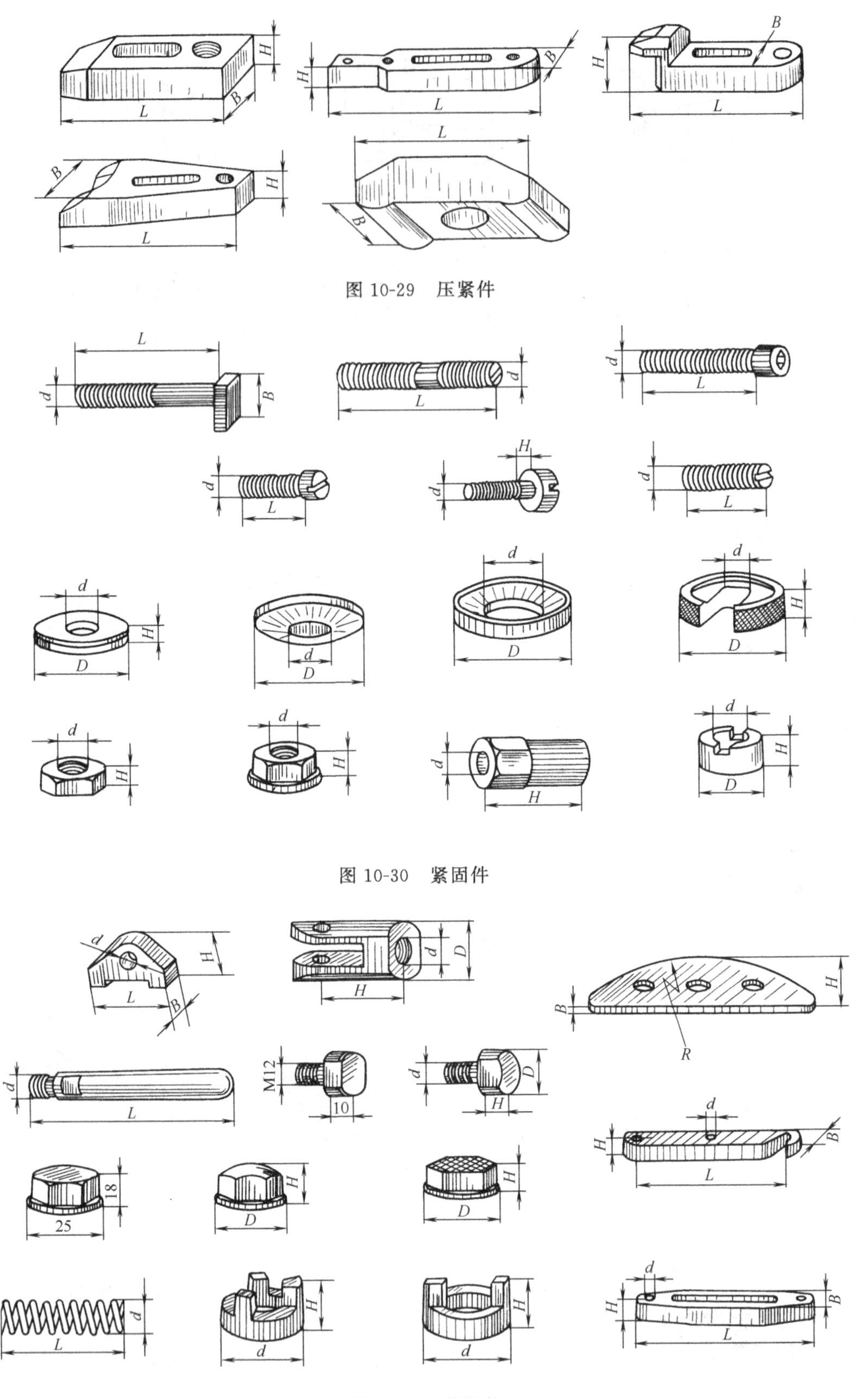

图 10-29　压紧件

图 10-30　紧固件

图 10-31　其他件

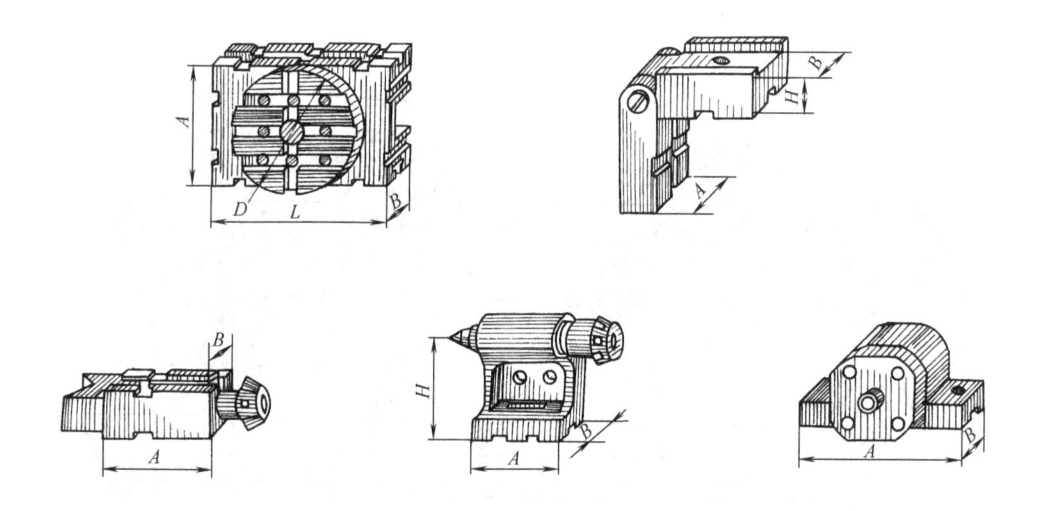

图 10-32　合件

金属的切削过程，就其本质来说是被切削金属层在刀具切削刃及前刀面的作用下，因受挤压，而在局部区域产生剪切滑移变形，当应力达到其强度极限时，被切削层金属产生挤裂，而变为切屑，经前刀面流出，留下已加工表面（图 10-34）。

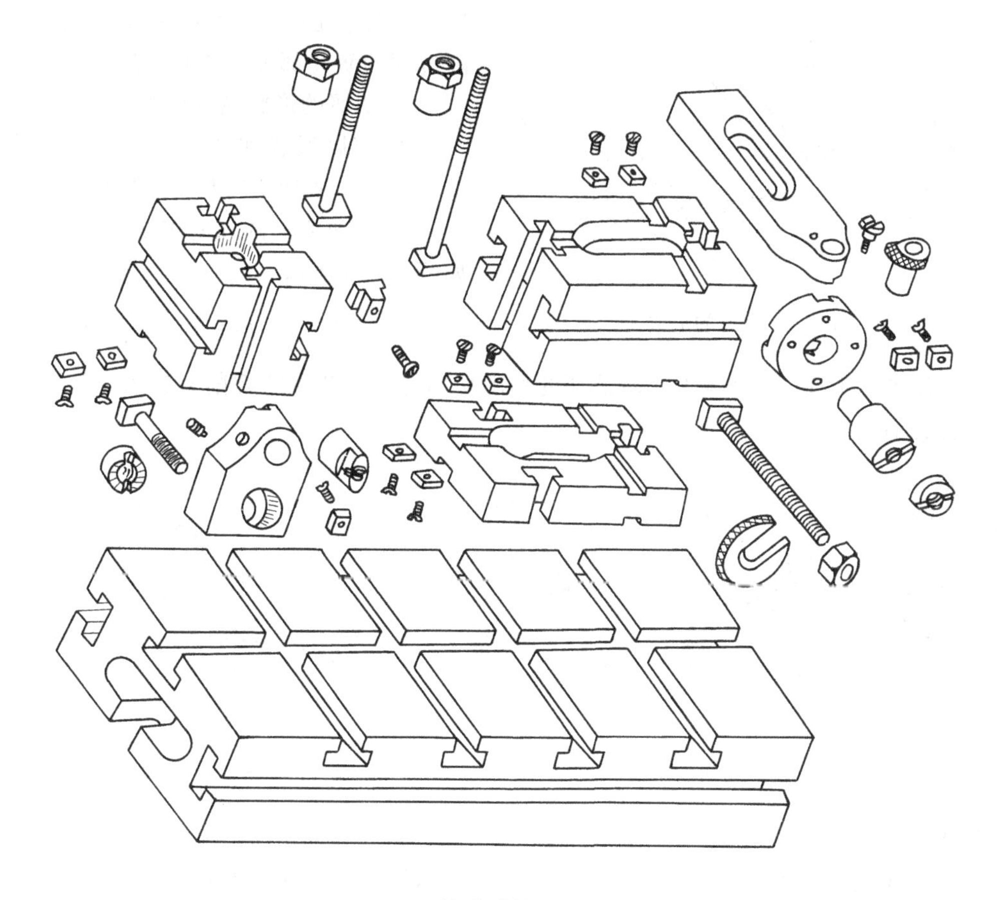

(a) 组装前

图 10-33

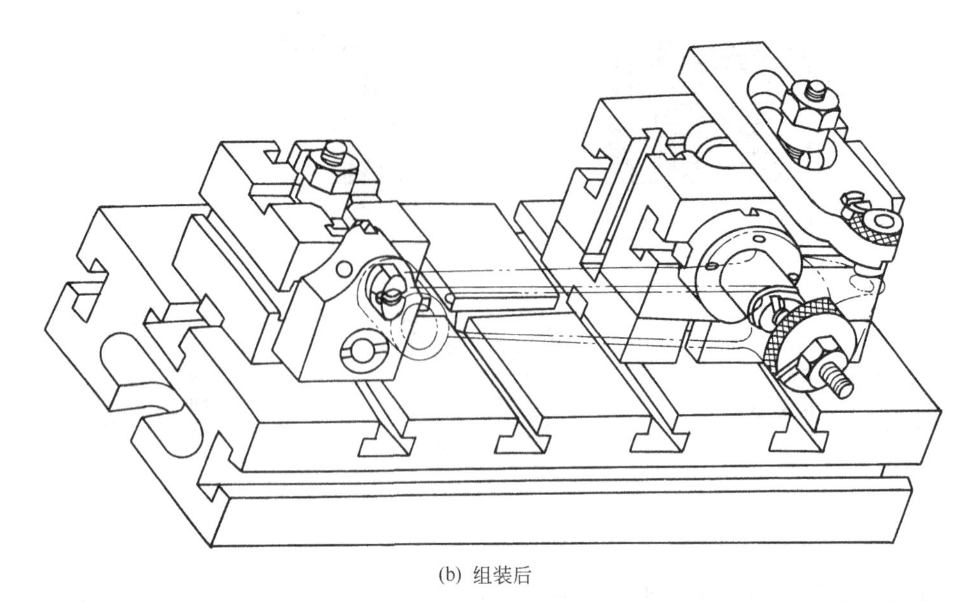

(b) 组装后

图 10-33　组合夹具的组装过程示意

被切削层金属除了在分离过程中产生变形外，在变为切屑流经前刀面时，因前刀面的挤压与摩擦会进一步产生变形。因此，对切削过程的研究都可以从对切屑的研究入手。

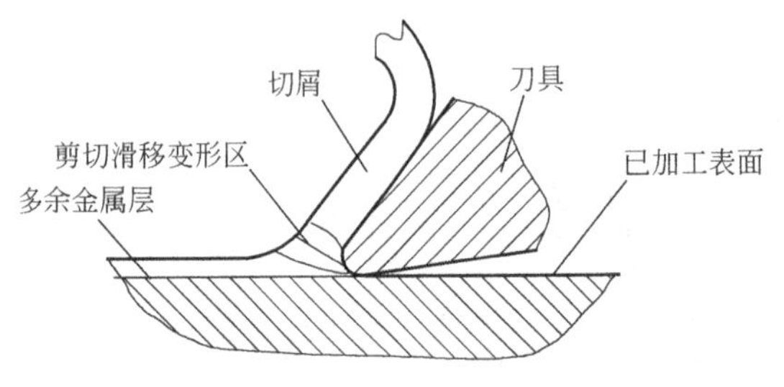

图 10-34　切屑的形成

2. 切屑的形状及其变形

① 切屑形状如图 10-35 所示，可分为带状切屑、节状切屑及崩碎切屑三种。

② 切屑变形的程度用变形系数 ζ 表示，如图 10-36 所示。

$$\zeta = h_{ch}/h_D = L_D/L_{ch} > 1$$

在其他条件不变时，ζ 越大，所消耗的切削功率越大，产生的切削力越大，切削温度增高，刀具磨损加大。

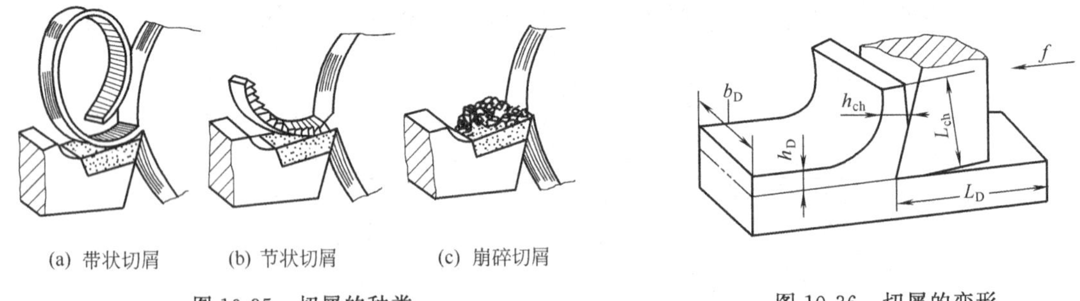

(a) 带状切屑　(b) 节状切屑　(c) 崩碎切屑

图 10-35　切屑的种类

图 10-36　切屑的变形

3. 积屑瘤现象

在一定速度范围内，切削塑性材料时常有一些从切屑和工件上来的金属冷焊并层积在前刀面上，形成硬度很高的楔块。这一小硬块称积屑瘤。它能够代替前刀面和切削刃进行切削。

积屑瘤的形成过程可分为抹拭、成核、长大和成形四个过程。积屑瘤有保护刀具、增大前角等作用，但它使切削过程变得不稳定，且因积屑瘤伸出刃外，划伤已加工表面。

积屑瘤的成因是切屑底层金属与前刀面发生冷焊。破坏这一条件即抑制积屑瘤，如采用适当的热处理以减少工件材料的塑性和增加其强度和硬度；避开该速度区切削，对于一般精车、精铣采用高速切削，而拉削、铰削、宽刀精刨时，则采用低速切削。此外，减小刀具前刀面的表面粗糙度值、增大前角及恰当使用切削液等，都可减少或避免积屑瘤的产生。

4. 切削力与切削功率

（1）切削力　指切削时，刀具切入工件使切削层产生变形成为切屑所需要的力。它直接影响刀具、机床、夹具的设计与使用。因此，研究和分析切削力对实际生产具有重要的指导意义。

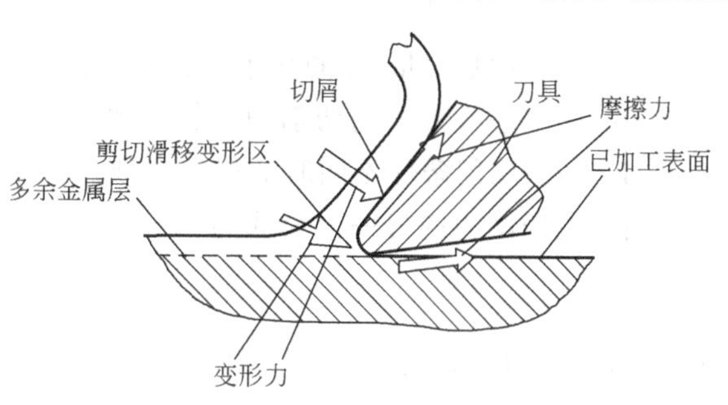

图 10-37　总切削力的来源

如图 10-37 所示，总的切削力由三部分构成。

① 被切削金属层因弹塑性变形和剪切滑移变形区产生的变形抗力。

② 刀具前刀面与切屑之间产生的切屑挤压变形抗力和摩擦力。

③ 主后刀面与工件切削表面之间、副后刀面与已加工表面之间因相对运动而产生的摩擦阻力。

总切削力是一个空间力，为了便于测量和计算，常将其分解为三个互相垂直的分力。车外圆时，总切削力的分解如图 10-38 所示。

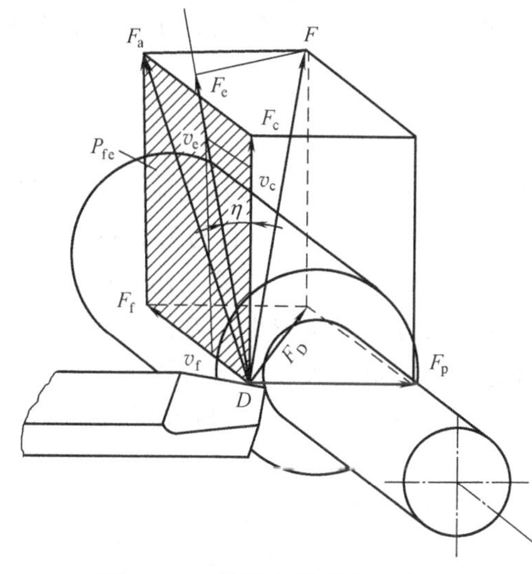

图 10-38　外圆车削时力的分解

① 切削力 F_c　总切削力 F 在主运动方向上的分力。它垂直于工作基面，与切削速度的方向平行，故又称为切向力或主切削力。切削力 F_c 是设计机床主运动系统的零件强度和刚度以及选择机床电动机的主要依据。

② 背向力 F_p　总切削力 F 在垂直与工作平面方向上的分力。它投影在工作基面上，并与工件轴线垂直，故又称为径向力。它使工件产生弯曲变形和振动，导致加工误差而影响工件的精度。

③ 进给力 F_f　总切削力 F 在进给方向上的分力。它投影在工作基面上，与工件轴线相平行，故又称为轴向力。进给力 F_f 是设计机床进给系统的零件强度和刚度的依据。

三个分力与总切削力的关系如下式。

$$F=\sqrt{F_c^2+F_p^2+F_f^2}$$

一般情况下，切削力 F_c 最大，背向力 F_p 和进给力 F_f 较小。试验测定

$$F_p=(0.15\sim0.7)F_c$$

$$F_f=(0.1\sim0.6)F_c$$

由于切削过程非常复杂，影响因素很多，理论上迄今还未能得出与实验结果相吻合的切削力的计算公式，生产实践中多采用通过实验方法所建立的切削力实验公式。例如，车削外圆时，计算 F_c 的实验公式为

$$F_c = C_{Fc} a_p x_F f y_F K_F$$

式中　F_c——切削力，N；

C_{Fc}——与工件材料、刀具材料等有关的系数；

a_p——背吃刀量；

f——进给量；

x_F——背吃刀量 a_p 的切削力计算指数；

y_F——进给量 f 的切削力计算指数；

K_F——切削条件不同时的修正系数。

估算主切削力的另一个公式为

$$F_c = K_c a_p f$$

式中　F_c——切削力，N；

K_c——单位切削力，N/mm^2；

a_p——背吃刀量，mm；

f——进给量，mm/min。

经验公式中的各系数、指数及单位切削力可通过《切削手则》等相关资料查取。

(2) 切削功率　是三个切削分力消耗功率的总和。在车削外圆时，F_p 方向的速度为零，F_f 方向的进给速度很小，可以忽略不计，因此，切削功率主要是主切削力 F_c 消耗的功率，即

$$P_m = F_c v_c \times 10^3$$

(3) 影响切削力的因素　主要有工件材料、刀具材料、切削用量、刀具几何角度及切削液等。一般工件材料越硬，加工硬化倾向越突出，切削力越大。工件材料与刀具材料越接近，切削力越大。切削用量中，背吃刀量对切削力的影响最大，基本上成正比。进给量 f 对切削力有一定的影响，但不成正比。切削速度 v_c 对切削力的影响较小。刀具的几何角度中，前角 γ_o 对切削力的影响最为明显，且大多数情况下，前角越大，切削力越小。增大刃倾角 λ_s（不论其正与负）总是能够改善切削的。切削液的润滑性能越高，越能降低切削力。

5. 切削热与切削温度

(1) 切削热的产生　切削热主要由塑性变形及摩擦两方面的原因产生。它们分别是被切削层金属的变形、切屑的变形、切削表面的变形、切屑与前刀面的摩擦及切削表面与后刀面的摩擦等。

(2) 切削热的传出　切削热主要由切屑、工件、刀具及周围介质传出。由切屑及周围介质传出的热量通常对切削加工没有影响，所以，应尽量使他们传出的热量多。由工件、刀具传出的热量会使工件、刀具的温度升高，影响切削加工，应尽量让其传热少，或提高其热传导率。

(3) 切削温度　一般是指工件、刀具和切屑三者接触表面上的平均温度。它是由切削热的产生与传出综合作用的结果。在切削用量三要素中，切削速度 v_c 对切削温度的影响最明

显，进给量 f 次之，背吃刀量 a_p 最小。一般 v_c 增大一倍时，切削温度升高 20%～30%；f 增大一倍时，切削温度大约升高 10%；a_p 增大一倍时，切削温度大约升高 3%。

6. 刀具磨损与刀具耐用度

刀具磨损的形式可分为正常磨损和非正常磨损两大类。正常磨损有前刀面磨损，后刀面磨损及前、后刀面磨损三种形式。如图 10-39 所示，前刀面主要产生月牙洼磨损，用其深度

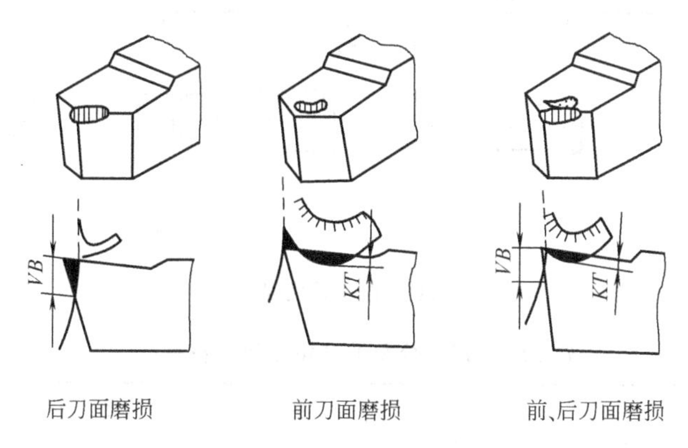

图 10-39　刀具磨损形式

KT 值表示磨损程度；后刀面主要产生带状磨损，用其带宽度 VB 表示磨损程度。

刀具的磨损极限常用 VB 表示，其磨损过程（图 10-40）分为初期、正常、急剧三个阶段。

刀具的耐用度是指刀具开始切削至磨钝为止的切削时间，即两次刃磨间的切削时间。

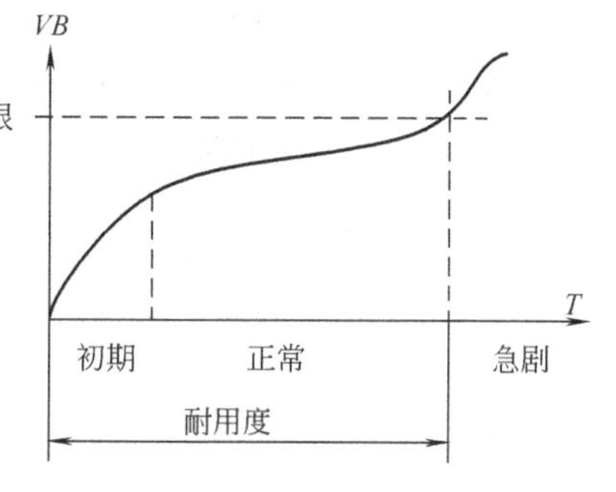

图 10-40　磨损曲线

六、零件的加工质量

零件的加工质量包括加工精度和表面粗糙度两个方面。

1. 加工精度

加工精度是指零件在加工后，其尺寸、形状和相互位置等参数的实际数值与设计时给定的数值相符合的程度，包括尺寸精度、形状精度和位置精度。

尺寸精度是指零件实际加工的尺寸与设计给定的尺寸相符合的程度，它由尺寸公差进行控制。公差是尺寸允许的变动量，公差越小，精度越高。国家标准规定，尺寸精度分为 20 级，分别用 IT01，IT0，IT1，…，IT18 表示。IT01 最高，IT0～IT18 中，数字越大，精度越低。

形状精度和位置精度是指零件表面实际形状和位置与理想形状和位置相符合的程度。为了保证机器零件的正确装配，有时单靠尺寸精度来控制零件的几何形状是不够的。如图 10-41所示，以 $\phi 25$mm 轴为例，在加工中，虽然工件尺寸保持在尺寸精度范围内，却可能加工成几种不同形状，所以还必须有形状精度和位置精度来控制零件的几何形状。国家标准规定形位公差分为 14 项，其分类项目及符号见表 10-7。形位公差等级分为 1～12 级，1 级最高，12 级最低。

2. 表面粗糙度

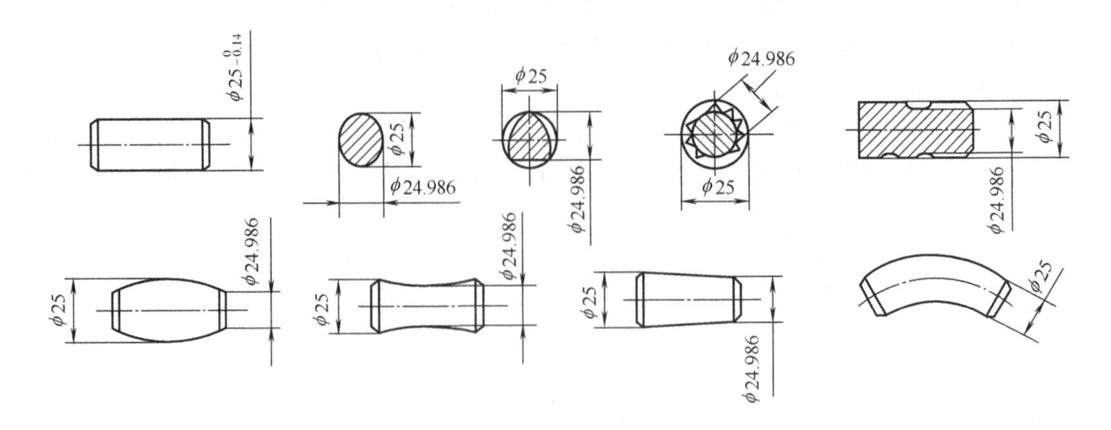

图 10-41　轴的形状误差

表 10-7　形位公差的分类项目及符号

分　类	项　目	符　　号
形状公差	直线度	—
	平行度	▱
	圆度	○
	圆柱度	⌭
形状或位置公差	线轮廓度	⌒
	面轮廓度	⌓

分　类		项　目	符　　号
位置公差	定向	平行度	//
		垂直度	⊥
		倾斜度	∠
	定位	同轴度	◎
		对称度	⌯
		位置度	⌖
	跳动	圆跳动	↗
		全跳动	⌰

表面粗糙度是指零件加工表面存在着由较小间距的峰谷组成的微量高低不平度。它是由于切削加工中的振动、刀刃或磨粒摩擦等留下的加工痕迹。它与零件的耐磨性、配合性质和抗腐蚀性有密切关系，影响到机器的使用性能、寿命和制造成本。

国家标准（GB/T 1031—1995）规定了表面粗糙度的评定参数及数值，主要有轮廓算术平均偏差 R_a 与微观不平度十点高度 R_z 两种。

(1) 轮廓算术平均偏差（图 10-42）　是在取样长度 l 内，轮廓偏距 y 的绝对值的算术平均值，用 R_a 表示。其数学表达式为

$$R_a=\frac{1}{l}\int_0^l |y| \mathrm{d}x$$

或近似为

$$R_a=\frac{1}{n}\sum |y_i|$$

式中　y——轮廓任意点到中线的距离；

y_i——轮廓第 i 个取样点到中线的距离；

l——取样长度；

n——取样点数。

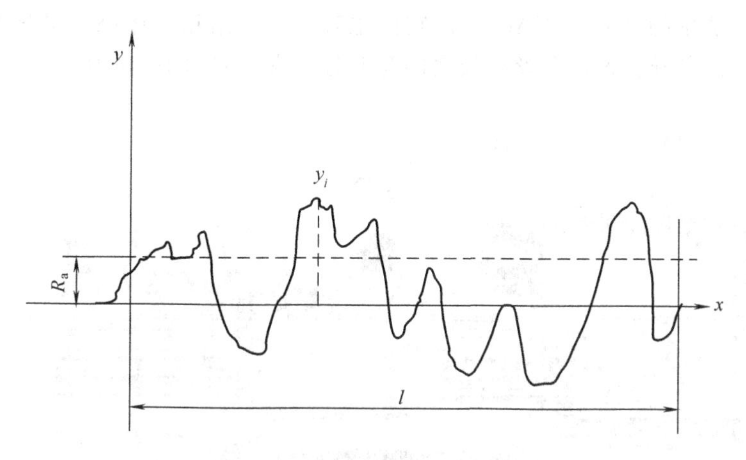

图 10-42　轮廓算术平均偏差 R_a

(2) 微观不平度十点高度（图 10-43）　是在取样长度 l 内，五个最大轮廓峰高的平均值与五个最大的轮廓谷深的平均值之和，用 R_z 表示。其数学表达式为

$$R_z = \frac{1}{5}\left(\sum_{i=1}^{5} y_{pi} + \sum_{i=1}^{5} y_{vi}\right)$$

式中　y_{pi}——第 i 个最大轮廓峰高；

y_{vi}——第 i 个最大轮廓谷深。

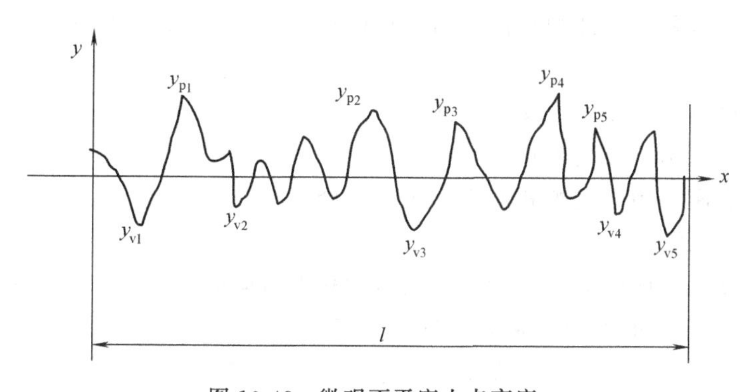

图 10-43　微观不平度十点高度

第二节　车削加工

车削是机械制造行业中最基本、最常用的加工方法，是加工回转面工件的主要方法，也是生产中使用最早、应用最广的切削加工方法。

一、车床

车床是车削工艺系统中的机床。它承担着为车削加工提供功率及所需各种运动的任务，并以足够的运动精度及支撑刚度确保加工过程的稳定。

车床的种类较多，如普通车床（卧式）、立式车床、转塔车床、回轮车床、马鞍车床、仿形车床和数控车床等。

1. 普通车床的结构

普通车床最常见的型号是CA6140。它由主轴箱、进给箱、床鞍（又称为溜板箱）、卡盘、刀架、尾座、床身、光杆和丝杠及底座等部分构成，如图10-44所示。

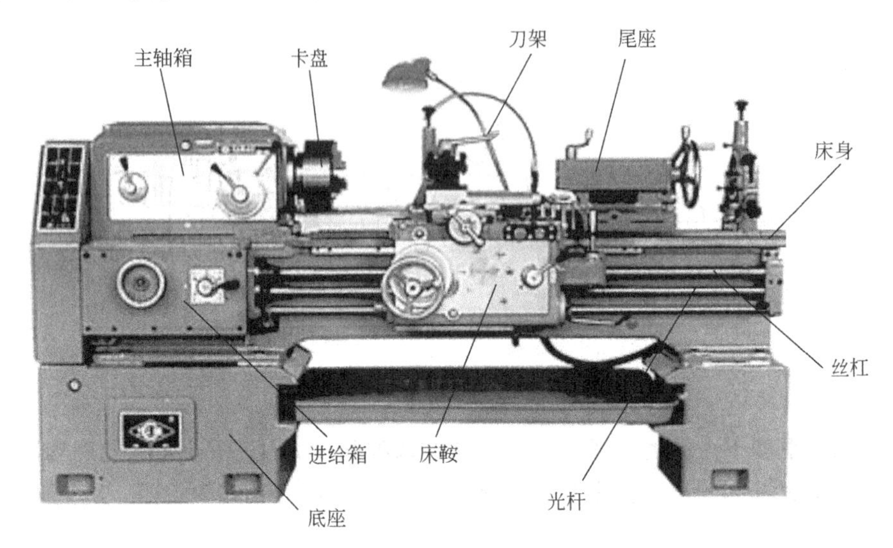

图10-44　普通车床的外观结构

(1) 主轴箱　用来支撑及安装主轴并为主轴提供各种可能的转速的传动（包括正、反转）。

(2) 进给箱、床鞍、光杆和丝杠　用来实现各种进给速度的进给运动，以及加工螺纹所需的内联传动链。

(3) 卡盘和尾座　主要用于安装工件。

(4) 刀架　主要用于安装刀具。

(5) 床身和底座　用于支撑和连接车床各部分。

2. 车床上的运动

(1) 成形运动　车床的成形运动包括主运动和进给运动。

① 主运动　车床上的主运动是以主轴带着工件旋转的方式形成的。它消耗了车床的大部分功率，可正、反两向旋转，其大小用转速（r/min）表达。

② 进给运动　车床上的进给运动为刀架带着刀具的纵向或横向直线运动，以主轴每转一转，刀具相对于工件移动的距离（mm/r）表示其进给量的大小。

(2) 辅助运动　车床的辅助运动主要有刀具的快速进、退和手动进、退刀等。

3. 车床的传动系统

CA6140车床的传动系统如图10-45所示。

(1) 主传动链

$$\underset{7.5\ \text{kW}\ 1450\text{r/min}}{\text{电机}} \xrightarrow{\text{带传动}\frac{\phi130}{\phi220}} \text{I} \xrightarrow{\text{主轴换向装置}} \text{II} \xrightarrow{\text{变速装置 2}} \text{III} \xrightarrow{\text{高低速选择装置}} \text{IV}\ (\text{主轴})$$

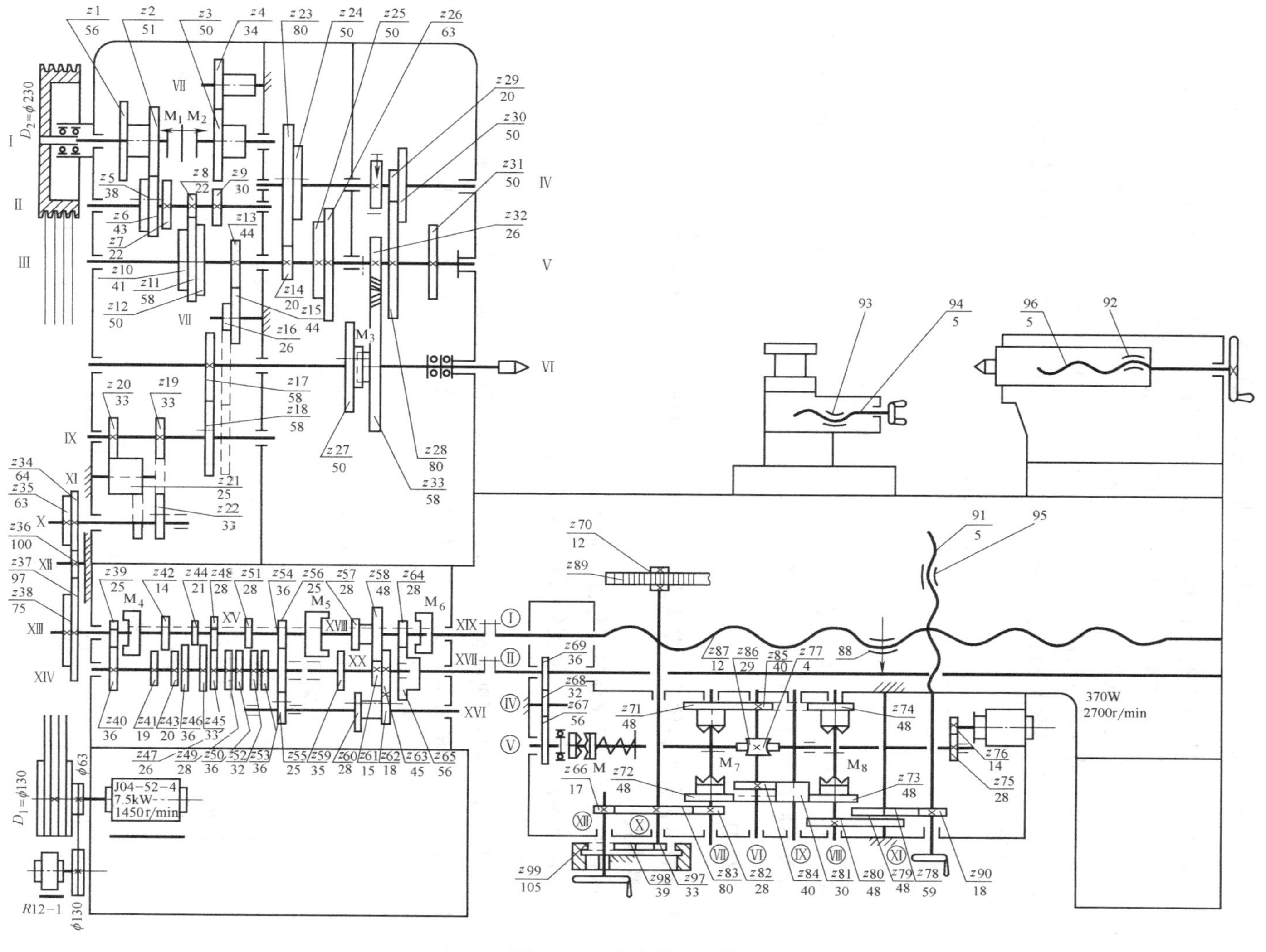

图 10-45 车床传动系统

主轴换向是通过摩擦离合器 M_1 的左右两种不同接通方式实现的。当 M_1 左向接通时，Ⅰ轴的转动通过变速装置传递到Ⅱ轴，实现主轴的正转，变速装置为装在Ⅱ轴上的双联滑移齿轮，可实现 56/38 和 51/43 两种传动比。当 M_2 右向接通时，Ⅰ轴的转动通过Ⅲ轴上的齿轮（34 齿）中间过渡，换向后，传递到Ⅱ轴，实现主轴反转。其传动比为$\frac{50}{34}\times\frac{34}{30}$。

变速装置为装在Ⅲ轴上的三联滑移齿轮，可实现在 39/41、22/58 和 30/50 三种传动比。

高低速选择是通过齿式离合器 M_2 的接通与断开来实现的。当 M_2 左移而接通时，Ⅲ轴的转动通过 63/50 直接传到主轴（Ⅲ轴）实现 6 种正转和 3 种反转的较高转速；当 M_2 右移脱开时，Ⅲ轴的转动通过齿轮副 20/80 或 50/50 传到Ⅳ轴再经齿轮副 20/80 或 51/50 传到Ⅴ轴后由齿轮副 26/58 传到Ⅵ轴，使主轴实现 24 种正转和 12 种反转的较低转速。

（2）进给传动链

Ⅵ —58/58→ Ⅸ —螺纹换向机构→ Ⅹ —挂轮→ 进给箱 ——→ 光杆 ——→ 纵向进给

进给箱 ↓ 丝杠（加工螺纹）；光杆 ↘ 横向进给

螺纹换向机构用于加工左右旋向螺纹时的变换，其挂轮主要用于加工米制、英制、模数、径节等不同标准的螺丝纹时的变换需要。

二、车刀

车刀的结构分为整体式、焊接式、机夹重磨式和机夹不重磨式等。

1. 整体式

整体式车刀的切削部分与刀体部分是用同一种材料制作的，两部分不分开。早期使用的车刀主要是整体式，因其对贵重的刀具材料消耗较大，现已很少使用。

2. 焊接式

将车刀分为刀体与切削部分。刀体部分采用碳钢制造，切削部分采用硬质合金刀片，两部分的连接采用针焊的方法实现。它具有结构简单、紧凑、刚性好和使用灵活等优点，故应用十分广泛。焊接式车刀的常见类型如图 10-46 所示。

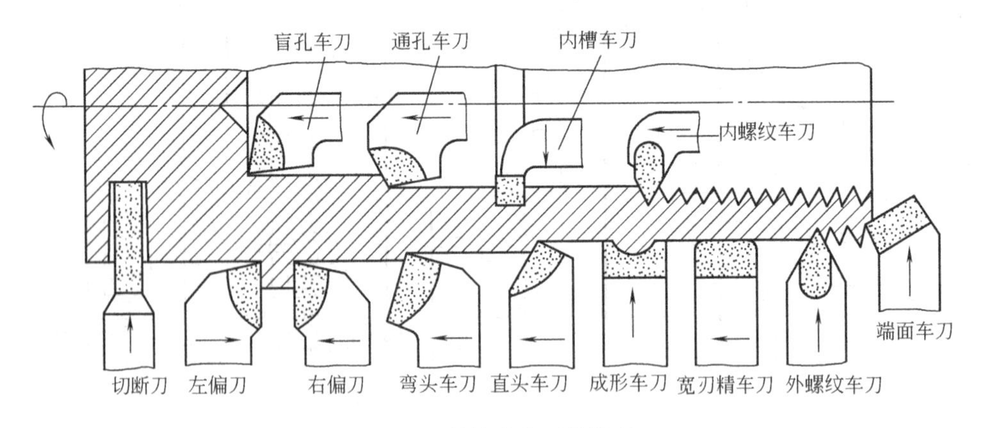

图 10-46　焊接式车刀的类型

3. 机夹重磨式

焊接式车刀的缺点是刀片在焊接时，因高温作用会引起刀片硬度下降，产生裂纹等缺

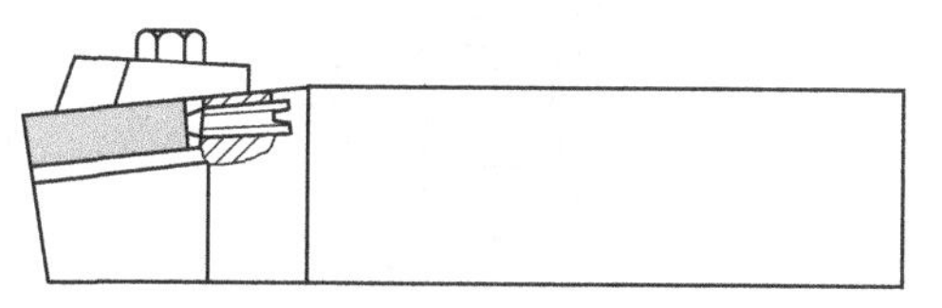

图 10-47　机夹重磨车刀

陷。采用机械夹固方式可以克服上述缺陷，但会使车刀的结构变得复杂。图 10-47 所示为压板式结构的机夹重磨车刀。

4. 机夹不重磨式

机夹不重磨式车刀是指刀具切削部分采用不重磨刀片，而形成的一种车刀。这种刀片的各切刃完全相同，当一边的切削刃用钝后，转过一边继续使用，且不会改变切削刃与工件的相对的位置，从而保证加工尺寸，减少了调刀的时间，因此在大批量生产中得到广泛的应用。这种车刀只能采用机夹式，常用的夹紧机构有上压式、直杠式、曲杠式和偏心式等，如图 10-48所示。

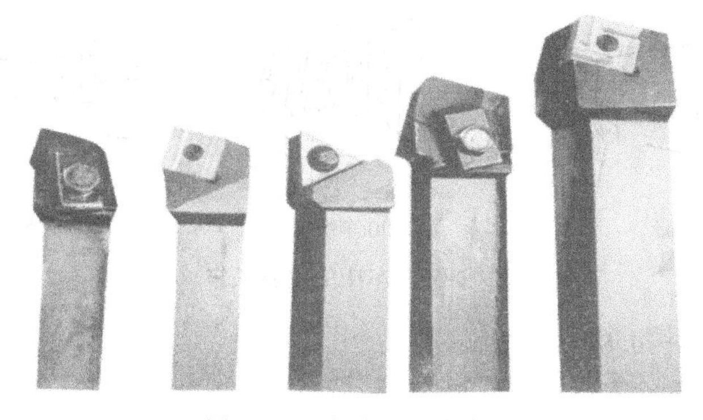

图 10-48　机夹不重磨车刀

三、车削工艺

1. 车床的加工范围

车床的加工范围较广。在车床上主要加工回转表面，其中包括车外圆、车端面、切槽、钻孔、镗孔、车锥面、车螺纹、车成形面、钻中心孔及滚花等。图 10-49 所示为适于在车床上加工的零件，图 10-50 所示为能在车床上完成的工作。

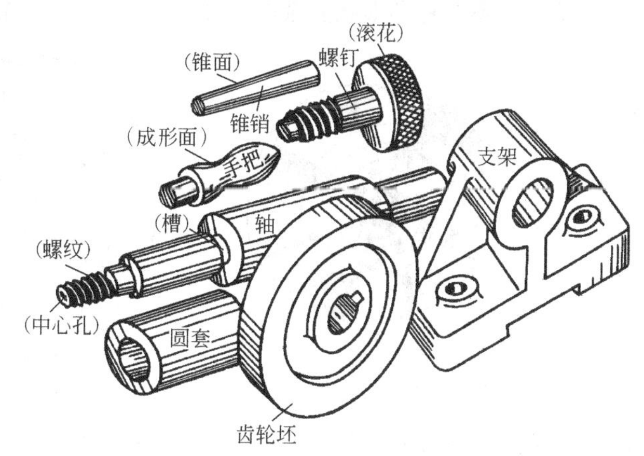

图 10-49　在车床上加工的零件

一般情况下，粗车的加工精度为 IT12～IT11，表面粗糙度为 R_a＝50～12.5μm；半精车的加工精度为 IT10～IT9，表面粗糙度为 R_a＝6.3～3.2μm；精车的加工精度为 IT8～IT7，

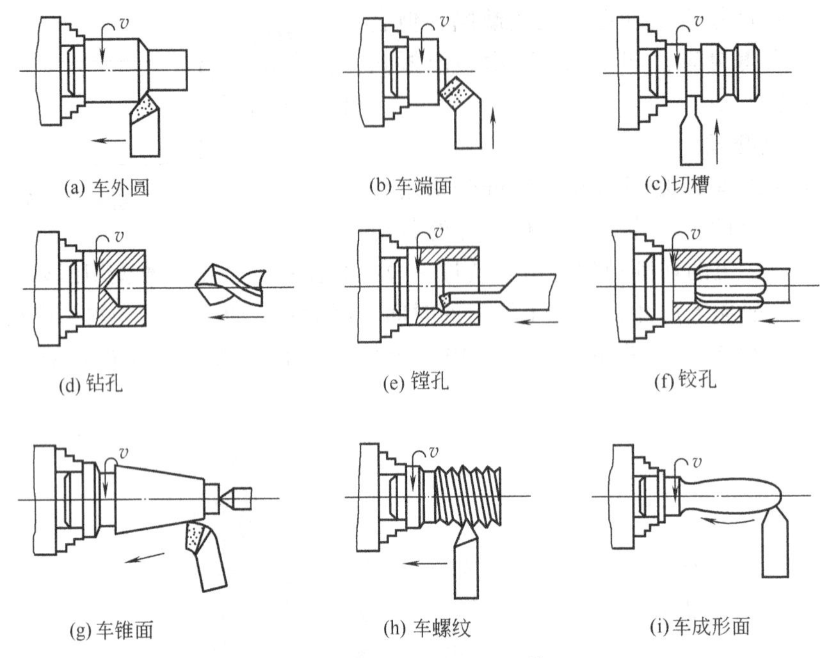

图 10-50　车床的主要工作

表面粗糙度为 $R_a=1.6\sim0.8\mu m$。

2. 工件的装夹

在车床上可用各种附件和不同的装夹方法来加工不同形状和不同加工表面的工件。工件的装夹方法大体上可分为卡盘装夹和顶尖装夹两种。

(1) 卡盘装夹　卡盘的种类主要有三爪自定心卡盘、四爪单动卡盘和花盘等。

三爪自定心卡盘如图 10-51 所示，能自动定心，装夹方便，应用广泛。但它的夹紧力较小，且不便于夹持外形不规则的工件。

四爪单动卡盘如图 10-52 所示，其四个爪都可单独移动，安装工件时需找正，其夹紧力大，适合于装夹毛坯及截面形状不规则和不对称的较重、较大的工件。

花盘如图 10-53 所示，适合于不对称和形状复杂的工件。装夹工件时，需反复校正和平衡。

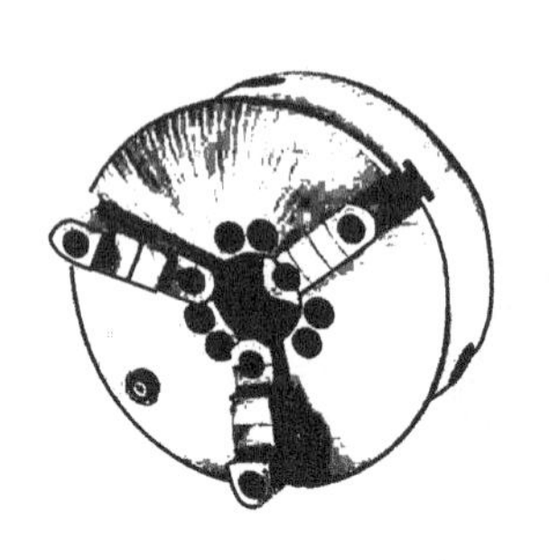

图 10-51　三爪自定心卡盘

图 10-52　四爪单动卡盘

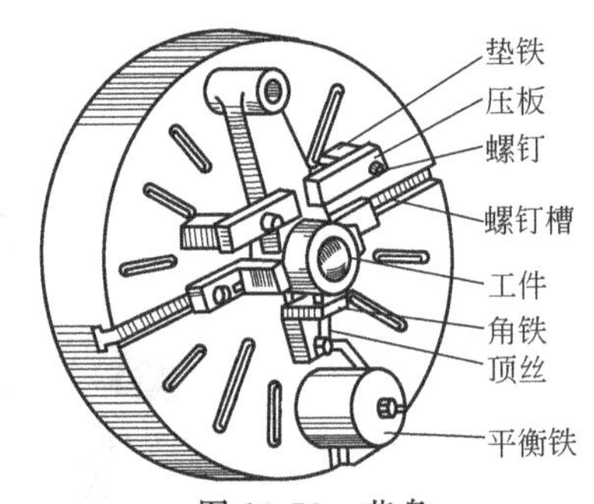

图 10-53　花盘

(2) 顶尖装夹　双顶尖装夹如图 10-54 所示，适于较长的轴类工件（$4<L/D<15$）。加工细长轴（$L/D>15$）时，为减少工件振动和弯曲变形，常用跟刀架或中心架作辅助支承，以增加工件的刚性，如图 10-55 和图 10-56 所示。

对于以孔为定位基准的盘套类工件，可采用芯轴装夹，易于保证外圆、端面和内孔之间

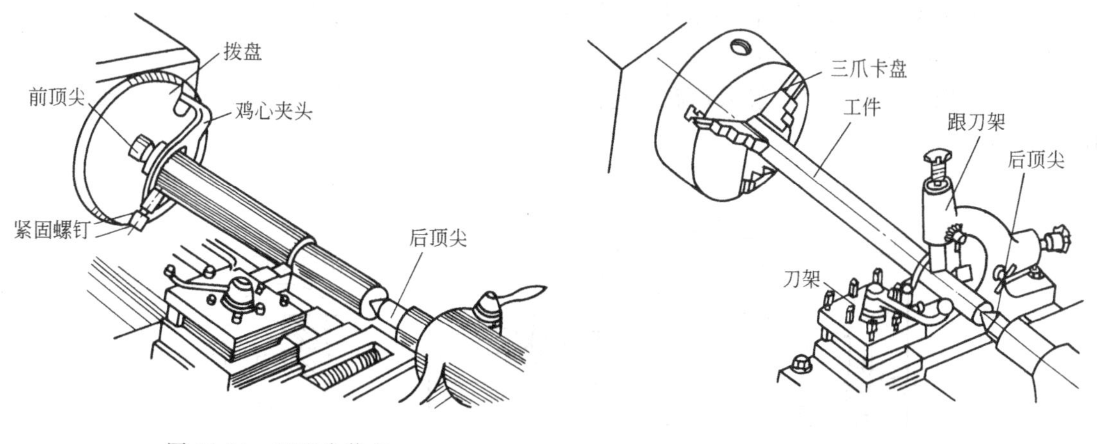

图 10-54　双顶尖装夹

图 10-55　用跟刀架车削工件

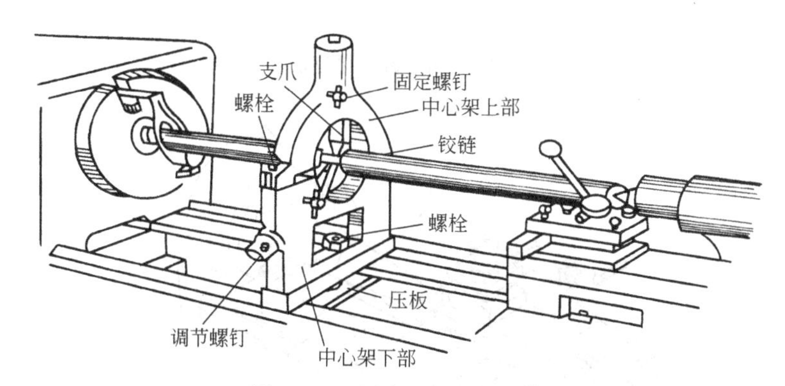

图 10-56　用中心架车削工件

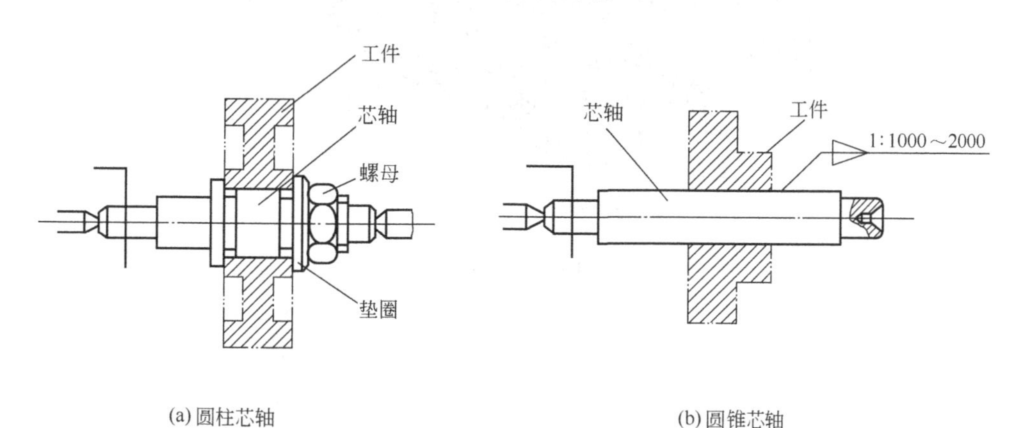

图 10-57　芯轴装夹工件

的位置精度，如图 10-57 所示。

3. 车削工艺要点

① 车削外圆、内孔和端面时，对于有同轴度、垂直度等位置精度要求的相关表面，应尽量在同一次装夹中加工完成。

② 精车时的切削速度应避开积屑瘤生成的速度范围，或高速，或低速。一般外圆精加工采用高速，螺纹精加工采用低速。

③ 车削圆锥面的常用方法为偏移尾座法（图 10-58）、靠模法（图 10-59）、宽刀刃法（图 10-60）、小溜板转位法（图 10-61）。

④ 车削螺纹时粗加工一般采用斜向进刀［图 10-62（b）］，精加工时应采用直进法［图 10-62（a）］。

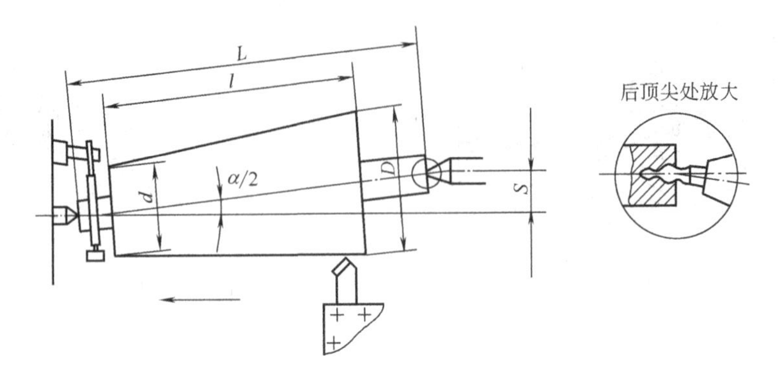

图 10-58 偏移尾座法

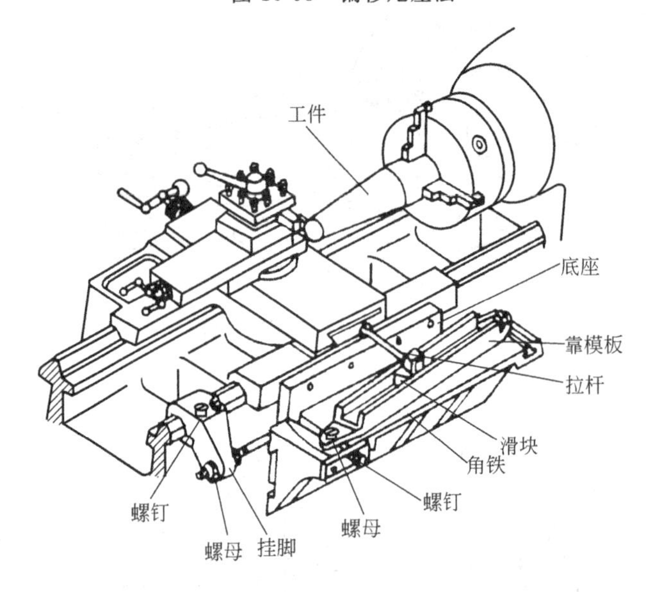

图 10-59 靠模法

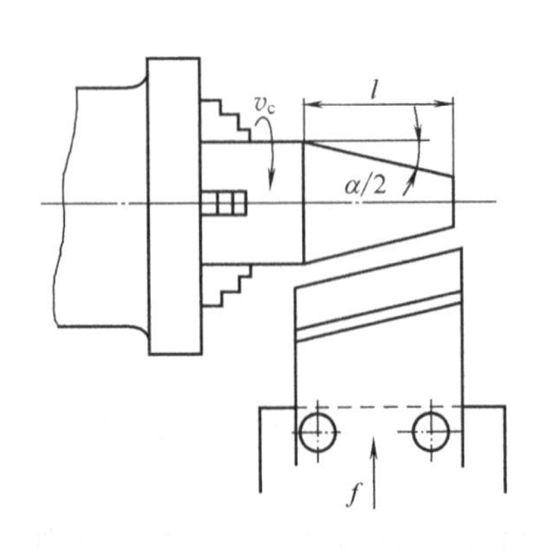

图 10-60 宽刀刃法

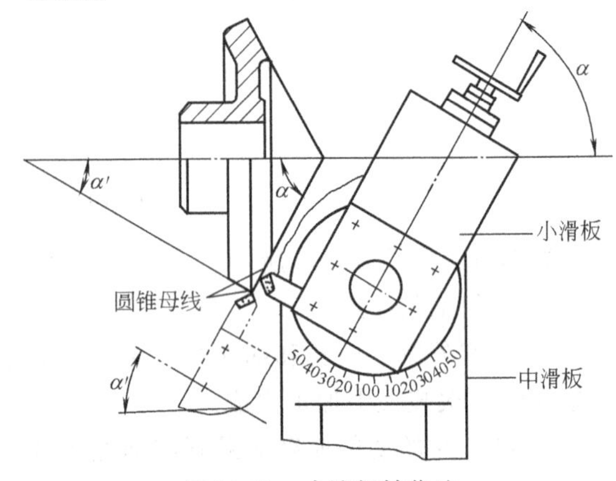

图 10-61 小溜板转位法

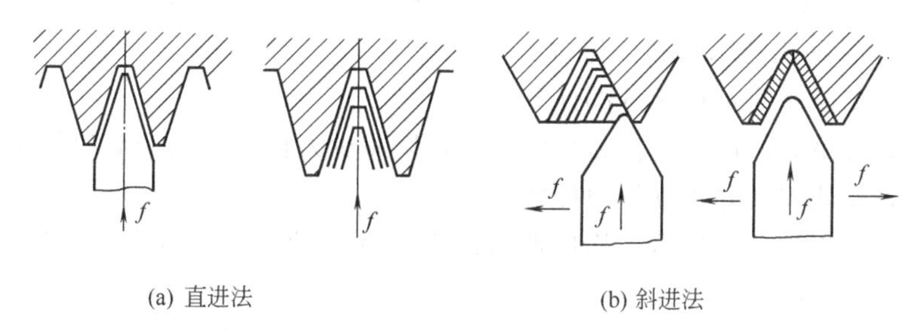

图 10-62 车三角螺纹进刀方法

第三节 铣削加工

铣削是平面加工的主要方法之一，其生产率一般比刨削高，在大批量生产中，以铣代刨为首选工艺方案。

一、铣床及其附件

铣床是铣削工艺系统中的常用机床，它主要为工艺系统提供所需运动及功率，并为工件、刀具、夹具提供安装基准。

铣床的种类很多，主要类型有卧式升降台铣床、立式升降台铣床、龙门铣床和数控铣床等。

1. 卧式万能升降台铣床

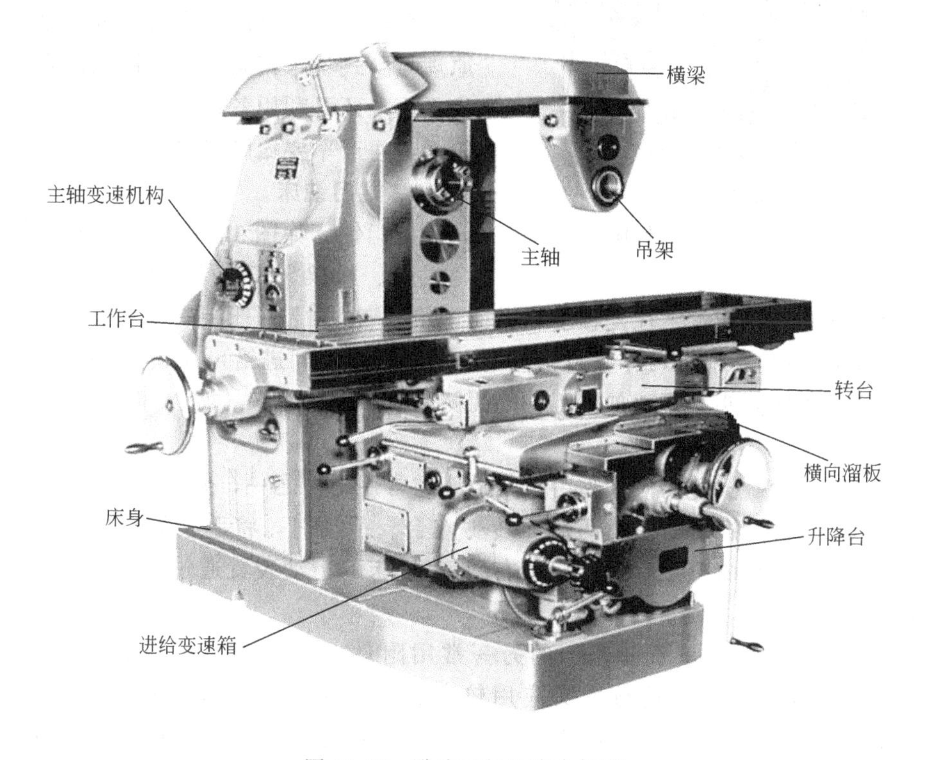

图 10-63 卧式万能升降台铣床

卧式万能升降台铣床如图 10-63 所示，由床身、横梁、主轴、升降台、横向溜板、转台（没有转台的铣床叫卧式铣床）和工作台等组成。

① 床身用来支撑和固定铣床各部件。

② 横梁上装有吊架，用以支持刀杆的外端，以减少刀杆的弯曲变形和颤动。

③ 主轴用来安装刀杆并带动铣刀旋转。

④ 升降台位于工作台、转台、横向溜板的下面并带动它们沿床身垂直导轨移动，以调整台面到铣刀间的距离。

⑤ 横向溜板用以带动工作台沿升降台水平导轨作横向移动，调整工件与铣刀间的横向位置。

⑥ 转台上装有水平导轨，供工作台作纵向移动，下面与横向溜板用螺钉相连。松开螺钉，可以使转台带动工作台在水平面内旋转一个角度，以使工作台作斜向移动。

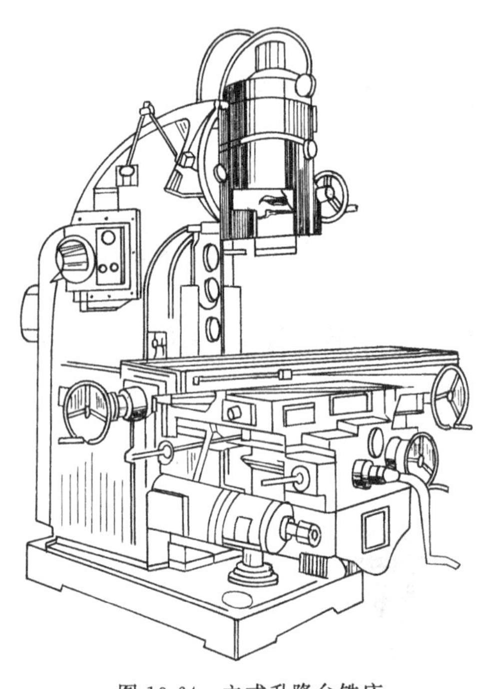

图 10-64　立式升降台铣床

⑦ 工作台用来安装工件和夹具。工作台的下部有一根传动丝杠，通过它使工作台带动工件作纵向进给运动。

卧式万能铣床用途较广，若安装上立铣头附件，也可当做立式铣床使用。

2. 立式升降台铣床

立式升降台铣床如图 10-64 所示。它与卧式铣床相比较，其主要区别是主轴垂直布置。立式铣床的铣头可左右旋转 45°，亦即主轴与工作台台面可倾斜成一个需要的角度。其工作原理与卧式铣床相同。立式铣床适合于加工较大平面，还可利用各种带柄铣刀加工沟槽和台阶面，生产率要比卧式铣床高。

3. 龙门铣床

龙门铣床如图 10-65 所示，它由门型框架（立柱）、横梁、工作台、床身及铣削头等组成。工作台沿床身导轨作水平往复移动（纵向进给）。横梁上一般装有两个立铣头，并可沿横梁移动（横向进给），横梁可作垂直方向的上下移动（竖向进给），在门型框架两立柱导轨上各安装一个水平铣削头，用于加工工件的两侧面。

4. 铣床附件

（1）回转工作台　又称为圆工件台，是铣床的常用附件之一，分为手动进给、机动进给两种。图 10-66 所示为机动和手动两用回转工作台。手动时，将手柄放在中间位置；机动时，将手柄推向两端位置（工作台左旋或右旋），机床的传动装置通过方向联轴器与传动轴连接，实现机械传动。

（2）万能分度头　分度头是铣床的另一常用附件，它用于对工件进行角度的划分。分度头有多种类型，其中万能分度头应用较广泛。图 10-67 所示为 FW250 型万能分度头在铣床上装夹工件时的情形。图 10-68 为其传动系统。分度盘上分布有不同孔数的孔圈，用于产生不同的比例因子，分度盘上的紧定螺钉，用于简单分度与差动分度的

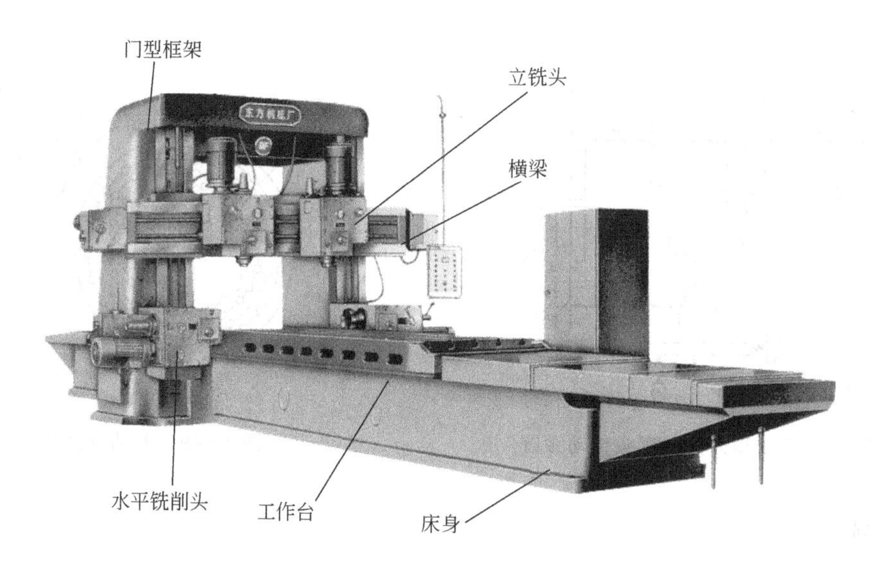

图 10-65　龙门铣床

选择。

由于手轮轴与主轴的传动比为 40 比 1，当 40 与分度数 z 的数比$\frac{40}{z}$的余数的分母为分度盘上某孔圈孔数时，采用简单分度方法即可，此时就将分度盘锁紧。当上述条件不能满足时，应先在分度数 z 附近寻求一近似分度数 z_0 使$\frac{40}{z_0}$满足上述条件，然后计算其差$\frac{40}{z}-\frac{41}{z_0}=\alpha$，选用合适挂轮 z_1、z_2、z_3、z_4 使得$\frac{1}{z}\times\frac{z_1 z_3}{z_2 z_4}=\alpha$ 即可。即$\frac{40}{z}$与$\frac{40}{z_0}$之间的差应由分度盘的附加转动来完成（图 10-69），挂轮的作用是为分度盘的转动提供传动通道及合适的传动比。差动分度时，应将分度盘松开。该方法称为差动分度法。

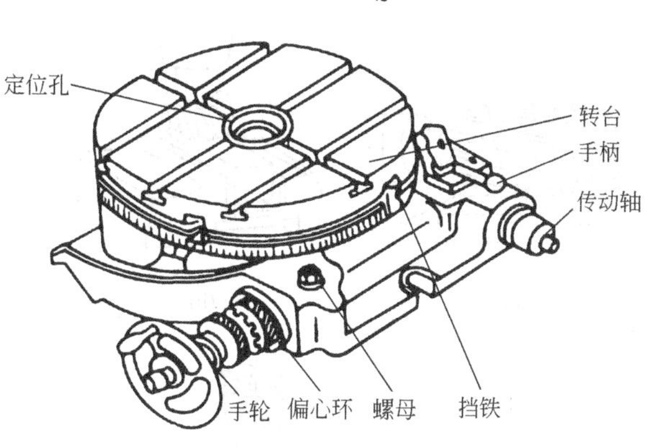

图 10-66　机动和手动两用回转工作台

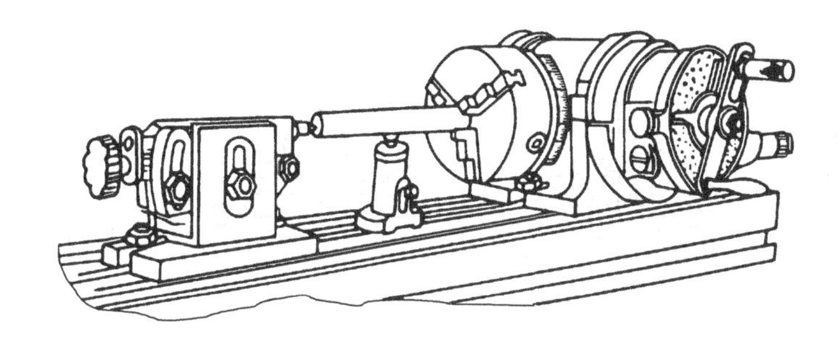

图 10-67　FW250 型万能分度头上装夹工作

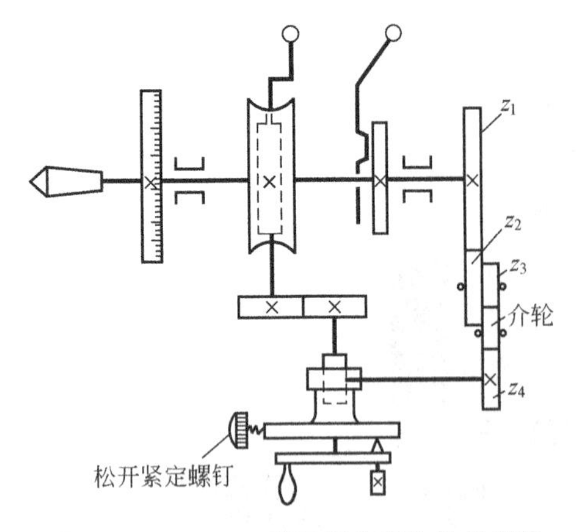

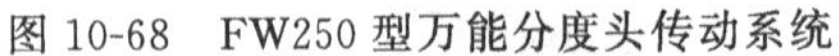
图 10-68 FW250 型万能分度头传动系统

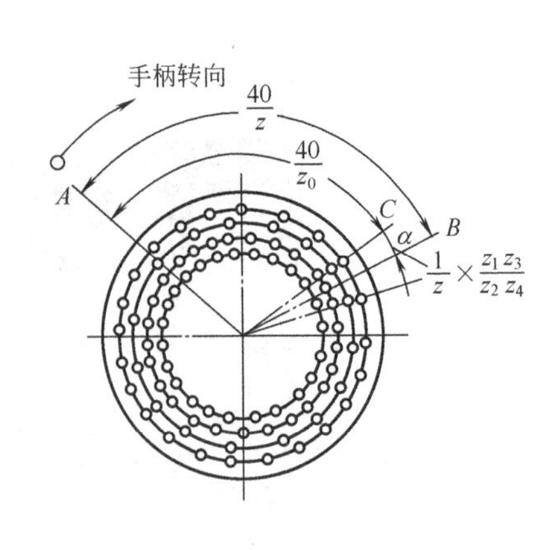

图 10-69 差动分度法

二、铣刀

铣刀的常见类型及应用如图 10-70 所示。图 10-70（a）为圆柱铣刀，切削刃分布于圆柱表面，无副切削刃，用于加工平面。图 10-70（b）为端面铣刀，刀齿由硬质合金刀片制成，可焊接、可机夹，用于大平面加工，效率较高。图 10-70（c）、（d）为槽铣刀，分为单面刃、

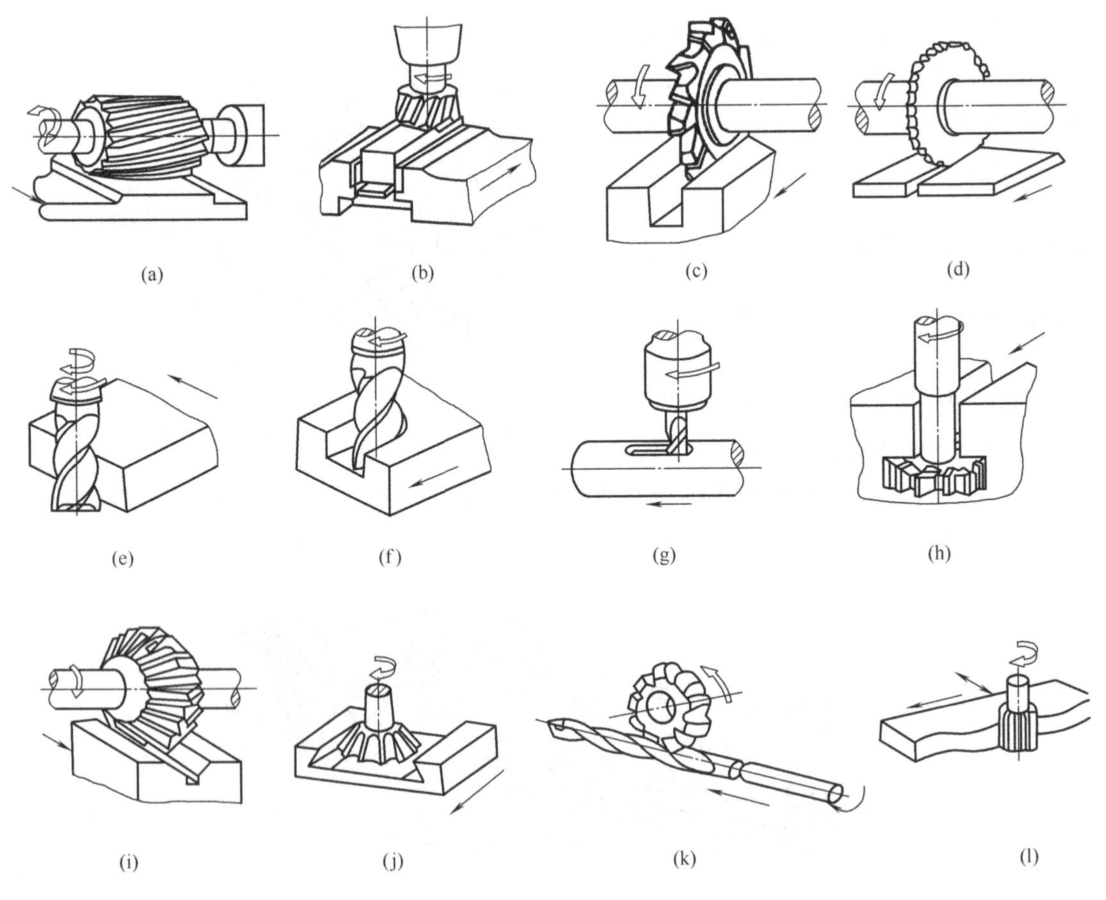

图 10-70 铣刀的常见类型及应用

三面刃和错齿三面刃三种，其中薄片的槽铣刀又称为锯片铣刀。图 10-70（e）、（f）为立铣刀，主要用于立铣机床。图 10-70（g）为键槽铣刀，它与立铣刀的区别是，刃瓣只有两个，兼有钻头和立铣刀的功能。图 10-70（h）为 T 形槽铣刀。图 10-70（i）、（j）为角度铣刀。图 10-70（k）、（l）为成形铣刀。

三、铣削工艺

1. 加工范围

铣削加工可加工各种平面、曲面、外形及各式沟槽、孔洞、型腔等。加工范围比较广泛（图 10-70）。

2. 铣削方式

铣削方式主要有端铣和周铣（图 10-71）。端铣是指用分布在铣刀端面上的刀齿进行铣削的方法。周铣是指用分布在铣刀圆柱面上的圆周齿进行铣削的方法。

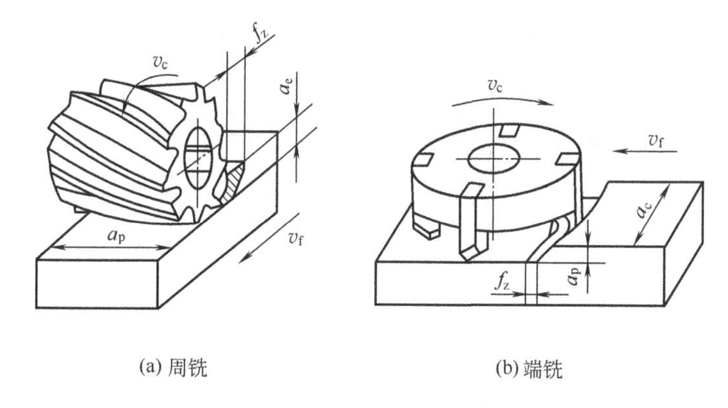

图 10-71　铣削方式

（1）周铣　分为顺铣和逆铣两种（图 10-72）。当铣刀在切入工件时，刀齿的线速度方向与工件的进给方向相同时，称为顺铣，相反时称为逆铣。顺铣时，每齿的切削厚度由最大减少到零。切削力使工件压紧，但切削力的波动会使工作台在移动过程中因丝杠与螺母存在间隙出现不稳定的情况。逆铣时，每齿的切削厚度由零增大到最大，切削力使工件具有向离开工作台的倾向，因此要求工件的夹紧力更大一些，同时切入工件初期因刃口圆弧半径的存在，使刀齿切削刃先在已加工表面滑行一段距离后，才真正切入工件，加速了刃具的磨损，影响已加工表面质量。但切削力能使丝杠与螺母始终保持接触，工作台不会窜动。

一般粗加工，特别是加工铸铁、锻件或工件硬度较高时，都采用逆铣方式，而在精加工时，主要采用顺铣方式。

（2）端铣　分为对称和不对称两种（图 10-73）。

对称铣削是指铣削时铣刀轴线始终位于铣削弧长的中心位置的铣削方式，即顺铣部分等于逆铣部分［图 10-73（a）］。采用该方式时，由于铣刀直径大于铣削宽度，切入、切出的切削厚度均相等且大于零，这样可以避免下一个刀齿在前一个刀齿切过的冷硬层上工作。一般端铣常用这种铣削方式，尤其适用于铣削淬硬钢。

不对称铣削是指铣削时铣刀轴线偏置于铣削弧长的中心位置的铣削方式。它又分为不对

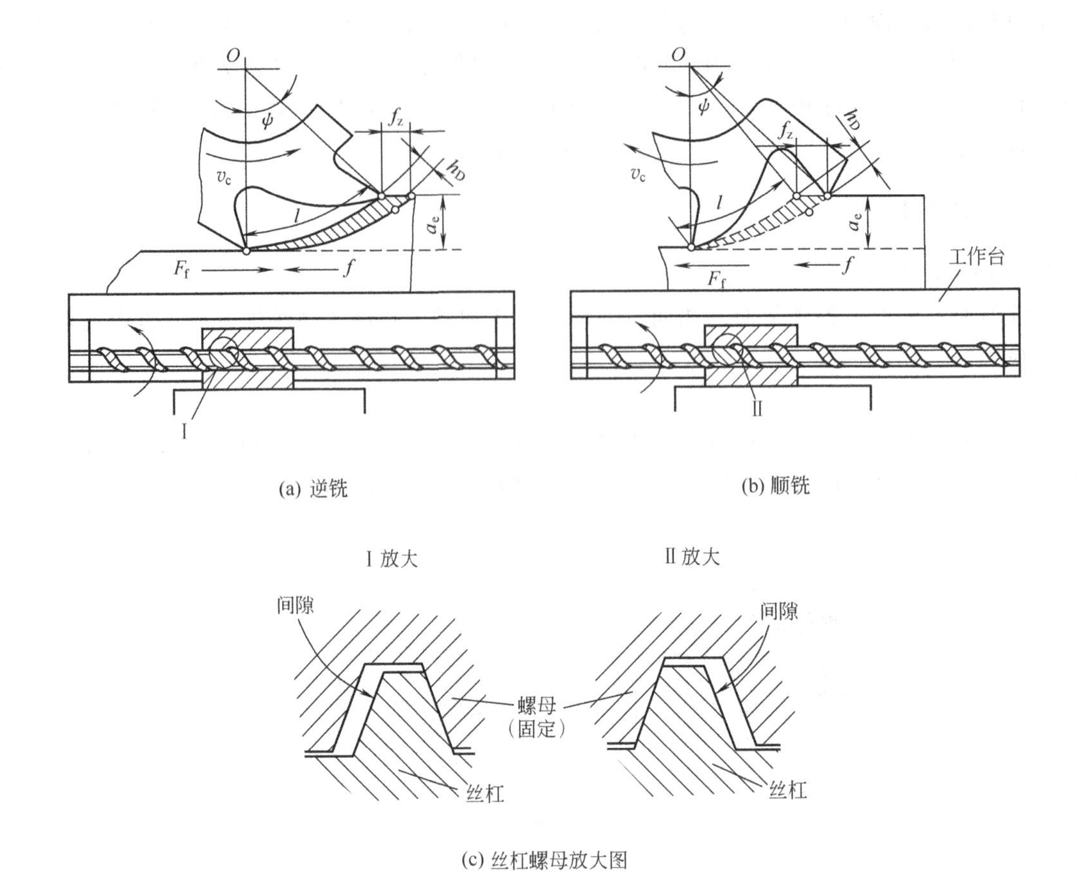

(a) 逆铣

(b) 顺铣

(c) 丝杠螺母放大图

图 10-72　顺铣和逆铣

称逆铣和不对称顺铣。

不对称逆铣是指铣刀轴线偏置于铣削弧长的中心位置时，逆铣部分大于顺铣部分的铣削方式［图 10-73（b）］。由于该铣削切入时的切削厚度小，故切入的冲击较小，刀具的耐用度高。这种铣削方式适用于端铣普通碳钢和高强度低合金钢。

不对称顺铣是指铣刀轴线偏置于铣削弧长的中心位置时，顺铣部分大于逆铣部分的铣削方式［图 10-73（c）］。该铣削的特点是切入时的切削厚度大，切出时的切削厚度小，主要适用于加工不锈钢和耐热合金等中等强度和高塑性的材料。对称铣削时，铣刀轴线位于铣削弧长的中心位置，顺铣部分等于逆铣部分，切削厚度均匀。一般端铣常采用这种铣削方式，尤其适用于铣削淬硬钢。

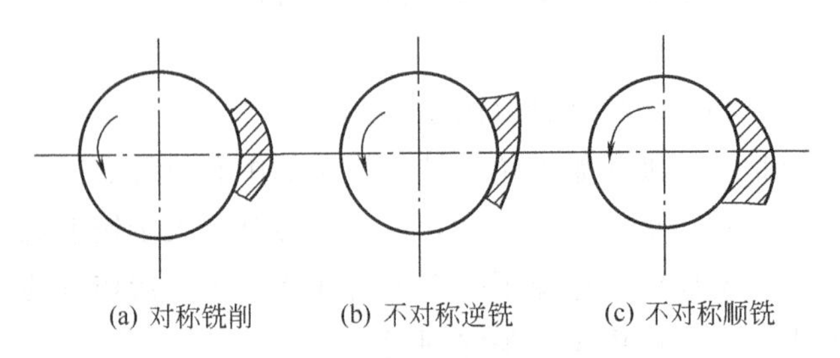

(a) 对称铣削　　(b) 不对称逆铣　　(c) 不对称顺铣

图 10-73　端铣的铣削方式

第四节 刨削加工

刨削加工是以刀具与工件的相对直线运动为主运动的切削加工方法。其工艺系统由刨床、工件、刀具及夹具构成。

一、刨床

刨床是刨削加工工艺系统的核心，常用的刨削类机床有牛头刨床、龙门刨床和单臂刨床。插床实际上是一种立式牛头刨床，所以在机床的分类中，将刨、插床归为同一类。

刨床、插床（还有拉床）的共同特点是主运动都是直线运动，因此，又把这三类机床称为“直线运动机床”。

1. 牛头刨床

牛头刨床是刨削类机床中应用较广的一种，因其滑枕、刀架形似牛头而得名。它适于刨削长度不超过1000mm的中小型零件。

牛头刨床主要由床身、滑枕、刀架、工作台和底座等部分组成，如图10-74所示。

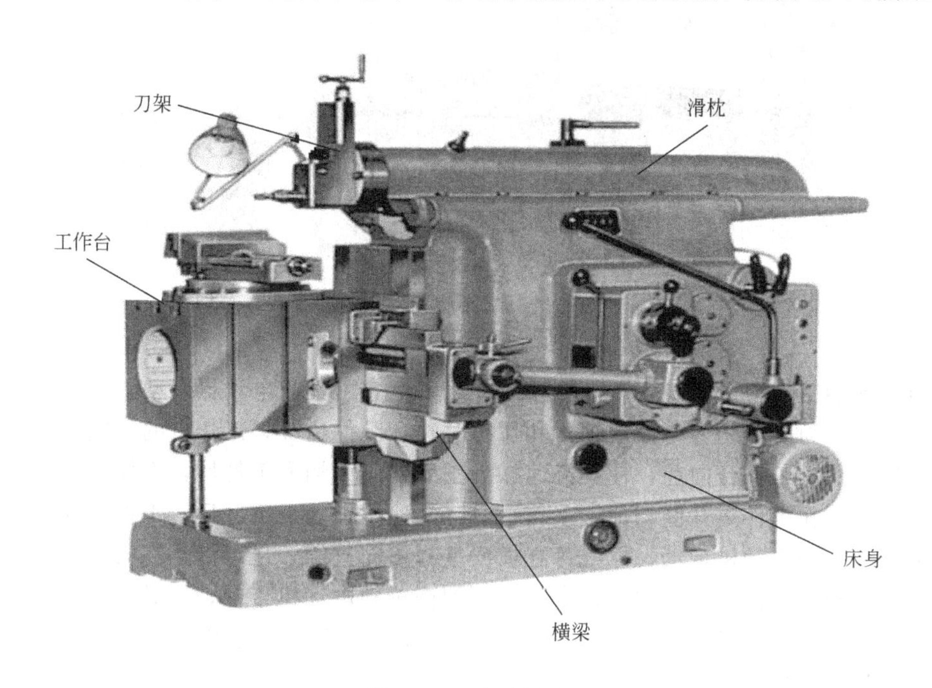

图10-74 牛头刨床

（1）床身 用来支撑和连接刨床各部件。

（2）滑枕 主要用来带动刨刀作直线往复运动（即主运动），其前端有刀架。

（3）刀架 用以夹持刨刀。

（4）工作台 是用来安装工件的，它可随横梁作上、下调整，并可沿横梁作水平方向移动或作横向间歇进给。

工作时，滑枕和床身上的水平导轨作往复运动（主运动），工作台在横梁的导轨上作水平横向的间歇进给运动。

牛头刨床调整方便，但由于是单刃切削，而且切削速度低，回程时不工作，所以生产率低，适用于单件小批生产。

刨削精度一般为IT9～IT7，表面粗糙度 R_a 值为6.3～3.2μm。牛头刨床的主参数是最大刨削长度。

2. 龙门刨床

龙门刨床主要加工大型工件或同时加工多个工件。它因有一个龙门式框架结构而得名。龙门刨床和牛头刨床相比，从结构上看，其形体大，结构复杂，刚性好，从机床运动上看，龙门刨床的主运动是工作台的直线往复运动，而进给运动则是刨刀的横向或垂直间歇运动，这刚好与牛头刨床的运动相反。龙门刨床主要由床身、工作台、立柱、顶梁、横梁、垂直刀架和侧刀架等组成（图10-75）。

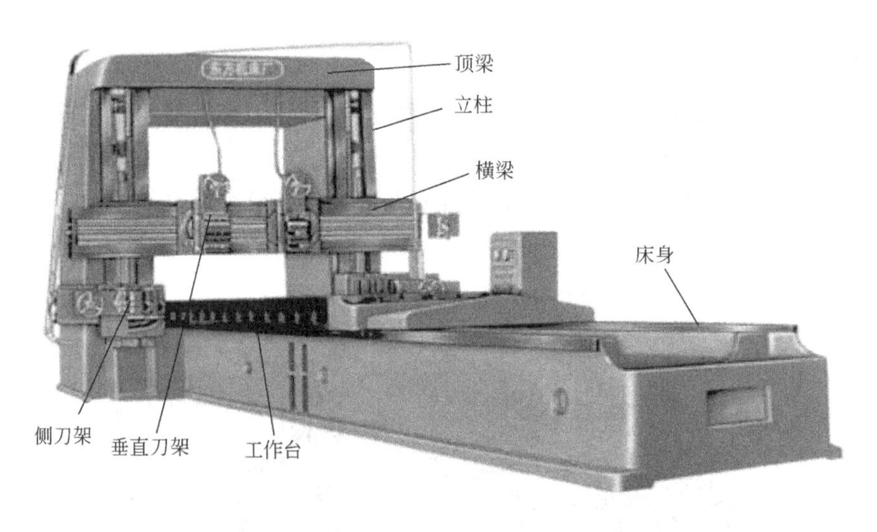

图10-75　龙门刨床

龙门刨床的工作台沿床身水平导轨作往复运动，它由直流电动机带动，并可进行无级调速，运动平稳。为防止切入时撞击刨刀和切出时损坏工件边缘，工作台的往复运动是按下述程序自动进行的。工作台向前，使其慢速接近刨刀，刨刀切入工件后，工作台逐渐增速到规定的切削速度；在工件离开刨刀前，工作台又降低速度，切出工件后，工作台快速返回。两个垂直刀架由一台电动机带动，它既可在横梁上作横向进给，也可沿垂直刀架本身导轨作垂直进给，并能旋转一定角度做斜向进给。侧刀架由单独电动机带动，能沿立柱导轨作垂直进给，也可沿侧刀架本身导轨作水平进给。横梁可沿立柱垂直升降以适应加工不同高度的工件。所有刀架在水平和垂直方向都可平动。

龙门刨床主要用来加工大平面，尤其是长而窄的平面，一般龙门刨床可刨削的工件宽度达1m，长度在3m以上。还可用来加工沟槽。应用龙门刨床进行精刨，可得到较高的尺寸精度和良好的表面粗糙度。

龙门刨床的主参数是最大刨削宽度。

3. 插床

插床实际上是一种立式刨床。插床在结构原理上与牛头刨床同属一类。插床主要由床身、下滑座、工作台、滑枕和立柱等组成。在插床上加工工件，插刀随滑枕在垂直方向上的直线往复运动是主运动，工件沿纵向、横向及圆周三个方向分别作的间歇运动是进给运动。

插床的主要用途是加工工件的内部表面，如方孔、长方孔、各种多边形孔和内键槽等。生产效率较低。加工表面粗糙度 R_a 值为6.3～1.6μm，加工面的垂直度为 0.025/300mm。

二、刨刀

由于刨削过程中有冲击，所以刨刀的前角比车刀要小（一般小于 5°～6°），而且刨刀的刃倾角也应取较大的负值，以使刨刀切入工件时所产生的冲击力不是作用在刀尖上，而是作用在离刀尖稍远的切削刃上。为了避免刨刀切入工件而影响加工表面质量，在生产中常把刨刀刀杆做成弯头结构，如图 10-76 所示。宽刃细刨刀如图 10-77 所示。

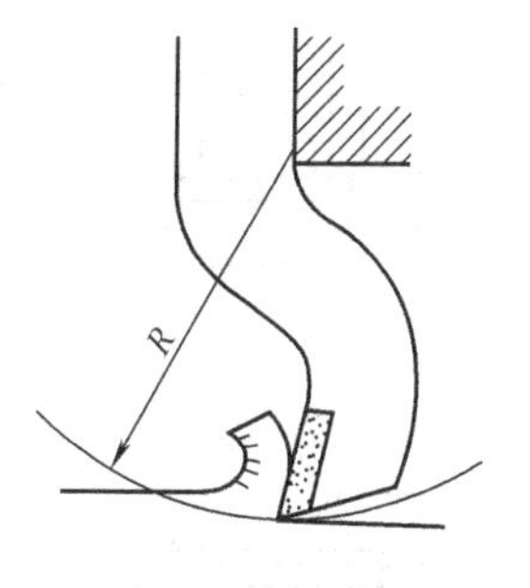

图 10-76　弯头刨刀

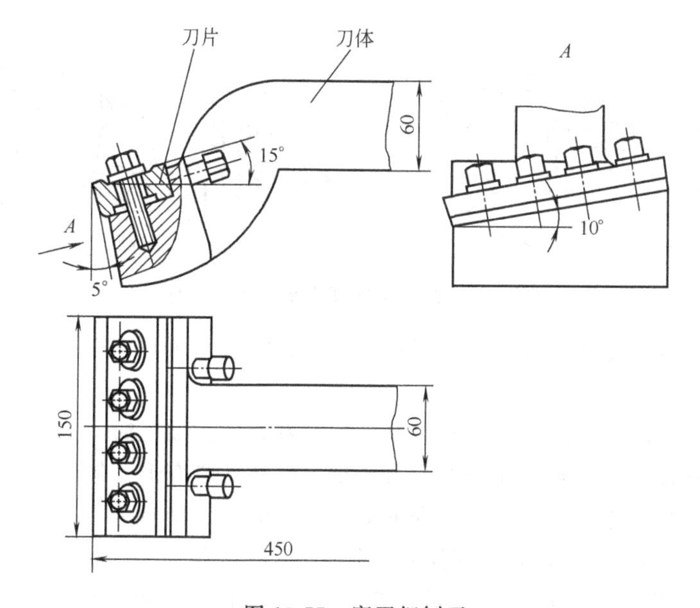

图 10-77　宽刃细刨刀

三、刨削工艺

刨削是指刨刀相对工件的往复直线运动与工作台（或刀架）的间歇进给运动的切削加工方法。牛头刨床刨削时，工件一般采用平口钳或压板-螺栓装夹，单刃刀具作往复直线运动进行切削加工。对于加工水平面，工件在刀具的两行程之间相对刀具作横向进给运动。由于刀具仅仅在行程的一个方向切削，所以刨削的生产率较低。然而，由于牛头刨床上能够方便和迅速地调整工件，并且灵活性好，因此，使得它在加工一个或几个相同的零件时非常有用。刨削平面和沟槽的主要工作如图 10-78 所示。

宽刃细刨是刨削的一种精加工方法。它是利用带有宽的平直刃口的刨刀，以很低的切削速度和大进给量在工件表面上切去一层极薄金属的刨削方法。宽刃细刨可获得比普通精刨更高的加工质量，表面粗糙度值可达 R_a＝1.6～0.8μm，直线度可达 0.02mm/m。它主要用来代替手工刮削或磨床磨削各种大型工件的导轨平面，即以刨代刮或以刨代磨，提高

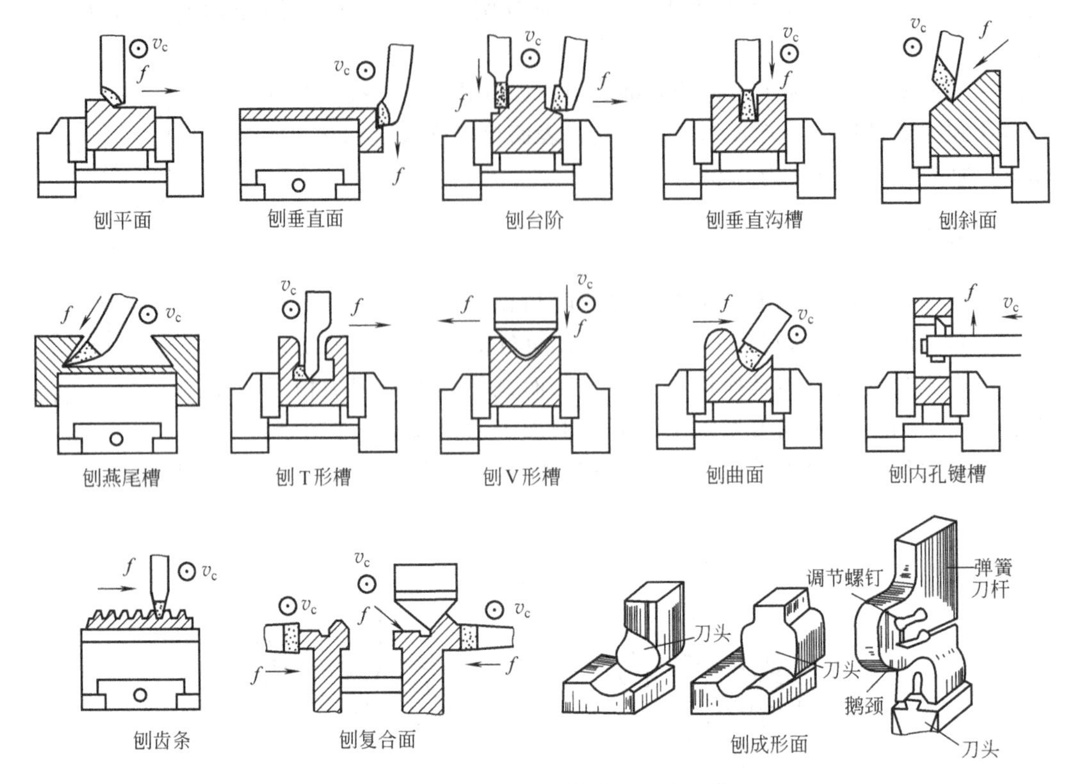

图 10-78　刨削平面和沟槽的主要工作

生产率、减少劳动强度或解决磨削难以加工的大型导轨平面。宽刃细刨一般在工件精刨以后进行。

为确保加工质量，工件在宽刃细刨前要进行时效处理。加工时，工件安装在精度较高和刚性较好的龙门刨床上，安装工件的夹紧力要小，以防夹紧变形。刨刀刀刃的宽度应尽量选取稍大于被加工表面的宽度，避免或减少进给量。总的加工余量为 0.3～0.4mm，每次进给的背吃刀量 a_p 为 0.04～0.05mm。切削速度应很小，一般取 $v_c=2\sim10$m/min。

刨削过程要加切削液，加工铸铁常用煤油，加工钢件常用机油和煤油（2∶1）的混合剂。

刨刀刃宽小于 50mm 时，用硬质合金刀片；刃宽大于 50mm 时，用高速钢刀片。刀刃要平直光洁，前后面的 R_a 值要小于 0.1μm。应选取 −20°～−10°的负值刃倾角，以使刀具逐渐切入工件，减少冲击，使切削平稳。

第五节　钻削和铰削加工

钻削加工是利用钻头绕其轴线的旋转运动为主切削运动的切削加工方法；铰削加工是利用铰刀对原有孔进行精加工的切削加工方法。它们可以在钻床、镗床、铣床和车床等机床上实施其加工过程。

一、钻床

钻床是专门用于钻削加工的金属切削机床。切削加工时工件固定不动，刀具作定轴旋转和沿轴向的直线运动。旋转运动是主运动，轴向的直线运动是进给运动。常用的钻床有台式钻床、立式钻床和摇臂钻床。

1. 台式钻床

台式钻床如图 10-79 所示。它是一种放在台桌上使用的小型钻床，故又称台钻。台钻的钻孔直径一般在 13mm 以下，最小可加工 0.1mm 的孔。台钻小巧灵活，使用方便，是钻小直径孔的主要设备。台钻的主轴变速是通过改变 V 带在塔形带轮上的位置来实现的；主轴进给是手动的。为适应不同工件尺寸的要求，在松开锁紧手柄后，主轴架可以沿立柱上下移动。

2. 立式钻床

立式钻床简称立钻，其外形如图 10-80 所示。它由工作台、主轴、进给箱、主轴变速箱、立柱、操作手柄和底座等部件组成。其主轴变速箱和进给箱的传动是由电动机经带轮传动，通过主轴变速箱使主轴旋转，并获得需要的各种转速。一般钻小孔时，选用较高转速；钻大孔时，选用较低转速。主轴在主轴套筒内作旋转运动，同时通过进给箱，驱动主轴套筒作直线运动，从而使主轴一边旋转，一边随主轴套筒按所选的进给量，自动作轴向进给。也可利用手柄实现手动轴向进给。进给箱和工作台可沿立柱上的导轨调整上下位置，以适应不同高度工件的加工。主轴的转速和进给量可在较大的范围内调整，以适应各种不同的进给量要求。立式钻床的主轴不能在垂直其轴线的平面内移动，钻孔时要使钻头及工件孔的中心重合，当加工不同轴线上的孔时，要移动工件的位置。因此，立式钻床一般只适用于在单件小批量生产中加工中小型零件上的 80mm 以内的孔。

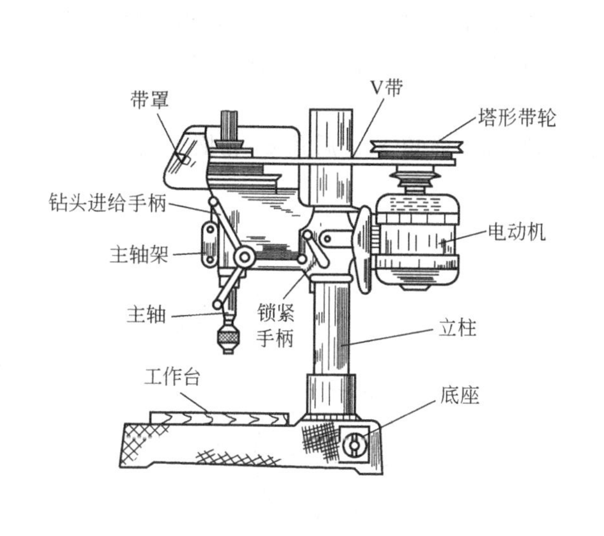

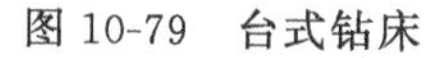
图 10-79　台式钻床

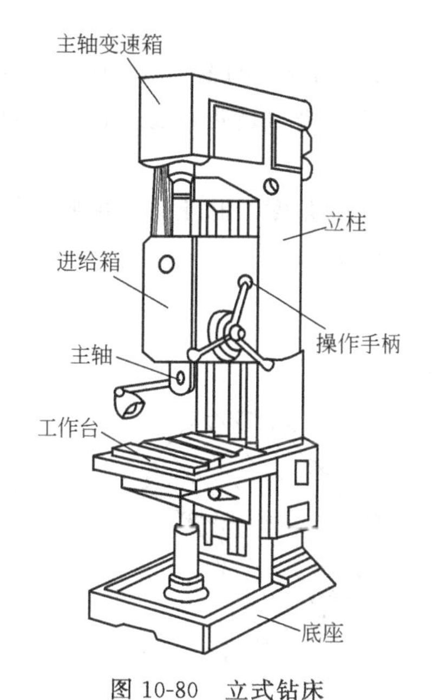

图 10-80　立式钻床

3. 摇臂钻床

摇臂钻床的外形如图 10-81 所示。它由工作台、主轴、摇臂、主轴箱、立柱和底座等部件组成。加工时，主轴箱可沿摇臂上的导轨移动；摇臂可沿立柱上下移动，同时可绕立柱作 360°的转动。所以，在钻孔时，主轴可以在其有效的加工范围内任意调整位置，实现对工件不同位置上孔的加工。工件通常安装在工作台上加工，如果工件很大，也可直接放在底座上

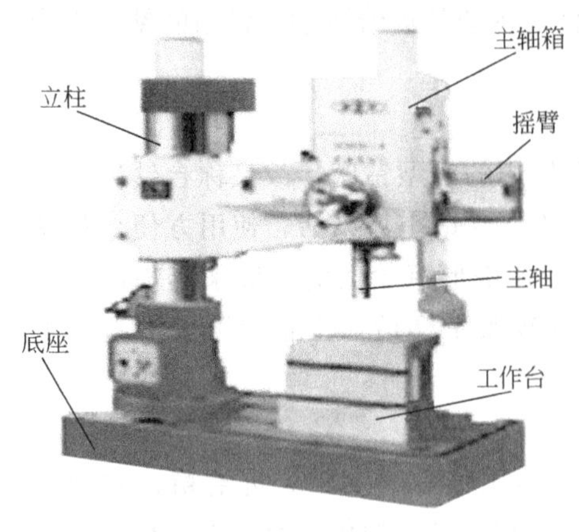

图 10-81　摇臂钻床

加工。加工时，根据工件高度不同，摇臂可沿立柱上下移动，调整到合适的加工位置后锁紧摇臂及主轴箱，以免加工中由于振动而影响零件加工质量。摇臂钻床结构合理，操作方便。它广泛用于单件小批量加工大中型工件上的孔。

二、钻头和铰刀

1. 麻花钻

(1) 结构　麻花钻的结构如图 10-82 所示，由柄部、导向部分和切削部分等组成。

① 柄部　是钻头的夹持部分，用来传递扭矩和轴向力。其形状有锥柄和直柄两种。

② 导向部分　有两条对称的螺旋槽和刃带。螺旋槽用于形成切削刃和前角，并起排屑和输送冷却液的作用；刃带起导向和修光孔壁的作用。导向部分有很小的倒锥，由切削部分向柄部每 100mm 长度上直径减少 0.03～0.12mm，以减小钻头与孔壁的摩擦。

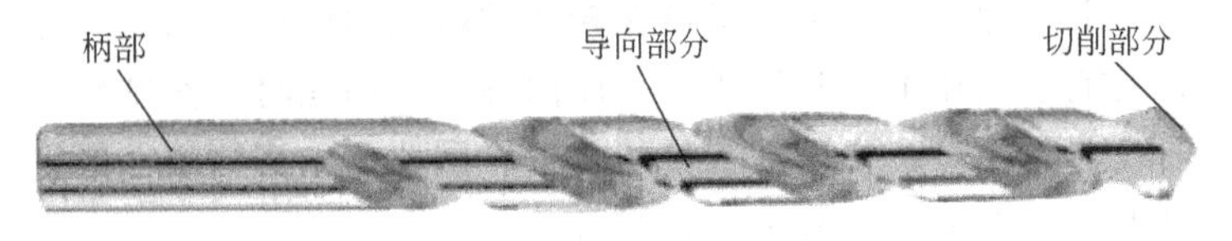

图 10-82　麻花钻

③ 切削部分　如图 10-83 所示，包括横刃和两个主切削刃。主切削刃是前刀面与主后刀面的交线，横刃是两主后刀面的交线。对称的主切削刃可以看做为两把反向安装的外圆车刀。

(2) 几何角度　麻花钻的主要几何角度有顶角 2φ、前角 γ_o、后角 α_o 和横刃斜角 ψ，如图 10-84 所示。

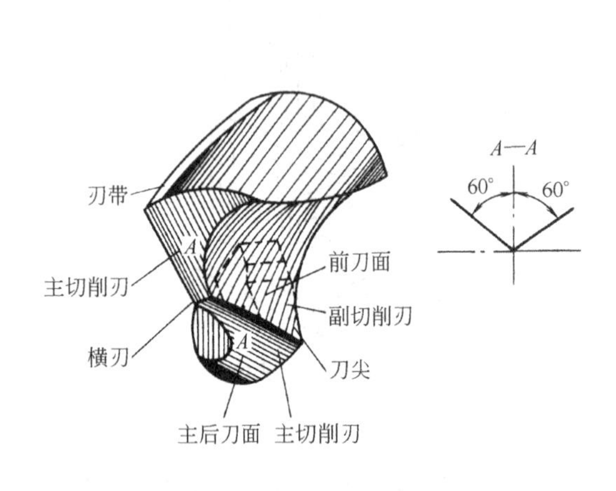

图 10-83　麻花钻切削部分的结构

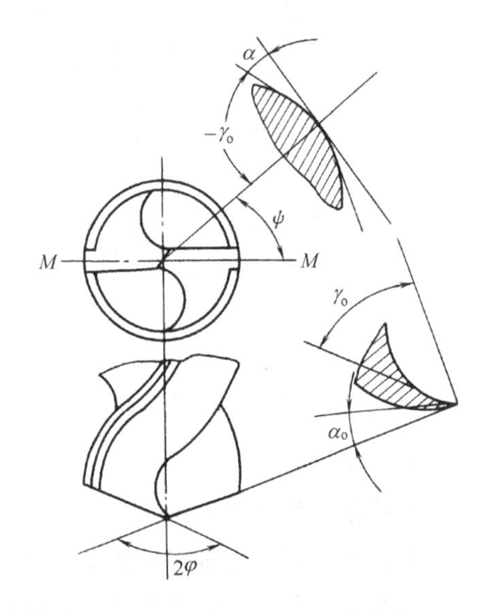

图 10-84　麻花钻的几何角度

① 顶角 2φ　是两条主切削刃在其中剖面 $M—M$ 上投影的夹角。顶角大，钻尖强度好，但钻削时的轴向抗力大；顶角小，钻尖的强度差，但轴向抗力小，易于钻入材料之中。顶角大小应根据工件材料和加工条件磨出。

一般加工钢料和铸铁的钻头顶角为 118°±2°。

② 横刃斜角 ψ　是在端面投影中横刃与主切削刃之间的夹角。它是刃磨后角时形成的，一般为 50°～55°。后角越大，ψ 越小，横刃越长，轴向力越大，切削条件越差。

(3) 结构缺陷　麻花钻的结构存在某些缺陷。

① 钻头切削刃在靠近刃带处速度最高，切削负荷集中，磨损严重。

② 横刃及附近前角为负值，切削条件差，轴力大。

③ 在实心材料上钻孔时，整个切削刃同时参加切削，切削宽度大，排屑困难，冷却液也不容易到达刀刃上，切削热不容易带出，降低了钻头的耐用度。

人们在生产实践中，对麻花钻的结构进行了多种改进，创造出了多种高效率的先进钻头。例如，“群钻”就是其中的一种较典型的代表。

2. 扩孔钻

扩孔钻的结构如图 10-85 所示，它与普通麻花钻相比较有以下特点。

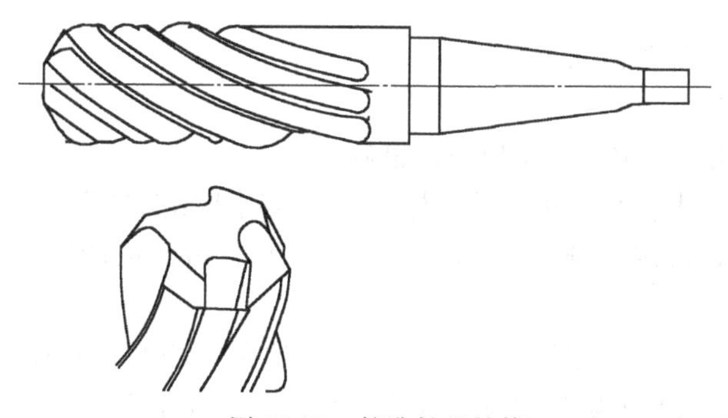

图 10-85　扩孔钻的结构

① 切削刃不延伸到中心，无横刃。

② 刀齿数较多。一般有 3～4 齿，导向性好，切削平稳。

3. 铰刀

铰刀有手用铰刀和机用铰刀两种，如图 10-86 所示。手用铰刀柄部为直柄，工作部分较长，导向作用较好。机用铰刀的柄部多为锥柄，可装在钻床或车床等机床上进行铰孔。

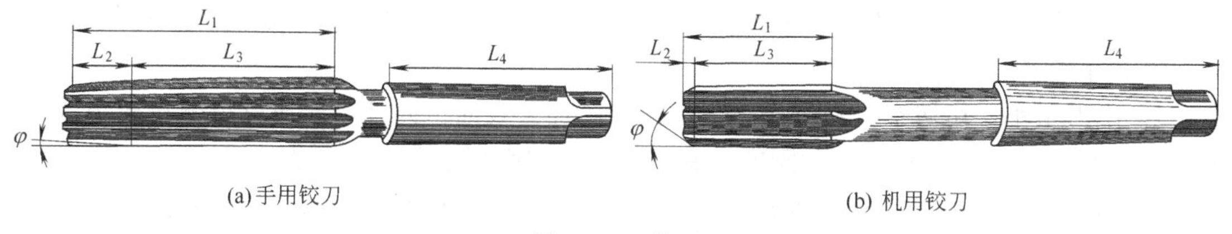

(a) 手用铰刀　　(b) 机用铰刀

图 10-86　铰刀

铰刀由工作部分、颈部和柄部组成。工作部分又分为切削部分与修光部分。工作部分圆周上有 6～12 个刀齿。

(1) 切削部分　为锥形，担负主要切削工作。锥角 2φ 的大小影响被加工孔的精度、表面粗糙度和铰削时的轴向力大小。选用过大的 φ 角使切削部分太短，铰刀定位精度低，轴向力增大；选用过小的 φ 角使切削宽度增大，不利于排屑。一般手用铰刀 $\varphi=0.5°\sim1.5°$，机用铰刀 $\varphi=5°\sim15°$。铰削塑性材料时取大值，铰削脆性材料时取小值。因铰削余量小，前角 γ_o 一般采用 0°。为保证刀齿强度，避免崩刃，后角 α_o 取 5°～8°。

（2）修光部分　起校正孔径、修光孔壁及导向作用。为此，这部分有很窄的刃带（$\gamma_o=0°$，$\alpha_o=0°$）。修光部分包括圆柱部分和倒锥部分。圆柱部分保证被加工孔的加工精度和表面粗糙度，倒锥部分可减少铰刀与孔壁的摩擦，以减少孔的扩大量。

三、钻削工艺

1. 钻孔

钻孔是用钻头在实体材料上加工孔的方法，其工艺特点如下。

（1）容易产生“引偏”　引偏是指加工时因钻头弯曲而引起的孔径扩大、孔不圆或孔的轴线歪斜等缺陷。其主要原因如下。

① 钻头的刚性差。

② 横刃有较大的负前角，钻孔开始时难定心。

③ 钻孔时，横刃挤刮金属，产生很大轴向力，稍有偏斜，将产生较大附加力矩，使钻头弯曲。

④ 两条主切削刃很难磨得完全对称。

⑤ 材料硬度不均匀。

为防止或减小钻孔的引偏，可采取下列措施。

① 对于较小的孔，先在孔的中心处打样冲眼，以利于钻头的定心。

② 直径较大的孔，可用小顶角（$2\varphi=90°\sim100°$）且短而粗的麻花钻预钻一个锥形坑，然后再用所需钻头钻孔。

③ 大批量生产中，一般采用钻模为钻头导向，这种方法对在斜面或曲面上钻孔更为必要。尽量把钻头两条主切削刃磨得对称，使径向切削力互相抵消。

（2）排屑困难　钻孔时，由于主切削刃全部参加切削，切屑较宽，容屑槽尺寸受限制，因此切屑与孔壁发生较大摩擦和挤压，易产生拉毛和刮伤，降低孔表面质量。有时切屑还可能阻塞在容屑槽里，卡死钻头，甚至将钻头扭断。

（3）钻头易磨损　钻削时刀具、工件与切屑间摩擦很大，使切削温度度升高，加剧了刀具磨损，增大切削用量，不利于提高生产效率。

2. 扩孔

扩孔是用扩孔钻对工件上已有孔进行加工，以扩大孔径且提高孔的质量。扩孔与钻孔相比，有以下特点。

① 吃刀量小，切屑窄、易排出，不易擦伤已加工表面。此外，容屑槽可做得较小较浅，从而可加粗钻心，提高扩孔钻的刚度，有利于增大切削用量和改善加工质量。

② 切削刃不是从外圆延伸到中心，避免了横刃和由横刃所引起的不良影响。

③ 因容屑槽较窄，扩孔钻上有 3～4 个刀齿，增加了扩孔时的导向作用，切削比较平稳，同时提高了生产率。

④ 扩孔的加工质量比钻孔高，扩孔的加工精度可达 IT10～IT9，表面粗糙度 R_a 值为 $6.3\sim3.2\mu m$，常作为孔的半精加工。

在钻直径较大的孔时（$D\geqslant30mm$），常先用小钻头（直径为孔径的 0.5～0.7 倍）预钻孔，然后再用原尺寸的扩孔钻扩孔。这样可以提高生产效率。

四、铰削工艺

铰削是用铰刀从原孔壁上切除微量金属，以提高孔的尺寸精度和减小粗糙度值的加工方法。它是孔的一种精加工。

正确地选择加工余量对铰孔质量影响很大。余量太大，铰孔不光，尺寸公差不易保证；余量太小，不能去掉上道工序留下的刀痕，达不到要求的表面粗糙度值。一般粗铰余量为0.25～0.05mm，精铰为0.15～0.05mm。

铰孔的切削速度较低，一般粗铰 v_c＝4～10m/min，精铰 v_c＝1.5～5 m/min。进给量可取0.2～0.12mm/r，从而避免产生积屑瘤，减小表面粗糙度值。

铰孔时必须选用适当的切削液进行冷却、润滑和清洗，防止产生积屑瘤并减少切屑末黏附在铰刀和孔壁上。

铰孔生产效率高，容易保证孔的精度和粗糙度。但铰刀是定值刀具，一种规格的铰刀只能加工一种尺寸和精度的孔，且不宜铰削台阶孔和盲孔。

铰孔不能校正原孔轴线偏斜，孔的位置精度应由前面的工序保证。

铰孔的加工精度为IT8～IT6，表面粗糙度值为 R_a＝1.6～0.2μm。对于孔径不大，但精度要求较高的孔，常采用“钻—扩—铰”这样的典型工艺方案。

第六节　镗削加工

镗削加工是用镗刀对工件上原有孔进行扩大孔的尺寸、精度和提高表面质量的加工方法。镗床是镗削工艺系统的常用设备。通常，镗刀旋转为主运动，镗刀或工件的移动为进给运动。

一、镗床

镗床的万能性较强，它甚至能完成工件上的全部加工，因此，镗床是大型箱体零件加工的主要设备，按照结构和用途的不同，镗床可分为深孔镗床、坐标镗床、立式镗床、卧式镗床、金刚镗床和汽车、拖拉机修理用镗床六种。

1. 卧式镗床

卧式镗床是镗床类机床中应用最广泛的一种机床。它主要是加工孔，特别是箱体零件上的许多大孔、同心孔和平行孔等。用镗孔方法很容易保证这些孔的尺寸精度和位置精度，镗孔精度可达IT7，表面粗糙度 R_a 值为1.6～0.8μm。

常见的卧式镗床如图10-87所示，它由主轴和平旋盘、工作台、主轴箱、前立柱、机身、后立柱和尾架等几部分组成。

加工时，刀具装在主轴或平旋盘上，由主轴箱获得各种转速和进给量。主轴箱可沿立柱上的导轨上下移动。工件安装在工作台上，可与工作台一起随下滑座作纵向或横向移动，并可随工作台一起绕工作台下面的圆形导轨旋转至所需要的角度，以便加工成一定角度的孔或平面。由于镗床运动部件很多，为了保证工作可靠性和加工精度，各运动部件都设有夹紧机构。

2. 坐标镗床

图 10-87 卧式镗床

坐标镗床是高精度机床的一种，随着科学技术的发展，特别是国防、宇航、控制技术、自动化技术的发展，对孔的加工精度要求越来越高。这些孔除本身的精度之外，孔与孔之间的中心距或孔的中心到某一基准面的距离也要求非常精确。这时用普通镗床就不能满足上述要求，于是出现了坐标镗床。坐标镗床的结构特点是它具有坐标位置的精密测量装置。例如，精密刻线尺——光屏读数器定位测量装置，光栅尺——数码显示器定位测量装置，激光干涉仪定位测量装置等。机床本身制造精度很高，并要在恒温条件下装配和使用，所以它主要用于镗削精密孔，此外，还可以进行钻孔、扩孔、铰孔、刮端面、切槽、精铣平面以及精密刻度、样板的精密刻线等工作，还可当作测量设备检验其他机床加工工件的坐标尺寸。

坐标镗床按总体布局不同分为单柱式、双柱式和卧式，如图 10-88 所示，其主参数为工作台面宽度。

(1) 单柱式　镗刀主轴垂直放置，只有一个立柱的坐标镗床。它主要由床身、立柱、主轴箱、工作台和滑座等部分组成。在工作台上安装工件，纵向与横向坐标的移动靠工作台的移动来实现，主轴可沿立柱导轨上下移动，可以根据工件的高低调整主轴的高度。主轴带动刀具作旋转主运动，主轴套筒沿轴向作进给运动。

单柱坐标镗床工作台三面敞开，故结构简单，操作也方便，特别适宜加工板状零件的精密孔。但它的刚度较差，所以，这种结构只用于中、小型坐标镗床。

(2) 双柱式　镗刀主轴垂直放置，且有两根立柱的坐标镗床。它主要由床身、工作台、横梁、主轴箱、左右立柱和顶梁等部分组成。主轴箱安装在横梁上，横梁可沿立柱导轨上下移动，主轴箱可沿横梁导轨左右移动，主轴上安装刀具作主运动，工件安装在工作台上随工作台沿床身导轨作纵向直线运动。

双柱坐标镗床由于是双柱框架式（顶梁、左右立柱和横梁组成）结构，所以刚性好，目前大型坐标镗床都采用这种结构。

(3) 卧式　主轴为水平放置的坐标镗床。它由床身、工作台、立柱和主轴箱等组成。工作时，由主轴带动刀具作旋转主运动。两个坐标方向的运动分别靠工作台横向移动和主轴箱沿立柱上下移动来实现，工作台还能在水平面内作旋转运动。进给运动可以由工作台纵向移动或主轴轴向运动来实现。

因为它的主轴为水平放置，所以能在一次装夹中很方便地加工箱体零件四周壁上的孔，

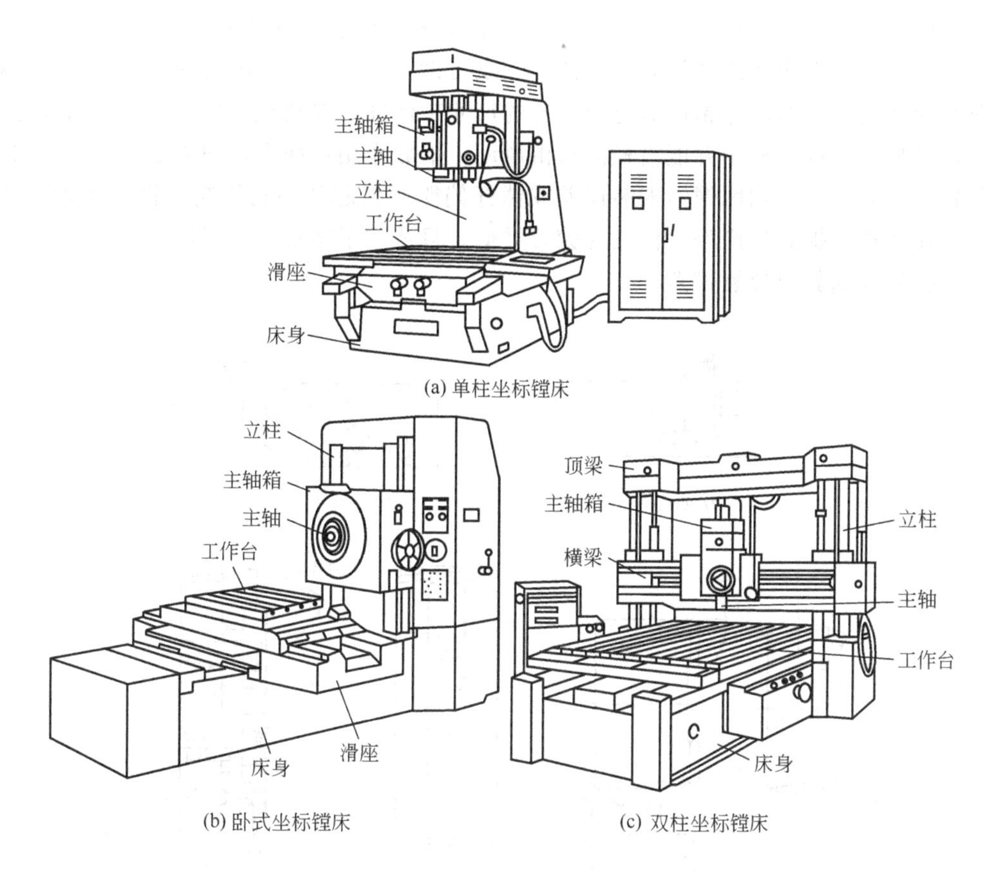

(a) 单柱坐标镗床

(b) 卧式坐标镗床

(c) 双柱坐标镗床

图 10-88　坐标镗床

加工精度较高。

综上所述，坐标镗床具有以下几个特点。

① 结构刚性好，能在实体工件上钻、镗精密孔。

② 主轴转速高，进给量小。

③ 设有纵横向可移动的工作台，它们的微调整量可达 1μm，并有精确坐标测量系统，所以适用于加工孔距误差小的孔系。

3. 金刚镗床

金刚镗床是一种高速镗床，因以前采用金刚石镗刀而得名。其特点是以很小的进给量和很高的切削速度进行加工，因此加工出的工件具有较高的尺寸精度（IT6），表面粗糙度 R_a 可达 0.2μm。

金刚镗床有卧式和立式之分。图 10-89 所示为卧式双面金刚镗床。

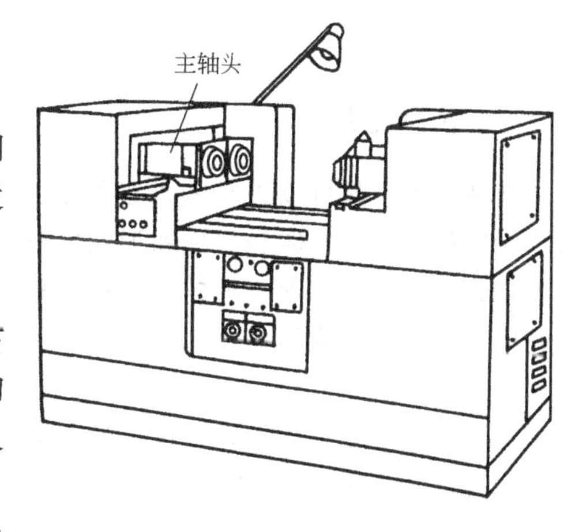

图 10-89　卧式双面金刚镗床

卧式金刚镗床的主参数是工作台面宽度，立式金刚镗床的主参数是最大镗孔直径。

二、镗刀

镗刀主要有单刃型、双刃型、浮动型等，如图 10-90 所示。单刃镗刀的结构与车刀类似，但刚度较低，刀头与镗杆轴线垂直安装可镗通孔，倾斜安装可镗盲孔。单刃镗刀镗孔时，孔的尺寸是由操作者调整镗刀头保证的。双刃镗刀有两个对称的切削刃，相当于两把车刀同时参加切削。孔的尺寸精度靠镗刀本身的尺寸来保证。浮动镗刀的镗刀片不需固定在镗杆上，而是插在镗杆的槽中并能沿径向自由滑动，依靠作用在两个切削刃上的径向力自动平衡其位置，因此，可消除因镗刀安装误差或镗杆偏摆所引起的不良影响，提高了加工质量，同时能简化操作，提高生产率。但它与铰刀类似，只适用于精加工，保证孔的尺寸公差，不能校正原孔轴线偏斜或位置偏差。

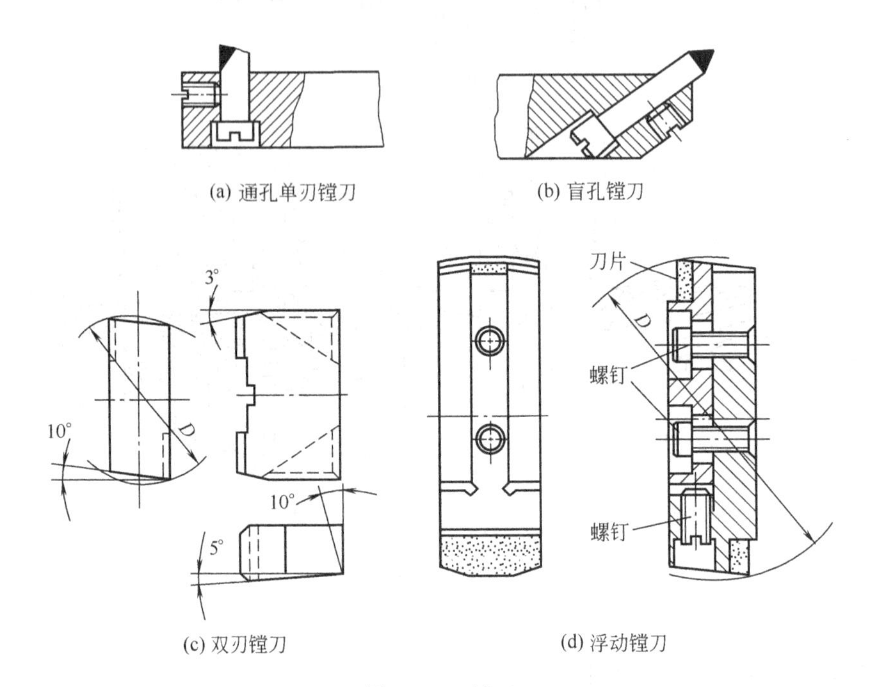

(a) 通孔单刃镗刀　　(b) 盲孔镗刀

(c) 双刃镗刀　　(d) 浮动镗刀

图 10-90　镗刀

三、镗削工艺

在钻床上虽然可以进行零件的孔加工，但有很大局限性，并且加工精度和表面质量不高。特别是对一些箱体类零件和形状复杂的零件，如发动机缸体、机床变速箱等，其上孔数较多，孔径较大，精度要求较高。这类孔系的加工如要在一般机床上完成是比较困难的，而用镗床加工则比较容易。

1. 加工范围

在镗床上不仅可以镗孔，还可铣平面、沟槽，钻、扩、铰孔，车端面、外圆、内外环形槽及螺纹等，如图 10-91 所示。

2. 工艺特点

① 镗削主要适宜于加工机座、箱体、支架等大型零件上孔径较大、尺寸精度和位置精度要求高的孔系。通过多次走刀还可校正原孔的轴线偏斜。

② 镗削加工范围广。既可加工单个孔，也可加工孔系，还可镗铣平面等。

③ 一般镗孔的加工精度为 IT8～IT7，表面粗糙度 R_a 值为 1.6～0.8μm；精镗时加工精度为 IT7～IT6，表面粗糙度 R_a 值为 0.8～0.1μm。

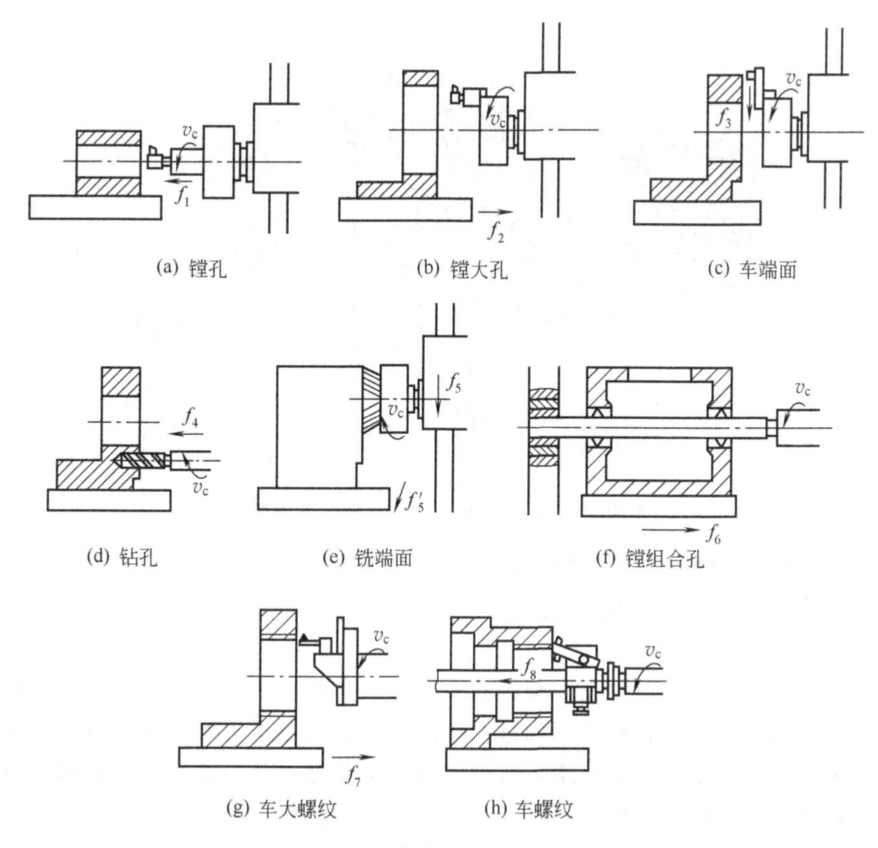

图 10-91　卧式镗床的主要工作

④ 镗削操作技术要求较高，在不使用镗模的情况下，生产率较低。

第七节　磨 削 加 工

用砂轮或其他磨具对工件表面进行切削加工的方法称为磨削。它是对机械零件进行精加工的主要方法之一，大多为半精加工后的精加工工序。而对于精密铸造、精密模锻、精密冷轧的毛坯，因加工余量小，也可不经半精加工，直接磨削。通常用砂轮磨削工件称为磨削，用其他磨具，如研磨剂、磨条等对工件的高精度磨削称为光整加工。

一、磨床

磨床的种类繁多，目前生产中应用最多的有外圆磨床、内圆磨床、平面磨床、无心磨床等。

1. 外圆磨床

常用的有外圆磨床和万能外圆磨床。图 10-92 所示为 M1432A 型万能外圆磨床的外形，它主要由床身、头架、尾架和砂轮架等部分组成。工作台有上、下两层，下工作台作纵向往复运动，上工作台相对下工作台能作小角度的回转调整，以便磨削锥体。万能外圆磨床与外圆磨床结构基本相同，不同的是在砂轮架上另装有内圆磨具，可磨内圆柱面及内锥面。

磨削时，砂轮架上的砂轮作高速旋转运动（主运动）；工件由头架带动作圆周进给运动；

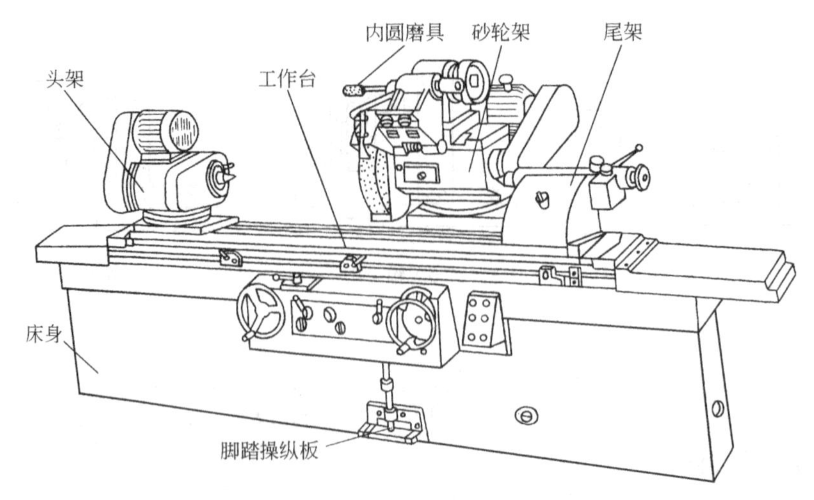

图 10-92　M1432A 型万能外圆磨床的外形

工作台沿床身的纵向导轨作直线往复运动，带动工件作纵向进给运动；砂轮架沿床身的横向导轨移动使砂轮切入工件作进刀运动。

2. 内圆磨床

内圆磨床主要用于磨削圆柱孔、圆锥孔及端面。内圆磨床如图 10-93 所示，其头架固定在工作台上，主轴带动工件旋转作圆周进给运动；工作台带动头架沿床身的导轨作直线往复运动，实现纵向进给运动，头架可绕垂直轴转动一定角度以磨削锥孔；砂轮架上的内磨头由电动机带动旋转作主运动；工作台每往复运动一次，砂轮架沿滑鞍可横向进给一次（液压或手动）。

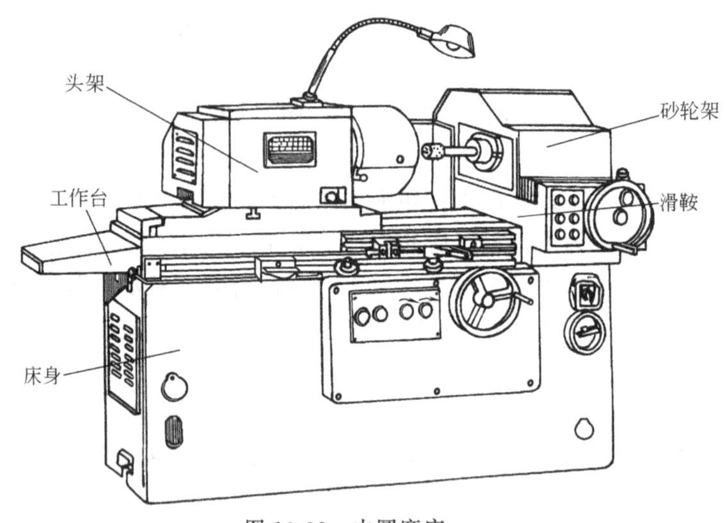

图 10-93　内圆磨床

3. 平面磨床

平面磨床是指利用砂轮的周边或端面对工件平面进行磨削的机床。平面磨床的类型有数种，最常用的为卧轴矩台式和立轴圆台式平面磨床两种。

卧轴矩台式平面磨床如图 10-94 所示。磨床工作台为矩形，主轴呈水平横卧在工作台的上方。工作台沿床身的纵向导轨由液压传动作纵向直线往复运动（进给运动）；砂轮架可沿

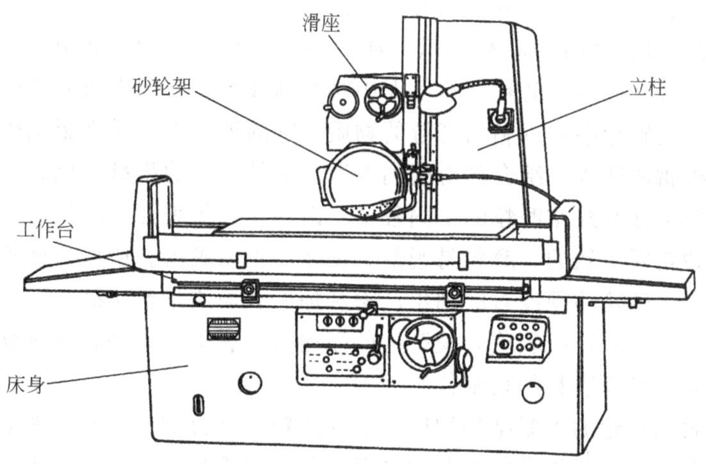

图 10-94　卧轴矩台式平面磨床

滑座的燕尾导轨作横向进给（手动或液动）；滑座和砂轮架一起，沿立柱的导轨作垂直间隙进给运动（手动）；砂轮装在砂轮架的主轴上，作高速旋转运动。卧轴矩台式平面磨床主要用于周边磨削。

立轴圆台式平面磨床如图 10-95 所示。磨床工作台为圆形，主轴垂直于工作台面竖立在工作台的上方。砂轮架可沿立柱的导轨作间歇的竖直切入运动，圆工作台的旋转为圆周进给运动。为便于装卸工件，圆工作台还能沿床身导轨纵向移动。立轴圆台式平面磨床主要用于端面磨削。

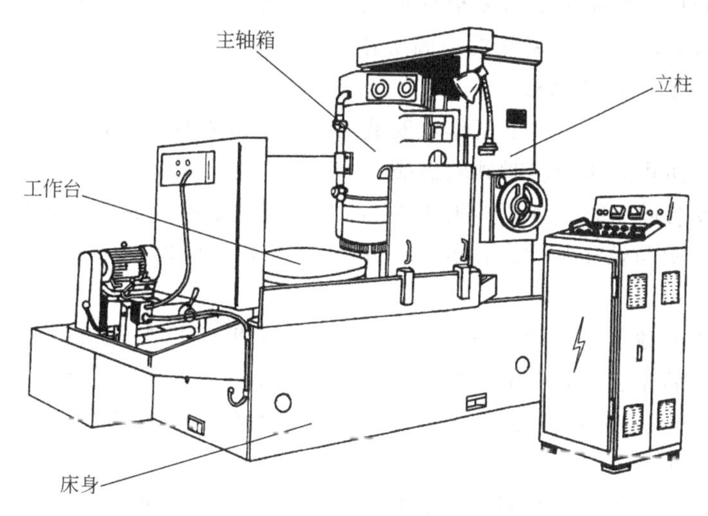

图 10-95　立轴圆台式平面磨床

二、砂轮

1. 特性与选用

（1）磨料　是砂轮的主要成分，直接担负切削工作，必须具有很高的硬度、适当的强度和韧性，以及高温下稳定的物理性能和化学性能。目前，工业上使用的几乎均为人工磨料，常用的有刚玉类、碳化硅类和高硬度磨料类。

（2）粒度　是指磨料颗粒的大小，分为磨粒与微粉两种。磨粒用筛选法分类，以一英寸长的筛子上的孔网数来表示，粒度号越大，磨粒越细。微粉是用显微测量法实际量到的磨料尺寸大小分类，在磨粒尺寸前加 W 表示。通常磨软材料时，为防止砂轮堵塞，用粗磨粒。磨脆、硬材料和精磨时，用细磨粒。粒度大小对磨削效率和工件表面的粗糙度有很大影响。

（3）结合剂　是砂轮中用以黏结磨粒的物质，它的种类与性质将影响砂轮的强度、耐热性、耐冲击性和耐腐蚀性等。结合剂对磨削温度、工件表面的粗糙度也有影响。

（4）硬度　指结合剂黏结磨粒的牢固程度，即砂轮工作表面上磨粒受力后从砂轮表面脱落的难易程度。砂轮硬度软的，磨粒易脱落，反之，不易脱落。所以，砂轮的硬度与磨粒的硬度不是一个概念。砂轮的硬度对磨削生产率和加工表面质量影响极大。一般情况下，工件材料越硬，砂轮的硬度应选得软些，使磨钝的砂轮及时脱落。工件材料越软，砂轮的硬度应选得硬些，以便充分发挥磨粒的切削作用。

（5）组织　表示砂轮的松紧结构程度，它与磨粒、结合剂和气孔三者的比例有关。砂轮的组织号是以磨粒所占砂轮体积的百分比来确定的，组织号越大，砂粒组织越松，磨削时不易堵塞，磨削效率高。但由于磨刃少，磨削后工件表面粗糙度值较高。

（6）形状　为了适应在不同类型的磨床上磨削各种形状和尺寸的工件，砂轮需制成各种形状和尺寸，常用砂轮的形状（及代号）有平形砂轮（1)、薄片砂轮（41)、筒形砂轮（2)、碗形砂轮（11)、碟形砂轮（12a)、杯形砂轮（6)、双斜边砂轮（4）等。

（7）砂轮标志　一般标在砂轮的非工作表面上，由符号和数字组成。如“砂轮 1-400×40×203-A46L5V-30m/s”，其中 1 表示平形砂轮；400 表示砂轮外径为 400mm；40 表示砂轮厚度为 40mm；203 表示砂轮安装孔的直径为 203mm；A 表示砂轮的磨料为棕刚玉；46 表示砂轮的磨料的粒度为 46；L 表示砂轮的硬度为中软；5 表示砂轮的组织为 5 号；V 表示砂轮的结合剂为陶瓷；30 表示砂轮的最高工作线速度为 30m/s。

2. 检查、安装、平衡和修整

（1）检查　砂轮在高速运转下工作，安装前先应进行外观检查，再敲击听其响声判断砂轮是否有裂纹，以防止高速旋转时砂轮破裂。

（2）安装　安装砂轮时，砂轮内孔与砂轮轴配合间隙要合适，一般配合间隙为 0.1～0.8mm。砂轮用端盖与螺母紧固，在砂轮与端盖之间垫以 0.3～3mm 厚的皮革或耐油橡胶制垫片。

（3）平衡　为使砂轮工作时平稳，不发生振动，一般直径在 125mm 以上的砂轮都要进行静平衡调整。将砂轮装在芯轴上，再放在平衡架导轨上，如果不平衡，较重的部分总是转到下面，此时可移动端盖端面环形槽内的平衡块进行平衡的反复调整，直到砂轮在导轨上任意位置都能静止为止。

（4）修整　砂轮工作一段时间后，磨粒逐渐磨钝，砂轮表面孔隙堵塞，砂轮几何形状失准，使磨削质量和生产率下降，此时需对砂轮进行修整。修整时，金刚石工具应与水平面倾斜 10°左右，与垂直面呈 20°～30°角，刀尖低于砂轮中心 1～2mm。

三、磨削工艺

磨削加工应用很广，主要用于加工内外回转表面、平面、成形面及刃磨刀具等。图 10-96所示为几种常见磨削工艺。

1. 外圆磨削

外圆磨削是指对工件圆柱、圆锥和多台阶轴外表面及旋转体外曲面进行的磨削。外圆磨

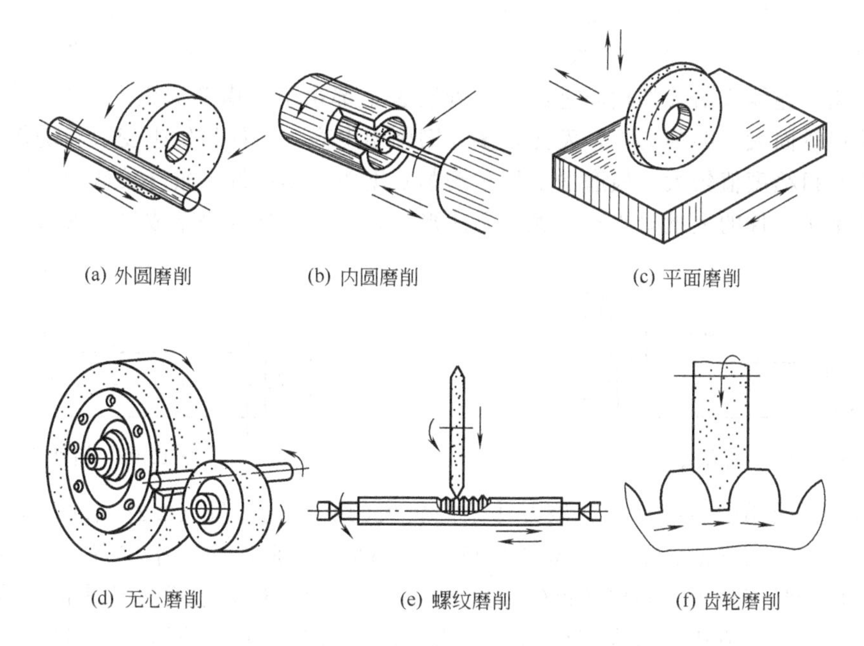

(a) 外圆磨削　(b) 内圆磨削　(c) 平面磨削

(d) 无心磨削　(e) 螺纹磨削　(f) 齿轮磨削

图 10-96　常见磨削工艺

削一般在外圆磨床和无心磨床上进行。

(1) 工件的装夹

① 轴类工件常用顶尖装夹，方法与车削基本相同。但磨床所用顶尖不随工件转动。这样，主轴、顶尖同轴度误差就不会反映到工件上，从而提高零件精度。热处理后，工件在磨削前要用四棱或三棱硬质合金顶尖，在钻床上挤研顶针孔，以消除顶针孔发生的变形和表层可能有氧化皮等脏物。如果采用无心磨削，工件不用顶尖安装，而是在工件下方用托板托住。

② 盘套类工件常用芯轴和顶尖安装，所用芯轴与车削用芯轴基本相同。磨削短而又无顶尖孔的轴类工件时，可用三爪或四爪卡盘装夹。

(2) 磨削用量

① 磨削速度　是指砂轮圆周的线速度（m/s），一般 v_c 为 30～35m/s，高速磨削时，可达 50m/s 以上。

② 横向进给量　是指工作台每往复行程内工件相对砂轮径向移动的距离（mm/dstr)。一般粗磨时为 0.01～0.04mm/dstr，精磨时为 0.0025～0.015mm/dstr。

③ 纵向进给量　是指工件旋转一周相对砂轮沿轴向移动的距离（mm/r)。一般为 (0.3～0.8) B(B 为砂轮宽度)，较小值用于精磨。

④ 工件圆周速度　是指工件圆周的线速度（m/s 或 m/min)。一般为10～30m/min，粗磨时取大值，精磨时取较小值。

(3) 磨削方法

① 纵磨法　采用纵磨法时，工件随工作台作往复直线运动（纵向进给)，如图 10-97 所示。每一往复行程终了时，砂轮作周期性横向进给。每次磨削吃刀量很小，磨削余量是在多次往复行程中磨去的。纵磨时，因磨削吃刀量小，磨削力小，磨削热小且散热好，加上最后作几次无横向进给的光磨行程，直到火花消失为止，所以磨削精度高，表面粗糙度值小。但

生产率低，广泛应用于单件、小批生产及粗磨中，特别适用于细长轴的磨削。

② 横磨法　又称切入磨法。如图 10-98 所示，采用该方法磨削时，工件无纵向运动，而砂轮以慢速作连续或断续的横向进给，直到磨去全部余量。横磨法生产率高，但横磨时，工件与砂轮接触面大，磨削力大，发热量多，磨削温度高，工件易发生变形和烧伤，加工精度较低，表面粗糙度值较大。横磨法适用于磨削长度短、刚性好、精度较低的外圆面及两侧都有台肩的轴颈工件的大批量生产，尤其是成形面，只要将砂轮修整成形，就可直接磨出。

图 10-97　纵磨法　　图 10-98　横磨法

③ 深磨法　如图 10-99 所示，该方法采用较大的磨削吃刀量（0.2～0.6mm），以较小的纵向进给量（1～2mm/r）在一次走刀中磨去全部余量。此法生产率较高，用于磨削刚度大的短轴。由于吃刀量较大并要获得较高的加工精度，应将砂轮前端修整成锥形或阶梯形，修整砂轮较费时。该方法只有在工件结构上能保证砂轮有足够大的切入和切出距离时才可采用。

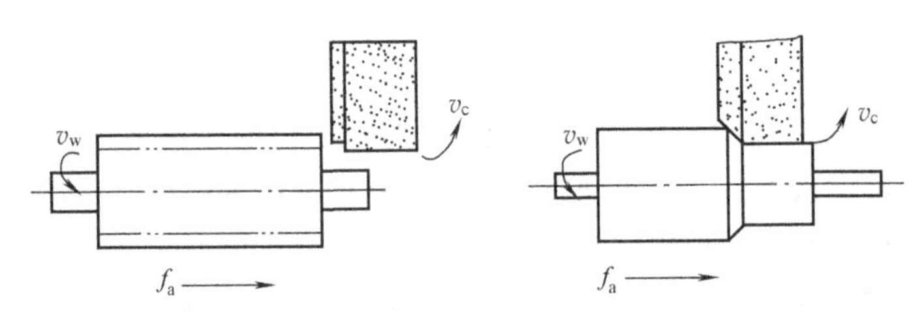

图 10-99　深磨法

④ 无心外圆磨　采用无心外圆磨磨削时工件放在两砂轮之间，不用顶尖支持（故称无心磨），工件下面用托板支撑，如图 10-100 所示。两个砂轮中较小的称导轮，导轮是用橡胶结合剂做的磨粒较粗的砂轮。导轮转速很低，靠摩擦力带动工件旋转，为了使工件作轴向进给，导轮轴线应倾斜一角度（$\alpha=1°\sim5°$）。这样导轮和工件接触处的线速度 v_t 可分解为两个分量 v_{tv} 和 v_{tH}。v_{tH} 就是工件轴向进给速度。另一砂轮是用来磨削工件的，称磨削砂轮。

无心磨削不能磨削带有长键槽、平面等的圆柱面，因为导轮无法带动工件连续转动。

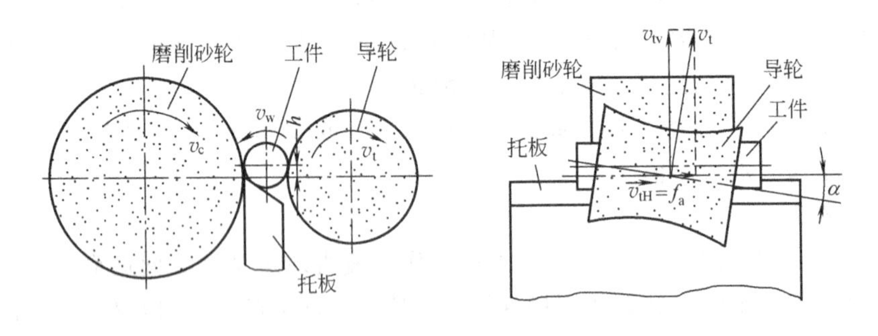

图 10-100　无心外圆磨削

2. 内圆磨削

内圆磨削是指用直径较小的砂轮加工圆柱孔、圆锥孔、孔端面和特殊形状内孔表面的方法，如图 10-101 所示。磨削时，工件装夹在卡盘上，工件与砂轮反向旋转，砂轮沿加工孔的轴线作往复直线运动，并断续地作横向进给运动。如把头架转一角度，可磨削锥孔。内圆磨削与外圆磨削相比，有以下特点。

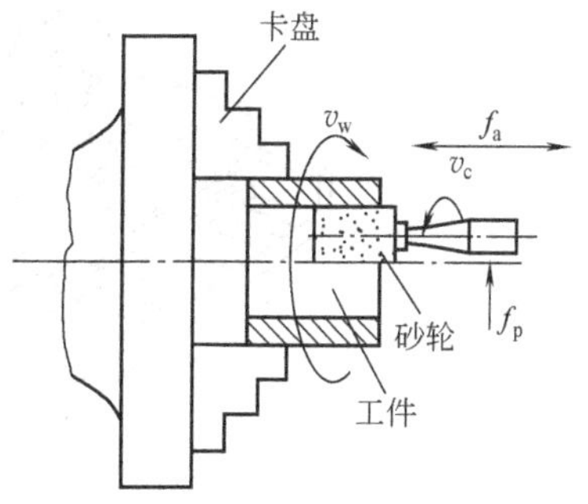

图 10-101　内圆磨削

① 内圆磨削砂轮直径受工件孔径的限制，比外圆磨削砂轮小得多，要获得所需切削线速度，需要非常高的转速，比外圆磨削高得多。要求使用相应的高速电动机和高寿命高速轴承。

② 内圆磨削砂轮轴直径小、悬伸长、刚性差，因此，不能采用较大的磨削吃刀量和进给量。

③ 磨削时，砂轮与工件接触面积大，磨削热多，切削液不易注入孔内，冷却及排屑条件差，而且砂轮磨损快，需经常修整和更换。

由于以上原因，内圆磨削生产率较低，加工精度不高，一般为 IT8～IT7，粗糙度 R_a 值为 1.6～0.2μm。磨孔一般适用于淬硬工件孔的精加工。磨孔与铰孔、拉孔相比，能校正原孔的轴线偏斜，提高孔的位置精度，但生产率比铰孔、拉孔低，在单件、小批生产中应用较多。

3. 平面磨削

平面磨削一般使用电磁吸盘装夹铁磁材料工件，既操作方便，又能很好地保证基面与加工平面之间的平行度要求。磨削非磁性材料工件时，可先用精密虎钳或精密角铁夹紧工件，然后一同吸牢在电磁吸盘上，或用真空吸盘装夹。普通平面磨削法又分周面磨削和端面磨削两种，如图 10-102 所示。

(1) 周面磨削　简称周磨，是指利用砂轮的圆周面进行磨削的方法 [图 10-102 (a)]。采用周磨时，由于砂轮与工件的接触面和磨削力小，排屑和冷却条件好，磨削热小且工件受热变形小，砂轮磨损均匀，因此磨削精度高，表面质量好。磨削的两平面之间的尺寸精度可达 IT6～IT5，两面的平行度可达 0.03～0.01mm，直线度可达 0.03～0.01 mm/m，表面粗糙度 R_a 值可达 0.8～0.2μm。但由于周磨的砂轮主轴呈悬臂状态，故刚性差，磨削用量不能太大，生产率较低。一般适用于中、小批量生产中磨削精度较高的中小型零件。

(2) 端面磨削　简称端磨，是指利用砂轮的端面进行磨削的方法 [图 10-102 (b)]。采用端磨时，因砂轮轴的刚性好，磨削用量可以增大，并且砂轮与工件的接触面积大，同时参加磨削的磨粒多，所以生产率较高。但由于端磨过程中，磨削力大、发热量大、冷却条件差、排屑不畅，造成工件的热变形较大；而且砂轮端面沿径向各点的线速度不等，导致砂轮的磨损不均匀，故磨削精度较低。一般适用于大批量生产中对支架、箱体及板块状零件的平面进行粗磨以代替铣削和刨削。

4. 磨削的工艺特点

① 能获得很高的加工精度及小的粗糙度值。通常加工精度可达 IT6～IT5，粗糙度 R_a 值可达 0.8～0.1μm。

② 可磨削硬度很高的材料，如淬火钢、硬质合金等。因磨粒具有很高的硬度、脆性和热稳定性，能切下很硬的工件表面层。

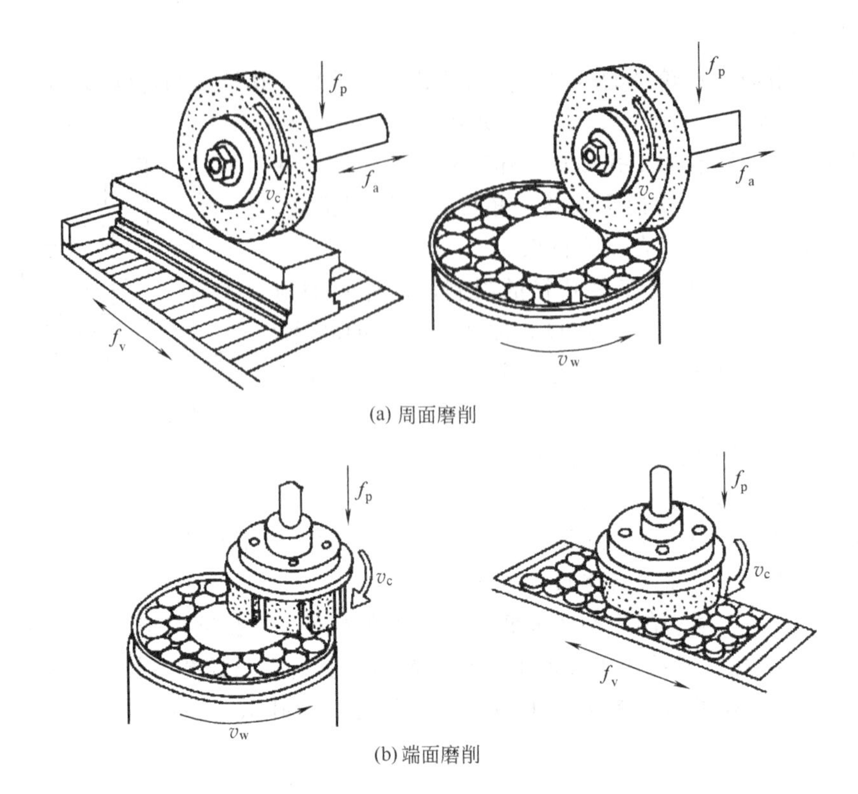

(a) 周面磨削

(b) 端面磨削

图 10-102　普通平面磨削

③ 磨削时，径向分力较大，易使工件产生弯曲变形，磨削后工件呈腰鼓形或锥形。为了消除或减小因变形而产生的加工误差，在精磨时，最后应有几次无横向进给的光磨。

④ 磨削温度高。由于磨削速度高（约为一般切削加工的 10～20 倍），磨粒以高速瞬时在工件表面滑擦、刻划和分离，产生大量的磨削热。而砂轮本身的导热性很差，磨削热不能立刻传散出去，有 70%～80%又传给工件，使磨削区形成的瞬时高温可达 800～1000℃。高温易使工件表面烧伤、退火和产生微裂纹；高温下工件变软而易堵塞砂轮，不仅影响砂轮耐用度，也影响工件表面质量和生产率。因此，磨削中应使用大量的切削液，除了冷却和润滑作用外，还可冲走细碎的磨屑和碎裂脱落的磨粒，防止砂轮堵塞，提高工件表面质量和砂轮耐用度，同时还能消除空气中的砂轮微粉和金属微尘，改善工作条件；还有保护工件表面，防止氧化和生锈的作用，是工序间的防锈措施之一。

⑤ 砂轮在磨削过程中有自锐性。磨削中，已钝化的磨粒继续磨削时，有的磨粒会破碎形成锋利的棱角；有的磨粒会从砂轮上自行脱落，使砂轮表面露出新的锋利磨粒。砂轮的这种功能称自锐性。自锐性可使砂轮在一定的时间内自动保持锋利，继续磨削。但是砂轮自锐的同时也会使砂轮失去微刃等特性和原形状，影响磨削质量；另外砂轮的自锐是无规则的过程，不可能完全自锐。因此砂轮工作一定时间后，应进行修磨。

四、先进磨削技术简介

1. 强力磨削

这是加大磨削深度的一种高效率的磨削方法。能进行大余量的切除，有时可代替车削及铣削加工。一次磨削深度可达 6mm 以上，每小时磨除的磨屑可达 320kg，能在几秒钟内将毛坯直接磨成成品零件。强力磨削特别适用于磨削难加工的硬材料，以及带断续面和阶梯面的工件。强力磨削的磨削力及磨削热都比高速磨削高，因此，强力磨削对机床的要求更高。机床的刚度、电动机的功率、砂轮的强度均要增大很多，砂轮防护罩要特别加固，还要采用高压泵和特殊喷嘴供应大量冷却液。

2. 恒压力磨削

长期以来，磨削加工是砂轮对工件作恒速横向进给运动，因此，不管工件材料的软硬，余量的大小，砂轮的锐钝，其横向进给速度是不变的。这时，实际上是以横向进给速度作为控制磨削过程的主要参数，故称为控制进给速度磨削，或称为恒进给量磨削。这种磨削法对加工质量不利，特别是在自动磨削循环中产生了空程磨削，影响了生产率的提高。为了解决这一问题，发展了恒压力磨削。

恒压力磨削时，砂轮以一定压力压向工件，以实现磨削过程，此力恒定不变，保证了砂轮相对于工件的横向进给运动。这时，实际上是以横向进给力作为控制磨削过程的主要参数，故又称为控制力磨削。

恒压力磨削可减少空磨行程时间，能提高磨削效率。当毛坯尺寸、硬度及砂轮锐钝发生变化时，机床能自动调节横向进给量，以确保规定的精度及表面粗糙度。从机床横向进给机构看，恒压力磨削机床比普通磨床结构简单、零件少、体积小。此外，恒压力磨削机床还有避免砂轮过载的优点，操作比较安全。

3. 宽砂轮磨削

普通外圆磨床砂轮宽度为 50mm，加大砂轮宽度，可成倍地提高生产效率，中国已设计制造出砂轮宽度为 300mm 的 M1532 宽砂轮磨床。

宽砂轮磨削采用横磨法（切入法）。如果备有仿形修整装置，可进行横向成形磨削，一次磨出成形零件。宽砂轮机床常采用恒压力磨削，既能发挥砂轮的效能，又能保障安全。

采用宽砂轮磨削时，对砂轮质量要求较高，砂轮硬度不仅在圆周方向要均匀，而且在轴向也要均匀。否则，砂轮磨损不均匀，将引起加工精度及表面粗糙度的下降。对于磨床来说，要求加大刚度，增大功率。一般电动机功率应为宽度的 1/10 左右，例如，用 250mm 宽的砂轮磨削时，功率约为 25kW 左右。最后，由于磨削宽度的增加，磨削热大增，所以必须供给充分的冷却液和喷雾装置。

4. 多片砂轮磨削

在一台磨床上安装几片甚至十几片砂轮同时磨削零件的各个不同表面，这就是多片砂轮磨削。多片砂轮磨削实质上也是宽砂轮磨削的另一种形式。

多片砂轮磨削能提高生产率，减少磨床数量，并能保证工件有较高的同轴度。多片砂轮磨削对机床的要求与宽砂轮磨削相同。

5. 超高速磨削

(1) 发展　自从 20 世纪初创造人造磨料以来，新型磨料、磨具、磨床不断出现，人们就随之考虑如何提高磨削效率问题。50 年代开始高速磨削技术的开发，60 年代提出高速磨削理论，70 年代磨削速度达到 80m/s，个别场合达到 120m/s。由于受到砂轮强度等限制，长时间没什么提高。从 80 年代末开始，进入 90 年代以来，取得突破性进展。

① 采用合金钢基体圆周上电镀一层 CBN 的砂轮。

② 采用玻璃纤维加强塑料或碳纤维复合树脂做的基体上熔射一层 CBN 的砂轮。

③ 应用磁悬浮主轴轴承。

④ 磨削基础理论作了较深入研究。

⑤ 磨床制造与控制技术水平大大提高。

因此，使实用的磨削速度迅速提高到 150～250m/s，在试验中已达到 400m/s。

1983 年，德国 Bremen 大学首先进行超高速磨削试验。随后 Aachen 工业大学实现了 340m/s 超高速磨削。国外正在试验研究 500～1000 m/s 的超高速磨削技术。日本首先把大于 150m/s 的磨削称为超高速磨削。

总的讲，在超高速磨削方面，德国等欧洲国家领先，日本逐渐后来居上，美国也在追赶。

(2) 具体应用

① 高速快进给深切磨削（高效深磨，HEDG)。HEDG 被认为是现代磨削技术的高峰，其金属磨除率比普通磨削高 100～1000 倍。

② 超高速外圆磨削。它可从毛坯一次磨成零件，省去车削工序，日本在这一领域领先。

③ 硬脆材料的超高速磨削。对于陶瓷、单晶硅、光学玻璃、宝石等硬脆材料，采用高硬度磨料磨具进行超高速磨削是唯一的加工手段。若用普通磨削，单颗磨粒切屑厚，磨屑生成为脆性微细破裂形式完成，磨削表面粗糙，被磨零件疲劳强度降低；而采用超高速磨削、单颗磨粒切屑极薄，磨屑是以塑性变形的方式完成，磨削表面质量大大改善，磨削效率大大提高。

④ 难加工材料的超高速磨削。镍基耐热合金、钛合金等很硬材料和铝、铝合金等很软材料都很难磨削，但在超高速磨削条件下，由于磨屑形成过程极其短暂、材料的应变率已接近塑性变形应力波的传播速度，使难加工材料的磨削加工变得容易了。

第八节　光整加工

光整加工是指精加工后，从工件上不切除或只切除极薄材料层，用以降低工件表面粗糙度值或强化其表面的加工方法。光整加工可分为固结磨料加工和游离磨料加工两大类。

固结磨料加工是指加工时，磨粒或微粉与结合剂黏结在一起，具有一定形状和强度（有时尚需进行烧结)。固结磨料加工对提高形位精度和尺寸精度有较高效率。

游离磨料加工是指加工时，磨粒或微粉呈游离状态，如研磨时的研磨剂、抛光时的抛光液。游离磨料加工的典型方法有研磨和抛光等。近年来，在这些传统工艺的基础上，出现了许多新的工艺方法，如喷射磨料加工、弹性发射加工、磁流体抛光等。

工件通过光整加工后，可获得很高的加工精度（尺寸精度可达 IT6～IT5）和很小的表面粗糙度值（R_a=0.1～0.08μm)。由于光整加工的余量很小，所以在进行光整加工之前，工件应达到足够高的精度和相应的表面粗糙度。

常用的光整加工的方法主要有超精加工、珩磨、研磨和抛光等。

一、超精加工

超精加工又称超精研加工，是采用细粒度的油石在一定的压力和切削速度下作往复运动，对工件表面进行光整加工的方法，属于固结磨粒压力进给加工。超精加工能降低加工表面粗糙度值，特别是镜面加工，比珩磨或高速磨削的效率高。但保证零件的尺寸误差和几何形状误差的作用较差，零件的加工精度主要靠前道工序保证。超精加工的表面几乎不产生变质层，并使工件表面层具有残余压应力，从而提高了零件的接触疲劳强度。

超精加工具有设备简单、操作方便、效果显著、经济性好等优点，可用来加工内燃机曲轴、凸轮轴、活塞、活塞销等零件。能对各种材料，如钢、铸铁、黄铜、磷青铜、铝、陶瓷、玻璃、花岗岩、硅和锗等进行加工，并能加工外圆、平面、内孔、锥面及各种曲面。近年来，超精加工在航空航天、大规模集成电路、精密仪器和精密量具制造中得到越来越广泛的应用。

1. 原理

超精加工的工作原理如图 10-103 所示。

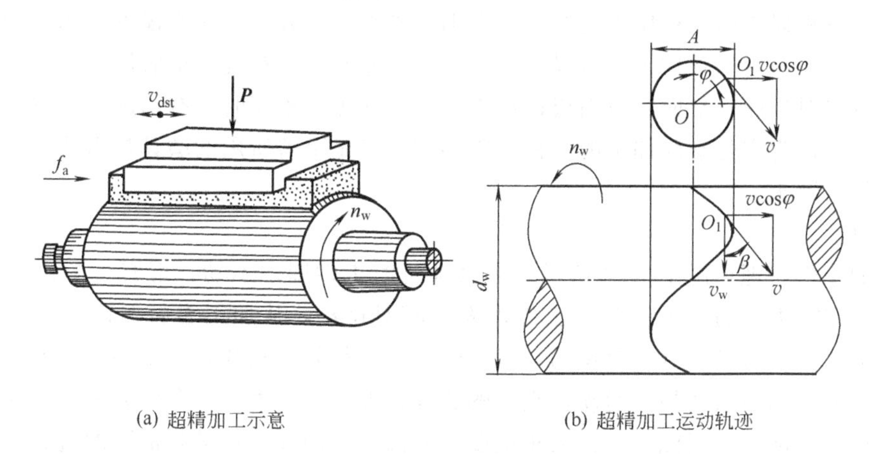

(a) 超精加工示意　　(b) 超精加工运动轨迹

图 10-103　超精加工工作原理

超精加工中有三种运动，即工件低速回转运动 n_w、油石轴向进给运动 f_a 和油石高速往复振动 v_{dst}。这三种运动使磨粒在工件表面上形成不重复的复杂轨迹。如果暂不考虑油石的轴向进给运动，则磨粒在工件表面走过的轨迹是余弦曲线。

油石的往复振动由电动机带动偏心轮产生，图 10-103 中的 O 点为偏心轮转动中心，O_1 为偏心销中心。油石的振幅 A 为偏心距的两倍。油石的振动速度 $v_{dst}=v\cos\varphi$，v 与工件的回转线速度 v_w 构成切削角 β，它是超精加工的重要参数之一。

2. 工艺类型

（1）外圆　主要用于加工较大尺寸的轴颈。

（2）无心外圆　主要用于加工较小尺寸的圆柱体。

（3）多油石　主要用于加工较大尺寸、较重要工件的孔。

（4）单油石　主要用于加工中等尺寸工件的孔。

（5）平面　主要用于加工较小尺寸的端面。

（6）端面　主要用于加工尺寸较大的平面。

其他还有用于加工锥孔表面的单件法和双件法等。

3. 工艺要点

切削液对超精加工的表面质量影响很大，其主要作用是冲洗切屑和脱落的磨粒，并在油石和工件之间形成油膜以便自动控制切割过程。故不仅要求有良好的润滑性能，而且要求油性稳定，无分解腐蚀作用。煤油混合锭子油是最普通、最常用的冷却润滑液。混合比例（质量分数）按加工材料而定，具体如下。

非淬硬钢　70％煤油，30％锭子油

淬 硬 钢　85％煤油，15％锭子油

铸　　铁　90%煤油，10%锭子油

有色金属　80%煤油，20%锭子油

在使用时应有循环系统，并使之不断过滤净化。尽可能采用磁性过滤和渗透过滤两级过滤的方法。

一般超精加工的加工余量小于 8μm（单边）。

二、珩磨

珩磨是一种以固结磨粒压力进给进行切削的光整加工方法，它不仅可以降低加工表面的粗糙度，而且在一定的条件下还可以提高工件的尺寸及形状精度。珩磨加工主要用于内孔表面，但也可以对外圆、平面、球面或齿形表面进行加工。珩磨时，有切削、摩擦、压光金属的过程。可以认为它是磨削加工的一种特殊形式，只是珩磨所用的磨具是由几根粒度很细的油石组成的珩磨头。

1. 原理

珩磨的工作原理如图 10-104 所示，珩磨加工时工件固定不动，珩磨头与机床主轴浮动连接，在一定压力下通过珩磨头与工件表面的相对运动，从加工表面上切除一层极薄的金属。珩磨加工时，珩磨头有三个运动，即旋转运动、往复运动和垂直于加工表面的径向加压运动。前两种运动是珩磨的主运动，它们的合成使油石上的磨粒在孔的表面上的切削轨迹呈交叉而不重复的网纹，因此易获得低粗糙度的表面。径向加压运动是油石的进给运动，加压力越大，进给量越大。

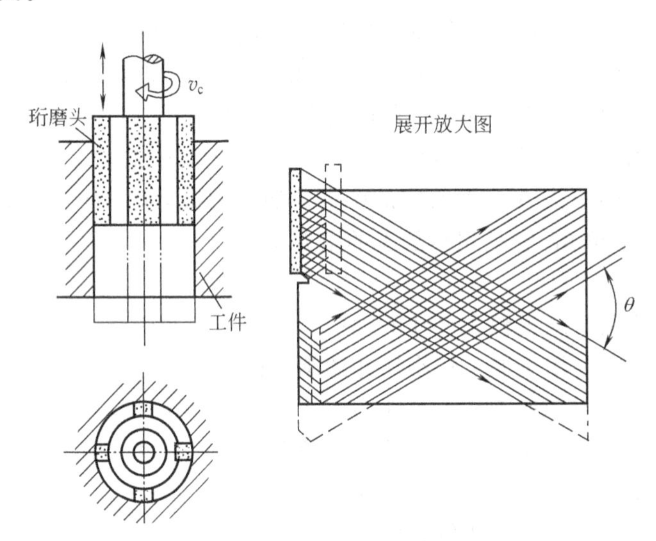

图 10-104　珩磨工作原理

2. 珩磨头

珩磨头一端连接机床主轴接头，杆部镶嵌或连接珩磨油石。在加工过程中，珩磨头的杆部与珩磨油石进入工件的被加工孔内，并承受切削转矩；在机床进给机构的作用下，驱动珩磨油石作径向扩张，实现珩磨的切削进给，使工件孔获得所需的尺寸精度、形状精度和表面粗糙度。

珩磨头的结构形式及其合理性对加工质量和生产率有很大影响。由于珩磨的零件孔大小不同，深浅不一，所以珩磨头的结构形状也都不一样，但无论对哪一种珩磨头，都必须具备以下几个基本条件。

① 珩磨头上的油石对加工零件表面的压力能自由调整，并能保持在一定范围内。

② 珩磨过程中，油石在轴的半径方向上可以自由均匀地胀缩，并具有一定刚度。

③ 珩磨过程中，零件孔的尺寸在达到要求后，珩磨头上的油石能迅速缩回，以便于珩磨头从孔内退出。

④ 油石工作时无冲击、位移和歪斜。

珩磨头磨条分手动胀开、液压（或气压）自动胀开两种。图 10-105 所示为手动珩磨头，珩磨头与机床主轴一般采用浮动连接，可使磨条与孔壁接触均匀，有利于提高形状精度。磨条用黏结剂或机械方法与垫块固定，装在珩磨头本体的轴向等分槽中，上下两端用弹簧卡箍卡住，使磨条有向内收缩的趋势。转动螺母使锥体下移，经顶销推动垫块和磨条沿径向胀开，珩磨头直径增大。若反方向转动螺母，压力弹簧使锥体上移，弹簧卡箍迫使珩磨头直径缩小。与自动珩磨头相比，手动珩磨头调整费时，压力准确性差，生产率低，只能适用于单件小批生产。

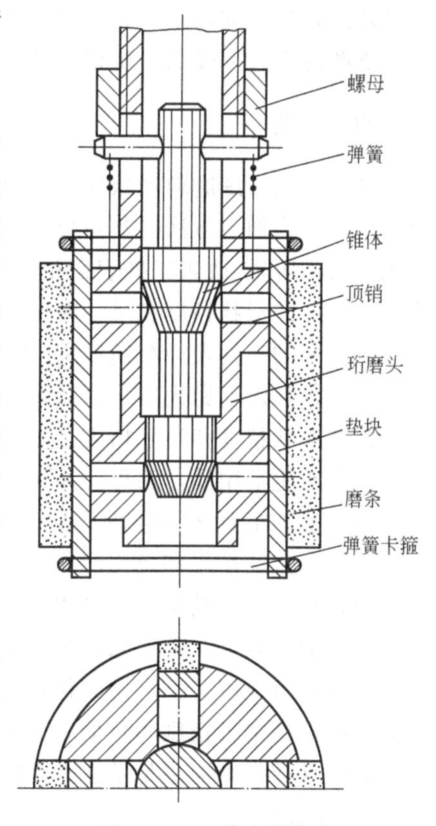

图 10-105　手动珩磨头

3. 工艺要点

珩磨时应使用充足的切削液。珩磨铸铁和钢时，使用煤油或煤油加少量机油作切削液，珩磨青铜时可用水作切削液。珩磨余量一般为 0.01～0.2mm。

珩磨主要用于孔的光整加工，如发动机的汽缸、缸套、连杆孔、液压缸等。珩磨后，孔的加工精度可达 IT6～IT5，表面粗糙度 R_a 值可达 0.2～0.025μm，圆度和圆柱度误差约在 0.005mm 以下。珩磨不能提高孔的位置精度，而且不能珩磨塑性较大的有色金属。

三、研磨

研磨是指在相对运动的研具与工件表面之间涂洒研磨剂，并施加一定压力，对加工面进行光整加工的方法。研具是用比工件还软的材料做成的，这样有利于使部分磨料在研磨时嵌入研具表面，从而对工件表面进行擦削。常用的研具材料有铸铁和青铜。研磨剂由磨料加研磨液调和而成。磨料常用刚玉和碳化硅，其粒度粗研为 240～W20；精研为 W20 或更细。研磨液有煤油、汽油、机油、工业用甘油等，还可加入适量的氧化剂如油酸、硬脂酸等。

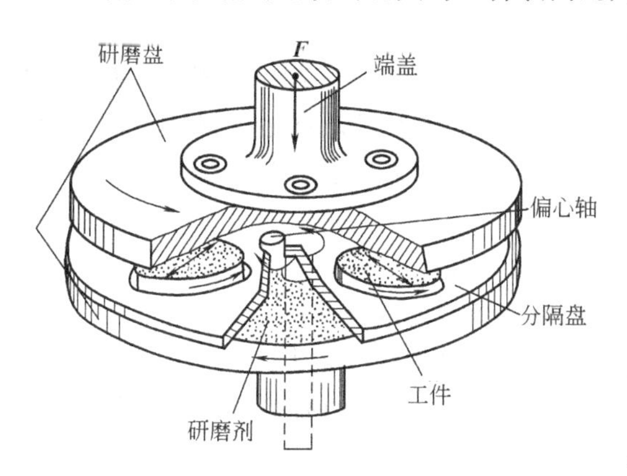

图 10-106　研磨机

研磨有手工研磨和机器研磨两类。手工研磨是手持研具或工件，在车床或专用机床上研磨。机器研磨是在研磨机上进行。图

10-106所示为研磨小尺寸平面用的研磨机。工件置于两块作相反方向转动的上下研磨盘之间，上研磨盘的转速比下研磨盘的转速大。工件摆放在分隔盘的槽内。工作时，分隔盘被偏心轴带动旋转，使得工件一方面在槽内自由转动，同时也作轴向滑动，工件表面形成复杂的运动轨迹，保证均匀地磨去余量，获得很高的加工精度和很小的表面粗糙度值。

研磨的生产率较低，所以研磨余量一般不超过0.03mm，常用做精密零件的最终加工。

四、抛光

抛光是用微细磨粒和软质工具对工件表面进行加工，是一种简便、迅速、廉价的零件表面的最终光饰加工方法。其主要目的是去除前工序的加工痕迹（刀痕、磨纹、划印、麻点、毛刺、尖棱等），改善工件表面粗糙度，或使零件获得光滑、光亮的表面。这种方法一般不能提高工件的形状精度和尺寸精度。通常用于电镀或油漆的衬底面、上光面和凹表面的光整加工，抛光的工件表面粗糙度 R_a 值可达 0.4μm。随着技术的发展，又出现了一些新的抛光加工方法，如浮动抛光、水合抛光等，这些方法不仅能降低表面粗糙度，改善表面质量，而且能提高形状精度和尺寸精度。抛光应用广泛，从金属材料到非金属材料制品，从精密机电产品到日常生活用品，均可使用抛光加工提高表面质量。

抛光的加工要素与研磨基本相同。它们的不同之处是抛光时所用的抛光器一般是软质的，其塑性流动作用和微切削作用较强，加工效果主要是降低表面粗糙度；研磨时所用的研具一般是硬质的，其微切削作用、挤压塑性变形作用较强，在精度和表面粗糙度两个方面都强调要有加工效果。近年来，出现了用橡胶、塑料等制成的抛光器或研具，它们是半硬半软的，既有研磨作用，又有抛光作用，因此，是研磨和抛光的复合加工，可以称之为研抛。这种方法能提高加工精度和降低表面粗糙度，而且有很高的效率。由于考虑到这一类加工方法所用的研具或抛光器总是带有柔性的，故都归于抛光加工一类。

1. 抛光轮

（1）固定磨料抛光轮　抛光轮用棉布、帆布、毛毡、皮革、软木、纸或麻等材料，经缝合、夹固或胶合而成。经修整平衡后，在其切片层间和外圆周边交替涂敷一定的胶质黏结剂（如环氧树脂等）和一定粒度、硬度的磨粒（如金刚砂等），达到规定的直径尺寸、厚度和质量要求，并保证一定的刚性和柔软性。

（2）黏附磨粒抛光轮　采用对抛光剂有良好浸润性的材料，以保证抛光轮黏附磨粒的性能。帆布胶压抛光轮刚性好，切除力强，但仿形性差；棉布抛光轮整体缝合的柔软性好，但抛光效率低。抛光轮的“刚性”还与其质量和转速有关。

（3）液中抛光轮　大多采用脱脂木材和细毛毡制造。脱脂木材如红松、椴木具有木质松软、组织均匀、微观形状为蜂窝状，浸含抛光液多，且有易于“壳膜化”的优点，可用于粗、精抛光。细毛毡抛光轮材质松软、组织均匀，且空隙大，浸含抛光液的能力比脱脂木材大，主要用于精抛机进行装饰抛光。

2. 抛光剂

抛光剂由粉粒状的软磨料、油脂及其他适当成分介质均匀混合而成。

抛光剂在常温下可分为固体和液体两种，其中固体抛光剂用得较多。

在固体抛光剂中使用最普遍的是熔融氧化铝，它和抛光轮间的胶接牢靠；碳化硅则较差，使用受到一定限制。

液中抛光用的抛光液，一般采用由氧化铝和乳化液混合而成的液体。氧化铝要严格经

5～10 层细纱布过滤，过滤后的磨粒粒度相当于 W5～W0.5。抛光液应保持清洁，若含有杂质或氧化铝和乳化液混合不均匀，会使抛光表面产生“橘皮”、“小白点”、“划圈”等缺陷，此外还须注意工作环境的清洁。从粗抛过渡到精抛，要逐渐减少氧化铝在抛光液中的比例，精抛时氧化铝所占比例极小。

3. 工艺参数

抛光的工艺参数主要是速度和压力两方面，可以查有关工艺手册。抛光直线进给速度一般为 3～12m/min。抛光压力与抛光轮的刚性有关，最大不超过 1kPa，如果过大会引起抛光轮的变形。一般在抛光 10s 后，可将加工表面粗糙程度减小到原来的 1/10～1/3，减小程度随磨粒的种类而异。

第九节　数控加工

数控加工是用数字化信号对机床运动及其加工过程进行控制的一种现代化的机械加工方法。该方法可以使机床具有较大的柔性，适合于形状复杂的各批量零件的加工。

一、数控机床的特点

与其他机床相比，数控机床具有以下特点。

① 自动化程度高　除了准备过程需要人工参与以外，全部加工过程都由机床自动完成，减轻了劳动强度，改善了劳动条件。

② 加工精度高　尺寸精度一般在 0.005～0.1mm，不受工件形状复杂程度的影响。

③ 加工稳定性好　自动化操作消除了操作人员的技术水平、工作状态等主观因素对加工质量的影响，无论在任何时间或地点，都能够保证在同样的条件下以同样的数控加工程序加工出一致性的零件。

④ 生产效率高　加工过程中省去了划线、多次装夹定位、检测等工序，有效地提高了生产率。

⑤ 生产准备周期短　数控加工过程一般采用通用的工装夹具，省去了专用工夹具、样板和标准样件的制作，节省了大量的准备时间。

⑥ 便于实现网络化制造　利用数控机床的数字化特性，很容易和 CAD/CAM 系统结合起来实现设计制造过程一体化，实现由计算机对多台机床的直接控制，建立制造过程的网络化管理。

二、数控机床的分类

数控机床种类很多，分类方法不一。

① 根据传统金属切削机床的类型，数控机床可分为数控车床、铣床等十六大类。

② 按数控机床的加工能力及控制系统的功能，数控机床可分为点位控制、点位直线控制和轮廓控制三类。

点位控制数控机床在加工平面内只控制刀具相对于工件的定位点的坐标位置，而对定位移动的轨迹不做要求。移动过程中，刀具不进行切削。

点位直线控制数控机床能控制刀具或工件的进给速度，沿平行于坐标轴的方向进行直线移动和加工，或者控制两个坐标轴以同样的速度运动，沿 45°斜线进行切削加工。移动部件在移动过程中刀具进行切削。

轮廓控制数控机床又称连续控制或多轴联动数控机床，它有几个进给坐标轴，数控装置能够同时控制2～5个坐标轴，使刀具和工件按平面直线、曲线或空间曲面轮廓的规律进行相对运动，加工出形状复杂的零件。

轮廓控制数控机床与点位或直线控制数控机床的主要区别在于它能够进行多轴联动的运算和控制，并有刀具长度和半径补偿功能。具有轮廓控制功能的数控机床，一般也能进行点位和直线控制。图10-107所示为三种控制方式的图解。

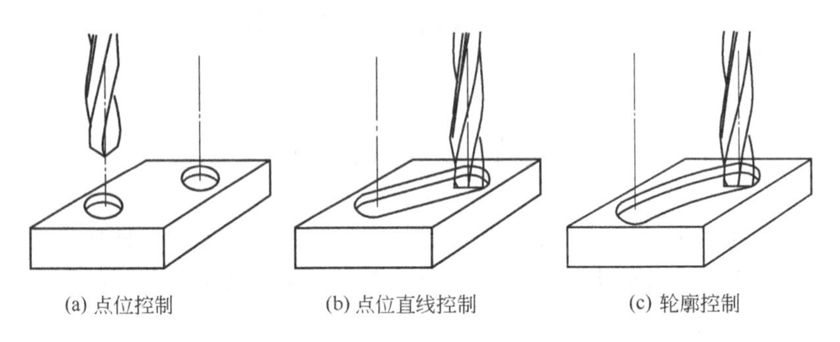

(a) 点位控制　(b) 点位直线控制　(c) 轮廓控制

图10-107　数控的种类

③ 按数控机床的工艺用途，数控机床可分为普通数控机床和加工中心两大类。

普通数控机床一般指在加工工艺过程中的一个工序上实现数字控制的自动化机床，如数控铣床、数控车床、数控钻床、数控磨床等。普通数控机床在自动化程度上还不够完善，刀具的更换与零件的装夹仍需人工来完成。现实生产中使用的数控机床以数控车床和数控铣床最为普遍。图10-108（a）所示为数控车床，图10-108（b）所示为数控铣床。

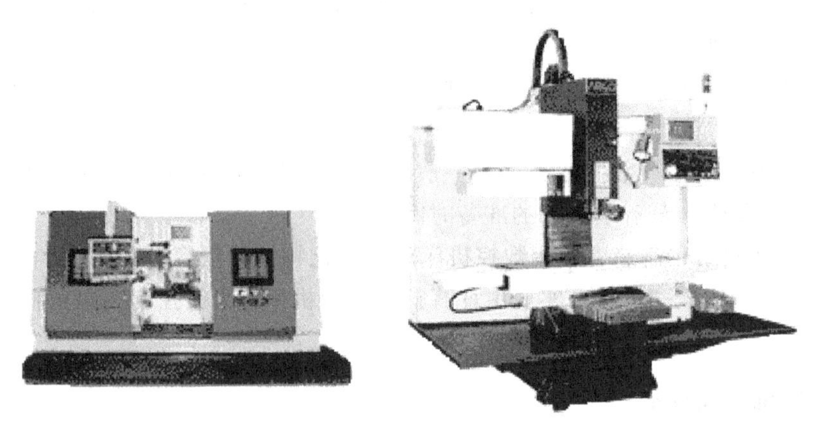

(a) 卧式数控车床　(b) 立式数控铣床

图10-108　数控车床与数控铣床

加工中心是带有刀库和自动换刀装置的数控机床。它将数控铣床、数控镗床、数控钻床的功能组合在一起，零件在一次装夹后，可以将其大部分加工表面进行铣、镗、钻、扩、铰及攻螺纹等多工序加工。加工中心的类型很多，一般分为立式、卧式和车削等，图10-109所示为立式加工中心。由于加工中心能够有效地避免因多次安装造成的定位误差，所以它适用于产品更换频繁、零件形状复杂、精度要求高、生产批量不大而且生产周期短的产品。

三、数控机床的结构与工作原理

图 10-109　立式加工中心

数控加工的过程，其实就是数控机床对信息进行处理的过程。图 10-110 所示为数控机床信息处理的过程及相应的硬件结构。每一条位移信息一般都是沿着图示的路线，最终反映在工件上面的。沿着这条路线，就可以很清晰地展示一台数控机床的基本结构与工作原理。

1. 输入装置

输入装置由输入层和存储层组成。输入层包括输入介质和读入控制器，完成获取加工原始信息的任务。存储层用来存放输入信息。工件程序、刀具数据和刀具校正存入随机存取存储器（RAM），带有可编程控制器的程序数据也存放在可编程只读存储器（PROM）中。机床调整数据则可存在 RAM 或可改写只读存储器（EAROM）中。

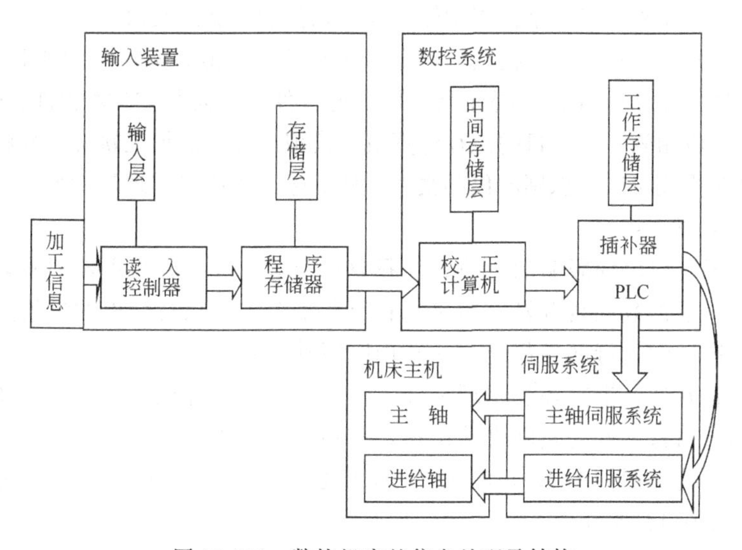

图 10-110　数控机床的信息处理及结构

数控机床信息输入方式有手动输入和自动输入两种。相应的手动输入介质有键盘、波段开关、插销板等；自动输入介质有穿孔纸带、穿孔卡片、磁带、磁盘等。DNC 也可以直接从主机的存储器输入。

2. 数控系统

数控装置是数控机床的核心，它接受输入装置送来的信息，经过数控装置的系统软件或逻辑电路进行编译、运算和逻辑处理后输出各种信号和指令控制机床的各个部分，进行规定的、有序的动作。这些控制信号中最基本的信号是经插补运算决定的各坐标轴（即作进给运动的各执行部件）的进给速度、进给方向和位移量指令，送伺服驱动系统驱动执行部件作进给运动。其他还有主运动部件的变速、换向和启停信号；选择和交换刀具的刀具指令信号；控制冷却、润滑的启停，工件和机床部件松开、夹紧，分度工作台转位等辅助指令信号等。

机床的数控系统，历史上先后出现了硬连接数控系统（NC）和软连接数控系统

(CNC)。硬连接系统是采用专用计算机组成的数控系统，其功能都按照固定逻辑制作在印制电路板上，如果增加或改进其功能，则需要重新制作印刷电路板。这是20世纪70年代前的主要产品，目前已基本淘汰。CNC系统是采用通用计算机或微型计算机加上必要的接口电路组成的数控系统，其优点是容易实现新的功能。当要求增加或改进其功能时，不需要更换硬件，而只需对系统软件进行修改便能实现。CNC系统的硬件是由微型机、外部设备、位置控制和位置检测、输入、输出接口和操作面板等组成，如图10-111所示。

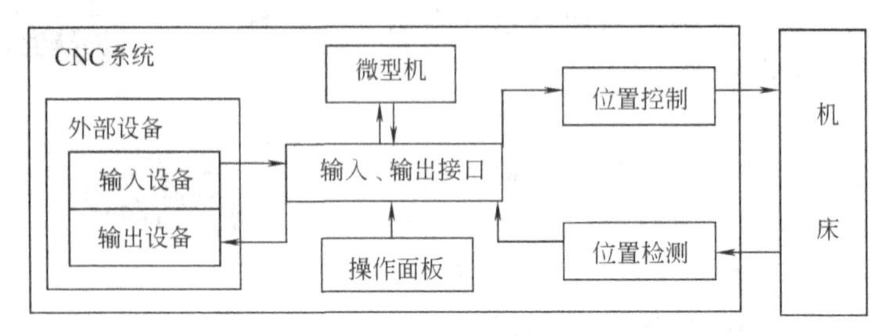

图10-111　CNC系统的硬件组成

CNC系统的软件是根据机床零件加工的实际需要而编写的控制程序。每种数控机床都配有相应的控制程序，用来完成各个控制功能。系统软件的编制涉及对生产工艺、设备、控制规律的深入理解。首先，要建立数学模型，确定算法和控制功能，然后编制成相应的控制程序，固化在只读存储器（ROM）中。值得注意的是系统软件并不是指CAM软件。CAM软件原则上是独立于机床的应用软件，其目的是在计算机上模拟出零件的加工轨迹，并将这些信息通过相应的后置处理转换成机床可识别的代码文件，然后输入机床以实现零件加工。

3. 伺服驱动系统

伺服驱动系统主要由伺服驱动电路和伺服驱动装置组成，分为主轴伺服驱动系统和进给伺服驱动系统。它根据数控装置发来的速度和位移指令控制执行部件的进给速度、方向和位移。每个作进给运动的执行部件都配有一套伺服驱动系统。进给伺服驱动系统根据对实际进给的反馈情况，有开环、半闭环和闭环之分。在半闭环和闭环伺服系统中，还有位置检测装置间接或直接测量执行部件的实际进给位移，与指令位移进行比较，以控制执行部件的进给运动。开环控制系统框图如图10-112所示；闭环控制系统框图如图10-113所示；半闭环控制系统框图如图10-114所示。

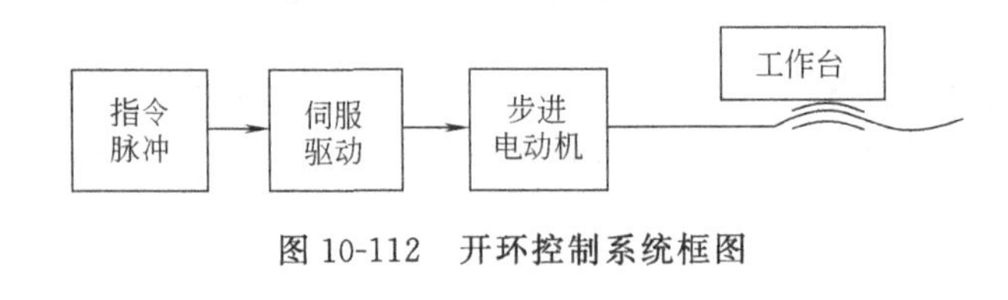

图10-112　开环控制系统框图

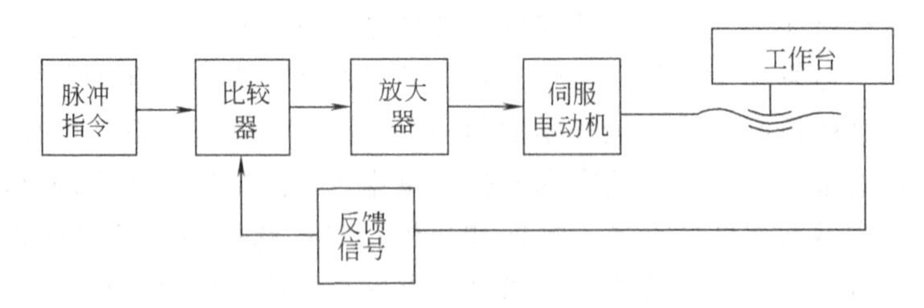

图10-113　闭环控制系统框图

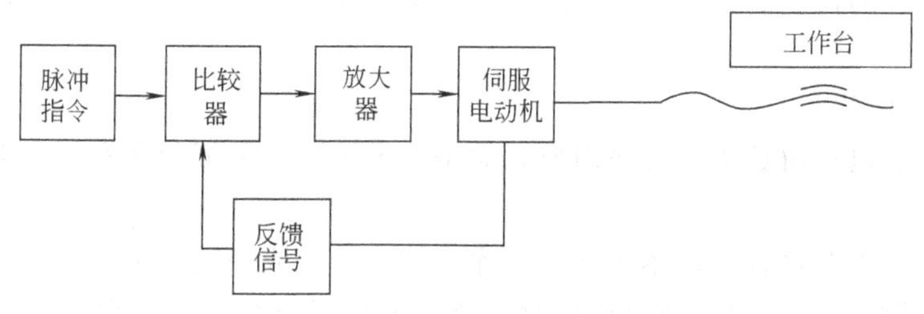

图 10-114 半闭环控制系统框图

4. 机床主机

数控机床主机应具有大功率、高速度、高精度、高效率、高自动化和高可靠性。与普通机床相比较数控机床的机械结构具有高刚度和高抗振性，机床热变形小，高效率、无间隙、低摩擦传动，简化的机械传动结构等特点。由于数控机床的数控系统具有多轴联控能力，加之伺服驱动系统的良好的调速性能，使得原本复杂的机械传动链被数字控制系统取代而变得相对简单，并在床身、导轨及主轴的结构中通过特别设计来满足要求。

第十节 工艺规程设计

机械加工的工艺规程是规定机器零部件机械加工工艺过程和操作方法等的工艺文件。生产工艺水平的高低及解决各种工艺问题的方法和手段都要通过机械加工工艺规程来体现。因此，机械加工的工艺规程设计是一项重要的工作，它要求设计者必须具备丰富的生产实践经验和扎实的机械制造工艺基础理论知识。

一、基本概念

1. 生产过程与工艺过程

(1) 生产过程　将原材料或半成品转变成为成品的各有关劳动过程的总和。一般机械产品的生产过程主要包括以下内容。

① 生产技术的准备过程　这个过程主要是完成机械产品投入生产前的各项生产和技术准备工作。如机械产品的试验研究和设计、工艺设计和专用工艺装备的设计与制造，各种生产资料的准备以及生产组织等方面的准备工作。

② 毛坯的制造过程　如铸造、锻造和冲压等。

③ 零件的各种加工过程　如机械加工、焊接、热处理和其他表面处理等。

④ 各种生产服务活动　如生产中原材料、半成品、标准件、外购件和工具的准备、供应、运输、保管，以及产品的包装和发运等。

由上述过程可以看出，机械产品的生产过程是相当复杂的。为了便于组织生产和提高劳动生产率，现代机械工业的发展趋势是自动化、专业化生产。这样各工厂的生产过程就变得比较简单，有利于保证质量、提高效率和降低成本。如机械零件毛坯的生产，由专业化的毛坯生产工厂来承担。

(2) 工艺过程　在机械产品的生产过程中，那些与把原材料变为成品直接有关的过程，如毛坯的制造、机械加工、热处理和装配等过程，称为工艺过程。用机械加工的方法，直接改变毛坯的形状、尺寸和表面质量，使之成为产品零件的工艺过程，称为零件的机械加工工艺过程。确定合理的机械加工工艺过程后，以文字形式形成施工的技术文件，即为机械加工工艺规程。

2. 工艺过程的组成

机械加工工艺过程由若干个工序组成，而每一个工序又可细分为安装、工位、工步和走刀等。

(1) 工序　是工艺过程的基本单元。工序是指一个（或一组）工人，在一个固定的工作地点（如机床或钳工台），对一个（或同时几个）工件所连续完成的那部分工艺过程。划分工序的主要依据是零件在加工过程中工作地点（或机床）是否变更。零件加工的工作地点变更后，即构成另一个工序。

(2) 工步与走刀　在一个工序内，往往需要采用不同的刀具和切削用量，对不同的表面进行加工。为了便于分析和描述工序的内容，工序还可进一步划分为工步。当加工表面、切削工具和切削用量中的转速与进给量均不变时，所完成的那部分工序称为工步。

在一个工步内由于被加工表面需切除的金属层较厚，需要分几次切削，此时每进行一次切削就是一次走刀。走刀是工步的一部分，一个工步可包括一次或几次走刀。

(3) 安装与工位　工件在加工之前，在机床或夹具上先占据一个正确的位置，这就是定位。定位后对工件进行夹紧的过程称为安装，安装要使工件在加工过程中保持定位时的正确位置不变。在一个工序内，工件的加工可能只需安装一次，也可能需要安装几次。工件在加工过程中应尽量减少安装次数。因为多一次安装就多一次误差，而且还增加了安装工件的辅助时间。为了减少工件安装的次数，常采用各种回转工作台、回转夹具或移位夹具，使工件在一次安装中先后处于几个不同的位置进行加工。此时，工件在机床上占据的每一个加工位置都称为一个工位。

二、工艺规程的编制

1. 作用与内容

工艺规程是记述由毛坯加工成为零件的过程的一种工艺文件，它简要地规定了零件的加工顺序，选用的机床、工具、工序的技术要求及必要的操作方法等。因此，工艺规程具有指导生产和组织工艺准备的作用，是生产中必不可少的技术文件。

工艺规程的形式很多，随各企业的生产条件、组织形式和机械的加工批量不同而不同。

机械的工艺规程可以分为零件的机械加工工艺、检验工艺、装配工艺规程等，但主要以零件的机械加工工艺规程为主，其他工艺规程则按需要而定。

2. 制定原则

制定工艺规程的原则是在一定的生产条件下，要使所编制的工艺规程能以最少的劳动量和最低的费用，可靠地加工出符合图样及技术要求的零件。工艺规程首先要保证产品的质量，同时要争取最好的经济效益。在制定工艺规程时，要注意以下三个方面。

(1) 技术上的先进性　在制定工艺规程时，要了解国内外本行业工艺技术的发展。通过必要的工艺试验，优先采用先进工艺和工艺装备，同时还要充分利用现有的生产条件。

(2) 经济上的合理性　在一定的生产条件下，可能会出现几个保证工件技术要求的工艺方案。此时应全面考虑，通过核算或评比选择经济上最合理的方案，使产品的能源、物资消耗和成本最低。

(3) 有良好的劳动条件　制定工艺规程时，要注意保证工人具有良好、安全的劳动条件，通过机械化、自动化等途径，把工人从笨重的体力劳动中解放出来。

制定工艺规程时，工艺人员必须认真研究原始资料，如产品图样、生产纲领、毛坯资料及生产条件的状况等，然后参照同行业工艺技术的发展，综合本部门的生产实践经验，进行工艺文件的编制。

3. 制定步骤

编制工艺规程，一般可按以下步骤进行。

① 零件图的研究与工艺审查。

② 确定生产类型。

③ 确定毛坯的种类和尺寸。

④ 选择定位基准和主要表面的加工方法。

⑤ 确定工序尺寸、公差及其技术要求；拟定零件的加工工艺路线。

⑥ 确定机床、工艺装备、切削用量及时间定额。

⑦ 填写工艺文件。

4. 格式与应用

将工艺规程的内容填入一定格式的卡片，即为生产准备和施工依据的技术文件，称为工艺文件。各企业的机械加工工艺规程表格不尽一致，但是其基本内容是相同的。常见的工艺文件有以下几种。

(1) 工艺过程综合卡片（表 10-8） 这种卡片主要列出了整个零件加工所经过的工艺路线（包括毛坯、机械加工和热处理等），它是制定其他工艺文件的基础，也是进行生产技术准备、编制作业计划和组织生产的依据。在单件小批量生产中，一般简单零件只编制工艺过程综合卡片作为工艺指导文件。

(2) 工艺卡片（表 10-9） 这种卡片是以工序为单位，详细说明整个工艺过程的工艺文件。它不仅标出工序顺序、工序内容，同时对主要工序还表示出工步内容、工位及必要的加工简图或加工说明。此外，还包括零件的工艺特性（材料、质量、加工表面及其精度和表面粗糙度要求等）、毛坯性质和生产纲领。在成批生产中广泛采用这种卡片，对单件小批量生产中的某些重要零件也要制定工艺卡片。

(3) 工序卡片（表 10-10） 这种卡片是在工艺卡片的基础上分别为每一个工序制定的，是用来具体指导工人进行操作的一种工艺文件。工序卡片中详细记载了该工序加工所必需的工艺资料，如定位基准、安装方法、所用机床和工艺装备、工序尺寸及公差、切削用量及工时定额等。在大批量生产中广泛采用这种卡片。在中、小批量生产中，对个别重要工序有时也编制工序卡片。

三、零件（产品图纸）的工艺分析

零件图是制定工艺规程最主要的原始资料。在制定工艺时，必须首先对其加以认真分析。为了更深刻地理解零件结构上的特征和主要技术要求，通常还要研究总装图、部件装配图及验收标准，从中了解零件的功用和相关零件的配件，以及主要技术要求制定的依据等。

1. 结构分析

由于使用要求不同，零件具有各种形状和尺寸。但是，如果从外形上加以分析，各种零件都是由一些基本的表面和异形表面组成的。基本表面有内、外圆柱表面、圆锥表面和平面等，异形表面主要有螺旋面、渐开线齿形表面及其他一些成形表面等。

表 10-8　机械加工工艺过程综合卡片

厂名				产品型号		零(部)件图号		共　页	
				产品名称		零(部)件名称		第　页	
材料牌号		毛坯种类		毛坯外形尺寸		每毛坯件数		每台件数	备注
工序号	工序名称	工序内容	车间	工段	设备	工艺装备		工时 准终	工时 单件

										编制(日期)	审核(日期)	会签(日期)
标记	处记	更改文件号	签字	日期	标记	处记	更改文件号	签字	日期			

表 10-9　机械加工工艺卡片

厂名						产品型号		零(部)件图号			共　页	
						产品名称		零(部)件名称			第　页	
材料牌号		毛坯种类		毛坯外形尺寸		每毛坯件数		每台件数			备注	
工序	装夹	工步	工序内容	同时加工零件数	切削用量				设备名称及编号	工艺装备名称及编号	技术等级	工时定额
					背吃刀量/mm	切削速度/$m \cdot min^{-1}$	每分钟转数或往复次数	进给量/mm		夹具 刀具 量具		准终 单件

										编制(日期)	审核(日期)	会签(日期)
标记	处记	更改文件号	签字	日期	标记	处记	更改文件号	签字	日期			

表 10-10　机械加工工序卡片

厂名		产品型号		零(部)件图号		共　页
		产品名称		零(部)件名称		共　页

材料牌号		毛坯种类		毛坯外形尺寸		每毛坯件数		每台件数		备注	

车间	工序号	工序名称	材料牌号	
毛坯种类	毛坯外形尺寸	每坯件数	每台件数	
设备名称	设备型号	设备编号	同时加工件数	
夹具编号	夹具名称		切削液	
			工序工时	
			准终	单件

工步号	工步内容	工艺装备	主轴转速 /r·min⁻¹	切削速度 /m·min⁻¹	进给量 /mm·r⁻¹	背吃刀量 /mm	进给次数	工时定额	
								机动	辅助

										编制(日期)	审核(日期)	会签(日期)		
标记	处记	更改文件号	签字	日期	标记	处记	更改文件号	签字	日期					

在研究具体零件的结构特点时，首先要分析该零件是由哪些表面组成的，因为表面形状是选择加工方法的基本因素。例如，外圆表面一般由车削和磨削加工出来，内孔则多通过钻、扩、铰、镗和磨削等加工方法获得。除表面形状外，表面尺寸对工艺也有重要的影响。以内孔为例，大孔与小孔、深孔与浅孔在工艺上均有不同的特点。

在分析零件的结构时，不仅要注意零件各个构成表面本身的特征，还要注意这些表面的不同组合。正是这些不同的组合才形成零件结构上的特点。例如，以内、外圆为主的表面，既可组成盘、环类零件，也可构成套筒类零件。而套筒类零件，既可是一般的轴套，也可以是形状复杂的薄壁套筒。上述不同结构的零件在工艺上往往有着较大的差异，在机械制造中，通常按照零件结构和加工工艺过程的相似性，将各种零件大致分为轴类零件、套类零件、板类零件和腔类零件等。

2. 技术要求分析

零件的技术要求包括主要加工表面的尺寸精度，主要加工表面的形状精度，主要加工表面之间的相互位置精度，各加工表面的粗糙度以及表面质量方面的其他要求，热处理要求及其他要求。

根据零件结构的特点，在认真分析了零件主要表面的技术要求之后，对零件的加工工艺即有了初步的认识。

首先，根据零件主要表面的精度和表面质量的要求，初步确定为达到这些要求所需的最终加工方法，然后再确定相应的中间工序及粗加工工序所需的加工方法。例如，对于孔径不大的 IT7 级精度的内孔，最终加工采用精铰时，则精铰孔之前通常要经过钻孔、扩孔和粗铰孔等加工。

其次，要分析加工表面之间的相对位置要求，包括表面之间的尺寸联系和相对位置精度。认真分析零件图上尺寸的标注及主要表面的位置精度，即可初步确定各加工表面的加工顺序。

零件的热处理要求影响加工方法和加工余量的选择，对零件加工工艺路线的安排也有一定的影响。例如，要求渗碳淬火的零件，热处理后一般变形较大。对于零件上精度要求较高的表面，工艺上要安排精加工工序（多为磨削加工），而且要适当加大精加工的工序加工余量。

在研究零件图时，如发现图样上的视图、尺寸标注、技术要求有错误或遗漏，或零件的结构工艺性不好时，应提出修改意见。但修改时必须征得设计人员的同意，并经过一定的批准手续。必要时，应与设计者协商进行改进分析，以确保在保证产品质量的前提下，更容易将零件制造出来。

四、毛坯设计

零件毛坯的设计是否合理，对于零件加工的工艺性以及质量和寿命都有很大的影响。在毛坯的设计中，首先考虑的是毛坯的形式，在决定毛坯形式时主要考虑材料的类别和零件的几何形状特征及尺寸关系两方面因素。

通常零件的毛坯形式主要分为原型材、锻件、铸件和半成品件四种。下面详细介绍原型材和锻件。

1. 原型材

原型材是指利用冶金材料厂提供的各种截面的棒料、丝料、板料或其他形状截面的型材，经过下料以后直接送往加工车间进行表面加工的毛坯。

2. 锻件

经原型材下料，再通过锻造获得合理的几何形状和尺寸的零件坯料，称为锻件毛坯。

(1) 锻造的目的　零件毛坯的材质状态如何，对于加工的质量和寿命都有较大的影响。通过锻造，打碎共晶网状碳化物，并使碳化物分布均匀，晶粒组织细化，能充分发挥材料的力学性能，提高零件的加工工艺性和使用寿命。

(2) 加工余量　如果锻件机械加工的加工余量过大，不仅浪费了材料，同时造成机械加工工作量过大，增加了机械加工工时；如果锻件的加工余量过小，锻造过程中产生的锻造夹层、表层裂纹、氧化层、脱碳层和锻造不平现象不能消除，无法得到合格的零件。

(3) 下料尺寸的确定　合理地选择圆棒料的尺寸规格和下料方式，对于保证锻件质量和方便锻造操作都有直接的关系。锻件毛坯下料尺寸的确定方法如下。

① 计算锻件坯料的体积 $V_{坯}$

$$V_{坯}=V_{锻}K$$

式中　$V_{锻}$——锻件的体积；

K——损耗系数，$K=1.05\sim1.10$。

锻件在锻造过程中的总损耗量包括烧损量、切头损耗、心料损耗三部分。为了计算方便，总损耗量可按锻件质量的5%～10%选取。在加热1～2次锻成，基本无鼓形和切头时，总损耗取5%；在加热次数较多并有一定鼓形时，总损耗取10%。

② 计算锻件坯料的尺寸　理论圆棒料直径 $D_{理}$ 为

$$D_{理}=\sqrt[3]{0.637V_{坯}}$$

圆棒料的直径按现有棒料的直径规格选取，当 $D_{理}$ 接近实际规格时，$D_{实}\approx D_{理}$。圆棒料的长度 $L_{实}$ 应根据锻件毛坯的质量和选定的坯料直径，查选棒料长度质量表确定。

计算完 $D_{实}$ 和 $L_{实}$ 后应验证锻造比，如果锻造比不符合要求，应重新选取 $D_{实}$。

五、工艺基准的选择

在制定零件加工的工艺规程时，正确地选择工件的工艺基准有着十分重要的意义。工艺基准选择的好坏，不仅影响零件加工的位置精度，而且对零件各表面的加工顺序也有很大的影响。

1. 基准的概念

零件都是由若干表面组成的，各表面之间有一定的尺寸和相互位置要求。零件表面间的相对位置要求包括表面间的距离尺寸精度和相对位置精度（如同轴度、平行度、垂直度和圆跳动等）两方面。研究零件表面间的相对位置关系离不开基准，不明确基准就无法确定零件表面的位置。基准就其一般意义来讲，就是零件上用以确定其他点、线、面的位置所依据的点、线、面。基准按其作用不同，可分为设计基准和工艺基准两大类。

(1) 设计基准　在零件图上用以确定其他点、线、面的基准。

(2) 工艺基准　零件在加工和装配过程中所使用的基准。工艺基准按用途不同，又分为定位基准、测量基准和装配基准。

① 定位基准　加工时，使工件在机床或夹具中占据正确位置所用的基准。

② 测量基准　零件检验时，用以测量已加工表面尺寸及位置的基准。

③ 装配基准　装配时，用以确定零件在部件或产品中位置的基准。

2. 工件的安装方式

为了在工件的某一部位上加工出符合规定技术要求的表面，在机械加工前，必须使工件在机床上相对于工具占据某一正确的位置。通常，把这个过程称为工件的定位。工件定位后，由于在加工中受到切削力、重力等的作用，还应采用一定的机构将工件夹紧，使其确定的位置保持不变。工件从定位到夹紧的整个过程，统称为安装。

工件安装的好坏是模具加工中的重要问题，它不仅直接影响加工精度、工件安装的快慢、稳定性，还影响生产率的高低。为了保证加工表面与其设计基准间的相对位置精度，工件安装时应使加工表面的设计基准相对机床占据一正确的位置。

在各种不同的机床上加工零件时，有各种不同的安装方法。安装方法可以归纳为直接找正法、划线找正法和采用夹具安装法三种。

3. 定位基准的选择

设计基准已由零件图给定，而定位基准可以有多种不同的方案。一般在第一道工序中只能选用毛坯表面来定位，在以后的工序中可以采用已经加工过的表面来定位。有时工件上没有能作为定位基准用的恰当表面，此时就必须在工件上专门设置或加工出定位的基面，称为辅助基准。辅助基准在零件工作中并无用途，完全是为了工艺上的需要，加工完毕后如有必要可以去掉辅助基准。

一般起始工序所用的粗基准和最终工序（含中间工序）所用的精基准的选择原则如下。

(1) 粗基准　在起始工序中，工件只能选择未经加工的毛坯表面定位，这种定位表面称为粗基准。粗基准选择得好坏，对以后各加工表面加工余量的分配，以及工件上加工表面和非加工表面间的相对位置均有很大的影响。因此，必须重视粗基准的选择。选择粗基准时，要为后续工序提供必要的定位基面。具体选择时应考虑下列原则。

① 具有非加工表面的工件，为保证非加工表面与加工表面之间的相对位置要求，一般应选择非加工表面为粗基准。若工件有几个非加工表面，则粗基准应选位置精度要求较高者，以达到壁厚均匀、外形对称等要求。

② 具有较多加工表面的工件在选择粗基准时，应按下述原则合理分配各加工表面的加工余量。

a. 应保证各加工表面都有足够的加工余量。为保证此项要求，粗基准应选择毛坯上加工余量最小的表面。

b. 对于某些重要的表面（如滑道和重要的内孔等），应尽可能使其加工余量均匀，加工余量要求尽可能小些，以便获得硬度和耐磨性更好且均匀的表面。

c. 使工件上各加工表面的金属切除余量最小。为了保证该项要求，应选择工件上加工面积较大、形状比较复杂、加工劳动量较大的表面为粗基准。

③ 粗基准的表面应尽量平整，没有浇口、冒口或飞边等其他表面缺陷，以使工件定位可靠，夹紧方便。

④ 一般情况下，同一尺寸方向上的粗基准表面只能使用一次，否则，因重复使用所产生的定位误差，会引起相应加工表面间出现较大的位置误差。

上述粗基准选择的原则，每一项都只能说明一个方面的问题，实际应用时往往会出现几项内容相互矛盾的情况。这时要全面考虑各种因素，灵活运用上述原则，保证重点。

(2) 精基准　在最终工序和中间工序中，应采用已加工的表面定位，这种定位表面称为精基准。精基准的选择不仅影响工件的加工质量，而且与工件安装是否方便可靠也有很大关系。选择精基准的原则如下。

① 应尽可能选用加工表面的设计基准作为精基准，避免基准不重合造成的定位误差。这一原则就是“基准重合”原则。

② 当工件以某一组精基准定位，可以比较方便地加工其他各表面时，应尽可能在多数工序中采用同一组精基准定位，这就是“基准统一”原则。采用统一基准能用同一组基面加工大多数表面，有利于保证各表面的相互位置要求，避免基准转换带来的误差，而且简化了夹具的设计和制造，缩短了生产准备周期。

③ 有些精加工和光整加工工序应遵循“自为基准”原则。因为这些工序要求余量小而均匀，以保证表面加工的质量并提高生产效率。此时，应选择加工表面本身作为精基准，而该加工表面与其他表面之间的位置精度，则用先行工序保证。如在导轨磨床上磨削导轨时，安装后用百分表找正工件的导轨表面本身，此时床脚仅起支撑作用。此外珩磨、铰孔及浮动镗孔等都是“自为基准”的例子。

④ 定位基准的选择应便于工件的安装与加工，并使夹具的结构简单。

六、零件工艺路线的拟定

制定模具的加工工艺规程时，应该在充分调查研究的基础上，提出多种方案进行分析比较。因为工艺路线不但影响加工的质量和生产效率，而且影响到工人的劳动强度、设备投资、车间面积、生产成本等。

拟定工艺路线就是制定工艺过程的总体布局。其主要任务是选择各个表面的加工方法和加工方案，确定各个表面的加工顺序以及整个工艺过程中工序数目等。

除合理选择定位基准外，拟定工艺路线还要考虑表面加工方法、加工阶段的划分、工序的集中与分散和加工顺序等四个方面。

1. 表面加工方法的选择

① 首先，要保证加工表面的加工精度和表面粗糙度的要求。由于获得同一精度及表面粗糙度的加工方法往往有若干种，实际选择时还要结合零件的结构形状、尺寸大小以及材料和热处理等要求。例如，对于IT7级精度的孔，采用镗削、铰削、拉削和磨削均可达到要求；但模具类型腔体上的孔一般不宜选择拉削或磨孔，而常选择镗孔或铰孔，孔径大时选择镗孔，孔径小时选择铰孔。

② 工件材料的性质对加工方法的选择也有影响。如淬火钢应采用磨削加工，对于有色金属零件，为避免磨削时堵塞砂轮，一般都采用高速镗、精密铣或高速精密车削进行精加工。

③ 在选择表面加工方法时，除了首先要保证质量要求外，还应考虑生产效率和经济性的要求。大批量生产时，应尽量采用高效率的先进工艺方法。但是在年产量不大的生产情况下，采用高效率加工方法及专用设备，则会因设备利用率不高，造成经济上的损失。此外，通过任何一种加工方法所获得的加工精度和表面质量均有一个相当大的范围，但只在一定的精度范围内这种方法才是经济的。这种一定范围的加工精度，即为该种加工方法的经济精度。选择加工方法时，应根据工件的精度要求选择与经济精度相适应的加工方法。

④ 为了能够正确地选择加工方法，还要考虑本厂、本车间现有的设备情况及技术条件，充分利用现有设备，挖掘企业潜力，发挥工人及技术人员的积极性和创造性。同时也应考虑

不断改进现有的方法和设备，推广新技术，提高工艺水平。

2. 加工阶段的划分

对于加工质量要求较高的零件，工艺过程应分阶段进行，这样才能保证零件的精度要求，充分利用人力、物力资源。模具加工的工艺过程一般可分为以下几个阶段。

① 粗加工　主要任务是切除各加工表面上的大部分加工余量，使毛坯在形状和尺寸上尽量接近成品。因此，在此阶段中应采取措施尽可能提高生产率。

② 半精加工　它的任务是使主要表面消除粗加工留下的误差，达到一定的精度及留有精加工余量，为精加工做好准备，并完成一些次要表面（如钻孔、铣槽等）的加工。

③ 精加工　精加工阶段主要是去除半精加工所留的加工余量，使工件各主要表面达到图纸要求的尺寸精度和表面粗糙度。

④ 光整加工　对于精度和表面粗糙度要求很高（如 IT6 级及 m 级以上的精度，表面粗糙度 $R_a \leqslant 0.4\mu m$）的零件可采用光整加工。但光整加工一般不用于纠正几何形状和相互位置误差。

工艺过程分阶段的主要原因有如下几项。

① 保证加工质量　工件粗加工时切除金属较多，产生较大的切削力和切削热，同时也需要较大的夹紧力，而且加工后内应力要重新分布。在这些力和热的作用下，工件会发生较大的变形。如果不分阶段而进行连续粗精加工，就无法避免上述原因所引起的加工误差。加工过程分阶段后，粗加工造成的加工误差，通过半精加工和精加工即可得到纠正，以达到逐步提高零件的加工精度，降低零件的表面粗糙度，保证零件加工质量的目的。

② 合理使用设备　加工过程划分阶段后，粗加工可采用功率大、刚度高、精度低的高效率机床加工，以提高生产效率。精加工则可采用高精度机床加工，以确保零件的精度要求。这样既充分发挥了设备的各自特点，又做到了设备的合理使用。

③ 便于安排热处理工序　对于一些精密零件，粗加工后安排去应力的时效处理可减少内应力变形对精加工的影响。而半精加工后安排淬火不仅容易满足零件的性能要求，而且淬火引起的变形也可通过精加工工序予以消除。

此外，粗、精加工分开后，毛坯的缺陷（如气孔、砂眼和加工余量不足等）可在粗加工后及早发现，及时决定修补或报废，以免对应报废的零件继续进行精加工而浪费工时和其他制造费用。

精加工表面安排在后面加工，还可以保护其不受损伤。

在拟定工艺路线时，一般应遵循划分加工阶段这一原则。但具体运用时要灵活掌握，不能绝对化。例如，对于要求较低而刚性又较好的零件，可不必划分加工阶段。对于一些刚性好的重型零件，由于装夹吊运很费工时，往往不划分加工阶段。而在一次安装中完成表面的粗、精加工，更易保证位置精度要求。

3. 工序的集中与分散

对同一工件的同样加工内容，可以安排两种不同形式的工艺规程。一种是工序集中的工艺规程，另一种是工序分散的工艺规程。所谓工序集中，是使每个工序中包括尽可能多的工步内容，因此使总的工序数目减少，夹具的数目和工件的安装次数也相应地减少。所谓工序分散，是将工艺路线中的工步内容分散在更多的工序中去完成，因此每道工序的工步少，工艺路线长。

工序集中和工序分散的特点都很突出。工序集中有利于保证各加工面间的相互位置精度要求，有利于采用高生产率的机床，节省装夹工件的时间，减少工件的搬动次数。工序分散可使每个工序使用的设备和夹具比较简单，调整、对刀比较容易，对操作工人的技术水平要求较低。

传统的流水线、自动线生产多采用工序分散的组织形式（个别工序亦有相对集中的形式，如箱体类零件采用专用组合机床加工孔系等）。这种组织形式可以实现高效率生产，但是适应性较差，特别是那些工序相对集中、专用组合机床较多的生产线，转产比较困难。

采用高效自动化机床，以工序集中的形式组织生产（典型的例子是采用加工中心组织生产），除了具有上述工序集中生产的优点以外，生产适应性更强，转产相对容易。因此，尽管这种生产方式设备价格昂贵，仍然得到越来越多的应用。

4. 加工顺序的安排

(1) 机械加工顺序的安排　安排机械加工顺序时，应考虑以下几个原则。

① 先粗后精　当零件需要分阶段进行加工时，先安排各表面的粗加工，中间安排半精加工，最后安排主要表面的精加工和光整加工。由于次要表面的精度要求不高，一般经粗、半精加工即可完成；对于那些与主要表面相对位置关系密切的表面，通常置于主要表面精加工之后进行加工。

② 先主后次　零件上的装配基面和主要工作表面等先安排加工。而键槽、紧固用的光孔和螺孔等，由于加工面小，又和主要表面有相互位置要求，一般应安排在主要表面达到一定精度之后（如半精加工之后）进行加工，但应在最后精加工之前进行加工。

③ 基面先加工　每一加工阶段总是应先安排基面加工工序。例如，轴类零件的加工中采用中心孔作为统一基准，因此，每个加工阶段开始总是打中心孔，以作为精基准，并使之具有足够的精度和表面粗糙度要求（常常高于原来图纸上的要求）。如果精基准面不止一个，则应按照基面转换的次序和逐步提高精度的原则安排加工。例如，精密轴套类零件，其外圆和内孔就要互为基准，反复进行加工。

④ 先面后孔　因平面所占轮廓尺寸较大，用平面定位比较稳定可靠。因此，其工艺过程总是选择平面作为定位精基面，先加工平面再加工孔。

(2) 热处理工序的安排　零件常采用的热处理工艺有退火、正火、调质、时效、淬火、回火、渗碳和氮化等。按照热处理的目的，上述热处理工艺可大致分为预先热处理和最终热处理两大类。

① 预先热处理　预先热处理包括退火、正火、时效和调质等。这类热处理的目的是改善加工性能，消除内应力，为最终热处理做组织准备，其工序位置多在粗加工前后。

② 最终热处理　最终热处理包括各种淬火、回火、渗碳和氮化处理等。这类热处理的目的主要是提高零件材料的硬度和耐磨性，常安排在精加工前后。

(3) 辅助工序的安排　辅助工序包括工件的检验、去毛刺、清洗和涂防锈油等。其中检验工序是主要的辅助工序，它对保证零件质量有着极为重要的作用。

检验工序应安排在粗加工全部结束后，精加工之前；零件从一个车间转向另一个车间前后；重要工序加工前后；特种性能检验（磁粉探伤、密封性检验等）前；零件加工完毕，进入装配和成品库时。

七、加工余量与工序尺寸的确定

1. 加工余量的概念

(1) 加工总余量与工序余量　毛坯尺寸与零件设计尺寸之差称为加工总余量。加工总余量的大小取决于加工过程中各个工序切除金属层厚度的总和。每一工序所切除的金属层厚度称为工序余量。加工总余量和工序余量的关系可用下式表示。

$$Z_0=Z_1+Z_2+\cdots+Z_n=\sum_{i=1}^{n}Z_i$$

式中　Z_0——加工总余量；

Z_i——工序余量；

n——机械加工的工序数目。

工序余量还可定义为相邻两工序基本尺寸之差。按照这一定义，工序余量有单边余量和双边余量之分。零件非对称结构的非对称表面，其加工余量一般用单边余量，可表示为

$$Z_i=l_{i-1}-l_i$$

式中　Z_i——本道工序的工序余量；

l_i——本道工序的基本尺寸；

l_{i-1}——上道工序的基本尺寸。

零件对称结构的对称表面，其加工余量宜用双边余量，可表示为

$$2Z_i=l_{i-1}-l_i$$

回转体表面（内、外圆柱面）的加工余量宜用双边余量，对于外圆表面有

$$2Z_i=d_{i-1}-d_i$$

对于内圆表面有

$$2Z_i=D_{i-1}-D_i$$

由于工序尺寸有公差，所以加工余量也必然在某一公差范围内变化。其公差大小等于本道工序尺寸与上道工序尺寸公差之和。因此，如图 10-115 所示，工序余量有标称余量（简称余量 Z_b）、最大余量和最小余量之分。从图中可知被包容件的余量 Z_b 包含上道工序的尺寸公差，余量公差可表示为

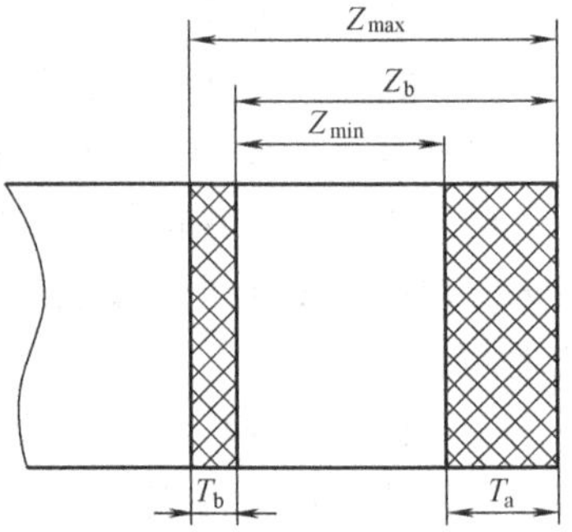

$$T_z=Z_{max}-Z_{min}=T_b+T_a$$

式中　T_z——工序余量公差；

Z_{max}——工序最大余量；

Z_{min}——工序最小余量；

T_b——加工面在本道工序的工序尺寸公差；

T_a——加工面在上道工序的工序尺寸公差。

Z_{max} Z_b Z_{min} T_b T_a

图 10-115　被包容件的加工余量和公差

一般情况下，工序尺寸的公差按“入体原则”标注。即被包容尺寸（轴的外径，实体的长、宽、高）的最大加工尺寸就是基本尺寸，上偏差为零；而包容尺寸（孔径、槽宽）的最小加工尺寸就是基本尺寸，下偏差为零。毛坯的尺寸公差按双向对称偏差形式标注。

(2) 影响工序余量的因素　影响工序余量的因素比较复杂，除毛坯的制造状态影响第一道工序余量外，其他工序加工后的状态也对其下道工序余量有影响。

① 上工序的尺寸公差 T_a 的影响。上工序的尺寸公差越大，则本道工序的标称余量越

大。本道工序应切除上道工序尺寸公差中包含的各种误差。

② 上道工序产生的表面粗糙度 R_a（表面轮廓最大高度）和表面缺陷层深度 H_a，在本道工序加工时应切除掉。

③ 上道工序留下的需要单独考虑的空间误差。这里所说的空间误差，是指轴线直线度误差和各种位置误差。形成上述误差的情况各异，有的可能是上工序加工方法带来的，有的可能是热处理后产生的，也有的可能是毛坯带来的，工件虽经前面工序加工，但误差仍未得到完全纠正。因此，其量值大小需根据具体情况进行具体分析。有的可查表确定，有的则需抽样检查，进行统计分析。

④ 本工序的装夹误差。装夹误差应包括定位误差和夹紧误差。由于这项误差会直接影响被加工表面与切削刀具的相对位置，所以加工余量中应包括这项误差。

由于空间误差和装夹误差都是有方向的，所以，要采用矢量相加的方法，取矢量和的模进行余量计算。

2. 加工余量的确定

确定加工余量的方法有计算法、查表法和经验法三种。

(1) 计算法　如果对影响加工余量的因素比较清楚，则采用计算法确定加工余量比较准确。要弄清影响余量的因素，必须具备一定的测量手段，掌握必要的统计分析资料。在掌握了各种误差因素大小的条件下，才能比较准确地计算加工余量。

(2) 查表法　此法主要以根据工厂的生产实践和实验研究积累的经验所制成的表格为基础，并结合实际加工情况对数据加以修正，确定加工余量。这种方法方便、迅速，在生产上应用较广泛。

(3) 经验法　由一些有经验的工程技术人员或工人，根据经验确定加工余量的大小。由经验法确定的加工余量往往偏大，这主要是因为主观上怕出废品的缘故，这种方法在单件小批量生产中广泛采用。

3. 工序尺寸与公差的确定

生产上绝大部分加工面都是在基准重合（工艺基准和设计基准重合）的情况下进行加工的，所以，掌握基准重合情况下工序尺寸与公差的确定过程非常重要。现介绍如下。

① 确定各加工工序的加工余量。

② 从终加工工序开始（即从设计尺寸开始）到第二道加工工序，依次加上每道加工工序余量，可分别得到各工序的基本尺寸（包括毛坯尺寸）。

③ 除终加工工序以外，其他各加工工序按各自所采用加工方法的加工经济精度确定工序尺寸公差（终加工工序的公差按设计要求确定）。

④ 填写工序尺寸，并按“入体原则”标注工序尺寸公差。

例 10-1　某轴的直径为 50mm，其尺寸精度要求为 IT5，表面粗糙度要求为 R_a＝0.04μm，并要求高频淬火，毛坯为锻件。其工艺路线为粗车—半精车—高频淬火—粗磨—精磨—研磨。试计算各工序的工序尺寸及公差。

解

(1) 先用查表法确定加工余量。

由工艺手册查得研磨余量为 0.01mm，精磨余量为 0.1 mm，粗磨余量为 0.3mm，半精车余量为 1.1mm，粗车余量为 4.5mm。由公式可得加工总余量为 6.01mm，取加工总余量为 6mm，把粗车余量修正为 4.49mm。

(2) 计算各加工工序的基本尺寸。

研磨后工序的基本尺寸为 50mm(设计尺寸)。其他各工序的基本尺寸依次为

精磨　　50mm＋0.01mm＝50.01mm

粗磨　　50.01mm＋0.1mm＝50.11mm

半精车　　50.11mm＋0.3mm＝50.41mm

粗车　　50.41mm＋1.1mm＝51.51mm

毛坯　　51.51mm＋4.49mm＝56mm

(3) 确定各工序的加工经济精度和表面粗糙度。

由机械加工工艺手册查得研磨后为 IT5，$R_a=0.04\mu m$(零件的设计要求)；精磨后选定为 IT6，$R_a=0.16\mu m$；粗磨后选定为 IT8，$R_a=1.25\mu m$；半精车后选定为 IT11，$R_a=2.5\mu m$；粗车后选定为 IT13，$R_a=16\mu m$。

(4) 公差的确定与标注。

根据上述经济加工精度查公差表，将查得的公差数值按“入体原则”标注在工序的基本尺寸上。查工艺手册可得锻造毛坯的公差为±2mm。

八、工艺装备的选择

在拟定工艺路线时，对设备及工装的选择也是很重要的。它对保证零件的加工质量和提高生产率有着直接的影响。

1. 设备

在选择设备时，应注意以下几点。

① 设备的主要规格尺寸应与零件的外轮廓尺寸相适应。即小零件应选小的设备，大零件应选大的设备，做到设备的合理使用。

② 设备的精度应与工序要求的加工精度相适应。对于高精度的零件加工，在缺乏精密设备时，可通过设备改造“以粗干精”。

③ 设备的生产率应与加工零件的生产类型相适应。单件小批量生产选择通用设备，大批量生产选择高生产率的专用设备。

④ 设备选择还应结合现场的实际情况。例如，设备的类型、规格及精度状况，设备负荷的平衡状况以及设备的分布排列情况等。

2. 夹具

单件小批量生产时，应尽量选用通用夹具，如各种卡盘、台钳和回转台等。为提高生产率，应积极推广使用组合夹具。大批量生产时，应采用高生产率的气、液传动专用夹具。夹具的精度应与加工精度相适应。

3. 刀具

一般采用标准刀具。必要时，也可采用各种高生产率的复合刀具及其他专用刀具。刀具的类型、规格及精度等级应符合加工要求。

4. 量具

单件小批量生产中应采用通用量具，如游标卡尺与百分表等。大批量生产中应采用量规和高生产率的专用检具。量具的精度必须与加工精度相适应。

九、时间定额的确定

时间定额是在一定的技术、组织条件下制定出来的完成单件产品(如一个零件)或某项

工作（如一个工序）所必需的时间。时间定额是安排生产计划、核算成本的重要依据之一，也是设计或扩建工厂（或车间）时计算设备和人员数量的重要资料。

时间定额中的基本时间可以根据切削用量和行程长度来计算，其余组成部分的时间多可取自根据经验而来的统计资料。

在制定时间定额时要防止两种偏向：一种是时间定额定得过紧，影响了工人的主动性和积极性；另一种是时间定额定得过松，反而失去了它应有的指导生产和促进生产的作用。因此，制定的时间定额应该具有平均先进水平，并且应随着生产水平的发展而及时修订。

完成一个零件的一个工序的时间称为单件时间。它包括下列组成部分。

① 基本时间（$T_{基本}$） 指直接改变工件的尺寸形状和表面质量所耗费的时间。对于切削加工来说，单件时间是切去金属所耗费的机动时间（包括刀具的切入和切出时间在内）。

② 辅助时间（$T_{辅助}$） 指在各个工序中为了保证完成基本工艺工作需要做的辅助动作所耗费的时间。辅助动作包括装、卸工件，开动和停止机床，改变切削用量，测量工件，手动进刀和退刀等手动动作。

基本时间和辅助时间的总和称为操作时间。

③ 工作地点服务时间（$T_{服务}$） 指工人在工作班时间内照管工作地点及保持工作状态所耗费的时间。例如，在加工过程中调整刀具，修正砂轮，润滑及擦拭机床，清理切屑等所耗费的时间，一般按操作时间的2%～7%来计算。

④ 休息和自然需要时间（$T_{休息}$） 用于照顾工人休息和生理上的需要所耗费的时间，一般按操作时间的2%来计算。

因此，单件时间为

$$T_{单件}=T_{基本}+T_{辅助}+T_{服务}+T_{休息}$$

在成批生产中，还需要考虑准备-终结时间（$T_{准终}$）。

准备-终结时间是成批生产中每当加工一批零件的开始和终了时，需要一定的时间做下列工作，在加工一批零件的开始时需要熟悉工艺文件，领取毛坯材料，安装刀具和夹具，调整机床和刀具等；在加工一批零件的终了时，需要拆下和归还工艺装备，发送成品等。因此，在成批生产时，如果一批零件的数量为 n，准备-终结时间为 $T_{准终}$，则每个零件所分摊到的准备-终结时间为 $T_{准终}/n$。将这一时间加到单件时间中去，即得到成批生产的单件工时定额为

$$T_{定额}=T_{单件}+T_{准终}/n$$

在大量生产中，每个工作地点完成固定的一个工序，所以在单件工时定额中没有准备-终结时间，即

$$T_{定额}=T_{单件}$$

十、工艺文件的填写

把制定工艺过程的各项内容归纳写成文件形式，就是一种工艺文件，一般称为工艺规程。工艺文件的种类和形式有多种多样，它的繁简程度亦有很大差别，要视生产类型而定。在单件小批生产中，一般只编写简单的综合工艺过程卡片，只有关键零件或复杂零件才制定

较详细的工艺规程。在成批生产中多采用机械加工工艺卡片。在大批大量生产中多要求完整和详细的工艺文件，各工作地点都有机械加工工序卡片，对半自动及自动机床有机床调整卡片，对检验工序有检验工序卡片等。工艺文件应该简明易懂，必要时应用简图形式表示。工艺文件尚无统一的格式。同一种工艺文件由于来源不同，它的内容也可能大同小异。

为了减少制定工艺过程的劳动量，缩短生产准备时间，使新产品能迅速投产，对同类型的多种零件可制定典型的工艺规程作为代表。这时，首先要求把零件按结构形状的相似性进行分类，使同一类零件的加工表面和工艺特征相似。其次还可将同类零件划分为组，使每组零件的尺寸大小和加工精度要求都相似。例如，轴类零件可分为光轴、阶梯轴和空心轴三大类，每类按尺寸、大小和重量再分成几个组。在总结国内各工厂先进生产经验的基础上，根据不同生产类型，每一组零件制定典型工艺规程。这样不仅减少制定工艺过程的工作量，而且通过典型工艺规程的制定，能更好地总结先进生产经验，促进生产技术的发展，改善工艺过程的技术经济效果。

思考题与习题

1. 什么是金属切削加工的工艺系统？车削、铣削、镗削及磨削的工艺系统是怎么构成的？
2. 金属切削加工的切削运动有哪些？在各加工工艺中是怎么形成的？
3. 机床的技术经济指标有哪些？机床是怎样编号的？
4. 刀具切削部分的构造要素有哪些？刀具切削部分的几何角度有哪些？如何测量，如何标注？
5. 工件定位的原理是什么？专用夹具是怎么构成的？什么是组合夹具？什么是成组夹具？
6. 切屑是如何形成的，有哪些基本形态？什么是积屑瘤，如何控制？
7. 什么是切削要素、切削力、切削温度、刀具的耐用度？它们受哪些因素的影响？
8. 什么是加工精度，什么是表面质量？它们各有哪些指标？
9. 普通车床由哪几部分组成？试述车床的主传动链与进给传动链。
10. 试述车削加工的范围及车削的工艺要点。
11. 卧式升降台铣床、立式升降台铣床、龙门铣床由哪几部分组成？回转工作台、万能分度头是怎样工作的？
12. 铣刀的常见类型有哪些？各用于什么加工？
13. 铣削的加工范围是什么？有哪些铣削方式？各有哪些特点？
14. 试述牛头刨床、龙门刨床的结构，刨削加工范围及其工艺特点。
15. 什么是麻花钻、扩孔钻？它们的区别是什么？
16. 什么是铰孔？其工艺特点是什么？
17. 分别叙述卧式镗床、坐标镗床、金刚镗床的结构及工艺特点。
18. 试述外圆磨床、内圆磨床、平面磨床的基本结构及其工艺特点。
19. 砂轮的特性有哪些？怎样选用？
20. 光整加工分为哪两大类？试述超精加工、珩磨、研磨及抛光的原理与工艺要点。
21. 什么是数控机床？与其他机床相比它有哪些特点？
22. 数控机床的基本结构与工作原理是什么？
23. 什么是生产过程？什么是工艺过程？工艺过程是怎样组成的？

24. 制定工艺规程的原则有哪些？一般可按什么步骤进行？
25. 什么是工艺基准？怎样选择？
26. 工艺过程一般可分为几个阶段？为什么要分段？
27. 怎样安排加工顺序？
28. 什么是加工余量？怎样确定？
29. 如何选择工装？

第十一章

特种加工方法简介

学习目的与要求

了解电火花成形加工和线切割加工等特种加工方法的原理、特点及应用。

随着现代工业发展的需要，近几十年来，各种新型材料不断涌现。它们大多具有高强度、高硬度、高脆性等特殊性能，而且用这些材料做的零件往往形状复杂、精度要求高、表面质量要求好。传统的机械切削加工方法很难甚至无法对其加工，于是人们开始研究特种加工方法，即直接将电能、电化学能、声能等用于零件的加工，如电火花加工、电化学加工、超声加工和激光加工等。这些加工方法与普通机械加工方法相比，不必使用刀具通过机械力来切削工件材料，而是直接利用各种能量进行加工。

第一节　电火花加工

众所周知，电闸开关在闭合与断开的那一瞬间，往往会产生电火花，使其表面形成烧伤的痕迹，这就是电腐蚀现象。后来，科学家把电火花的破坏作用利用起来，发明了一种新的金属加工方法，即电火花加工。

一、基本原理与特点

1. 基本原理

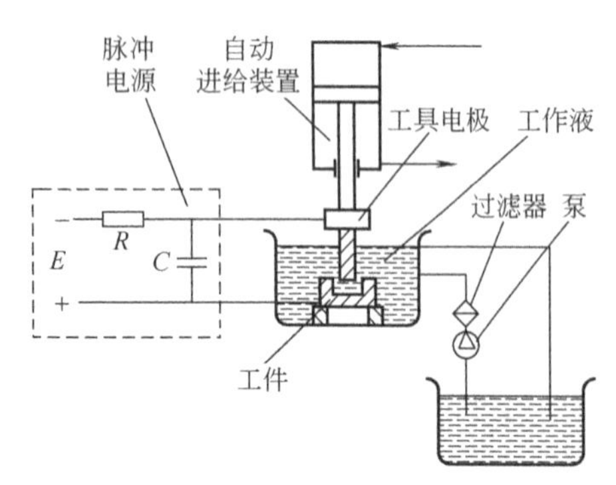

图 11-1　电火花成形加工原理

电火花加工是在绝缘的液体介质中进行的。在脉冲电压的作用下，始终保持适当距离的工具电极与工件之间产生火花放电，通过其电腐蚀作用来去除多余的金属，从而达到加工其形状和尺寸的目的。图 11-1 所示为电火花成形加工原理。

工具电极与工件分别接脉冲电源的两极，且二者置于绝缘介质中并保持一定间隙（0.01～0.2mm）。当接上直流电源 E 后，电容器 C 开始充电，两端的电压 $U_c=E(1-e^{-t/RC})$，根据并联关系，工具电极与工件之间的电压也等于 U_c，并同时升高。当 U_c 升高到电极与工件之间间隙的击穿电压 U_d 时，介质被电离，间隙被击穿而短路（电阻由击穿前的几兆欧降至 1Ω 以下），形成电流通道，此时，电容器所储存的电能全部瞬间在击穿处释放，形成脉冲电流，电流由零值升高到相当大的数值（图 11-2）。

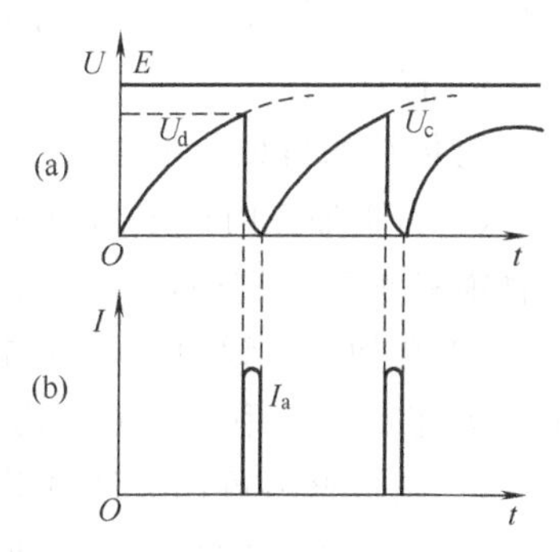

图 11-2　RC 线路脉冲电压

由于发生的放电区域很小，即放电通道小，电流密度很大（10^4～10^7 A/mm²），因此，必然产生大量的热能。另外，放电时间极短，热量来不及传递，所以在放电区便形成一个瞬时高温的热源（10000～12000℃）。这样的高温必然使放电区内的材料甚至汽化，从而在工件和电极表面各形成一个微小凹坑。熔化和汽化的金属在爆炸力的作用下被抛入工作液中。由于表面张力和内聚力的作用，使被抛出的材料具有最小的表面积，冷却时凝聚成圆形的金属小颗粒（直径在 0.5mm 以下），并被工作液迅速冲离工作区（图 11-3 和图 11-4）。

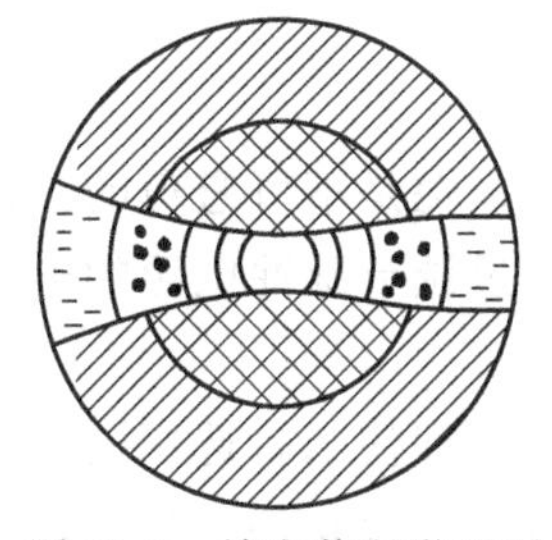

图 11-3　放电状况微观图

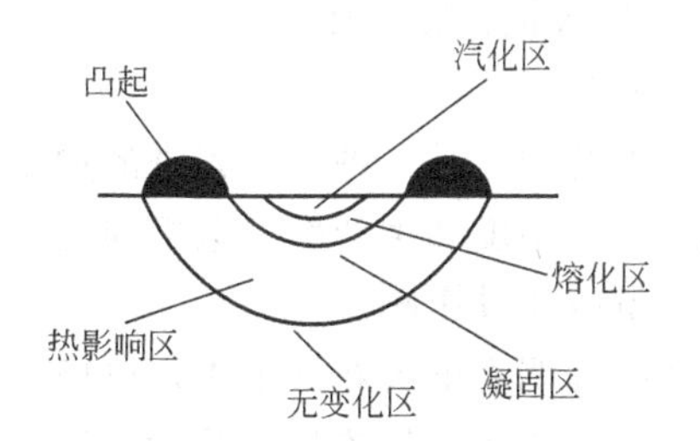

图 11-4　放电凹坑示意

放电完毕后，电容器两端电压降为零值，通道断开，极间恢复绝缘，一次脉冲放电加工完成。随后，电容器再次充电，重复上述过程，如此循环使工件表面蚀除无数个小凹坑。电极不断下降，工件表面不断被蚀除，这样电极外廓的形状便复制到工件上。

由此可见，要实现电火花加工，必须满足下列条件。

（1）合适的脉冲电源　通过脉冲电源提供单向脉冲电流，以实现火花放电来完成电腐蚀加工。

（2）合适的放电间隙　工具电极与工件之间必须保持一定的间隙，通常称为放电间隙。该值随加工条件而定。如果间隙过大，极间不能击穿，电流为零；如果间隙过小，又容易形成短路接触，极间电压接近于零。以上两种情况都不能形成火花放电的基本条件，因此必须选定合适的放电间隙值。由于工具电极与工件表面不断被蚀除，极间间隙加大，所以在电火花加工过程中，必须通过自动进给与调节装置使工具电极能够自动地进给与调节其放电间隙。

（3）合适的绝缘介质　电火花加工是在绝缘的液体介质中进行的。绝缘液体介质起到了绝缘、排屑和冷却的作用。如果介质没有一定的绝缘性能，就不能击穿放电，实现电火花加工；如果电蚀产物不能及时被液体介质冲走，必将堆集在放电通道而形成短路，使加工不能继续进行；循环的液体介质及时对工件、电蚀产物进行冷却，使加工过程能正常进行，工件受到的热影响也尽量得到降低。常用的介质有煤油、皂化液等。

（4）合适的工具电极　工具电极是加工工件的“刀具”，其形状尺寸、精度等级应根据工件的要求进行设计制造。电极材料通常选用钢、铸铁、石墨等。

2. 特点

与传统的机械加工方法相比，电火花加工具有以下优点。

① 由于加工时产生10000℃左右的高温，所以凡是导电材料，不论其物理和力学性能如何都能被加工。例如，某些高硬度、高脆性和高熔点的材料，用电火花加工非常方便。

② 在加工过程中，电极与工件不接触，没有机械力和变形，因此不受刀具刚度限制，故电火花加工可用于加工小孔和细长、薄脆零件以及复杂形状的零件。

③ 电极材料可比工件材料硬度低，即实现“以柔克刚”。

④ 工件表面的小凹坑有助于保存润滑油。

⑤ 便于实现自动化生产。

但电火花加工也存在明显缺陷。

① 工件加工表面比较粗糙。

② 尖角难以加工。

③ 必须专门设计制造电极。

④ 电极损耗影响加工精度。

3. 极效应

电火花加工是一种比较先进的加工方法，但由于电极的损耗是不可避免的，这样就影响了工件加工精度和生产率。电极损耗不能被彻底消除，但通过调节脉冲电源的电参数等措施可以尽量减小其影响。

实践证明在电火花加工中，电极损耗与工件损耗不相等，即使二者选用同样的材料也是如此。这是由于它们连接在脉冲电源的不同极。这种现象就是电火花加工的极效应。在采用窄脉冲（小于50μs）加工时，阳极的蚀除量大于阴极，此时工件应接阳极，电极接阴极，称之为“正极性加工”。反之，在采用宽脉冲（大于300μs）加工时，应选择“负极性加工”。

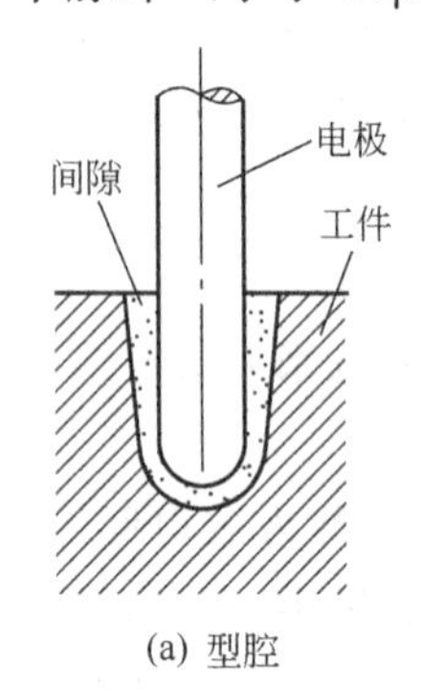

(a) 型腔

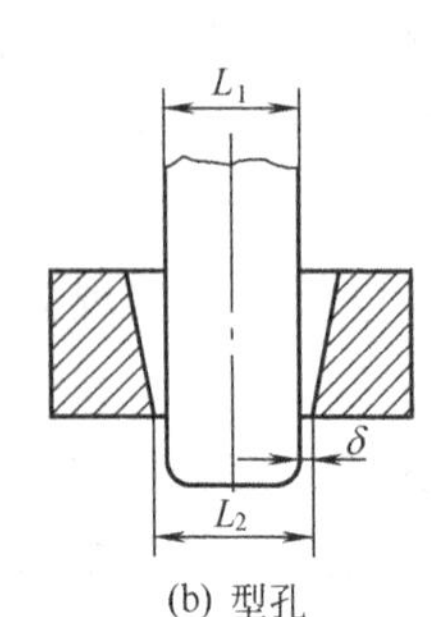

(b) 型孔

图 11-5　加工斜度

从提高加工精度和生产率出发，总是希望电极损耗越小越好。极效应的本质是相当复杂的，实际生产中主要依靠实验来选择极性。

4. 加工斜度

在电火花加工过程中，电蚀产物经由放电间隙排除时，在工件与电极之间产生了额外的放电，引起间隙的扩大，这种现象称为“二次放电”。由于工件口部及电极前端参与放电的时间较长，二次放电的蚀除量也最多，因此，电火花加工所得到的型孔有一定斜度，即上口大、下口小（图 11-5），电蚀产物排除不良、脉冲能量较大等都会引起加工斜度的增大。

二、影响因素

1. 影响生产率的因素

通常用单位时间内从工件上蚀除金属的体积或质量来表示加工速度或生产率的大小。

影响生产率的因素比较多，主要有以下两个方面。

（1）电规准　是选定的一组脉冲电源的电参数，包括脉冲宽度、脉冲间隙及电流峰值等。电规准可分为粗、中、精三种基准，类似于切削加工中的粗加工、半精加工和精加工。电规准选择不同，则生产率有显著差异。在粗加工（$R_a=10\sim20\mu m$）时选择粗规准，一般采用较大的电流峰值，较长的脉冲宽度和较小的脉冲间隙，以求达到高的生产率（$200\sim1000mm^3/min$）；在精加工（$R_a=0.32\sim2.5\mu m$）时选择精规准，生产率（低于 $10mm^3/min$）明显降低。

（2）加工条件　包括电极材料、工件材料、工作介质和极性连接等。选择合理的极性加工，采用合适的电极材料和工作液循环与排屑系统以及工件材料熔点沸点较低，都有利于提高电火花加工的生产率。

2. 影响加工精度的因素

这里只讨论与电火花加工有关的因素。

（1）放电间隙　在电火花加工中，放电间隙的大小及其均匀性对加工精度有很大影响，放电间隙小而均匀稳定（同时选择精规准），则加工精度显著提高。一般精加工的单边放电间隙只有 0.01mm，而粗加工时可达 0.5mm 以上。

（2）电极损耗　随着电火花加工的进行，不仅工件被电腐蚀，电极也发生损耗。因此，当电极的形状和尺寸复制在工件上时，必然失真，影响到工件的加工精度。

影响电极损耗的因素主要是电极形状及电极材料。在电火花加工过程中，电极不同部位的损耗程度是不同的，如尖角、棱边等凸出部位的电场强度高，易形成尖端放电，所以这些部位损耗快，由此导致电极各部位损耗不均匀，必然引起加工精度的下降。另一方面，不同的电极材料由于其物化性能各不相同，电极的损耗程度也不一样。

工具电极的损耗对工件的尺寸精度和形状精度都有影响。在电火花穿孔加工时，电极可以贯穿型孔而补偿电极的损耗；而型腔加工时，要减小电极损耗对加工精度的影响，则须更换电极。

此外二次放电引起的加工斜度也对工件的形状精度带来直接影响。

目前，电火花穿孔加工的精度可达 0.01～0.05mm，型腔加工精度可达 0.1mm 左右，表面粗糙度为 $R_a=1\mu m$ 左右。

三、加工方法

电火花加工主要用于零件的穿孔和型腔加工。

1. 穿孔加工

电火花穿孔加工广泛用于冲模加工以及小孔、异型孔和特殊材料（超硬、高韧等）的加工。

现以冲裁模的凹模加工为例。凹模孔口一般形状复杂，精度要求高，机械加工比较困难，且淬火后变形较大。采用电火花加工凹模孔口能比较好地解决这些问题。

如图 11-6 所示，在电火花加工过程中，凹模的尺寸精度主要靠工具电极来保证。即

$$d_2=d_1+2\delta$$

式中　d_1——电极（凸模）尺寸；

d_2——凹模孔口尺寸；

δ——单边放电间隙。

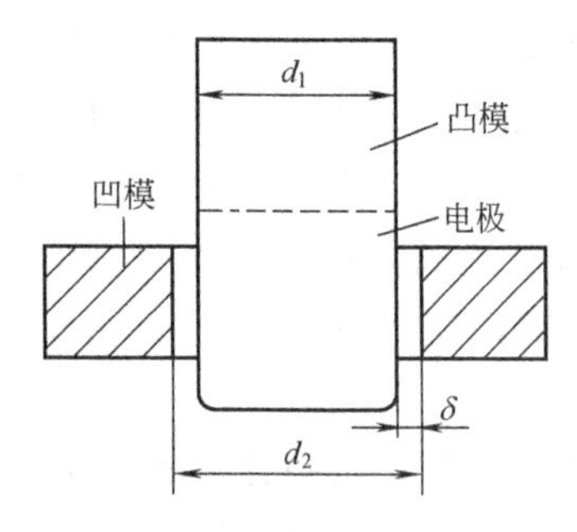

图 11-6　凹模电火花加工

冲裁模最主要的技术要求是保证凸模与凹模之间配合间隙的均匀合理。在本例中，电极与凸模做成一个整体，或者粘接在一起后同时加工。这样，电极的形状及尺寸便与凸模完全一致，而用此电极来加工凹模，则能保证凸模与凹模之间均匀的模具间隙，使得冲件质量和模具寿命都会得到提高。

2. 型腔加工

在模具中，型腔模占有很大比例，如塑料模、压铸模、锻模等，其型腔的加工都比较困难，因为型腔实为各种复杂形状的盲孔。电火花加工时金属蚀除量大，工作液循环和电蚀产物排除条件差，电极损耗后无法靠进给补偿精度，且型腔复杂、加工面积大，各部位损耗不均匀。这样，对加工精度的影响就更大。

型腔的电火花加工主要有以下三种方法。

（1）单电极平动法　此法在型腔的电火花加工中应用最广泛。它是采用机床的平动头，用一个电极完成型腔的粗、中、精加工的。加工时，先用低损耗（电极相对损耗率小于1%）、高生产率的粗规准对型腔进行粗加工，然后启动平动头带动电极作平面小圆周运动，如图 11-7 所示，按照粗、中、精的顺序逐级转换电规准，与此同时，依次加大电极的平动量，将型腔加工至所要求的尺寸精度及表面粗糙度。

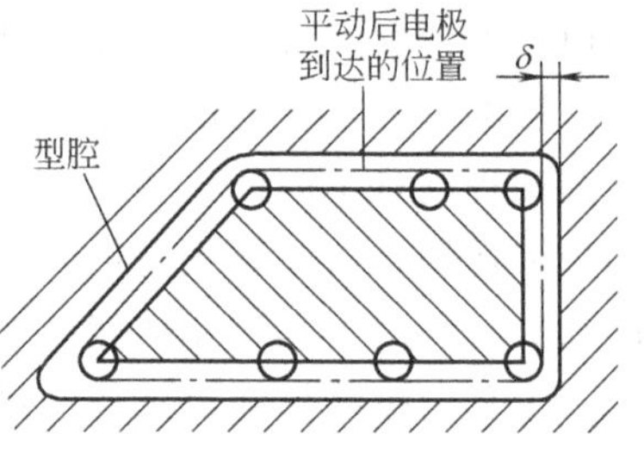

图 11-7　平动加工电极的运动轨迹

单电极平动法的优点是只需一个电极、一次装夹定位，加工精度可达±0.05mm；此外，电蚀产物的排除比较方便。其缺点是难以获得高精度的型腔，特别是难以加工出有棱有角的型腔。因为平动时，电极上的每一点都按平动头的偏心半径作圆周运动，拐角处半径不能低于偏心半径。此外，在粗加工时，电极容易形成不平的表面龟裂状的积炭层，影响型腔的表面加工质量。为弥补这一缺点，可采用精度较高的重复定位夹具，将粗加工后的电极取下，均匀修光后再装入夹具，用平动头完成型腔的最终加工。

（2）多电极更换法　是采用多个电极依次更换来对同一个型腔进行粗、中、精加工。每个电极都对型腔的全部被加工面进行加工，但电规准各不相同。每个电极在加工时都必须把前一个电极加工的电蚀痕迹去除掉（图 11-8）。

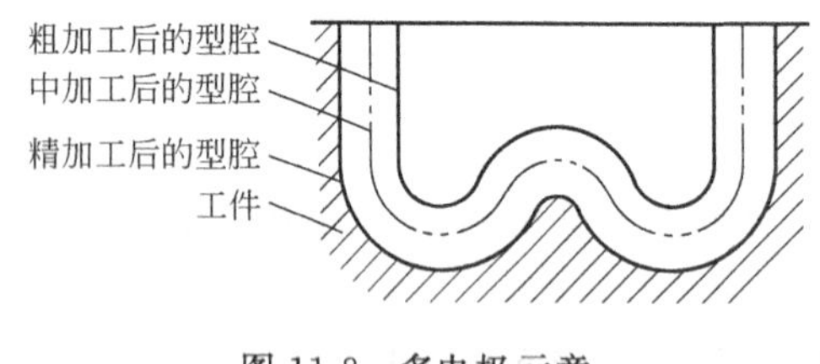

图 11-8　多电极示意

多电极更换法加工型腔时，一般用两个电极进行粗、精加工即可满足要求。当型腔精度和表面质量要求很高时，才使用三个以上的电极进行加工。

多电极更换法加工型腔的仿形精度高，特别适用于尖角、窄缝多的型腔加工，但要求多个电极的一致性好，制造精度高。此外，更换电极时要求定位装夹精度高。因此，多电极更换法只用于精密型腔的加工。

（3）分解电极法　是单电极平动法和多电极更换法的综合应用。根据型腔的几何形状，把电极分解为主型腔电极和副型腔电极分别加工。先用主型腔电极加工主型腔，再用副型腔电极加工尖角、窄缝等部位（即副型腔）。该方法的优点是可以根据主、副型腔不同的加工条件选择不同的电规准，有利于提高加工速度和表面质量，同时还可以简化电极制造和修理。用此方法加工时，主、副型腔要求电极安装有精确的定位。

第二节　电火花线切割加工

前述电火花加工有许多优点，但同时它也存在两个很大的缺点，即电极制造费工、费时和电极损耗影响加工精度。于是人们在电火花加工的基础上研制了一种新的工艺形式——电火花线切割加工，即用线电极（很细的铜丝或钼丝）来取代成形电极，仍然通过火花放电对工件进行切割加工。这样就克服了上述电火花加工的缺点，同时也比电火花加工更方便、快捷。

一、加工原理与特点

1. 加工原理

电火花线切割加工简称线切割，它从本质上讲与电火花加工一样，都是利用火花放电蚀除金属。

如图 11-9 所示，工件通过绝缘底板安装在工作台上，并将工件接脉冲电源的一极（通常为正极），电极丝接另一极（负极）。加工时，电极丝穿过工件上预先钻好的小孔（穿丝孔），经导向轮和储丝筒带动作往复交替移动。工作台在数控装置的控制下带动工件按所需形状在水平面内运动，通过工件与电极丝间的电腐蚀，便将各种直母线形状的工件“切割”出来。

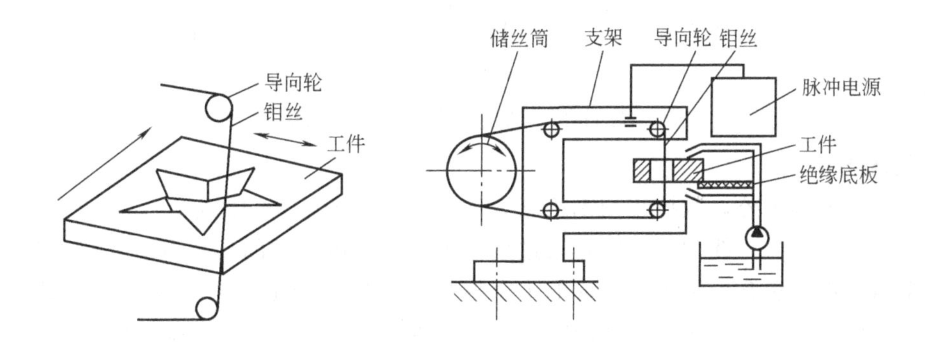

图 11-9　电火花线切割加工原理

2. 特点

电火花线切割加工除了具有电火花加工的优点外，它还有以下特点。

① 不需要制造成形电极。

② 电极丝的连续运动，使得单位长度电极丝损耗较少，所以基本排除了电极损耗对加工精度的影响，且电极丝的快速移动也有利于排屑。

③ 由于电极丝非常细（d=0.04～0.2mm），便于加工精密、细小、形状复杂的零件。

④ 脉冲电源的加工电流较小，脉冲宽度较窄，属中、精加工范畴，所以采用正极性加工，即工件接正极，电极接负极。线切割加工基本上是一次加工成形，一般不需要中途转换规准。

⑤ 工件材料的预加工量少，且线切割之后，切下的余料（废料）还可以合理使用。

⑥ 电火花线切割加工操作方便，自动化程度高，加工周期短，成本较低，安全性好。

二、线切割机床简介

按线切割机床的控制方式，可将其分为靠模仿形式、光电跟踪式以及数字程序控制式等。现在95%以上为数控线切割机床。

根据电极丝的运行速度，线切割机床可分为快走丝电火花线切割机床和慢走丝电火花线切割机床两大类。前者的电极丝（钼丝）以 8～10m/s 的速度作高速运动，加工精度为±0.01mm，表面粗糙度 R_a 值为 6.3～3.2μm。后者的电极丝（铜丝）以 3～12m/min 的速度作低速单向运动，加工精度可达±0.001mm，表面粗糙度值 R_a＞0.4μm。我国广泛生产和使用的是快走丝电火花线切割机床，国外使用的更多的是慢走丝电火花线切割机床，其价格更高一些。

下面以快走丝线切割加工机床（图 11-10）为例，简要介绍线切割加工机床。它主要由机床本体、工作液循环系统、脉冲电源及控制系统等部分组成。

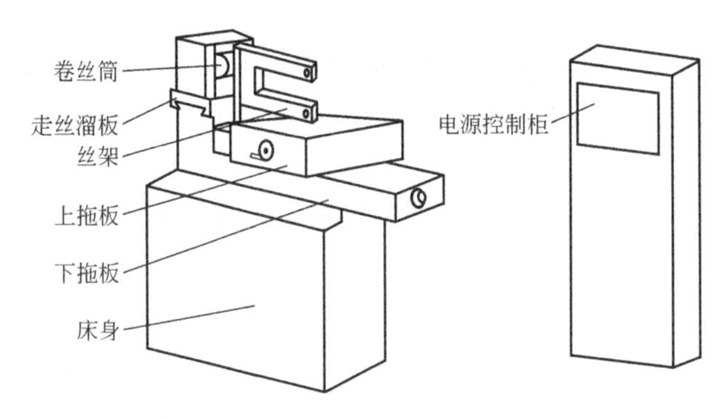

图 11-10　快走丝线切割加工机床

1. 机床本体

除床身、夹具等外，数控线切割机床本体中包含两个重要的部分。

(1) 坐标工作台　线切割加工是通过坐标工作台与电极丝的相对运动来完成对零件的加工的。坐标工作台包含上下拖板组成的十字拖板。工作台固定在上拖板上。线切割加工时，通过十字拖板 X、Y 两方向的移动来实现工件的进给运动，而上下两拖板的移动又是由两台步进电动机分别带动的。控制台给某台步进电动机发一个进给信号，步进电动机旋转 3°，经减速（3∶25）后带动丝杠转 (3/25)×3°，使工作台在某一方向前进或后退 1μm，即

$$\frac{3}{25}\times3°\times\frac{1\text{mm}}{360°}=0.001\text{mm}=1\mu\text{m}$$

1mm 是丝杠的导程。

通过两个方向各自的进给运动，可合成各种平面曲线轨迹。

(2) 走丝机构　在高速走丝机床上，电极丝平整地卷绕在储丝筒上。储丝筒通过联轴器与驱动电动机相连。电极丝保持一定的张力并以 8～10m/s 的速度运行。为了重复使用该段电极丝，电动机由专门的换向装置控制使其作正反方向交替运转。在运动过程中，电极丝由丝架支撑，并依靠导轮保持电极丝与工作台垂直或倾斜一定的角度（切割锥度时）。

2. 工作液循环系统

工作液对线切割加工的工艺指标影响很大，如对切割速度、表面粗糙度及加工精度等都有显著影响。

慢走丝线切割机床大多采用去离子水作工作液，而快走丝线切割机床则多使用乳化液。不管是哪种工作液，都要求具备较好的绝缘性能、洗涤性能、冷却性能及无污染性等。

3. 脉冲电源

电火花线切割加工由于受加工表面质量和电极丝允许承载电流的限制，其脉冲电源的脉宽较窄（2～60μs），单个脉冲能量、平均电流一般较小。所以，线切割加工通常都采用正极性加工。脉冲电源可选择晶体管矩形波脉冲电源、高频分组脉冲电源及并联电容型脉冲电源等。

4. 数字程序控制台

数控台实际上就是一台微型计算机。在电火花线切割加工过程中，数控装置按加工要求自动控制电极丝对工件的运动轨迹和进给速度，来实现对工件的加工。

控制系统不仅要控制电极丝与工件的相对轨迹运动，同时还要对进给速度进行自动控制，使进给速度与工件材料的蚀除速度相平衡。因此，数控线切割机床的控制系统主要完成以下两个工作。

（1）轨迹控制　精确控制电极丝相对于工件的运动轨迹，以获得所需的形状和尺寸，这是实现线切割加工的基础。

绝大多数零件的轮廓形状都可以分解为直线和圆弧的组合。在数控线切割加工中，通常采用逐点比较法来走出直线和圆弧组合成的轨迹。数控装置每向步进电动机发一个信号，步进电动机就带动拖板走一步，那么在某一位置（一点处），数控装置到底应该向哪个步进电动机发出进给信号，即到底是 X 方向移动（前进一步或后退一步），还是 Y 方向移动，是通过逐点比较来进行控制的。

图 11-11 所示为直线 OA 的插补过程。O 点为加工起点，X、Y 轴的方向分别表示工作台的纵、横向进给方向。从 O 点开始切割，第一步沿 X 轴正向进给一步，到达 M_1 点，由于 M_1 点在 OA 线的下方，偏离了 OA 线，如果继续沿该方向走，则偏差会越来越大。为了使加工点逼近 OA 线，因此，第二步向 $+Y$ 向进给，到达 M_2 点，而 M_2 点在 OA 线上方，产生新的偏差。为了逼近 OA 线，下一步应向 $+X$ 向进给。如此继续，走完 10 步后到达了终点 A 点。线切割的综合轨迹是一条折线，但由于步长很小（1μm），因此，用折线来代替曲线，其加工精度是能够得到保证的。

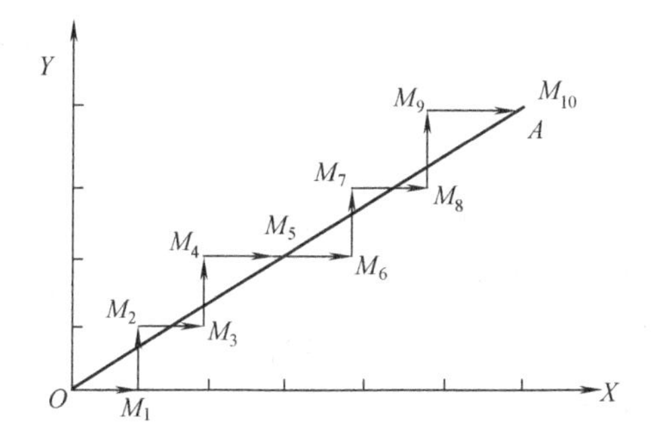

图 11-11　直线 OA 的插补过程

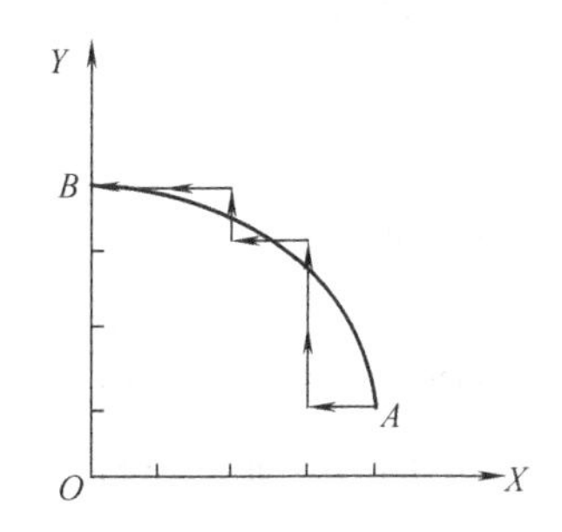

图 11-12　圆弧 AB 的插补过程

切割圆弧也是同样道理（图 11-12），但注意坐标原点要定在圆弧的圆心，以 A 为起点，通过逐点插补，到达 B 点完成加工。整个过程也是用细小的折线向圆弧逼近的过程。

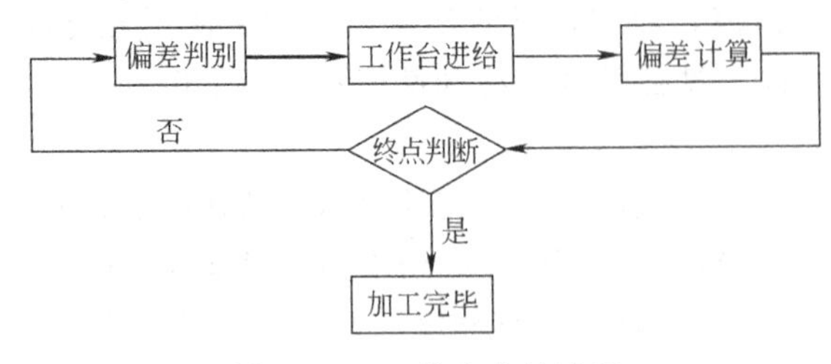

图 11-13　工作台节拍流程

采用逐点比较法来控制机床完成加工，每进给一步，数控装置都要完成四个工作节拍（图 11-13）。

① 偏差判别　判别实际加工点对加工曲线的偏离位置，以确定下一步的进给方向。

② 工作台进给　根据判别结果，确定工作台沿 X 或 Y 向进给一步，逼近加工曲线。

③ 偏差计算　计算进给后新的偏差值，以作为下一步偏差判别的依据。

④ 终点判别　判别加工点是否到达终点。若未到达终点，则返回重复上述过程；若到达终点，则加工结束。

在线切割加工中，整个零件轮廓可分若干直线段和圆弧段，来逐段加工。每段有一个加工程序。加工到终点自动结束，再根据新的程序加工下一段。因为数控装置设置了一个计数器，将某一方向进给的总长度输入，该方向每走一步，计数器减 1，当计数器数值为零时，表示该段加工结束。

(2) 加工控制　主要包括对伺服进给速度、脉冲电源、走丝机构、工作液系统以及其他的机床操作进行控制。线切割加工控制和自动化操作方面的功能很多，并且还在不断增多、增强。

数控电火花线切割加工已经普及，形成了线切割加工的主体。其加工过程可用如图 11-14所示的流程表示。

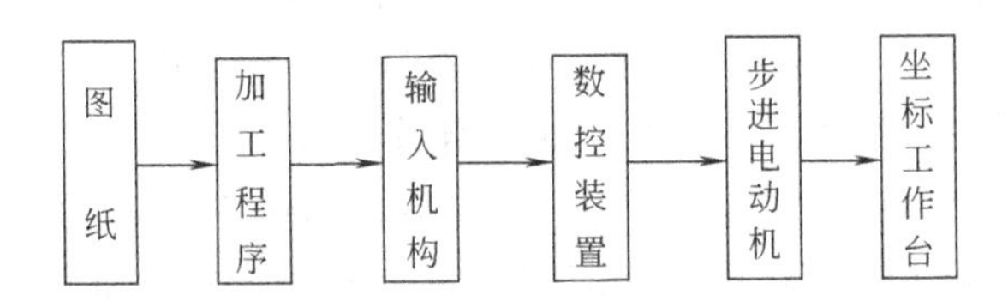

图 11-14　数控线切割加工流程

三、线切割加工中的工艺问题

解决好线切割加工中的一些工艺问题，可保证线切割加工顺利进行，并获得要求的工件质量。

1. 电规准的选择

电火花线切割加工一般选用晶体管高频脉冲电源，用单脉冲能量小、脉冲宽度窄、频率高的电参数进行加工。要求加工表面质量好时，所选电规准要小；如果要获得较高的切割速度，脉冲参数要选得大一些，但加工电流的增大受到电极丝截面积的限制，否则，过大的电流将导致电极丝断裂。加工厚料时，为改善排屑条件，宜选用较高的脉冲电压、较大的脉宽和峰值电流，以增大放电间隙，便于排屑及工作液进入加工区。

2. 工件材料的选择

在电火花线切割时，由于火花放电产生高温，且有大面积金属被切除，必然会导致材料产生变形，影响零件的加工精度，有时工件甚至产生破裂。为减少这些情况，线切割加工的零件应选用锻造性能好、淬透性好、热处理变形小的材料。对以线切割加工为主的凸模、凹模，优先选择 Cr12、Cr12MoV、9CrSi 等合金工具钢，并进行合理的热处理。

3. 线切割路线的选择

实践证明，线切割加工的起始点和切割路线对零件的加工精度也会带来很大影响。下面以加工凸模类零件为例（图 11-15）加以说明。

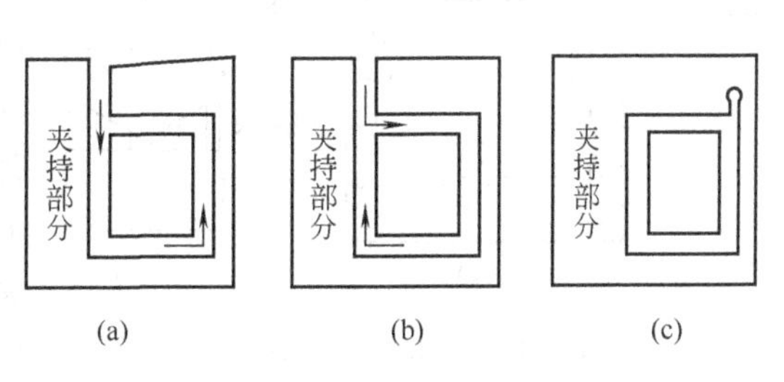

图 11-15　线切割路线的选择

图 11-15（a）所示为错误的方案，因为在切割的大部分时间内主要连接的部位被割离，余下的材料与夹持部分连接较少，工件刚度大大降低，容易产生变形，影响其加工精度；图 11-15（b）所示的安排比较合理，但由于坯料被除割破，材料内部受力平衡被破坏，材料仍要产生变形；图 11-15（c）所示为最好的方案，电极丝不从外部切入，而是通过坯料内的穿丝孔切入，可使变形大大减小。

4. 电极丝的位置调整

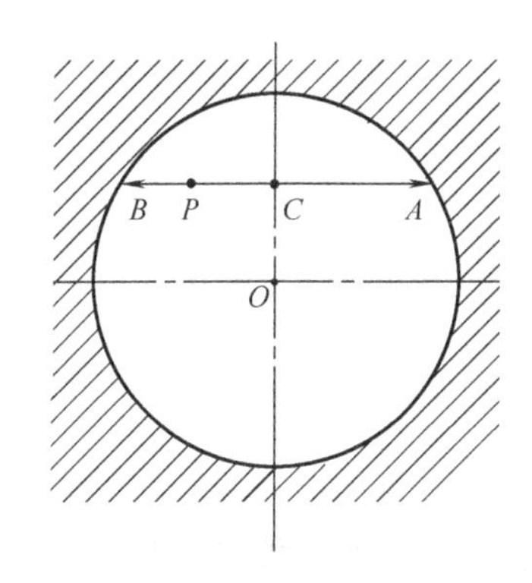

图 11-16　自动找正中心原理

在电火花线切割加工之前，应将电极丝调整至加工起点处。对加工精度要求不高的工件，可通过直接目测来确定电极丝与工件的相对位置（可借助普通放大镜进行观测），也可以采用火花法，即利用电极丝与工件在一定间隙下发生放电的火花，来确定电极丝的坐标位置。

目前，通过微机控制的数控线切割机床，一般具有电极丝自动找正中心坐标位置的功能，其原理如图 11-16 所示。P 点为电极丝在穿丝孔中的起始位置，先沿横向进给与孔壁 A 碰出火花后立即反向进给并开始计数，直至与孔壁另一边的 B 点碰出火花，再反向进给二分之一距离，移至 AB 向的中点位置 C 点；然后再沿纵向进给，重复上述过程，得到中点位置 O 点并停止，此点必是穿丝孔的中心位置。

第三节　电化学加工

电化学加工是以电化学作用为基础对金属进行加工的方法。也是一种非接触加工。电化学加工可分为三类：一是利用电化学阳极溶解来进行加工，如电解加工、电解抛光等；二是利用电化学阴极涂覆进行加工，如电镀、电铸加工等；三是电化学加工与其他加工方法相结合的电化学复合加工，如电解磨削。

下面介绍几种常用的电化学加工方法。

一、电解加工

1. 基本原理

电解加工是利用金属在电解液中发生电化学阳极溶解的原理进行加工的。其加工原理如

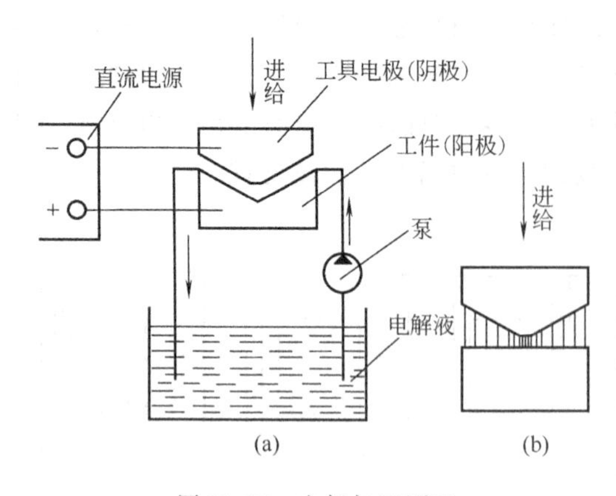

图 11-17 电解加工原理

图 11-17 所示。加工时，在工件和工具电极之间接上直流稳定电压（6～24V），将工具电极接阴极，工件接阳极，并使二者保持一定的间隙（0.1～1mm），在间隙中通过具有一定压力（0.49～1.96MPa）和速度（可达 75m/s）的电解液。在加工过程中，电极以一定进给速度（0.4～1.5mm/min）向工件靠近。此时，在工件表面与工具电极之间距离最近的地方，通过的电流密度可达 10～70A/cm^2，从而使阳极金属溶解，产生氢氧化物沉淀而被电解液冲走。由于阳极与阴极之间各点的距离不等，所以，电流密度也不相等，导致工件表面上产生的阳极溶解速度也不同，在二者距离近的地方电流密度大，阳极溶解的速度快。随着工具电极不断进给，电蚀物不断被电解液冲走，工件表面不断被溶解，最后，使电解间隙逐渐趋于均匀，工具电极的形状被复制在工件上，于是在工件上加工出与工具电极相反形状的型腔。

在电解加工中，电解液的作用有三点。

① 作为导电介质传递电流。

② 在电场作用下进行电化学反应，使阳极溶解。

③ 起排屑和冷却的作用。

常用的电解液有 $NaCl$、$NaNO_3$、$NaClO_3$ 等。

以 $NaCl$ 水溶液为例，电解的离解反应为

$$H_2O \rightleftharpoons H^+ + OH^-$$
$$NaCl \rightleftharpoons Na^+ + Cl^-$$

电解液中的正、负离子在电场作用下分别向阴极、阳极运动。导致阳极发生以下反应（以加工钢为例）。

$$Fe - 2e \longrightarrow Fe^{2+}$$
$$Fe^{2+} + 2OH^- \longrightarrow 4Fe(OH)_2 \downarrow$$
$$4Fe(OH)_2 + 2H_2O + O_2 \longrightarrow 4Fe(OH)_3 \downarrow$$

阴极的主要反应为

$$2H^+ + 2e \longrightarrow H_2 \uparrow$$

由此可见，在电解加工过程中，阳极（工件）不断被溶解，而阴极（工具电极）则没有损耗。

2. 特点

① 生产率高，电解加工的效率为电火花加工的 5 倍以上。

② 加工不受材料的力学性能限制，可加工硬质合金，淬火钢、不锈钢、耐热合金等高硬度、高强度、高韧性的金属材料以及各种复杂型面型腔。

③ 在加工过程中基本不受力，工件加工后没有残余应力。

④ 工具电极基本上没有损耗，工件加工精度不高，但表面质量较好，一般尺寸精度

为±0.1mm 左右，表面粗糙度可达 $R_a = 1.25 \sim 0.2\mu m$。

⑤ 和电火花加工一样，工具电极设计制造麻烦，且不便于加工窄缝和小孔等。

3. 应用

采用电解加工效率高，表面粗糙度值小，所以广泛应用于精度要求不高的大型型腔的加工，如锻造模、压铸模、塑料模的型腔加工。

目前，电解加工型腔的方法有混气电解加工和非混气电解加工，由于前者加工更稳定，加工精度更高一些，所以得到了更广泛的应用。混气电解加工就是将一定压力的气体（二氧化碳、氮气、氯气或压缩空气）经气液混合腔与电解液混合在一起，使电解液成为水和气体的均匀气液混合物，然后送入加工区进行电解加工。如图 11-18 所示，在气液混合物中因气体不导电，使得电解液的电阻率增加，在加工间隙中电流密度较低的部位电解作用趋于停止，使间隙迅速趋于均匀，因此，可以保证获得较高的加工精度。此外，在混气电解加工时，由于气体的混入降低了电解液的密度和黏度，因此可在较低的压力下达到较高的流速，降低了对工艺装备的刚性要求。此外，高速流动的气泡还能起搅拌作用，清除了死水区，使电解液流动均匀，减小了短路的可能性，因此加工更加稳定。

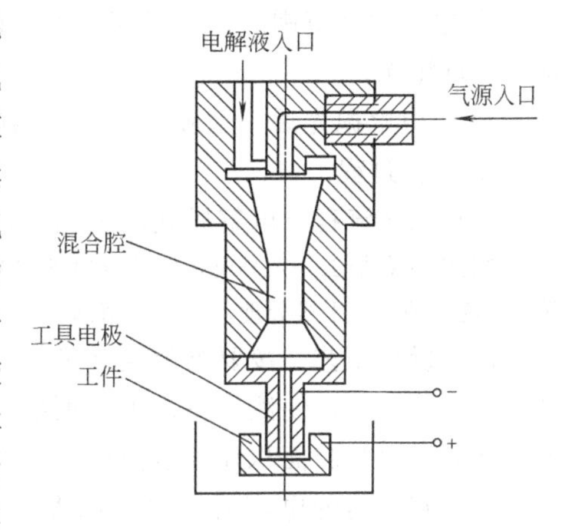

图 11-18 混气电解加工

二、电解抛光

1. 基本原理

电解抛光实际上也是利用电化学阳极溶解的原理，对金属零件表面进行抛光的一种表面加工方法。

如图 11-19 所示，电解抛光时，将工件放入已充满电解液的电解槽内并与直流电源的阳极相连。工具电极与直流电源阴极相接，两极之间保持一定的间隙。当接通直流电源后，工件表面发生电化学溶解，形成一层溶解的金属与电解液组成的黏膜，其电导率很低。在电解抛光前，工件表面粗糙不平，在凸出的地方黏膜薄，电阻较小，在凹入的地方黏膜厚，电阻大（图 11-19）。这样，凸出的地方比凹入的地方电流密度大，阳极溶解量大，而凹入的地方很少甚至不发生阳极溶解。经过一段时间后，凸出的地方被溶解而趋于平整，使被加工表面粗糙度值减小，最后达到抛光的目的。

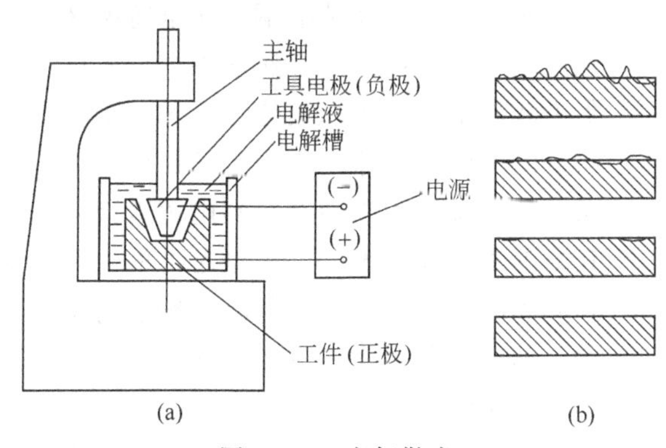

图 11-19 电解抛光

电解抛光和电解成形加工虽然都是利用阳极溶解的原理进行加工，但电解抛光的加工间隙比电解成形加工大，电流密度小；对电解液无压力要求，一般不流动，必要时可以搅拌；所用电解设备简单，抛光电极结构简单，易于制造。

2. 特点

① 生产率高。

② 抛光效果好，表面粗糙度小，R_a 值可达 0.32μm。对型腔表面粗糙度要求不太严的模具，经电解抛光后可直接用于生产；对型腔表面粗糙度要求严格的模具，经电解抛光后再手工抛光可大大缩短模具制造周期。

③ 经电解抛光后的表面易形成致密、牢固的氧化膜，可提高型腔表面的耐腐蚀能力，且表面没有残余应力。

④ 电解抛光范围广，可对淬火钢、耐热钢、不锈钢等各种高硬度、高强度及高韧性的材料进行抛光。

⑤ 经电解抛光后，型腔内金属结构的缺陷及电火花加工的波纹会明显地显露出来。

3. 工艺过程

(1) 工艺流程　电解抛光的工艺流程为

型腔电火花加工→工具电极制造→电解抛光前预处理（化学去油、清洗）→电解抛光→电解抛光后处理（清洗、钝化、干燥处理）→钳工精修

(2) 操作工艺　按要求装接好工件和电极，并使两者之间保持 5～10mm 间隙。将电解液注入电解槽内，使液位超过工件顶部 15～20mm。将槽内电解液加热并保持所需的工作温度。然后，以型腔面积计算电流值，并按所需的电参数调整直流电源；接通电路后，调整电压使其达到所需的电流后，便开始抛光。通常直流电源电压一般为 0～50V，以电流密度 1～1.2A/cm^2 计算直流电源的总电流，其值根据模具（型腔）大小而定。

(3) 工具电极的制造　工具电极一般用铅、铜等材料制造，其形状与型腔相似，只是尺寸比型腔缩小 5～10mm。对于复杂型腔，其工具电极制造比较困难，此时可将铅加热熔化后浇注在型腔内，冷却后取出并进行均匀缩小加工。

三、电铸加工

1. 基本原理

如图 11-20 所示，将型芯（可导电）接阴极，电铸材料（如纯铜）接阳极，用电铸材料的金属盐溶液（如硫酸铜）作电铸镀液。在直流电源的作用下，金属盐中的金属离子在阴极获得电子而沉积镀覆在型芯（阴极）表面；阳极的金属原子失去电子而成为正的金属离子，源源不断地补充到电铸镀液中，使其浓度基本保持不变。当型芯上的电铸层达到所需的厚度时取出，并将电铸层与型芯分离，即获得与原模凹凸相反的电铸件。

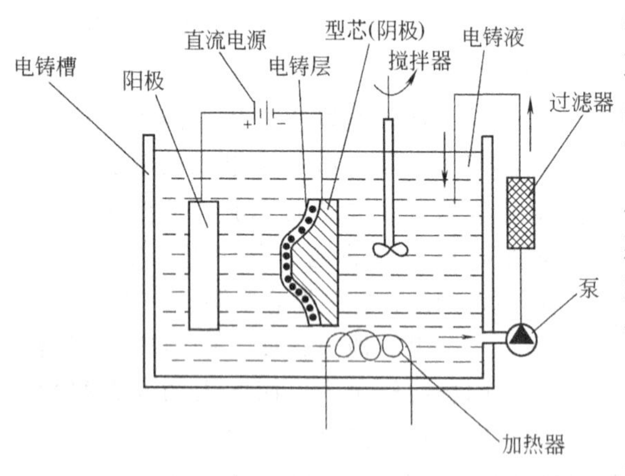

图 11-20　电铸基本原理

2. 特点

① 仿形精度高。它能准确、精密地复制复杂型面和细微纹路，可获得尺寸精度高、表面粗糙度小（R_a=0.1μm）的型腔，且一个型芯可生产形状、尺寸一致的多个型腔。

② 操作工艺容易，使用设备简单。

③ 电铸速度慢（有时生产周期达一周）且电铸层厚薄不均，并存在较大内应力。

3. 工艺过程

电铸加工型腔的工艺过程一般为

型芯设计与制造→型芯预处理→电铸→清洗→脱模→机械加工

型芯的尺寸、形状应与型腔完全一致，而在沿型腔深度方向尺寸要比型腔大 8～10mm，以备电铸后切去交接面上粗糙部分。此外，为便于脱模，型芯的电铸表面应有不小于 15′的脱模斜度，并要求抛光至 $R_a=0.16\sim0.08\mu m$。

型芯可以用金属材料做成，如钢、铝合金，低熔点合金等，也可以用非金属材料做成，如石膏、木材、塑料等。

型芯在电铸前都要做预处理，其过程一般为

抛光→去油→镀铬→去油→装挂具

如果是用非金属材料做成的，还要对其进行表面导电化处理及防水处理。

由于电铸型腔的强度不高，硬度较低，目前主要用于受力较小的塑料注射模型腔，如笔杆、笔套、吹塑制品、搪塑玩具、工艺制品以及电火花加工的工具电极等。

四、电解磨削

电解磨削是电解加工与磨削加工相结合的一种复合加工工艺。它能获得比电解加工更高的加工精度和表面质量，同时生产率又高于磨削加工。

1. 基本原理

如图 11-21 所示，工件接直流电源的正极，砂轮接负极，工件与砂轮表面之间，在凸出的磨料处保持一定的电解间隙，并在这一间隙中注入电解液。电解磨削时，接通直流电源，工件表面便发生电化学阳极溶解，并在表面形成一层极薄的氧化膜。这层氧化膜具有较高的电阻，可使金属的阳极溶解放慢。另一方面，砂轮对工件进行磨削，使得这层阳极氧化膜被磨粒去除并被电解液带走，使工件又露出新的金属表面，继续发生电解反应。这样，在电化学反应和机械磨削的综合作用下，工件表面不断被加工并形成光滑的表面，达到一定的精度要求。

2. 特点

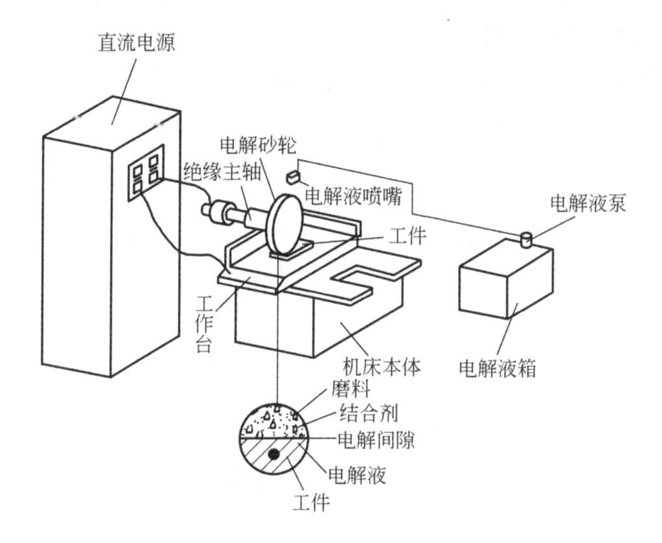

图 11-21 电解磨削原理

① 电解磨削生产率高，且可加工任何高硬度、高韧性的金属材料。因为在电解磨削中，电能作用占到90%左右，机械磨削仅占10%。

② 加工精度高，表面质量好。由于机械磨削所占比例小，因此，电解磨削过程中的机械磨削力和磨削热都很小，不会产生变形、裂纹、烧伤等在机械磨削中经常出现的现象。表面粗糙度 R_a 值可达 0.1μm，在磨削硬质合金时，R_a 最小可达 0.008μm。

③ 电解磨削辅助设备多，设备投资大，且加工时污染较大。

3. 应用

电解磨削由于集中了电解加工和机械磨削的优点，目前已广泛用于一些高硬度的零件的加工，如各种刀具、模具等。对于普通磨削很难加工的小孔、深孔、薄壁套筒、细长杆零件等，电解磨削也能很好完成加工。对于复杂型面的零件，还可采用电解研磨、电解珩磨以及成形磨削，使得电解磨削的应用范围进一步扩大。

第四节　超声加工

超声加工也称超声波加工。超声波是个频率概念。人耳能听到的声波频率为16～16000Hz，频率超过16000Hz的声波即为超声波。由于超声波频率高、波长短、能量大和较强的束射性，因此被广泛应用于医疗、工业等领域，超声加工即是实例。通常用于超声加工的超声波频率为16000～25000Hz。

一、基本原理

超声波具有传递很强能量的特性，可对传播方向上的障碍物施加压力。当超声波经过液体介质传播时，将以极高的频率压迫液体质点振动，连续形成压缩和稀疏区域而产生液压冲击和空化作用，引起邻近固体物质分散、破碎等效应。空化作用是当工作液产生正面冲击时，促使工作液钻入被加工表面的微裂纹处，加速了机械破坏作用。另一方面，工作液又是以很大的加速度离开工件表面，导致工件表面的微细裂纹间隙形成负压和局部真空，同时在工作液内也形成很多微小空腔。当工具端面以很大的加速度接近工件表面时，迫使空泡闭合，引起极强的液压冲击波，强化了加工过程。

超声波加工就是利用这些特性，通过超声振动装置带动工件与工具之间的磨料悬浮液冲

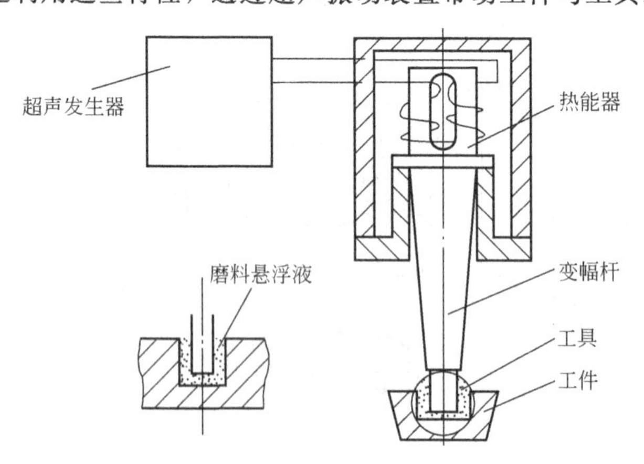

图 11-22　超声波加工原理

击和抛光工件的被加工部位，使其破坏而成粉末，以进行成形加工。超声波加工的原理如图11-22所示。加工时，工具以一定的静压力作用于工件上，在工具与工件之间加入磨料悬浮液（磨料与液体的混合物）。超声换能器产生15～25kHz的超声频轴向振动，通过变幅杆把振幅放大到0.02～0.08mm左右，驱动工件作超声振动。这样，工作液中悬浮的磨料就被迫以很大的速度和加速度不断地撞击和抛磨工件加工表面，实现微切削作用，使表面材料粉碎成非常细小的微粒。虽然每次去除的材料（粉末）很少，但由于频率极高，每秒钟撞击的次数在16000次以上，所以仍有一定的加工速度。在加工过程中，工具沿轴向不断进给，当加工到一定的深度即成为和工具端部形状相同的型孔或型腔，工具端面的形状就被复制在工件上了。

二、特点

电火花和电化学加工都只能加工金属导电材料。而超声加工不仅能加工硬质合金、淬火钢等硬脆材料，而且更适合于加工玻璃、陶瓷以及半导体等非导电的脆硬材料。由于加工主要靠小磨粒瞬间的局部撞击作用，故工件表面的宏观切削力、切削热都很小，不会引起变形和烧伤，加工质量好，尺寸精度可达0.01～0.02mm，表面粗糙度可达$R_a=1\sim0.1\mu m$。此外，由于工具可用较软的材料做成复杂的形状，故在加工时不需要使工具和工件作复杂相对运动。因此，超声加工设备结构比较简单，且便于加工形状复杂、薄壁、窄缝以及低刚度的零件，但生产效率较低。

三、设备简介

超声加工设备主要由超声发生器、超声振动系统、机床本体和磨料工作液循环系统等组成。

1. 超声发生器

超声发生器的作用是将工频（50Hz）交流电转换为有一定输出功率的超声频振荡，以提供工具端面往复振动所需的能量。其基本要求是输出功率和频率在一定范围内连续可调，以满足不同的加工要求。此外，要求其结构简单、可靠性好、效率高和成本低。

2. 超声振动系统

超声振动系统的作用是把超声发生器输出的高频电能转换为机械能，使工具端面作高频率、小振幅的振动，实现超声加工。它主要由换能器、变幅杆及工具组成。

超声发生器输出的高频电振荡通过超声换能器转换为机械振动，但因其振幅较小，还要通过变幅杆加以扩大，以得到超声加工所需的振幅。超声波的机械振动经变幅杆扩大后传给工具，由工具的端面推动磨粒和工作液以一定的能量冲击工件，使之加工成一定的形状和尺寸。

3. 磨料、工作液及循环系统

磨料是根据工件的材料及加工要求进行选择的。一般加工硬度高的脆性材料（如硬质合金、淬火钢等），可采用人造金刚石或碳化硼；加工硬度不太高的脆性材料时可选用碳化硅磨料。磨料的硬度越高、颗粒越粗则加工速度越快，但表面粗糙度差。磨料颗粒越细小，加工后的表面质量就越好。常用的磨料粒度及基本磨粒尺寸范围见表11-1。

使用最经济、最广泛的工作液是水。但使用煤油或机油作工作液体可提高表面加工质量。工作液的浓度要控制好，太大或太小都会影响加工精度。如果以水作工作液，则磨料与水的质量比约为0.5～1。

表 11-1 磨料粒度及其基本磨粒尺寸范围

磨料粒度	120#	150#	180#	240#	280#	W40	W28	W20	W14	W10	W7
基本磨料尺寸范围/μm	125～100	100～80	80～63	63～50	50～40	40～28	28～20	20～14	14～10	10～7	7～5

进行简单的超声波加工，磨料是靠人工输送和更换的，即在加工前将磨料悬浮液浇注在加工区，在加工过程中定时抬起工具补充磨料；也可用小型离心泵将磨料悬浮液搅拌后浇入加工间隙中去。对深度较大的工件进行加工时，从工具和变幅杆中空部分向外抽吸磨料悬浮液，进行强制循环，以提高加工速度。

四、应用

1. 型孔、型腔加工

目前超声加工在工业上主要用于对脆硬材料圆孔、型孔、型腔等进行加工，如图 11-23 所示。

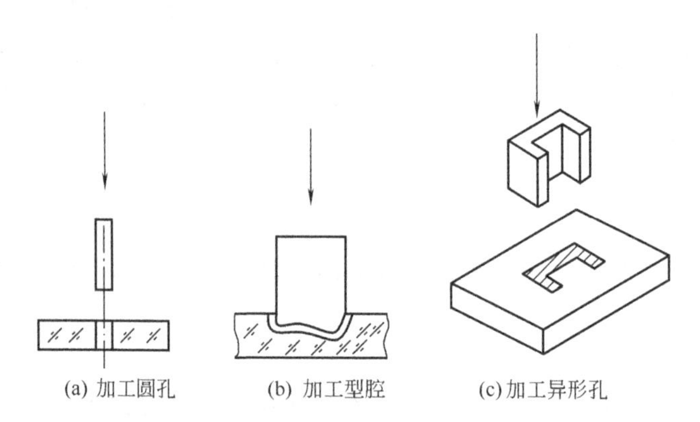

(a) 加工圆孔　(b) 加工型腔　(c) 加工异形孔

图 11-23 超声加工的型孔、型腔

2. 超声抛光

超声抛光是超声加工中一种重要的形式。它是由振动工具推动磨料冲击工件表面，提高工件加工精度和表面质量的一种工艺方法。超声抛光特别适用于硬度高、形状复杂的型腔表面抛光。其工艺过程如下。

(1) 抛光工件的准备　抛光前先对零件进行比较精确的加工，并留有合适的抛光余量。以电火花加工的型腔为例，其最小抛光余量应大于电火花加工后表面电蚀凹坑深度及加工变化层厚度，以便将热影响层去除。通常，粗规准电火花加工后的型腔，抛光余量为 0.15mm；精规准电火花加工后抛光余量为 0.02～0.05mm；对要求较高的型腔，抛光前的表面粗糙度值应达到 $R_a=1.6\sim0.8\mu m$。

(2) 抛光工具的制造和装夹　抛光工具通常用钢或木质材料制成，其形状和尺寸要与加工零件相吻合，并按磨料基本磨粒的平均直径缩小。

工具要用粘合、焊接或机械固定的办法将其固定在变幅杆端部。采用机械固定时，要将各接触面用凡士林油密封。

(3) 抛光磨料及工作液的配制　磨料的种类和颗粒的直径以及磨料悬浮工作液的成分对抛光效率和抛光的精度及表面质量有着直接的影响。一般粗抛光时，为提高抛光速度，除选择较高的频率和振幅、较大的静压力外，宜采用硬质的磨料和较粗的颗粒并以水为工作液进行抛光。粗抛光速度可达 10～15cm^2/mm，粗抛光后的表面粗糙度 R_a=0.63～0.32μm。精抛光时，选用较细的磨料，选择较低的振幅和较小的静压力。为防止工具对型腔表面产生划痕，一般对木质工具用药棉或尼龙试纸垫在工具端部，醮以微粉（Fe_2O_3 微粉）作磨料进行抛光。精抛光时用煤油作工作液或者干抛。精抛光后的表面粗糙度值 R_a=0.63～0.08μm，尺寸误差可控制在±(0.05～0.01)mm 以内。

第五节　激 光 加 工

激光也是一种光，因此它具有一般光的共性，如反射、折射等。但激光的发射是以受激辐射为主，而发光物质中大量的发光中心基本上是有组织的、相互关联地产生光发射的。各个发光中心发生的光波具有相同的频率、方向、偏振状态和严格的位相关系。激光可以实现在时间上和空间上的高度集中。因此，激光具有高强度、高亮度、方向性好及单色性好等特点。

激光加工就是把激光的方向性好、输出功率高的特性应用到材料的加工中。用聚焦的方法，可以把激光束会聚到 0.01mm^2 大小的部位上，其功率密度可达 10^5kW/cm^2。这样大的功率能提供足够的热量来熔化和汽化任何高强度、高硬度的工程材料。

一、基本原理

在日常生活中，人们通过凸透镜使太阳光聚焦成一个很小的光点，其聚焦点的温度可达300℃以上。但直接聚焦太阳光来进行材料加工是不行的，因为太阳光为非单色光，通过透镜折射时因折射率不同，焦距各不相同，难以聚焦成很细的光束，不可能在聚焦点附近获得很大的能量密度和极高的温度来加工工件。

激光则与此不同，由于它强度高、方向性好、颜色单纯，可以通过光学系统把激光束聚焦成一个极小的光斑，直径只有几微米到几十微米，能够获得 10^5～10^7kW/cm^2 的能量密度以及 10000℃以上的高温，从而能在瞬间使各种坚硬物质熔化和汽化，以达到蚀除被加工部位的目的。

激光加工大多数都是基于光对非透明体材料的热作用过程，此过程可分为光的吸收与能量传输、材料的无损加热、材料的破坏及冷凝等几个阶段。

二、特点

① 激光加工可以产生 10000℃以上的高温，因此能加工任何工程材料。

② 激光光点的直径非常小，理论上可达 1μm 以下，所以激光加工能进行非常细微的零件加工。

③ 激光加工时，工件可以离开加工设备，所以不会污染材料。

④ 通过选择适当的加工条件，可用同一设备进行打孔和焊接。

三、应用

1. 打孔

在航天、钟表、机械等领域有很多直径在 1mm 以下甚至以微米计的小孔，通过其他方式难以加工，而采用激光打孔却非常方便。

激光打孔后，被蚀除的材料要重新凝固，除大部分飞溅出来变成小颗粒外，还有一部分黏附在孔壁，甚至有的还要黏附到聚焦物镜及工件表面。为此，大多数激光加工机多采用了吹气或吸气措施，以帮助排屑；有的还在聚焦物镜上装一块透明的保护膜，以免聚焦物镜损坏。

2. 切割

激光加工都是基于聚焦后的激光具有极高的功率密度而使工件材料瞬时汽化蚀除。与激光打孔不同的是，激光切割时工件与激光束要相对移动，生产中多是工件移动。

3. 焊接

激光焊接与激光打孔的原理略有不同。焊接时不需要那么高的能量密度使工件材料汽化蚀除，而只要将工件的加工区“烧熔”使其粘合在一起。因此，激光焊接所需能量密度较低，一般可通过减少激光输出功率或调节焦点位置来实现。

激光焊接时间短、效率高，而且能将不同的材料，包括金属与非金属焊接在一起。

4. 热处理

通过激光加热对金属材料进行表面热处理效果很好。当激光束扫射零件表面，其红外光能量被零件表面吸收而迅速形成高温，使金属表面产生相变，随着激光束的离开，零件表面的热量迅速向内部传递而形成极快的冷却速度，实际上实现了零件的表面淬火。

思考题与习题

1. 简述电火花加工的工作原理。
2. 电火花加工必须具备哪些基本条件？
3. 什么是极效应和二次放电？
4. 影响电火花加工精度的因素有哪些？
5. 简述电火花线切割的基本原理及特点。
6. 简述电解加工的基本原理。
7. 简述超声加工的基本原理。
8. 简述激光加工的基本原理。

参 考 文 献

[1] 蔡广新，邹春伟．工程力学．北京：机械工业出版社，1999.
[2] 邓昭铭，张莹．机械设计基础．第2版．北京：高等教育出版社，2000.
[3] 王振发．工程力学．北京：科学出版社，2003.
[4] 胡家秀．机械设计基础．北京：机械工业出版社，2001.
[5] 石固欧．机械设计基础．北京：高等教育出版社，2003.
[6] 朱熙然．工程力学．上海：上海交通大学出版社，1999.
[7] 边秀娟．工程力学．北京：化学工业出版社，2001.
[8] 王绍良．化工设备基础．北京：化学工业出版社，2002.
[9] 曾宗福．机械基础．北京：化学工业出版社，2003.
[10] 孙宝宏．机械基础．北京：化学工业出版社，2002.
[11] 栾学钢．机械设计基础．北京：高等教育出版社，2001.
[12] 栾学钢．机械设计基础．北京：化学工业出版社，2001.
[13] 费鸿学．机械设计基础．北京：高等教育出版社，2001.
[14] 陈立德．机械设计基础．北京：高等教育出版社，2000.
[15] 吴建生．工程力学．北京：机械工业出版社，2003.
[16] 赵祥．机械基础．北京：高等教育出版社，2001.
[17] 何元庚．机械原理与机械零件．北京：高等教育出版社，1998.
[18] 李龙堂．工程力学．北京：高等教育出版社，1989.
[19] 张辽远．现代加工技术．北京：机械工业出版社，2002.
[20] 高佩福．实用模具制造技术．北京：轻工业出版社，1999.
[21] 张亮峰．机械加工工艺基础与实习．北京：高等教育出版社，1999.
[22] 王先逵．精密加工技术实用手册．北京：机械工业出版社，2001.
[23] 李发致．模具先进制造技术．北京：机械工业出版社，2001.
[24] 许德珠．机械工程材料．第2版．北京：高等教育出版社，2001.
[25] 丁德全．金属工艺学．北京：机械工业出版社，1998.
[26] 张绍甫．机械基础．北京：高等教育出版社，1994.
[27] 蔡广新．工程力学．北京：化学工业出版社，2008.
[28] 张凤翔．工程力学．北京：机械工业出版社，2009.
[29] 隋明阳．机械基础．北京：机械工业出版社，2008.
[30] 王凤平．金长虹．机械设计基础．北京：机械工业出版社，2009.
[31] 蔡广新．汽车机械基础．北京：高等教育出版社，2008.
[32] 柴鹏飞．机械设计基础．北京：机械工业出版社，2007.